河南省建筑施工企业管理人员安全生产继续教育用书

建设工程安全生产法律法规及标准规范选编

（修订版）

河南省住房和城乡建设厅　编

黄河水利出版社

内容提要

本书收集、选编了近年来国家、地方及有关部委和河南省住房和城乡建设厅出台的一系列有关建设工程安全生产的法律、法规、规范性文件以及安全技术标准、规范等。全书分为法律法规、法规性文件、部门规章、规范性文件和标准规范5部分。内容丰富，资料翔实，针对性强，对全面学习、了解和掌握国家有关建设工程安全生产方面新的法律、法规、政策和标准有很强的实用性。

本书可以作为建筑施工企业主要负责人、项目负责人和专职安全生产管理人员安全生产继续教育用书，也可以作为工程建设有关人员的学习参考书。

图书在版编目(CIP)数据

建设工程安全生产法律法规及标准规范选编 / 河南省住房和城乡建设厅编. —郑州：黄河水利出版社，2007.11
(2009.6 修订重印)
ISBN 978-7-80734-309-7

Ⅰ.建… Ⅱ.河… Ⅲ.①建筑工程-工程施工-安全生产-法规-汇编-中国②建筑工程-工程施工-安全生产-标准-汇编-中国 Ⅳ.D922.549 TU714-65

中国版本图书馆 CIP 数据核字(2007)第165036号

组稿编辑：王路平 电话：0371-66022212 E-mail：hhslwlp@126.com

出 版 社：黄河水利出版社

地址：河南省郑州市顺河路黄委会综合楼14层 邮政编码：450003

发行单位：黄河水利出版社

发行部电话：0371-66026940、66020550、66028024、66022620(传真)

E-mail：hhslcbs@126.com

承印单位：黄河水利委员会印刷厂

开本：787 mm×1 092 mm 1/16

印张：26.75

字数：620千字

版次：2007年11月第1版 印次：2009年6月第2次印刷

2009年6月修订

书号：ISBN 978-7-80734-309-7/TU·92 定价：48.00元

《建设工程安全生产法律法规及标准规范选编》

编辑委员会名单

前 言

建筑业是一个安全风险较大的行业,而且随着工程建设的发展,“高、大、精、尖”工程项目日益增多,建筑施工活动的安全风险进一步增大,建筑安全生产面临的任务更加繁重。建筑施工企业主要负责人、项目负责人、专职安全生产管理人员(以下简称“三类人员”)在工程建设实施过程中担负着重要的安全管理职责。建筑施工企业能否做到安全生产,与“三类人员”的安全意识、责任意识、安全素质及履行职责状况有着密切的关系。加强“三类人员”的安全教育培训,提高“三类人员”的安全意识、责任意识、安全素质是建设安全生产管理工作的重要内容,是促进建筑施工企业落实安全生产主体责任、强化安全生产管理、推动建筑业安全生产管理水平提高的重要措施。为此,河南省住房和城乡建设厅组织编写了本书,作为全省建筑施工企业“三类人员”安全生产继续教育用书,也可供从事建筑管理的有关人员日常学习使用。希望本书的出版对促进河南省的建设工程安全生产管理工作起到积极的作用。

编 者

2007 年 9 月

目　录

一、法律、法规

二、法规性文件

三、部门规章

四、规范性文件

一、住房和城乡建设部文件

五、标准、规范

一、法律、法规

FALÜ FAGUI

中华人民共和国刑法修正案(六)

(2006年6月29日中华人民共和国第十届全国人民代表大会常务委员会第二十二次会议通过,中华人民共和国主席令51号公布,自公布之日起施行)

一、将刑法第一百三十四条修改为:"在生产、作业中违反有关安全管理的规定,因而发生重大伤亡事故或者造成其他严重后果的,处三年以下有期徒刑或者拘役;情节特别恶劣的,处三年以上七年以下有期徒刑。"

"强令他人违章冒险作业,因而发生重大伤亡事故或者造成其他严重后果的,处五年以下有期徒刑或者拘役;情节特别恶劣的,处五年以上有期徒刑。"

二、将刑法第一百三十五条修改为:"安全生产设施或者安全生产条件不符合国家规定,因而发生重大伤亡事故或者造成其他严重后果的,对直接负责的主管人员和其他直接责任人员,处三年以下有期徒刑或者拘役;情节特别恶劣的,处三年以上七年以下有期徒刑。"

三、在刑法第一百三十五条后增加一条,作为第一百三十五条之一:"举办大型群众性活动违反安全管理规定,因而发生重大伤亡事故或者造成其他严重后果的,对直接负责的主管人员和其他直接责任人员,处三年以下有期徒刑或者拘役;情节特别恶劣的,处三年以上七年以下有期徒刑。"

四、在刑法第一百三十九条后增加一条,作为第一百三十九条之一:"在安全事故发生后,负有报告职责的人员不报或者谎报事故情况,贻误事故抢救,情节严重的,处三年以下有期徒刑或者拘役;情节特别严重的,处三年以上七年以下有期徒刑。"

五、将刑法第一百六十一条修改为:"依法负有信息披露义务的公司、企业向股东和社会公众提供虚假的或者隐瞒重要事实的财务会计报告,或者对依法应当披露的其他重要信息不按照规定披露,严重损害股东或者其他人利益,或者有其他严重情节的,对其直接负责的主管人员和其他直接责任人员,处三年以下有期徒刑或者拘役,并处或者单处二万元以上二十万元以下罚金。"

六、在刑法第一百六十二条之一后增加一条,作为第一百六十二条之二:"公司、企业通过隐匿财产、承担虚构的债务或者以其他方法转移、处分财产,实施虚假破产,严重损害债权人或者其他人利益的,对其直接负责的主管人员和其他直接责任人员,处五年以下有期徒刑或者拘役,并处或者单处二万元以上二十万元以下罚金。"

七、将刑法第一百六十三条修改为:"公司、企业或者其他单位的工作人员利用职务上的便利,索取他人财物或者非法收受他人财物,为他人谋取利益,数额较大的,处五年以下有期徒刑或者拘役;数额巨大的,处五年以上有期徒刑,可以并处没收财产。

"公司、企业或者其他单位的工作人员在经济往来中,利用职务上的便利,违反国家规定,收受各种名义的回扣、手续费,归个人所有的,依照前款的规定处罚。

“国有公司、企业或者其他国有单位中从事公务的人员和国有公司、企业或者其他国有单位委派到非国有公司、企业以及其他单位从事公务的人员有前两款行为的,依照本法第三百八十五条、第三百八十六条的规定定罪处罚。”

八、将刑法第一百六十四条第一款修改为:“为谋取不正当利益,给予公司、企业或者其他单位的工作人员以财物,数额较大的,处三年以下有期徒刑或者拘役;数额巨大的,处三年以上十年以下有期徒刑,并处罚金。”

九、在刑法第一百六十九条后增加一条,作为第一百六十九条之一:“上市公司的董事、监事、高级管理人员违背对公司的忠实义务,利用职务便利,操纵上市公司从事下列行为之一,致使上市公司利益遭受重大损失的,处三年以下有期徒刑或者拘役,并处或者单处罚金;致使上市公司利益遭受特别重大损失的,处三年以上七年以下有期徒刑,并处罚金:

(一)无偿向其他单位或者个人提供资金、商品、服务或者其他资产的;

(二)以明显不公平的条件,提供或者接受资金、商品、服务或者其他资产的;

(三)向明显不具有清偿能力的单位或者个人提供资金、商品、服务或者其他资产的;

(四)为明显不具有清偿能力的单位或者个人提供担保,或者无正当理由为其他单位或者个人提供担保的;

(五)无正当理由放弃债权、承担债务的;

(六)采用其他方式损害上市公司利益的。

“上市公司的控股股东或者实际控制人,指使上市公司董事、监事、高级管理人员实施前款行为的,依照前款的规定处罚。”

“犯前款罪的上市公司的控股股东或者实际控制人是单位的,对单位判处罚金,并对其直接负责的主管人员和其他直接责任人员,依照第一款的规定处罚。”

十、在刑法第一百七十五条后增加一条,作为第一百七十五条之一:“以欺骗手段取得银行或者其他金融机构贷款、票据承兑、信用证、保函等,给银行或者其他金融机构造成重大损失或者有其他严重情节的,处三年以下有期徒刑或者拘役,并处或者单处罚金;给银行或者其他金融机构造成特别重大损失或者有其他特别严重情节的,处三年以上七年以下有期徒刑,并处罚金。”

“单位犯前款罪的,对单位判处罚金,并对其直接负责的主管人员和其他直接责任人员,依照前款的规定处罚。”

十一、将刑法第一百八十二条修改为:“有下列情形之一,操纵证券、期货市场,情节严重的,处五年以下有期徒刑或者拘役,并处或者单处罚金;情节特别严重的,处五年以上十年以下有期徒刑,并处罚金:

(一)单独或者合谋,集中资金优势、持股或者持仓优势或者利用信息优势联合或者连续买卖,操纵证券、期货交易价格或者证券、期货交易量的;

(二)与他人串通,以事先约定的时间、价格和方式相互进行证券、期货交易,影响证券、期货交易价格或者证券、期货交易量的;

(三)在自己实际控制的账户之间进行证券交易,或者以自己为交易对象,自买自卖期货合约,影响证券、期货交易价格或者证券、期货交易量的;

(四)以其他方法操纵证券、期货市场的。"

"单位犯前款罪的,对单位判处罚金,并对其直接负责的主管人员和其他直接责任人员,依照前款的规定处罚。"

十二、在刑法第一百八十五条后增加一条,作为第一百八十五条之一:"商业银行、证券交易所、期货交易所、证券公司、期货经纪公司、保险公司或者其他金融机构,违背受托义务,擅自运用客户资金或者其他委托、信托的财产,情节严重的,对单位判处罚金,并对其直接负责的主管人员和其他直接责任人员,处三年以下有期徒刑或者拘役,并处三万元以上三十万元以下罚金;情节特别严重的,处三年以上十年以下有期徒刑,并处五万元以上五十万元以下罚金。"

"社会保障基金管理机构、住房公积金管理机构等公众资金管理机构,以及保险公司、保险资产管理公司、证券投资基金管理公司,违反国家规定运用资金的,对其直接负责的主管人员和其他直接责任人员,依照前款的规定处罚。"

十三、将刑法第一百八十六条第一款、第二款修改为:"银行或者其他金融机构的工作人员违反国家规定发放贷款,数额巨大或者造成重大损失的,处五年以下有期徒刑或者拘役,并处一万元以上十万元以下罚金;数额特别巨大或者造成特别重大损失的,处五年以上有期徒刑,并处二万元以上二十万元以下罚金。"

"银行或者其他金融机构的工作人员违反国家规定,向关系人发放贷款的,依照前款的规定从重处罚。"

十四、将刑法第一百八十七条第一款修改为:"银行或者其他金融机构的工作人员吸收客户资金不入账,数额巨大或者造成重大损失的,处五年以下有期徒刑或者拘役,并处二万元以上二十万元以下罚金;数额特别巨大或者造成特别重大损失的,处五年以上有期徒刑,并处五万元以上五十万元以下罚金。"

十五、将刑法第一百八十八条第一款修改为:"银行或者其他金融机构的工作人员违反规定,为他人出具信用证或者其他保函、票据、存单、资信证明,情节严重的,处五年以下有期徒刑或者拘役;情节特别严重的,处五年以上有期徒刑。"

十六、将刑法第一百九十一条第一款修改为:"明知是毒品犯罪、黑社会性质的组织犯罪、恐怖活动犯罪、走私犯罪、贪污贿赂犯罪、破坏金融管理秩序犯罪、金融诈骗犯罪的所得及其产生的收益,为掩饰、隐瞒其来源和性质,有下列行为之一的,没收实施以上犯罪的所得及其产生的收益,处五年以下有期徒刑或者拘役,并处或者单处洗钱数额百分之五以上百分之二十以下罚金;情节严重的,处五年以上十年以下有期徒刑,并处洗钱数额百分之五以上百分之二十以下罚金:

(一)提供资金账户的;

(二)协助将财产转换为现金、金融票据、有价证券的;

(三)通过转账或者其他结算方式协助资金转移的;

(四)协助将资金汇往境外的;

(五)以其他方法掩饰、隐瞒犯罪所得及其收益的来源和性质的。"

十七、在刑法第二百六十二条后增加一条,作为第二百六十二条之一:"以暴力、胁迫手段组织残疾人或者不满十四周岁的未成年人乞讨的,处三年以下有期徒刑或者拘役,并处罚金；情节严重的，处三年以上七年以下有期徒刑，并处罚金。”

十八、将刑法第三百零三条修改为：“以营利为目的，聚众赌博或者以赌博为业的，处三年以下有期徒刑、拘役或者管制，并处罚金。”

“开设赌场的，处三年以下有期徒刑、拘役或者管制，并处罚金；情节严重的，处三年以上十年以下有期徒刑，并处罚金。”

十九、将刑法第三百一十二条修改为：“明知是犯罪所得及其产生的收益而予以窝藏、转移、收购、代为销售或者以其他方法掩饰、隐瞒的，处三年以下有期徒刑、拘役或者管制，并处或者单处罚金；情节严重的，处三年以上七年以下有期徒刑，并处罚金。”

二十、在刑法第三百九十九条后增加一条，作为第三百九十九条之一：“依法承担仲裁职责的人员，在仲裁活动中故意违背事实和法律作枉法裁决，情节严重的，处三年以下有期徒刑或者拘役；情节特别严重的，处三年以上七年以下有期徒刑。”

二十一、本修正案自公布之日起施行。

中华人民共和国突发事件应对法

（2007 年 8 月 30 日第十届全国人民代表大会常务委员会第二十九次会议通过，中华人民共和国主席令第 69 号公布，自 2007 年 11 月 1 日起施行）

第一章　总　则

第一条　为了预防和减少突发事件的发生，控制、减轻和消除突发事件引起的严重社会危害，规范突发事件应对活动，保护人民生命财产安全，维护国家安全、公共安全、环境安全和社会秩序，制定本法。

第二条　突发事件的预防与应急准备、监测与预警、应急处置与救援、事后恢复与重建等应对活动，适用本法。

第三条　本法所称突发事件，是指突然发生，造成或者可能造成严重社会危害，需要采取应急处置措施予以应对的自然灾害、事故灾难、公共卫生事件和社会安全事件。

按照社会危害程度、影响范围等因素，自然灾害、事故灾难、公共卫生事件分为特别重大、重大、较大和一般四级。法律、行政法规或者国务院另有规定的，从其规定。

突发事件的分级标准由国务院或者国务院确定的部门制定。

第四条　国家建立统一领导、综合协调、分类管理、分级负责、属地管理为主的应急管理体制。

第五条　突发事件应对工作实行预防为主、预防与应急相结合的原则。国家建立重大突发事件风险评估体系，对可能发生的突发事件进行综合性评估，减少重大突发事件的发生，最大限度地减轻重大突发事件的影响。

第六条　国家建立有效的社会动员机制，增强全民的公共安全和防范风险的意识，提高全社会的避险救助能力。

第七条　县级人民政府对本行政区域内突发事件的应对工作负责；涉及两个以上行政区域的，由有关行政区域共同的上一级人民政府负责，或者由各有关行政区域的上一级人民政府共同负责。

突发事件发生后，发生地县级人民政府应当立即采取措施控制事态发展，组织开展应急救援和处置工作，并立即向上一级人民政府报告，必要时可以越级上报。

突发事件发生地县级人民政府不能消除或者不能有效控制突发事件引起的严重社会危害的，应当及时向上级人民政府报告。上级人民政府应当及时采取措施，统一领导应急处置工作。

法律、行政法规规定由国务院有关部门对突发事件的应对工作负责的，从其规定；地方人民政府应当积极配合并提供必要的支持。

第八条　国务院在总理领导下研究、决定和部署特别重大突发事件的应对工作；根据实际需要，设立国家突发事件应急指挥机构，负责突发事件应对工作；必要时，国务院可以派出工作组指导有关工作。

县级以上地方各级人民政府设立由本级人民政府主要负责人、相关部门负责人、驻当地中国人民解放军和中国人民武装警察部队有关负责人组成的突发事件应急指挥机构，统一领导、协调本级人民政府各有关部门和下级人民政府开展突发事件应对工作；根据实际需要，设立相关类别突发事件应急指挥机构，组织、协调、指挥突发事件应对工作。

上级人民政府主管部门应当在各自职责范围内，指导、协助下级人民政府及其相应部门做好有关突发事件的应对工作。

第九条 国务院和县级以上地方各级人民政府是突发事件应对工作的行政领导机关，其办事机构及具体职责由国务院规定。

第十条 有关人民政府及其部门作出的应对突发事件的决定、命令，应当及时公布。

第十一条 有关人民政府及其部门采取的应对突发事件的措施，应当与突发事件可能造成的社会危害的性质、程度和范围相适应；有多种措施可供选择的，应当选择有利于最大程度地保护公民、法人和其他组织权益的措施。

公民、法人和其他组织有义务参与突发事件应对工作。

第十二条 有关人民政府及其部门为应对突发事件，可以征用单位和个人的财产。被征用的财产在使用完毕或者突发事件应急处置工作结束后，应当及时返还。财产被征用或者征用后毁损、灭失的，应当给予补偿。

第十三条 因采取突发事件应对措施，诉讼、行政复议、仲裁活动不能正常进行的，适用有关时效中止和程序中止的规定，但法律另有规定的除外。

第十四条 中国人民解放军、中国人民武装警察部队和民兵组织依照本法和其他有关法律、行政法规、军事法规的规定以及国务院、中央军事委员会的命令，参加突发事件的应急救援和处置工作。

第十五条 中华人民共和国政府在突发事件的预防、监测与预警、应急处置与救援、事后恢复与重建等方面，同外国政府和有关国际组织开展合作与交流。

第十六条 县级以上人民政府作出应对突发事件的决定、命令，应当报本级人民代表大会常务委员会备案；突发事件应急处置工作结束后，应当向本级人民代表大会常务委员会作出专项工作报告。

第二章 预防与应急准备

第十七条 国家建立健全突发事件应急预案体系。

国务院制定国家突发事件总体应急预案，组织制定国家突发事件专项应急预案；国务院有关部门根据各自的职责和国务院相关应急预案，制定国家突发事件部门应急预案。

地方各级人民政府和县级以上地方各级人民政府有关部门根据有关法律、法规、规章、上级人民政府及其有关部门的应急预案以及本地区的实际情况，制定相应的突发事件应急预案。

应急预案制定机关应当根据实际需要和情势变化，适时修订应急预案。应急预案的制定、修订程序由国务院规定。

第十八条 应急预案应当根据本法和其他有关法律、法规的规定，针对突发事件的性质、特点和可能造成的社会危害，具体规定突发事件应急管理工作的组织指挥体系与职责和突发事件的预防与预警机制、处置程序、应急保障措施以及事后恢复与重建措施等内容。

第十九条 城乡规划应当符合预防、处置突发事件的需要，统筹安排应对突发事件所必需的设备和基础设施建设，合理确定应急避难场所。

第二十条 县级人民政府应当对本行政区域内容易引发自然灾害、事故灾难和公共卫生事件的危险源、危险区域进行调查、登记、风险评估，定期进行检查、监控，并责令有关单位采取安全防范措施。

省级和设区的市级人民政府应当对本行政区域内容易引发特别重大、重大突发事件的危险源、危险区域进行调查、登记、风险评估，组织进行检查、监控，并责令有关单位采取安全防范措施。

县级以上地方各级人民政府按照本法规定登记的危险源、危险区域，应当按照国家规定及时向社会公布。

第二十一条 县级人民政府及其有关部门、乡级人民政府、街道办事处、居民委员会、村民委员会应当及时调解处理可能引发社会安全事件的矛盾纠纷。

第二十二条 所有单位应当建立健全安全管理制度，定期检查本单位各项安全防范措施的落实情况，及时消除事故隐患；掌握并及时处理本单位存在的可能引发社会安全事件的问题，防止矛盾激化和事态扩大；对本单位可能发生的突发事件和采取安全防范措施的情况，应当按照规定及时向所在地人民政府或者人民政府有关部门报告。

第二十三条 矿山、建筑施工单位和易燃易爆物品、危险化学品、放射性物品等危险物品的生产、经营、储运、使用单位，应当制定具体应急预案，并对生产经营场所、有危险物品的建筑物、构筑物及周边环境开展隐患排查，及时采取措施消除隐患，防止发生突发事件。

第二十四条 公共交通工具、公共场所和其他人员密集场所的经营单位或者管理单位应当制定具体应急预案，为交通工具和有关场所配备报警装置和必要的应急救援设备、设施，注明其使用方法，并显著标明安全撤离的通道、路线，保证安全通道、出口的畅通。

有关单位应当定期检测、维护其报警装置和应急救援设备、设施，使其处于良好状态，确保正常使用。

第二十五条 县级以上人民政府应当建立健全突发事件应急管理培训制度，对人民政府及其有关部门负有处置突发事件职责的工作人员定期进行培训。

第二十六条 县级以上人民政府应当整合应急资源，建立或者确定综合性应急救援队伍。人民政府有关部门可以根据实际需要设立专业应急救援队伍。

县级以上人民政府及其有关部门可以建立由成年志愿者组成的应急救援队伍。单位应当建立由本单位职工组成的专职或者兼职应急救援队伍。

县级以上人民政府应当加强专业应急救援队伍与非专业应急救援队伍的合作，联合培训、联合演练，提高合成应急、协同应急的能力。

第二十七条 国务院有关部门、县级以上地方各级人民政府及其有关部门、有关单位应当为专业应急救援人员购买人身意外伤害保险，配备必要的防护装备和器材，减少应急救援人员的人身风险。

第二十八条 中国人民解放军、中国人民武装警察部队和民兵组织应当有计划地组织开展应急救援的专门训练。

第二十九条 县级人民政府及其有关部门、乡级人民政府、街道办事处应当组织开展应急知识的宣传普及活动和必要的应急演练。

居民委员会、村民委员会、企业事业单位应当根据所在地人民政府的要求，结合各自的实际情况，开展有关突发事件应急知识的宣传普及活动和必要的应急演练。

新闻媒体应当无偿开展突发事件预防与应急、自救与互救知识的公益宣传。

第三十条 各级各类学校应当把应急知识教育纳入教学内容，对学生进行应急知识教育，培养学生的安全意识和自救与互救能力。

教育主管部门应当对学校开展应急知识教育进行指导和监督。

第三十一条 国务院和县级以上地方各级人民政府应当采取财政措施，保障突发事件应对工作所需经费。

第三十二条 国家建立健全应急物资储备保障制度，完善重要应急物资的监管、生产、储备、调拨和紧急配送体系。

设区的市级以上人民政府和突发事件易发、多发地区的县级人民政府应当建立应急救援物资、生活必需品和应急处置装备的储备制度。

县级以上地方各级人民政府应当根据本地区的实际情况，与有关企业签订协议，保障应急救援物资、生活必需品和应急处置装备的生产、供给。

第三十三条 国家建立健全应急通信保障体系，完善公用通信网，建立有线与无线相结合、基础电信网络与机动通信系统相配套的应急通信系统，确保突发事件应对工作的通信畅通。

第三十四条 国家鼓励公民、法人和其他组织为人民政府应对突发事件工作提供物资、资金、技术支持和捐赠。

第三十五条 国家发展保险事业，建立国家财政支持的巨灾风险保险体系，并鼓励单位和公民参加保险。

第三十六条 国家鼓励、扶持具备相应条件的教学科研机构培养应急管理专门人才，鼓励、扶持教学科研机构和有关企业研究开发用于突发事件预防、监测、预警、应急处置与救援的新技术、新设备和新工具。

第三章 监测与预警

第三十七条 国务院建立全国统一的突发事件信息系统。

县级以上地方各级人民政府应当建立或者确定本地区统一的突发事件信息系统，汇集、储存、分析、传输有关突发事件的信息，并与上级人民政府及其有关部门、下级人民政府及其有关部门、专业机构和监测网点的突发事件信息系统实现互联互通，加强跨部门、跨地区的信息交流与情报合作。

第三十八条 县级以上人民政府及其有关部门、专业机构应当通过多种途径收集突发事件信息。

县级人民政府应当在居民委员会、村民委员会和有关单位建立专职或者兼职信息报告员制度。

获悉突发事件信息的公民、法人或者其他组织，应当立即向所在地人民政府、有关主管部门或者指定的专业机构报告。

第三十九条 地方各级人民政府应当按照国家有关规定向上级人民政府报送突发事件信息。县级以上人民政府有关主管部门应当向本级人民政府相关部门通报突发事件信息。专业机构、监测网点和信息报告员应当及时向所在地人民政府及其有关主管部门报告突发事件信息。

有关单位和人员报送、报告突发事件信息，应当做到及时、客观、真实，不得迟报、谎报、瞒报、漏报。

第四十条 县级以上地方各级人民政府应当及时汇总分析突发事件隐患和预警信息，必要时组织相关部门、专业技术人员、专家学者进行会商，对发生突发事件的可能性及其可能造成的影响进行评估；认为可能发生重大或者特别重大突发事件的，应当立即向上级人民政府报告，并向上级人民政府有关部门、当地驻军和可能受到危害的毗邻或者相关地区的人民政府通报。

第四十一条 国家建立健全突发事件监测制度。

县级以上人民政府及其有关部门应当根据自然灾害、事故灾难和公共卫生事件的种类和特点，建立健全基础信息数据库，完善监测网络，划分监测区域，确定监测点，明确监测项目，提供必要的设备、设施，配备专职或者兼职人员，对可能发生的突发事件进行监测。

第四十二条 国家建立健全突发事件预警制度。

可以预警的自然灾害、事故灾难和公共卫生事件的预警级别，按照突发事件发生的紧急程度、发展势态和可能造成的危害程度分为一级、二级、三级和四级，分别用红色、橙色、黄色和蓝色标示，一级为最高级别。

预警级别的划分标准由国务院或者国务院确定的部门制定。

第四十三条 可以预警的自然灾害、事故灾难或者公共卫生事件即将发生或者发生的可能性增大时，县级以上地方各级人民政府应当根据有关法律、行政法规和国务院规定的权限和程序，发布相应级别的警报，决定并宣布有关地区进入预警期，同时向上一级人民政府报告，必要时可以越级上报，并向当地驻军和可能受到危害的毗邻或者相关地区的人民政府通报。

第四十四条 发布三级、四级警报，宣布进入预警期后，县级以上地方各级人民政府应当根据即将发生的突发事件的特点和可能造成的危害，采取下列措施：

（一）启动应急预案；

（二）责令有关部门、专业机构、监测网点和负有特定职责的人员及时收集、报告有关信息，向社会公布反映突发事件信息的渠道，加强对突发事件发生、发展情况的监测、预报和预警工作；

（三）组织有关部门和机构、专业技术人员、有关专家学者，随时对突发事件信息进行分析评估，预测发生突发事件可能性的大小、影响范围和强度以及可能发生的突发事件的级别；

（四）定时向社会发布与公众有关的突发事件预测信息和分析评估结果，并对相关信息的报道工作进行管理；

（五）及时按照有关规定向社会发布可能受到突发事件危害的警告，宣传避免、减轻危害的常识，公布咨询电话。

第四十五条 发布一级、二级警报，宣布进入预警期后，县级以上地方各级人民政府除采取本法第四十四条规定的措施外，还应当针对即将发生的突发事件的特点和可能造成的危害，采取下列一项或者多项措施：

（一）责令应急救援队伍、负有特定职责的人员进入待命状态，并动员后备人员做好参加应急救援和处置工作的准备；

（二）调集应急救援所需物资、设备、工具，准备应急设施和避难场所，并确保其处于良好状态、随时可以投入正常使用；

（三）加强对重点单位、重要部位和重要基础设施的安全保卫，维护社会治安秩序；

（四）采取必要措施，确保交通、通信、供水、排水、供电、供气、供热等公共设施的安全和正常运行；

（五）及时向社会发布有关采取特定措施避免或者减轻危害的建议、劝告；

（六）转移、疏散或者撤离易受突发事件危害的人员并予以妥善安置，转移重要财产；

（七）关闭或者限制使用易受突发事件危害的场所，控制或者限制容易导致危害扩大的公共场所的活动；

（八）法律、法规、规章规定的其他必要的防范性、保护性措施。

第四十六条 对即将发生或者已经发生的社会安全事件，县级以上地方各级人民政府及其有关主管部门应当按照规定向上一级人民政府及其有关主管部门报告，必要时可以越级上报。

第四十七条 发布突发事件警报的人民政府应当根据事态的发展，按照有关规定适时调整预警级别并重新发布。

有事实证明不可能发生突发事件或者危险已经解除的，发布警报的人民政府应当立即宣布解除警报，终止预警期，并解除已经采取的有关措施。

第四章 应急处置与救援

第四十八条 突发事件发生后，履行统一领导职责或者组织处置突发事件的人民政府应当针对其性质、特点和危害程度，立即组织有关部门，调动应急救援队伍和社会力量，依照本章的规定和有关法律、法规、规章的规定采取应急处置措施。

第四十九条 自然灾害、事故灾难或者公共卫生事件发生后，履行统一领导职责的人民政府可以采取下列一项或者多项应急处置措施：

（一）组织营救和救治受害人员，疏散、撤离并妥善安置受到威胁的人员以及采取其他救助措施；

（二）迅速控制危险源，标明危险区域，封锁危险场所，划定警戒区，实行交通管制以及其他控制措施；

（三）立即抢修被损坏的交通、通信、供水、排水、供电、供气、供热等公共设施，向受到危害的人员提供避难场所和生活必需品，实施医疗救护和卫生防疫以及其他保障措施；

（四）禁止或者限制使用有关设备、设施，关闭或者限制使用有关场所，中止人员密集的活动或者可能导致危害扩大的生产经营活动以及采取其他保护措施；

（五）启用本级人民政府设置的财政预备费和储备的应急救援物资，必要时调用其他急需物资、设备、设施、工具；

（六）组织公民参加应急救援和处置工作，要求具有特定专长的人员提供服务；

（七）保障食品、饮用水、燃料等基本生活必需品的供应；

（八）依法从严惩处囤积居奇、哄抬物价、制假售假等扰乱市场秩序的行为，稳定市场价格，维护市场秩序；

（九）依法从严惩处哄抢财物、干扰破坏应急处置工作等扰乱社会秩序的行为，维护社会治安；

（十）采取防止发生次生、衍生事件的必要措施。

第五十条 社会安全事件发生后，组织处置工作的人民政府应当立即组织有关部门并由公安机关针对事件的性质和特点，依照有关法律、行政法规和国家其他有关规定，采取下列一项或者多项应急处置措施：

（一）强制隔离使用器械相互对抗或者以暴力行为参与冲突的当事人，妥善解决现场纠纷和争端，控制事态发展；

（二）对特定区域内的建筑物、交通工具、设备、设施以及燃料、燃气、电力、水的供应进行控制；

（三）封锁有关场所、道路，查验现场人员的身份证件，限制有关公共场所内的活动；

（四）加强对易受冲击的核心机关和单位的警卫，在国家机关、军事机关、国家通讯社、广播电台、电视台、外国驻华使领馆等单位附近设置临时警戒线；

（五）法律、行政法规和国务院规定的其他必要措施。

严重危害社会治安秩序的事件发生时，公安机关应当立即依法出动警力，根据现场情况依法采取相应的强制性措施，尽快使社会秩序恢复正常。

第五十一条 发生突发事件，严重影响国民经济正常运行时，国务院或者国务院授权的有关主管部门可以采取保障、控制等必要的应急措施，保障人民群众的基本生活需要，最大限度地减轻突发事件的影响。

第五十二条 履行统一领导职责或者组织处置突发事件的人民政府，必要时可以向单位和个人征用应急救援所需设备、设施、场地、交通工具和其他物资，请求其他地方人民政府提供人力、物力、财力或者技术支援，要求生产、供应生活必需品和应急救援物资的企业组织生产、保证供给，要求提供医疗、交通等公共服务的组织提供相应的服务。

履行统一领导职责或者组织处置突发事件的人民政府，应当组织协调运输经营单位，优先运送处置突发事件所需物资、设备、工具、应急救援人员和受到突发事件危害的人员。

第五十三条 履行统一领导职责或者组织处置突发事件的人民政府，应当按照有关规定统一、准确、及时发布有关突发事件事态发展和应急处置工作的信息。

第五十四条　任何单位和个人不得编造、传播有关突发事件事态发展或者应急处置工作的虚假信息。

第五十五条　突发事件发生地的居民委员会、村民委员会和其他组织应当按照当地人民政府的决定、命令，进行宣传动员，组织群众开展自救和互救，协助维护社会秩序。

第五十六条　受到自然灾害危害或者发生事故灾难、公共卫生事件的单位，应当立即组织本单位应急救援队伍和工作人员营救受害人员，疏散、撤离、安置受到威胁的人员，控制危险源，标明危险区域，封锁危险场所，并采取其他防止危害扩大的必要措施，同时向所在地县级人民政府报告；对因本单位的问题引发的或者主体是本单位人员的社会安全事件，有关单位应当按照规定上报情况，并迅速派出负责人赶赴现场开展劝解、疏导工作。

突发事件发生地的其他单位应当服从人民政府发布的决定、命令，配合人民政府采取的应急处置措施，做好本单位的应急救援工作，并积极组织人员参加所在地的应急救援和处置工作。

第五十七条　突发事件发生地的公民应当服从人民政府、居民委员会、村民委员会或者所属单位的指挥和安排，配合人民政府采取的应急处置措施，积极参加应急救援工作，协助维护社会秩序。

第五章　事后恢复与重建

第五十八条　突发事件的威胁和危害得到控制或者消除后，履行统一领导职责或者组织处置突发事件的人民政府应当停止执行依照本法规定采取的应急处置措施，同时采取或者继续实施必要措施，防止发生自然灾害、事故灾难、公共卫生事件的次生、衍生事件或者重新引发社会安全事件。

第五十九条　突发事件应急处置工作结束后，履行统一领导职责的人民政府应当立即组织对突发事件造成的损失进行评估，组织受影响地区尽快恢复生产、生活、工作和社会秩序，制定恢复重建计划，并向上一级人民政府报告。

受突发事件影响地区的人民政府应当及时组织和协调公安、交通、铁路、民航、邮电、建设等有关部门恢复社会治安秩序，尽快修复被损坏的交通、通信、供水、排水、供电、供气、供热等公共设施。

第六十条　受突发事件影响地区的人民政府开展恢复重建工作需要上一级人民政府支持的，可以向上一级人民政府提出请求。上一级人民政府应当根据受影响地区遭受的损失和实际情况，提供资金、物资支持和技术指导，组织其他地区提供资金、物资和人力支援。

第六十一条　国务院根据受突发事件影响地区遭受损失的情况，制定扶持该地区有关行业发展的优惠政策。

受突发事件影响地区的人民政府应当根据本地区遭受损失的情况，制定救助、补偿、抚慰、抚恤、安置等善后工作计划并组织实施，妥善解决因处置突发事件引发的矛盾和纠纷。

公民参加应急救援工作或者协助维护社会秩序期间，其在本单位的工资待遇和福利不变；表现突出、成绩显著的，由县级以上人民政府给予表彰或者奖励。

县级以上人民政府对在应急救援工作中伤亡的人员依法给予抚恤。

第六十二条 履行统一领导职责的人民政府应当及时查明突发事件的发生经过和原因，总结突发事件应急处置工作的经验教训，制定改进措施，并向上一级人民政府提出报告。

第六章 法律责任

第六十三条 地方各级人民政府和县级以上各级人民政府有关部门违反本法规定，不履行法定职责的，由其上级行政机关或者监察机关责令改正；有下列情形之一的，根据情节对直接负责的主管人员和其他直接责任人员依法给予处分：

（一）未按规定采取预防措施，导致发生突发事件，或者未采取必要的防范措施，导致发生次生、衍生事件的；

（二）迟报、谎报、瞒报、漏报有关突发事件的信息，或者通报、报送、公布虚假信息，造成后果的；

（三）未按规定及时发布突发事件警报、采取预警期的措施，导致损害发生的；

（四）未按规定及时采取措施处置突发事件或者处置不当，造成后果的；

（五）不服从上级人民政府对突发事件应急处置工作的统一领导、指挥和协调的；

（六）未及时组织开展生产自救、恢复重建等善后工作的；

（七）截留、挪用、私分或者变相私分应急救援资金、物资的；

（八）不及时归还征用的单位和个人的财产，或者对被征用财产的单位和个人不按规定给予补偿的。

第六十四条 有关单位有下列情形之一的，由所在地履行统一领导职责的人民政府责令停产停业，暂扣或者吊销许可证或者营业执照，并处五万元以上二十万元以下的罚款；构成违反治安管理行为的，由公安机关依法给予处罚：

（一）未按规定采取预防措施，导致发生严重突发事件的；

（二）未及时消除已发现的可能引发突发事件的隐患，导致发生严重突发事件的；

（三）未做好应急设备、设施日常维护、检测工作，导致发生严重突发事件或者突发事件危害扩大的；

（四）突发事件发生后，不及时组织开展应急救援工作，造成严重后果的。

前款规定的行为，其他法律、行政法规规定由人民政府有关部门依法决定处罚的，从其规定。

第六十五条 违反本法规定，编造并传播有关突发事件事态发展或者应急处置工作的虚假信息，或者明知是有关突发事件事态发展或者应急处置工作的虚假信息而进行传播的，责令改正，给予警告；造成严重后果的，依法暂停其业务活动或者吊销其执业许可证；负有直接责任的人员是国家工作人员的，还应当对其依法给予处分；构成违反治安管理行为的，由公安机关依法给予处罚。

第六十六条 单位或者个人违反本法规定，不服从所在地人民政府及其有关部门发布的决定、命令或者不配合其依法采取的措施，构成违反治安管理行为的，由公安机关依法给予处罚。

第六十七条 单位或者个人违反本法规定,导致突发事件发生或者危害扩大,给他人人身、财产造成损害的,应当依法承担民事责任。

第六十八条 违反本法规定,构成犯罪的,依法追究刑事责任。

第七章 附 则

第六十九条 发生特别重大突发事件,对人民生命财产安全、国家安全、公共安全、环境安全或者社会秩序构成重大威胁,采取本法和其他有关法律、法规、规章规定的应急处置措施不能消除或者有效控制、减轻其严重社会危害,需要进入紧急状态的,由全国人民代表大会常务委员会或者国务院依照宪法和其他有关法律规定的权限和程序决定。

紧急状态期间采取的非常措施,依照有关法律规定执行或者由全国人民代表大会常务委员会另行规定。

第七十条 本法自2007年11月1日起施行。

建设工程安全生产管理条例

（2003 年 11 月 24 日中华人民共和国国务院令第 393 号公布，
2004 年 2 月 1 日起施行）

第一章 总 则

第一条 为了加强建设工程安全生产监督管理，保障人民群众生命和财产安全，根据《中华人民共和国建筑法》、《中华人民共和国安全生产法》，制定本条例。

第二条 在中华人民共和国境内从事建设工程的新建、扩建、改建和拆除等有关活动及实施对建设工程安全生产的监督管理，必须遵守本条例。

本条例所称建设工程，是指土木工程、建筑工程、线路管道和设备安装工程及装修工程。

第三条 建设工程安全生产管理，坚持安全第一、预防为主的方针。

第四条 建设单位、勘察单位、设计单位、施工单位、工程监理单位及其他与建设工程安全生产有关的单位，必须遵守安全生产法律、法规的规定，保证建设工程安全生产，依法承担建设工程安全生产责任。

第五条 国家鼓励建设工程安全生产的科学技术研究和先进技术的推广应用，推进建设工程安全生产的科学管理。

第二章 建设单位的安全责任

第六条 建设单位应当向施工单位提供施工现场及毗邻区域内供水、排水、供电、供气、供热、通信、广播电视等地下管线资料，气象和水文观测资料，相邻建筑物和构筑物、地下工程的有关资料，并保证资料的真实、准确、完整。

建设单位因建设工程需要，向有关部门或者单位查询前款规定的资料时，有关部门或者单位应当及时提供。

第七条 建设单位不得对勘察、设计、施工、工程监理等单位提出不符合建设工程安全生产法律、法规和强制性标准规定的要求，不得压缩合同约定的工期。

第八条 建设单位在编制工程概算时，应当确定建设工程安全作业环境及安全施工措施所需费用。

第九条 建设单位不得明示或者暗示施工单位购买、租赁、使用不符合安全施工要求的安全防护用具、机械设备、施工机具及配件、消防设施和器材。

第十条 建设单位在申请领取施工许可证时，应当提供建设工程有关安全施工措施的资料。

依法批准开工报告的建设工程，建设单位应当自开工报告批准之日起 15 日内，将保证安全施工的措施报送建设工程所在地的县级以上地方人民政府建设行政主管部门或者其他有关部门备案。

第十一条 建设单位应当将拆除工程发包给具有相应资质等级的施工单位。

建设单位应当在拆除工程施工 15 日前，将下列资料报送建设工程所在地的县级以上地方人民政府建设行政主管部门或者其他有关部门备案：

（一）施工单位资质等级证明；

（二）拟拆除建筑物、构筑物及可能危及毗邻建筑的说明；

（三）拆除施工组织方案；

（四）堆放、清除废弃物的措施。

实施爆破作业的，应当遵守国家有关民用爆炸物品管理的规定。

第三章 勘察、设计、工程监理及其他有关单位的安全责任

第十二条 勘察单位应当按照法律、法规和工程建设强制性标准进行勘察，提供的勘察文件应当真实、准确，满足建设工程安全生产的需要。

勘察单位在勘察作业时，应当严格执行操作规程，采取措施保证各类管线、设施和周边建筑物、构筑物的安全。

第十三条 设计单位应当按照法律、法规和工程建设强制性标准进行设计，防止因设计不合理导致生产安全事故的发生。

设计单位应当考虑施工安全操作和防护的需要，对涉及施工安全的重点部位和环节在设计文件中注明，并对防范生产安全事故提出指导意见。

采用新结构、新材料、新工艺的建设工程和特殊结构的建设工程，设计单位应当在设计中提出保障施工作业人员安全和预防生产安全事故的措施建议。

设计单位和注册建筑师等注册执业人员应当对其设计负责。

第十四条 工程监理单位应当审查施工组织设计中的安全技术措施或者专项施工方案是否符合工程建设强制性标准。

工程监理单位在实施监理过程中，发现存在安全事故隐患的，应当要求施工单位整改；情况严重的，应当要求施工单位暂时停止施工，并及时报告建设单位。施工单位拒不整改或者不停止施工的，工程监理单位应当及时向有关主管部门报告。

工程监理单位和监理工程师应当按照法律、法规和工程建设强制性标准实施监理，并对建设工程安全生产承担监理责任。

第十五条 为建设工程提供机械设备和配件的单位，应当按照安全施工的要求配备齐全有效的保险、限位等安全设施和装置。

第十六条 出租的机械设备和施工机具及配件，应当具有生产（制造）许可证、产品合格证。

出租单位应当对出租的机械设备和施工机具及配件的安全性能进行检测，在签订租赁协议时，应当出具检测合格证明。

禁止出租检测不合格的机械设备和施工机具及配件。

第十七条 在施工现场安装、拆卸施工起重机械和整体提升脚手架、模板等自升式架设设施，必须由具有相应资质的单位承担。

安装、拆卸施工起重机械和整体提升脚手架、模板等自升式架设设施,应当编制拆装方案、制定安全施工措施,并由专业技术人员现场监督。

施工起重机械和整体提升脚手架、模板等自升式架设设施安装完毕后,安装单位应当自检,出具自检合格证明,并向施工单位进行安全使用说明,办理验收手续并签字。

第十八条 施工起重机械和整体提升脚手架、模板等自升式架设设施的使用达到国家规定的检验检测期限的,必须经具有专业资质的检验检测机构检测。经检测不合格的,不得继续使用。

第十九条 检验检测机构对检测合格的施工起重机械和整体提升脚手架、模板等自升式架设设施,应当出具安全合格证明文件,并对检测结果负责。

第四章 施工单位的安全责任

第二十条 施工单位从事建设工程的新建、扩建、改建和拆除等活动,应当具备国家规定的注册资本、专业技术人员、技术装备和安全生产等条件,依法取得相应等级的资质证书,并在其资质等级许可的范围内承揽工程。

第二十一条 施工单位主要负责人依法对本单位的安全生产工作全面负责。施工单位应当建立健全安全生产责任制度和安全生产教育培训制度,制定安全生产规章制度和操作规程,保证本单位安全生产条件所需资金的投入,对所承担的建设工程进行定期和专项安全检查,并做好安全检查记录。

施工单位的项目负责人应当由取得相应执业资格的人员担任,对建设工程项目的安全施工负责,落实安全生产责任制度、安全生产规章制度和操作规程,确保安全生产费用的有效使用,并根据工程的特点组织制定安全施工措施,消除安全事故隐患,及时、如实报告生产安全事故。

第二十二条 施工单位对列入建设工程概算的安全作业环境及安全施工措施所需费用,应当用于施工安全防护用具及设施的采购和更新、安全施工措施的落实、安全生产条件的改善,不得挪作他用。

第二十三条 施工单位应当设立安全生产管理机构,配备专职安全生产管理人员。

专职安全生产管理人员负责对安全生产进行现场监督检查。发现安全事故隐患,应当及时向项目负责人和安全生产管理机构报告;对违章指挥、违章操作的,应当立即制止。

专职安全生产管理人员的配备办法由国务院建设行政主管部门会同国务院其他有关部门制定。

第二十四条 建设工程实行施工总承包的,由总承包单位对施工现场的安全生产负总责。

总承包单位应当自行完成建设工程主体结构的施工。

总承包单位依法将建设工程分包给其他单位的,分包合同中应当明确各自的安全生产方面的权利、义务。总承包单位和分包单位对分包工程的安全生产承担连带责任。

分包单位应当服从总承包单位的安全生产管理,分包单位不服从管理导致生产安全事故的,由分包单位承担主要责任。

第二十五条 垂直运输机械作业人员、安装拆卸工、爆破作业人员、起重信号工、登高架设作业人员等特种作业人员，必须按照国家有关规定经过专门的安全作业培训，并取得特种作业操作资格证书后，方可上岗作业。

第二十六条 施工单位应当在施工组织设计中编制安全技术措施和施工现场临时用电方案，对下列达到一定规模的危险性较大的分部分项工程编制专项施工方案，并附具安全验算结果，经施工单位技术负责人、总监理工程师签字后实施，由专职安全生产管理人员进行现场监督：

（一）基坑支护与降水工程；

（二）土方开挖工程；

（三）模板工程；

（四）起重吊装工程；

（五）脚手架工程；

（六）拆除、爆破工程；

（七）国务院建设行政主管部门或者其他有关部门规定的其他危险性较大的工程。

对前款所列工程中涉及深基坑、地下暗挖工程、高大模板工程的专项施工方案，施工单位还应当组织专家进行论证、审查。

本条第一款规定的达到一定规模的危险性较大工程的标准，由国务院建设行政主管部门会同国务院其他有关部门制定。

第二十七条 建设工程施工前，施工单位负责项目管理的技术人员应当对有关安全施工的技术要求向施工作业班组、作业人员作出详细说明，并由双方签字确认。

第二十八条 施工单位应当在施工现场入口处、施工起重机械、临时用电设施、脚手架、出入通道口、楼梯口、电梯井口、孔洞口、桥梁口、隧道口、基坑边沿、爆破物及有害危险气体和液体存放处等危险部位，设置明显的安全警示标志。安全警示标志必须符合国家标准。

施工单位应当根据不同施工阶段和周围环境及季节、气候的变化，在施工现场采取相应的安全施工措施。施工现场暂时停止施工的，施工单位应当做好现场防护，所需费用由责任方承担，或者按照合同约定执行。

第二十九条 施工单位应当将施工现场的办公、生活区与作业区分开设置，并保持安全距离；办公、生活区的选址应当符合安全性要求。职工的膳食、饮水、休息场所等应当符合卫生标准。施工单位不得在尚未竣工的建筑物内设置员工集体宿舍。

施工现场临时搭建的建筑物应当符合安全使用要求。施工现场使用的装配式活动房屋应当具有产品合格证。

第三十条 施工单位对因建设工程施工可能造成损害的毗邻建筑物、构筑物和地下管线等，应当采取专项防护措施。

施工单位应当遵守有关环境保护法律、法规的规定，在施工现场采取措施，防止或者减少粉尘、废气、废水、固体废物、噪声、振动和施工照明对人和环境的危害和污染。

在城市市区内的建设工程，施工单位应当对施工现场实行封闭围挡。

第三十一条 施工单位应当在施工现场建立消防安全责任制度，确定消防安全责任人，制定用火、用电、使用易燃易爆材料等各项消防安全管理制度和操作规程，设置消防通道、消防水源，配备消防设施和灭火器材，并在施工现场入口处设置明显标志。

第三十二条 施工单位应当向作业人员提供安全防护用具和安全防护服装，并书面告知危险岗位的操作规程和违章操作的危害。

作业人员有权对施工现场的作业条件、作业程序和作业方式中存在的安全问题提出批评、检举和控告，有权拒绝违章指挥和强令冒险作业。

在施工中发生危及人身安全的紧急情况时，作业人员有权立即停止作业或者在采取必要的应急措施后撤离危险区域。

第三十三条 作业人员应当遵守安全施工的强制性标准、规章制度和操作规程，正确使用安全防护用具、机械设备等。

第三十四条 施工单位采购、租赁的安全防护用具、机械设备、施工机具及配件，应当具有生产（制造）许可证、产品合格证，并在进入施工现场前进行查验。

施工现场的安全防护用具、机械设备、施工机具及配件必须由专人管理，定期进行检查、维修和保养，建立相应的资料档案，并按照国家有关规定及时报废。

第三十五条 施工单位在使用施工起重机械和整体提升脚手架、模板等自升式架设设施前，应当组织有关单位进行验收，也可以委托具有相应资质的检验检测机构进行验收；使用承租的机械设备和施工机具及配件的，由施工总承包单位、分包单位、出租单位和安装单位共同进行验收。验收合格的方可使用。

《特种设备安全监察条例》规定的施工起重机械，在验收前应当经有相应资质的检验检测机构监督检验合格。

施工单位应当自施工起重机械和整体提升脚手架、模板等自升式架设设施验收合格之日起30日内，向建设行政主管部门或者其他有关部门登记。登记标志应当置于或者附着于该设备的显著位置。

第三十六条 施工单位的主要负责人、项目负责人、专职安全生产管理人员应当经建设行政主管部门或者其他有关部门考核合格后方可任职。

施工单位应当对管理人员和作业人员每年至少进行一次安全生产教育培训，其教育培训情况记入个人工作档案。安全生产教育培训考核不合格的人员，不得上岗。

第三十七条 作业人员进入新的岗位或者新的施工现场前，应当接受安全生产教育培训。未经教育培训或者教育培训考核不合格的人员，不得上岗作业。

施工单位在采用新技术、新工艺、新设备、新材料时，应当对作业人员进行相应的安全生产教育培训。

第三十八条 施工单位应当为施工现场从事危险作业的人员办理意外伤害保险。

意外伤害保险费由施工单位支付。实行施工总承包的，由总承包单位支付意外伤害保险费。意外伤害保险期限自建设工程开工之日起至竣工验收合格止。

第五章 监督管理

第三十九条 国务院负责安全生产监督管理的部门依照《中华人民共和国安全生产法》的规定，对全国建设工程安全生产工作实施综合监督管理。

县级以上地方人民政府负责安全生产监督管理的部门依照《中华人民共和国安全生

产法》的规定,对本行政区域内建设工程安全生产工作实施综合监督管理。

第四十条 国务院建设行政主管部门对全国的建设工程安全生产实施监督管理。国务院铁路、交通、水利等有关部门按照国务院规定的职责分工,负责有关专业建设工程安全生产的监督管理。

县级以上地方人民政府建设行政主管部门对本行政区域内的建设工程安全生产实施监督管理。县级以上地方人民政府交通、水利等有关部门在各自的职责范围内,负责本行政区域内的专业建设工程安全生产的监督管理。

第四十一条 建设行政主管部门和其他有关部门应当将本条例第十条、第十一条规定的有关资料的主要内容抄送同级负责安全生产监督管理的部门。

第四十二条 建设行政主管部门在审核发放施工许可证时,应当对建设工程是否有安全施工措施进行审查,对没有安全施工措施的,不得颁发施工许可证。

建设行政主管部门或者其他有关部门对建设工程是否有安全施工措施进行审查时,不得收取费用。

第四十三条 县级以上人民政府负有建设工程安全生产监督管理职责的部门在各自的职责范围内履行安全监督检查职责时,有权采取下列措施:

(一)要求被检查单位提供有关建设工程安全生产的文件和资料;

(二)进入被检查单位施工现场进行检查;

(三)纠正施工中违反安全生产要求的行为;

(四)对检查中发现的安全事故隐患,责令立即排除;重大安全事故隐患排除前或者排除过程中无法保证安全的,责令从危险区域内撤出作业人员或者暂时停止施工。

第四十四条 建设行政主管部门或者其他有关部门可以将施工现场的监督检查委托给建设工程安全监督机构具体实施。

第四十五条 国家对严重危及施工安全的工艺、设备、材料实行淘汰制度。具体目录由国务院建设行政主管部门会同国务院其他有关部门制定并公布。

第四十六条 县级以上人民政府建设行政主管部门和其他有关部门应当及时受理对建设工程生产安全事故及安全事故隐患的检举、控告和投诉。

第六章 生产安全事故的应急救援和调查处理

第四十七条 县级以上地方人民政府建设行政主管部门应当根据本级人民政府的要求,制定本行政区域内建设工程特大生产安全事故应急救援预案。

第四十八条 施工单位应当制定本单位生产安全事故应急救援预案,建立应急救援组织或者配备应急救援人员,配备必要的应急救援器材、设备,并定期组织演练。

第四十九条 施工单位应当根据建设工程施工的特点、范围,对施工现场易发生重大事故的部位、环节进行监控,制定施工现场生产安全事故应急救援预案。实行施工总承包的,由总承包单位统一组织编制建设工程生产安全事故应急救援预案,工程总承包单位和分包单位按照应急救援预案,各自建立应急救援组织或者配备应急救援人员,配备救援器材、设备,并定期组织演练。

第五十条 施工单位发生生产安全事故,应当按照国家有关伤亡事故报告和调查处理的规定,及时、如实地向负责安全生产监督管理的部门、建设行政主管部门或者其他有关部门报告;特种设备发生事故的,还应当同时向特种设备安全监督管理部门报告。接到报告的部门应当按照国家有关规定,如实上报。

实行施工总承包的建设工程,由总承包单位负责上报事故。

第五十一条 发生生产安全事故后,施工单位应当采取措施防止事故扩大,保护事故现场。需要移动现场物品时,应当做出标记和书面记录,妥善保管有关证物。

第五十二条 建设工程生产安全事故的调查、对事故责任单位和责任人的处罚与处理,按照有关法律、法规的规定执行。

第七章 法律责任

第五十三条 违反本条例的规定,县级以上人民政府建设行政主管部门或者其他有关行政管理部门的工作人员,有下列行为之一的,给予降级或者撤职的行政处分;构成犯罪的,依照刑法有关规定追究刑事责任:

(一)对不具备安全生产条件的施工单位颁发资质证书的;

(二)对没有安全施工措施的建设工程颁发施工许可证的;

(三)发现违法行为不予查处的;

(四)不依法履行监督管理职责的其他行为。

第五十四条 违反本条例的规定,建设单位未提供建设工程安全生产作业环境及安全施工措施所需费用的,责令限期改正;逾期未改正的,责令该建设工程停止施工。

建设单位未将保证安全施工的措施或者拆除工程的有关资料报送有关部门备案的,责令限期改正,给予警告。

第五十五条 违反本条例的规定,建设单位有下列行为之一的,责令限期改正,处20万元以上50万元以下的罚款;造成重大安全事故,构成犯罪的,对直接责任人员,依照刑法有关规定追究刑事责任;造成损失的,依法承担赔偿责任:

(一)对勘察、设计、施工、工程监理等单位提出不符合安全生产法律、法规和强制性标准规定的要求的;

(二)要求施工单位压缩合同约定的工期的;

(三)将拆除工程发包给不具有相应资质等级的施工单位的。

第五十六条 违反本条例的规定,勘察单位、设计单位有下列行为之一的,责令限期改正,处10万元以上30万元以下的罚款;情节严重的,责令停业整顿,降低资质等级,直至吊销资质证书;造成重大安全事故,构成犯罪的,对直接责任人员,依照刑法有关规定追究刑事责任;造成损失的,依法承担赔偿责任:

(一)未按照法律、法规和工程建设强制性标准进行勘察、设计的;

(二)采用新结构、新材料、新工艺的建设工程和特殊结构的建设工程,设计单位未在设计中提出保障施工作业人员安全和预防生产安全事故的措施建议的。

第五十七条 违反本条例的规定,工程监理单位有下列行为之一的,责令限期改正;逾期未改正的,责令停业整顿,并处10万元以上30万元以下的罚款;情节严重的,降低资质等级,直至吊销资质证书;造成重大安全事故,构成犯罪的,对直接责任人员,依照刑法

有关规定追究刑事责任;造成损失的,依法承担赔偿责任:

(一)未对施工组织设计中的安全技术措施或者专项施工方案进行审查的;

(二)发现安全事故隐患未及时要求施工单位整改或者暂时停止施工的;

(三)施工单位拒不整改或者不停止施工,未及时向有关主管部门报告的;

(四)未依照法律、法规和工程建设强制性标准实施监理的。

第五十八条 注册执业人员未执行法律、法规和工程建设强制性标准的,责令停止执业3个月以上1年以下;情节严重的,吊销执业资格证书,5年内不予注册;造成重大安全事故的,终身不予注册;构成犯罪的,依照刑法有关规定追究刑事责任。

第五十九条 违反本条例的规定,为建设工程提供机械设备和配件的单位,未按照安全施工的要求配备齐全有效的保险、限位等安全设施和装置的,责令限期改正,处合同价款1倍以上3倍以下的罚款;造成损失的,依法承担赔偿责任。

第六十条 违反本条例的规定,出租单位出租未经安全性能检测或者经检测不合格的机械设备和施工机具及配件的,责令停业整顿,并处5万元以上10万元以下的罚款;造成损失的,依法承担赔偿责任。

第六十一条 违反本条例的规定,施工起重机械和整体提升脚手架、模板等自升式架设设施安装、拆卸单位有下列行为之一的,责令限期改正,处5万元以上10万元以下的罚款;情节严重的,责令停业整顿,降低资质等级,直至吊销资质证书;造成损失的,依法承担赔偿责任:

(一)未编制拆装方案、制定安全施工措施的;

(二)未由专业技术人员现场监督的;

(三)未出具自检合格证明或者出具虚假证明的;

(四)未向施工单位进行安全使用说明,办理移交手续的。

施工起重机械和整体提升脚手架、模板等自升式架设设施安装、拆卸单位有前款规定的第(一)项、第(三)项行为,经有关部门或者单位职工提出后,对事故隐患仍不采取措施,因而发生重大伤亡事故或者造成其他严重后果,构成犯罪的,对直接责任人员,依照刑法有关规定追究刑事责任。

第六十二条 违反本条例的规定,施工单位有下列行为之一的,责令限期改正;逾期未改正的,责令停业整顿,依照《中华人民共和国安全生产法》的有关规定处以罚款;造成重大安全事故,构成犯罪的,对直接责任人员,依照刑法有关规定追究刑事责任:

(一)未设立安全生产管理机构、配备专职安全生产管理人员或者分部分项工程施工时无专职安全生产管理人员现场监督的;

(二)施工单位的主要负责人、项目负责人、专职安全生产管理人员、作业人员或者特种作业人员,未经安全教育培训或者经考核不合格即从事相关工作的;

(三)未在施工现场的危险部位设置明显的安全警示标志,或者未按照国家有关规定在施工现场设置消防通道、消防水源、配备消防设施和灭火器材的;

(四)未向作业人员提供安全防护用具和安全防护服装的;

(五)未按照规定在施工起重机械和整体提升脚手架、模板等自升式架设设施验收合格后登记的;

（六）使用国家明令淘汰、禁止使用的危及施工安全的工艺、设备、材料的。

第六十三条 违反本条例的规定，施工单位挪用列入建设工程概算的安全生产作业环境及安全施工措施所需费用的，责令限期改正，处挪用费用20%以上50%以下的罚款；造成损失的，依法承担赔偿责任。

第六十四条 违反本条例的规定，施工单位有下列行为之一的，责令限期改正；逾期未改正的，责令停业整顿，并处5万元以上10万元以下的罚款；造成重大安全事故，构成犯罪的，对直接责任人员，依照刑法有关规定追究刑事责任：

（一）施工前未对有关安全施工的技术要求作出详细说明的；

（二）未根据不同施工阶段和周围环境及季节、气候的变化，在施工现场采取相应的安全施工措施，或者在城市市区内的建设工程的施工现场未实行封闭围挡的；

（三）在尚未竣工的建筑物内设置员工集体宿舍的；

（四）施工现场临时搭建的建筑物不符合安全使用要求的；

（五）未对因建设工程施工可能造成损害的毗邻建筑物、构筑物和地下管线等采取专项防护措施的。

施工单位有前款规定第（四）项、第（五）项行为，造成损失的，依法承担赔偿责任。

第六十五条 违反本条例的规定，施工单位有下列行为之一的，责令限期改正；逾期未改正的，责令停业整顿，并处10万元以上30万元以下的罚款；情节严重的，降低资质等级，直至吊销资质证书；造成重大安全事故，构成犯罪的，对直接责任人员，依照刑法有关规定追究刑事责任；造成损失的，依法承担赔偿责任：

（一）安全防护用具、机械设备、施工机具及配件在进入施工现场前未经查验或者查验不合格即投入使用的；

（二）使用未经验收或者验收不合格的施工起重机械和整体提升脚手架、模板等自升式架设设施的；

（三）委托不具有相应资质的单位承担施工现场安装、拆卸施工起重机械和整体提升脚手架、模板等自升式架设设施的；

（四）在施工组织设计中未编制安全技术措施、施工现场临时用电方案或者专项施工方案的。

第六十六条 违反本条例的规定，施工单位的主要负责人、项目负责人未履行安全生产管理职责的，责令限期改正；逾期未改正的，责令施工单位停业整顿；造成重大安全事故、重大伤亡事故或者其他严重后果，构成犯罪的，依照刑法有关规定追究刑事责任。

作业人员不服管理、违反规章制度和操作规程冒险作业造成重大伤亡事故或者其他严重后果，构成犯罪的，依照刑法有关规定追究刑事责任。

施工单位的主要负责人、项目负责人有前款违法行为，尚不够刑事处罚的，处2万元以上20万元以下的罚款或者按照管理权限给予撤职处分；自刑罚执行完毕或者受处分之日起，5年内不得担任任何施工单位的主要负责人、项目负责人。

第六十七条 施工单位取得资质证书后，降低安全生产条件的，责令限期改正；经整改仍未达到与其资质等级相适应的安全生产条件的，责令停业整顿，降低其资质等级直至吊销资质证书。

第六十八条 本条例规定的行政处罚,由建设行政主管部门或者其他有关部门依照法定职权决定。

违反消防安全管理规定的行为,由公安消防机构依法处罚。

有关法律、行政法规对建设工程安全生产违法行为的行政处罚决定机关另有规定的,从其规定。

第八章 附 则

第六十九条 抢险救灾和农民自建低层住宅的安全生产管理,不适用本条例。

第七十条 军事建设工程的安全生产管理,按照中央军事委员会的有关规定执行。

第七十一条 本条例自2004年2月1日起施行。

安全生产许可证条例

（2004年1月13日中华人民共和国国务院令第397号发布，
自公布之日起施行）

第一条 为了严格规范安全生产条件，进一步加强安全生产监督管理，防止和减少生产安全事故，根据《中华人民共和国安全生产法》的有关规定，制定本条例。

第二条 国家对矿山企业、建筑施工企业和危险化学品、烟花爆竹、民用爆破器材生产企业（以下统称企业）实行安全生产许可制度。

企业未取得安全生产许可证的，不得从事生产活动。

第三条 国务院安全生产监督管理部门负责中央管理的非煤矿矿山企业和危险化学品、烟花爆竹生产企业安全生产许可证的颁发和管理。

省、自治区、直辖市人民政府安全生产监督管理部门负责前款规定以外的非煤矿矿山企业和危险化学品、烟花爆竹生产企业安全生产许可证的颁发和管理，并接受国务院安全生产监督管理部门的指导和监督。

国家煤矿安全监察机构负责中央管理的煤矿企业安全生产许可证的颁发和管理。

在省、自治区、直辖市设立的煤矿安全监察机构负责前款规定以外的其他煤矿企业安全生产许可证的颁发和管理，并接受国家煤矿安全监察机构的指导和监督。

第四条 国务院建设主管部门负责中央管理的建筑施工企业安全生产许可证的颁发和管理。

省、自治区、直辖市人民政府建设主管部门负责前款规定以外的建筑施工企业安全生产许可证的颁发和管理，并接受国务院建设主管部门的指导和监督。

第五条 国务院国防科技工业主管部门负责民用爆破器材生产企业安全生产许可证的颁发和管理。

第六条 企业取得安全生产许可证，应当具备下列安全生产条件：

（一）建立、健全安全生产责任制，制定完备的安全生产规章制度和操作规程；

（二）安全投入符合安全生产要求；

（三）设置安全生产管理机构，配备专职安全生产管理人员；

（四）主要负责人和安全生产管理人员经考核合格；

（五）特种作业人员经有关业务主管部门考核合格，取得特种作业操作资格证书；

（六）从业人员经安全生产教育和培训合格；

（七）依法参加工伤保险，为从业人员缴纳保险费；

（八）厂房、作业场所和安全设施、设备、工艺符合有关安全生产法律、法规、标准和规程的要求；

（九）有职业危害防治措施，并为从业人员配备符合国家标准或者行业标准的劳动防护用品；

（十）依法进行安全评价；

（十一）有重大危险源检测、评估、监控措施和应急预案；

（十二）有生产安全事故应急救援预案、应急救援组织或者应急救援人员，配备必要的应急救援器材、设备；

（十三）法律、法规规定的其他条件。

第七条 企业进行生产前，应当依照本条例的规定向安全生产许可证颁发管理机关申请领取安全生产许可证，并提供本条例第六条规定的相关文件、资料。安全生产许可证颁发管理机关应当自收到申请之日起45日内审查完毕，经审查符合本条例规定的安全生产条件的，颁发安全生产许可证；不符合本条例规定的安全生产条件的，不予颁发安全生产许可证，书面通知企业并说明理由。

煤矿企业应当以矿（井）为单位，在申请领取煤炭生产许可证前，依照本条例的规定取得安全生产许可证。

第八条 安全生产许可证由国务院安全生产监督管理部门规定统一的式样。

第九条 安全生产许可证的有效期为3年。安全生产许可证有效期满需要延期的，企业应当于期满前3个月向原安全生产许可证颁发管理机关办理延期手续。

企业在安全生产许可证有效期内，严格遵守有关安全生产的法律法规，未发生死亡事故的，安全生产许可证有效期届满时，经原安全生产许可证颁发管理机关同意，不再审查，安全生产许可证有效期延期3年。

第十条 安全生产许可证颁发管理机关应当建立、健全安全生产许可证档案管理制度，并定期向社会公布企业取得安全生产许可证的情况。

第十一条 煤矿企业安全生产许可证颁发管理机关、建筑施工企业安全生产许可证颁发管理机关、民用爆破器材生产企业安全生产许可证颁发管理机关，应当每年向同级安全生产监督管理部门通报其安全生产许可证颁发和管理情况。

第十二条 国务院安全生产监督管理部门和省、自治区、直辖市人民政府安全生产监督管理部门对建筑施工企业、民用爆破器材生产企业、煤矿企业取得安全生产许可证的情况进行监督。

第十三条 企业不得转让、冒用安全生产许可证或者使用伪造的安全生产许可证。

第十四条 企业取得安全生产许可证后，不得降低安全生产条件，并应当加强日常安全生产管理，接受安全生产许可证颁发管理机关的监督检查。

安全生产许可证颁发管理机关应当加强对取得安全生产许可证的企业的监督检查，发现其不再具备本条例规定的安全生产条件的，应当暂扣或者吊销安全生产许可证。

第十五条 安全生产许可证颁发管理机关工作人员在安全生产许可证颁发、管理和监督检查工作中，不得索取或者接受企业的财物，不得谋取其他利益。

第十六条 监察机关依照《中华人民共和国行政监察法》的规定，对安全生产许可证颁发管理机关及其工作人员履行本条例规定的职责实施监察。

第十七条 任何单位或者个人对违反本条例规定的行为，有权向安全生产许可证颁发管理机关或者监察机关等有关部门举报。

第十八条 安全生产许可证颁发管理机关工作人员有下列行为之一的，给予降级或者撤职的行政处分；构成犯罪的，依法追究刑事责任：

（一）向不符合本条例规定的安全生产条件的企业颁发安全生产许可证的；

（二）发现企业未依法取得安全生产许可证擅自从事生产活动，不依法处理的；

（三）发现取得安全生产许可证的企业不再具备本条例规定的安全生产条件，不依法处理的；

（四）接到对违反本条例规定行为的举报后，不及时处理的；

（五）在安全生产许可证颁发、管理和监督检查工作中，索取或者接受企业的财物，或者谋取其他利益的。

第十九条 违反本条例规定，未取得安全生产许可证擅自进行生产的，责令停止生产，没收违法所得，并处10万元以上50万元以下的罚款；造成重大事故或者其他严重后果，构成犯罪的，依法追究刑事责任。

第二十条 违反本条例规定，安全生产许可证有效期满未办理延期手续，继续进行生产的，责令停止生产，限期补办延期手续，没收违法所得，并处5万元以上10万元以下的罚款；逾期仍不办理延期手续，继续进行生产的，依照本条例第十九条的规定处罚。

第二十一条 违反本条例规定，转让安全生产许可证的，没收违法所得，处10万元以上50万元以下的罚款，并吊销其安全生产许可证；构成犯罪的，依法追究刑事责任；接受转让的，依照本条例第十九条规定处罚。

冒用安全生产许可证或者使用伪造的安全生产许可证的，依照本条例第十九条的规定处罚。

第二十二条 本条例施行前已经进行生产的企业，应当自本条例施行之日起1年内，依照本条例的规定向安全生产许可证颁发管理机关申请办理安全生产许可证；逾期不办理安全生产许可证，或者经审查不符合本条例规定的安全生产条件，未取得安全生产许可证，继续进行生产的，依照本条例第十九条的规定处罚。

第二十三条 本条例规定的行政处罚，由安全生产许可证颁发管理机关决定。

第二十四条 本条例自公布之日起施行。

生产安全事故报告和调查处理条例

(2007年4月9日中华人民共和国国务院令第493号公布，
2007年6月1日起施行)

第一章 总 则

第一条 为了规范生产安全事故的报告和调查处理，落实生产安全事故责任追究制度，防止和减少生产安全事故，根据《中华人民共和国安全生产法》和有关法律，制定本条例。

第二条 生产经营活动中发生的造成人身伤亡或者直接经济损失的生产安全事故的报告和调查处理，适用本条例；环境污染事故、核设施事故、国防科研生产事故的报告和调查处理不适用本条例。

第三条 根据生产安全事故(以下简称事故)造成的人员伤亡或者直接经济损失，事故一般分为以下等级：

(一)特别重大事故，是指造成30人以上死亡，或者100人以上重伤(包括急性工业中毒，下同)，或者1亿元以上直接经济损失的事故；

(二)重大事故，是指造成10人以上30人以下死亡，或者50人以上100人以下重伤，或者5 000万元以上1亿元以下直接经济损失的事故；

(三)较大事故，是指造成3人以上10人以下死亡，或者10人以上50人以下重伤，或者1 000万元以上5 000万元以下直接经济损失的事故；

(四)一般事故，是指造成3人以下死亡，或者10人以下重伤，或者1 000万元以下直接经济损失的事故。

国务院安全生产监督管理部门可以会同国务院有关部门，制定事故等级划分的补充性规定。

本条第一款所称的“以上”包括本数，所称的“以下”不包括本数。

第四条 事故报告应当及时、准确、完整，任何单位和个人对事故不得迟报、漏报、谎报或者瞒报。

事故调查处理应当坚持实事求是、尊重科学的原则，及时、准确地查清事故经过、事故原因和事故损失，查明事故性质，认定事故责任，总结事故教训，提出整改措施，并对事故责任者依法追究责任。

第五条 县级以上人民政府应当依照本条例的规定，严格履行职责，及时、准确地完成事故调查处理工作。

事故发生地有关地方人民政府应当支持、配合上级人民政府或者有关部门的事故调查处理工作，并提供必要的便利条件。

参加事故调查处理的部门和单位应当互相配合，提高事故调查处理工作的效率。

第六条 工会依法参加事故调查处理，有权向有关部门提出处理意见。

第七条 任何单位和个人不得阻挠和干涉对事故的报告和依法调查处理。

第八条 对事故报告和调查处理中的违法行为，任何单位和个人有权向安全生产监督管理部门、监察机关或者其他有关部门举报，接到举报的部门应当依法及时处理。

第二章 事故报告

第九条 事故发生后，事故现场有关人员应当立即向本单位负责人报告；单位负责人接到报告后，应当于1小时内向事故发生地县级以上人民政府安全生产监督管理部门和负有安全生产监督管理职责的有关部门报告。

情况紧急时，事故现场有关人员可以直接向事故发生地县级以上人民政府安全生产监督管理部门和负有安全生产监督管理职责的有关部门报告。

第十条 安全生产监督管理部门和负有安全生产监督管理职责的有关部门接到事故报告后，应当依照下列规定上报事故情况，并通知公安机关、劳动保障行政部门、工会和人民检察院：

（一）特别重大事故、重大事故逐级上报至国务院安全生产监督管理部门和负有安全生产监督管理职责的有关部门；

（二）较大事故逐级上报至省、自治区、直辖市人民政府安全生产监督管理部门和负有安全生产监督管理职责的有关部门；

（三）一般事故上报至设区的市级人民政府安全生产监督管理部门和负有安全生产监督管理职责的有关部门。

安全生产监督管理部门和负有安全生产监督管理职责的有关部门依照前款规定上报事故情况，应当同时报告本级人民政府。国务院安全生产监督管理部门和负有安全生产监督管理职责的有关部门以及省级人民政府接到发生特别重大事故、重大事故的报告后，应当立即报告国务院。

必要时，安全生产监督管理部门和负有安全生产监督管理职责的有关部门可以越级上报事故情况。

第十一条 安全生产监督管理部门和负有安全生产监督管理职责的有关部门逐级上报事故情况，每级上报的时间不得超过2小时。

第十二条 报告事故应当包括下列内容：

（一）事故发生单位概况；

（二）事故发生的时间、地点以及事故现场情况；

（三）事故的简要经过；

（四）事故已经造成或者可能造成的伤亡人数（包括下落不明的人数）和初步估计的直接经济损失；

（五）已经采取的措施；

（六）其他应当报告的情况。

第十三条 事故报告后出现新情况的，应当及时补报。

自事故发生之日起30日内，事故造成的伤亡人数发生变化的，应当及时补报。道路交通事故、火灾事故自发生之日起7日内，事故造成的伤亡人数发生变化的，应当及时补报。

第十四条 事故发生单位负责人接到事故报告后，应当立即启动事故相应应急预案，或者采取有效措施，组织抢救，防止事故扩大，减少人员伤亡和财产损失。

第十五条 事故发生地有关地方人民政府、安全生产监督管理部门和负有安全生产监督管理职责的有关部门接到事故报告后，其负责人应当立即赶赴事故现场，组织事故救援。

第十六条 事故发生后，有关单位和人员应当妥善保护事故现场以及相关证据，任何单位和个人不得破坏事故现场、毁灭相关证据。

因抢救人员、防止事故扩大以及疏通交通等原因，需要移动事故现场物件的，应当做出标志，绘制现场简图并做出书面记录，妥善保存现场重要痕迹、物证。

第十七条 事故发生地公安机关根据事故的情况，对涉嫌犯罪的，应当依法立案侦查，采取强制措施和侦查措施。犯罪嫌疑人逃匿的，公安机关应当迅速追捕归案。

第十八条 安全生产监督管理部门和负有安全生产监督管理职责的有关部门应当建立值班制度，并向社会公布值班电话，受理事故报告和举报。

第三章 事故调查

第十九条 特别重大事故由国务院或者国务院授权有关部门组织事故调查组进行调查。

重大事故、较大事故、一般事故分别由事故发生地省级人民政府、设区的市级人民政府、县级人民政府负责调查。省级人民政府、设区的市级人民政府、县级人民政府可以直接组织事故调查组进行调查，也可以授权或者委托有关部门组织事故调查组进行调查。

未造成人员伤亡的一般事故，县级人民政府也可以委托事故发生单位组织事故调查组进行调查。

第二十条 上级人民政府认为必要时，可以调查由下级人民政府负责调查的事故。

自事故发生之日起30日内（道路交通事故、火灾事故自发生之日起7日内），因事故伤亡人数变化导致事故等级发生变化，依照本条例规定应当由上级人民政府负责调查的，上级人民政府可以另行组织事故调查组进行调查。

第二十一条 特别重大事故以下等级事故，事故发生地与事故发生单位不在同一个县级以上行政区域的，由事故发生地人民政府负责调查，事故发生单位所在地人民政府应当派人参加。

第二十二条 事故调查组的组成应当遵循精简、效能的原则。

根据事故的具体情况，事故调查组由有关人民政府、安全生产监督管理部门、负有安全生产监督管理职责的有关部门、监察机关、公安机关以及工会派人组成，并应当邀请人民检察院派人参加。

事故调查组可以聘请有关专家参与调查。

第二十三条 事故调查组成员应当具有事故调查所需要的知识和专长，并与所调查的事故没有直接利害关系。

第二十四条 事故调查组组长由负责事故调查的人民政府指定。事故调查组组长主持事故调查组的工作。

第二十五条 事故调查组履行下列职责:

(一)查明事故发生的经过、原因、人员伤亡情况及直接经济损失;

(二)认定事故的性质和事故责任;

(三)提出对事故责任者的处理建议;

(四)总结事故教训,提出防范和整改措施;

(五)提交事故调查报告。

第二十六条 事故调查组有权向有关单位和个人了解与事故有关的情况,并要求其提供相关文件、资料,有关单位和个人不得拒绝。

事故发生单位的负责人和有关人员在事故调查期间不得擅离职守,并应当随时接受事故调查组的询问,如实提供有关情况。

事故调查中发现涉嫌犯罪的,事故调查组应当及时将有关材料或者其复印件移交司法机关处理。

第二十七条 事故调查中需要进行技术鉴定的,事故调查组应当委托具有国家规定资质的单位进行技术鉴定。必要时,事故调查组可以直接组织专家进行技术鉴定。技术鉴定所需时间不计入事故调查期限。

第二十八条 事故调查组成员在事故调查工作中应当诚信公正、恪尽职守,遵守事故调查组的纪律,保守事故调查的秘密。

未经事故调查组组长允许,事故调查组成员不得擅自发布有关事故的信息。

第二十九条 事故调查组应当自事故发生之日起60日内提交事故调查报告;特殊情况下,经负责事故调查的人民政府批准,提交事故调查报告的期限可以适当延长,但延长的期限最长不超过60日。

第三十条 事故调查报告应当包括下列内容:

(一)事故发生单位概况;

(二)事故发生经过和事故救援情况;

(三)事故造成的人员伤亡和直接经济损失;

(四)事故发生的原因和事故性质;

(五)事故责任的认定以及对事故责任者的处理建议;

(六)事故防范和整改措施。

事故调查报告应当附具有关证据材料。事故调查组成员应当在事故调查报告上签名。

第三十一条 事故调查报告报送负责事故调查的人民政府后,事故调查工作即告结束。事故调查的有关资料应当归档保存。

第四章 事故处理

第三十二条 重大事故、较大事故、一般事故,负责事故调查的人民政府应当自收到事故调查报告之日起 15 日内做出批复；特别重大事故，30 日内做出批复，特殊情况下，批复时间可以适当延长，但延长的时间最长不超过 30 日。

有关机关应当按照人民政府的批复，依照法律、行政法规规定的权限和程序，对事故发生单位和有关人员进行行政处罚，对负有事故责任的国家工作人员进行处分。

事故发生单位应当按照负责事故调查的人民政府的批复，对本单位负有事故责任的人员进行处理。

负有事故责任的人员涉嫌犯罪的，依法追究刑事责任。

第三十三条　事故发生单位应当认真吸取事故教训，落实防范和整改措施，防止事故再次发生。防范和整改措施的落实情况应当接受工会和职工的监督。

安全生产监督管理部门和负有安全生产监督管理职责的有关部门应当对事故发生单位落实防范和整改措施的情况进行监督检查。

第三十四条　事故处理的情况由负责事故调查的人民政府或者其授权的有关部门、机构向社会公布，依法应当保密的除外。

第五章　法律责任

第三十五条　事故发生单位主要负责人有下列行为之一的，处上一年年收入 40% 至 80% 的罚款；属于国家工作人员的，并依法给予处分；构成犯罪的，依法追究刑事责任：

（一）不立即组织事故抢救的；

（二）迟报或者漏报事故的；

（三）在事故调查处理期间擅离职守的。

第三十六条　事故发生单位及其有关人员有下列行为之一的，对事故发生单位处 100 万元以上 500 万元以下的罚款；对主要负责人、直接负责的主管人员和其他直接责任人员处上一年年收入 60% 至 100% 的罚款；属于国家工作人员的，并依法给予处分；构成违反治安管理行为的，由公安机关依法给予治安管理处罚；构成犯罪的，依法追究刑事责任：

（一）谎报或者瞒报事故的；

（二）伪造或者故意破坏事故现场的；

（三）转移、隐匿资金、财产，或者销毁有关证据、资料的；

（四）拒绝接受调查或者拒绝提供有关情况和资料的；

（五）在事故调查中作伪证或者指使他人作伪证的；

（六）事故发生后逃匿的。

第三十七条　事故发生单位对事故发生负有责任的，依照下列规定处以罚款：

（一）发生一般事故的，处 10 万元以上 20 万元以下的罚款；

（二）发生较大事故的，处 20 万元以上 50 万元以下的罚款；

（三）发生重大事故的，处 50 万元以上 200 万元以下的罚款；

（四）发生特别重大事故的，处 200 万元以上 500 万元以下的罚款。

第三十八条　事故发生单位主要负责人未依法履行安全生产管理职责，导致事故发生的，依照下列规定处以罚款；属于国家工作人员的，并依法给予处分；构成犯罪的，依法追究刑事责任：

（一）发生一般事故的，处上一年年收入30%的罚款；

（二）发生较大事故的，处上一年年收入40%的罚款；

（三）发生重大事故的，处上一年年收入60%的罚款；

（四）发生特别重大事故的，处上一年年收入80%的罚款。

第三十九条 有关地方人民政府、安全生产监督管理部门和负有安全生产监督管理职责的有关部门有下列行为之一的，对直接负责的主管人员和其他直接责任人员依法给予处分；构成犯罪的，依法追究刑事责任：

（一）不立即组织事故抢救的；

（二）迟报、漏报、谎报或者瞒报事故的；

（三）阻碍、干涉事故调查工作的；

（四）在事故调查中作伪证或者指使他人作伪证的。

第四十条 事故发生单位对事故发生负有责任的，由有关部门依法暂扣或者吊销其有关证照；对事故发生单位负有事故责任的有关人员，依法暂停或者撤销其与安全生产有关的执业资格、岗位证书；事故发生单位主要负责人受到刑事处罚或者撤职处分的，自刑罚执行完毕或者受处分之日起，5年内不得担任任何生产经营单位的主要负责人。

为发生事故的单位提供虚假证明的中介机构，由有关部门依法暂扣或者吊销其有关证照及其相关人员的执业资格；构成犯罪的，依法追究刑事责任。

第四十一条 参与事故调查的人员在事故调查中有下列行为之一的，依法给予处分；构成犯罪的，依法追究刑事责任：

（一）对事故调查工作不负责任，致使事故调查工作有重大疏漏的；

（二）包庇、袒护负有事故责任的人员或者借机打击报复的。

第四十二条 违反本条例规定，有关地方人民政府或者有关部门故意拖延或者拒绝落实经批复的对事故责任人的处理意见的，由监察机关对有关责任人员依法给予处分。

第四十三条 本条例规定的罚款的行政处罚，由安全生产监督管理部门决定。

法律、行政法规对行政处罚的种类、幅度和决定机关另有规定的，依照其规定。

第六章 附 则

第四十四条 没有造成人员伤亡，但是社会影响恶劣的事故，国务院或者有关地方人民政府认为需要调查处理的，依照本条例的有关规定执行。

国家机关、事业单位、人民团体发生的事故的报告和调查处理，参照本条例的规定执行。

第四十五条 特别重大事故以下等级事故的报告和调查处理，有关法律、行政法规或者国务院另有规定的，依照其规定。

第四十六条 本条例自2007年6月1日起施行。国务院1989年3月29日公布的《特别重大事故调查程序暂行规定》和1991年2月22日公布的《企业职工伤亡事故报告和处理规定》同时废止。

河南省安全生产条例

(2004年5月31日河南省人民代表大会常务委员会公告第15号公布，2004年8月1日起施行)

第一章 总 则

第一条 为了加强安全生产监督管理,防止和减少生产安全事故,保障人民群众生命和财产安全,促进经济发展,维护社会稳定,根据《中华人民共和国安全生产法》(以下简称《安全生产法》)和有关法律法规,结合本省实际,制定本条例。

第二条 在本省行政区域内从事生产经营活动的单位(以下统称生产经营单位)的安全生产,适用本条例。有关法律、行政法规对消防安全和道路交通安全、铁路交通安全、水上交通安全、民用航空安全等另有规定的,从其规定。

本省行政区域内国家机关、事业单位、社会团体的安全生产依照本条例执行。

第三条 安全生产工作应当坚持“安全第一、预防为主”的方针,建立健全安全生产责任制。

第四条 各级人民政府应当加强对安全生产工作的领导,支持、督促各有关部门依法履行安全生产监督管理职责,及时协调、解决安全生产监督管理中存在的重大问题。

第五条 各级人民政府及其有关部门的主要负责人对本地区、本部门安全生产工作负全面责任,分管安全生产工作的负责人对安全生产工作负领导责任,其他负责人对分管范围内的安全生产工作负领导责任。

第六条 县级以上人民政府安全生产监督管理部门对本行政区域内安全生产工作实施综合监督管理,指导、协调和监督有关部门承担的专项安全生产管理工作,并负责组织实施本条例。

县级以上人民政府其他有关部门依法在各自的职责范围内对有关的安全生产工作实施监督管理。

第七条 工会依法组织职工参加本单位安全生产工作的民主管理和民主监督,维护职工在安全生产方面的合法权益。

第八条 各级人民政府及其有关部门应当组织开展安全生产宣传教育,提高公民的安全生产意识。

广播、电视、报刊等新闻单位,应当积极开展安全生产宣传教育,加强对安全生产工作的舆论监督。

第九条 县级以上人民政府及其有关部门应当对在改善安全生产条件、防止安全事故、参加抢险救护、报告重大事故隐患、举报安全生产违法行为等方面做出显著成绩或者安全生产目标考核优秀的单位和个人,给予表彰或者奖励。

第二章　安全生产责任

第十条　生产经营单位应当履行《安全生产法》和有关法律、法规规定的责任，并按照规定向安全生产监督管理部门和有关部门报告安全生产情况。

第十一条　生产经营单位主要负责人对本单位安全生产工作负全面责任，其他负责人对分管业务范围内的安全生产工作负领导责任。

第十二条　矿山、建筑施工单位和危险物品的生产、经营、运输、储存单位，应当按照不低于从业人员百分之一的比例配备专职安全生产管理人员。

前款规定以外的其他生产经营单位，从业人员在三百人以上的，应当按照不低于从业人员千分之五的比例配备专职安全生产管理人员；从业人员在三百人以下的，应当配备专职或者兼职安全生产管理人员，也可以委托具有国家规定的相关专业技术资格的工程技术人员或者具有安全生产管理服务能力的人员提供安全生产管理服务。

第十三条　接受委托提供安全生产管理服务的人员，应当具备相应的安全生产管理服务能力，并经省安全生产监督管理部门考试、考核合格。

第十四条　生产经营单位应当制定安全生产教育和培训计划，建立从业人员安全教育和培训档案。对调换工种或者采用新工艺、新技术、新材料及使用新设备的从业人员，应当进行专门的安全生产教育和培训。培训合格后，方可上岗。

第十五条　生产经营单位应当按照国家和本省规定，为从业人员免费发放合格的劳动防护用品，并监督、教育从业人员按照使用规则佩戴、使用。

第十六条　生产经营单位不得违章指挥或者强令从业人员冒险作业。从业人员有权拒绝违章指挥或者强令冒险作业，并有权向有关部门检举、控告。

第十七条　生产、经营、运输、储存、使用危险物品或者处置废弃危险物品的，必须严格执行国家有关规定。

生产经营单位应当按照国家有关规定对生产经营的易燃易爆物品、危险化学品、放射性物品等危险物品登记注册、提供中文安全标签和安全技术说明书。

第十八条　生产经营单位将生产经营项目、场所、设备发包或者出租的，应当与承包、承租方约定各自的安全生产管理职责。

发包矿山、建筑施工生产项目或者出租危险物品生产、储存场所的，双方应当签订专门的安全生产管理协议。

第十九条　生产经营单位的生产区域、生活区域、储存区域之间应当依照有关规定保持安全距离；生产、经营、储存、使用危险物品的车间、商店、仓库的周边安全防护必须符合国家标准或者国家有关规定，不得与员工宿舍在同一座建筑物内，并应当与员工宿舍保持安全距离；生产经营、办公及其他有人员聚集的场所和员工宿舍应当设有符合紧急疏散要求、标志明显、保持畅通的安全出口。禁止封闭、堵塞安全出口。

第二十条　学校及幼儿园应当对学生进行安全知识教育，加强安全管理。对学生进行劳动技能教育以及组织学生参加劳动和社会实践活动，必须确保学生安全。学校和幼儿园的教学和生活设施应当设置符合紧急疏散要求、标志明显、保持畅通的出口，保持疏散通道畅通。不得将危房作为教学和生活设施。

第二十一条 禁止以任何形式、名义组织中小学校学生从事接触易燃、易爆、有毒、有害等危险物品的劳动或者其他危险性劳动。

禁止将学校及幼儿园场地作为从事易燃、易爆、有毒、有害等危险物品的生产、经营、储存场所。

第二十二条 旅游景区(点)管理机构和经营者应当加强旅游安全管理,完善旅游安全防护设施,制定安全事故应急救援预案,做好旅游预测预报和游人疏导工作。

高空旅游设施和惊险旅游项目必须符合安全规定和标准,保障旅游者人身、财产安全。

第二十三条 举办大型经贸、文化、体育等集会活动,主办单位应当制定安全预案,加强观场管理,确保公众安全。安全预案经公安等有关部门审查同意后向安全生产监督管理部门备案。

第二十四条 危险物品的生产、经营、储存单位以及矿山、建筑施工单位应当建立应急救援组织,配备相应的应急救援器材、设备,并定期进行演练;规模较小的单位,可以不建立应急救援组织,但应当配备应急救援人员,并与就近的应急救援组织签订应急救援协议。

第三章 安全生产保障

第二十五条 在下列范围内不得建设居民区(楼)、学校、集贸市场及其他公众聚集的建筑物:

(一)危险物品生产、经营、储存区域安全距离内;

(二)重大危险源危及的区域;

(三)矿区塌陷危及的区域;

(四)尾矿库(含固体废弃物堆场)危及的区域;

(五)输油和燃气管线安全距离内。

危险物品的生产、经营以及储存数量构成重大危险源的储存设施,必须与居民区(楼)、学校、集贸市场及其他公众聚集的建筑物保持国家规定的安全距离。

第二十六条 生产经营单位新建、改建、扩建工程项目(以下统称建设项目)的安全设施,必须与主体工程同时设计、同时施工、同时投入生产和使用。安全设施投资应当纳入建设项目概算。

存在重大危险、危害因素的建设项目,应当按照国家规定进行安全评价。设计单位必须按照国家或者行业安全生产标准进行设计,其初步设计文件应当有安全生产专篇,并经安全生产监督管理部门审查同意。

施工单位应当按照批准的设计文件进行施工并对安全设施的工程质量负责。

建设项目竣工投产前,生产经营单位应当对安全设施进行安全评价。安全设施经安全生产监督管理等部门和工会验收合格后,方可投入生产和使用。

第二十七条 下列单位应当委托具备相应资质的安全生产中介机构,定期进行安全评价,根据安全评价结果采取相应的安全防范措施,并将评价结果报告安全生产监督管理部门和有关部门:

（一）危险物品的生产、经营、储存、运输以及矿山、建筑施工单位；

（二）尾矿库（含固体废弃物堆场）、大型公共垃圾堆场的管理单位及其他危险、危害因素严重的单位；

（三）存在重大事故隐患或者重大危险源的单位；

（四）发生重大以上安全事故的单位。

第二十八条 矿山、建筑施工以及危险物品的生产、经营、储存、运输等从事直接关系生命财产安全的生产经营单位，依法取得安全生产条件许可后，可从事生产、经营、储存、运输活动。

第二十九条 特种劳动防护用品、煤矿矿井使用的特种设备等直接关系生命财产安全的产品、物品和设备、设施，其设计、制造、安装、使用、检测、维修、改造，应当符合国家标准或者行业标准，经具备相应资质的机构进行安全性能检测、检验合格，取得安全性能鉴定证书或者安全标志。

前款规定的产品、物品和设备、设施的设计应当经安全论证，其生产经营单位应当依照国家规定取得安全生产许可证。禁止生产经营和使用不符合国家标准或者行业标准、不能保障安全的产品、物品和设备、设施。

第三十条 生产经营单位应当定期排查事故隐患，对发现的事故隐患必须立即采取整治措施予以排除，并将有关情况报告有关部门和安全生产监督管理部门。

第三十一条 生产经营单位应当安排专项资金治理重大、特大事故隐患。重大、特大事故隐患治理完成后，单位应当向有关部门和安全生产监督管理部门申请专项检查。

第三十二条 县级以上人民政府劳动和社会保障主管部门应当将工伤认定处理结果定期抄送同级安全生产监督管理部门。省、省辖市人民政府可以根据实际需要从上年度征缴的工伤保险费中安排一定比例用于工伤事故预防。

第三十三条 对矿山、建筑施工单位和危险物品的生产、经营、运输、储存单位，建立企业提取安全费用制度。安全费用由企业自行提取，专户储存，专项用于安全生产。具体办法由省人民政府制定。

第四章 安全生产监督管理

第三十四条 县级以上人民政府对本行政区域内的安全生产工作履行下列职责：

（一）将安全生产工作纳入国民经济和社会发展计划；

（二）将安全生产监督管理的业务（事业）经费、安全生产奖励经费列入同级财政预算；

（三）建立健全安全生产监督管理体系和应急救援体系，组织制定并实施重大、特大安全事故应急救援预案；

（四）协调解决安全生产工作重大问题；

（五）组织治理无单位负责的公共安全隐患；

（六）研究作出安全事故处理和行政责任追究决定；

（七）法律、法规规定的其他职责。

第三十五条 乡（镇）人民政府和城市街道办事处应当确定分管负责人和专职或者

兼职人员管理本辖区内的安全生产工作。

第三十六条 安全生产监督管理部门和有关部门应当加强对重大、特大事故隐患治理情况的监督管理，情况紧急时，可以采取责令暂时停产停业等紧急措施。

第三十七条 承担安全评价、认证、检测、检验的中介机构应当具备国家规定的资质条件，并对其作出的评价、认证、检测、检验的结果负责。

安全生产中介机构的资质认定由省安全生产监督管理部门负责。县级以上安全生产监督管理部门应当加强对安全生产中介机构的监督管理。法律、行政法规另有规定的，从其规定。

第五章 安全事故应急救援与调查处理

第三十八条 单位发生重伤、死亡或者急性中毒事故，必须立即报告其主管部门及当地安全生产监督管理、公安、监察等部门和工会。急性中毒事故应当同时报告当地卫生部门。有关部门接到事故报告后应当立即报告同级人民政府，并同时按系统逐级上报。

重大以上火灾、道路交通和民用爆炸物品（烟花爆竹除外）安全事故由省公安部门上报省人民政府和国务院有关部门；重大以上急性中毒事故由省卫生部门上报省人民政府和国务院有关部门；其他重大以上安全事故由省安全生产监督管理部门上报省人民政府和国务院有关部门；特别重大安全事故由省人民政府报告国务院。

公安、消防、铁路、民航、交通、卫生等部门和单位应当将本部门、本单位的安全事故统计报告及时抄送同级安全生产监督管理部门。

第三十九条 发生特大死亡或者特别重大安全事故的，必须自接到事故报告或者发现事故发生之时起四小时内报至省人民政府；发生重大事故的，必须自接到事故报告或者发现事故发生之时起十小时内报至省安全生产监督管理部门和有关部门；发生重伤或者死亡事故的，必须自接到事故报告或者发现事故发生之时起二十四小时内报至省有关部门。

单位、有关部门、安全生产监督管理部门、各级人民政府应当及时、如实报告安全事故情况，不得隐瞒不报、谎报或者拖延不报。

第四十条 单位发生安全事故后，应当迅速采取有效措施组织抢救，防止事故扩大，减少人员伤亡和财产损失。单位无力抢救时，应当立即请求就近的救护、医疗单位救援。接到救援请求的单位应当及时赶赴现场抢救。

严禁故意破坏事故现场、毁灭有关证据。

第四十一条 下列安全事故的调查处理实行分级负责：

（一）重伤事故和死亡事故，由县级人民政府组织调查处理；

（二）重大死亡事故，由省辖市人民政府组织调查处理；

（三）特大死亡事故，由省人民政府组织调查处理；

（四）特别重大事故，按照国务院规定组织调查处理。

上一级人民政府可以派员参加或者直接调查处理应当由下一级人民政府组织调查处理的安全事故。

第四十二条 本条例第四十一条第一款第（一）项、第（二）项规定的安全事故，由地方人民政府组织安全生产监督管理、公安、监察等部门和工会进行调查处理。调查报告经上一级人民政府委托同级安全生产监督管理部门批复后，由地方人民政府作出责任追究决定。

本条例第四十一条第一款第(三)项规定的安全事故，由省人民政府组织有关部门调查，并作出责任追究决定。

安全事故的责任追究按照法律、法规的规定执行。

第四十三条 监察、人事等部门和有关单位，应当按照有关人事管理权限和处理程序的规定，执行对有关责任者的行政处分决定，并将处理结果通报安全生产监督管理部门。

第六章 法律责任

第四十四条 违反安全生产法规、行政法规和本条例规定的行为，法律、行政法规有处罚规定的，从其规定；未作出规定的，依照本条例规定执行。

第四十五条 生产经营单位有下列行为之一的，责令限期改正；逾期未改正的，责令停止建设或者停产停业整顿，可以并处三千元以上五万元以下的罚款，对有关责任人员给予行政处分；构成犯罪的，依法追究刑事责任：

(一)建设项目未按规定进行安全评价、安全设施未经审查同意进行施工或者未经竣工验收擅自投产和使用的；

(二)特种劳动防护用品、煤矿矿井使用的特种设备等直接关系生命财产安全的产品、物品或者设备、设施的生产经营单位，未依照国家有关规定取得安全生产许可证，其设计未经安全论证，未进行安全性能鉴定并取得安全性能鉴定证书或者安全标志的。

第四十六条 生产经营易燃易爆物品、危险化学品、放射性物品等危险物品的单位，未按规定提供中文安全标签和安全技术说明书的，由有关部门责令立即或者限期改正，处以一万元以上五万元以下的罚款；逾期未改正的，责令停产停业整顿。

第四十七条 生产、经营、储存、使用危险物品的单位的生产区域、生活区域、储存区域未按照规定保持安全距离，以及周边安全防护不符合国家标准或者国家有关规定的，责令限期改正；逾期未改正的，责令停产停业整顿；造成严重后果，构成犯罪的，依法追究刑事责任。

第四十八条 安全生产中介机构未取得资质认证或者超越资质许可范围从事安全生产中介服务的，责令停止中介活动，没收违法所得，可以并处一万元以上五万元以下的罚款。

第四十九条 单位发生安全事故，故意伪造、破坏事故现场以及毁灭证据的，对有关责任人员给予行政处分；构成犯罪的，依法追究刑事责任。

第五十条 各级人民政府和安全生产监督管理部门及其他有关部门，有下列情形之一的，对直接负责的主管人员和其他直接责任人员依法给予行政处分；构成犯罪的，依法追究刑事责任：

(一)对应当依法取缔、关闭的生产经营单位未依法取缔、关闭的；

(二)未履行重大、特大事故隐患监督管理职责的；

(三)未履行或者未按照规定的程序履行安全管理职责，发生重大、特大安全事故的；

（四）未能有效组织救援致使安全事故损害扩大的；

（五）对安全事故隐瞒不报、谎报或者拖延不报的；

（六）阻挠、干涉安全事故调查处理或者责任追究的；

（七）未依法履行审查、批准职责，造成严重后果的。

第五十一条 本条例规定的行政处罚，由安全生产监督管理部门决定；予以关闭的行政处罚，由安全生产监督管理部门报请县级以上人民政府按照国务院规定的权限决定。有关法律、行政法规对行政处罚的决定机关另有规定的，依照其规定。

第七章 附 则

第五十二条 本条例自2004年8月1日起施行，1997年7月25日河南省第八届人民代表大会常务委员会第二十七次会议通过的《河南省劳动安全卫生条例》同时废止。

二、法规性文件

FAGUIXING WENJIAN

国务院办公厅转发安全监管总局等部门《关于加强企业应急管理工作的意见》的通知

（国办发［2007］13 号，2007 年 2 月 28 日）

各省、自治区、直辖市人民政府，国务院各部委、各直属机构：

安全监管总局、国资委、财政部、公安部、民政部、卫生部、环保总局《关于加强企业应急管理工作的意见》已经国务院同意，现转发给你们，请认真贯彻执行。

附件：

关于加强企业应急管理工作的意见

企业应急管理是指对企业生产经营中的各种安全生产事故和可能给企业带来人员伤亡、财产损失的各种外部突发公共事件，以及企业可能给社会带来损害的各类突发公共事件的预防、处置和恢复重建等工作，是企业管理的重要组成部分。加强企业应急管理，是企业自身发展的内在要求和必须履行的社会责任。近年来，我国企业应急管理工作取得较大进展，但总体上看仍存在诸多薄弱环节，安全生产事故频发，自然灾害、公共卫生事件、社会安全事件等也给企业安全造成多方面影响。为深入贯彻落实《国家突发公共事件总体应急预案》和《国务院关于全面加强应急管理工作的意见》（国发［2006］24 号），进一步加强企业应急管理工作，现提出如下意见。

一、明确企业应急管理的工作目标

（一）各级各类生产经营企业在 2007 年底前全面完成应急预案编制工作；建立健全企业应急管理组织体系，把应急管理纳入企业管理的各个环节；形成上下贯通、多方联动、协调有序、运转高效的企业应急管理机制；建立起训练有素、反应快速、装备齐全、保障有力的企业应急队伍；加强企业危险源监控，实现企业突发公共事件预防与处置的有机结合；政府有关部门完善相关法规和政策措施；企业应对事故灾难、自然灾害、公共卫生事件和社会安全事件的能力得到全面提高。

二、健全组织体系和工作机制

（二）建立健全企业应急管理组织体系。大型企业要设置或明确应急管理领导机构和办事机构，配备专职或兼职人员开展应急管理工作，形成企业主要领导全面负责、分管领导具体负责、有关部门分工负责、群团组织协助配合、相关人员全部参与的应急管理组织体系；矿山、建筑施工企业和易燃易爆物品、危险化学品、放射性物品等危险物品的生产、经营、储运企业(以下简称高危行业企业)要设置或指定应急管理办事机构，配备应急管理人员。其他各类企业也要在企业负责人的领导下组织开展自身应急管理工作。

(三)完善企业应急联动机制。县级人民政府要全面掌握本行政区域内的高危行业企业分布、企业重点危险源、应急队伍、救援基地、应急物资、道路交通等基本情况，加强与企业联系，组织建立政府与企业、企业与企业、企业与关联单位之间的应急联动机制，形成统一指挥、相互支持、密切配合、协同应对各类突发公共事件的合力，协调有序地开展应急管理工作。中央企业要加强与其所在地县级人民政府有关部门的沟通衔接，主动接受安全生产监管，发生突发公共事件后要及时报告有关情况，发布预警信息。

三、推进预案体系建设和管理

(四)编制完善企业预案。应急预案是企业应急管理工作的主线。各企业要针对本企业的风险隐患特点，以编制事故灾难应急预案为重点，并根据实际需要编制其他方面的应急预案。预案内容要简明、管用、注重实效，有针对性和可操作性。生产企业要在预案中明确可能发生事故的具体应对措施。地方政府和有关部门要重点加强对非公有制企业、中小企业、高危行业企业、安全生产状况较差企业、产生或经营危险废弃物的企业和改革重组改制企业的指导，明确预案编制要求，制订编制指南或预案范本，提高预案质量。

(五)加强企业预案管理。建立企业预案的评估管理、动态管理和备案管理制度。各企业要根据有关法律、法规、标准的变动情况，应急预案演练情况，以及企业作业条件、设备状况、产品品种、人员、技术、外部环境等不断变化的实际情况，及时评估和补充修订完善预案。企业应急预案按照“分类管理、分级负责”的原则报当地政府主管部门和上级单位备案，并告知相关单位。备案管理单位要加强对预案内容的审查，实现预案之间的有机衔接。

(六)开展多种形式的预案演练。各企业要从实际出发，有计划地组织开展预案演练工作。高危行业企业要针对生产事故易发环节，每年至少组织开展一次预案演练。要加强对演练情况的总结分析，及时发现问题，不断改进应急管理工作。有关部门要加强对企业预案演练的指导，并组织高危行业企业开展联合演练，促进各单位的协调配合和职责落实。

四、加强企业应急队伍和基地建设

(七)加强企业专兼职队伍和职工队伍建设。按照专业救援和职工参与相结合、险时救援和平时防范相结合的原则，建设专业队伍为骨干、兼职队伍为辅助、职工队伍为基础的企业应急队伍体系。大中型高危行业企业要根据有关法律法规建立专业的应急救援队伍；小型高危行业企业要建立兼职的应急救援队伍，并与有关专业应急队伍建立合作、联动机制；其他企业应根据需要指定专职或兼职应急救援人员。对已经建有专兼职消防队的企业，其应急救援队伍应当依托已有的专兼职消防队组建。涉及高危行业的中央企业都要建立起现代化、专业化、高技术水准的救援队伍。各企业要切实抓好应急队伍的训练和管理，加强对职工应急知识、技能的培训。特别是安全生产关键责任岗位的职工，不仅要熟练掌握生产操作技术，更要掌握安全操作规范和安全生产事件的处置方法，增强自救互救和第一时间处置突发事件的能力。签订救援协议的专业应急救援队伍要定期协助协议企业排查事故隐患，熟悉救援环境，开展技术咨询和服务，协议企业应予以积极配合和支持。充分发挥专家对企业应急预案编制、应急演练、应急处置等工作的指导作用，提高企业应急管理水平。

（八）加强企业应急救援基地建设。大型矿山、石化、民航、铁路、水上运输、核工业企业要充分发挥组织优势、技术优势、人才优势，建设专业特色突出、布局配置合理的应急救援基地，并在做好本企业应急救援工作的同时，参与社会应急救援工作。具备条件的中央企业要率先建立一批管理规范、装备先进适用、信息畅通、处置能力强的区域应急救援基地，承担起一定区域内的重大抢险救灾任务。有关部门要加强与相关地方的沟通，做好救援基地规划布局和组织建设工作，建立有效的全国救援基地信息沟通渠道。地方政府要加强对应急救援基地建设的支持，充分发挥救援基地在区域救援方面的重要作用。

五、做好隐患排查监管和应急处置工作

（九）开展企业隐患排查监管。各企业要组织力量，重点针对企业生产场所、危险建（构）筑物以及企业周边环境等认真开展隐患排查，全面分析可能造成的灾害及衍生灾害。对查出的隐患及时治理整改，制订切实可行的整改方案，并采取可靠的安全保障措施。对隐患较大的要采取停产、停业整顿或停止使用等措施，防止发生突发事件。对重大危险源应当登记建档，进行定期检测、评估，实时监控，并告知从业人员和相关人员在紧急情况下应当采取的应急措施。改革重组改制企业要特别重视矛盾纠纷和其他影响社会安全的隐患的排查化解工作，防范发生群体性事件。有关部门要加强隐患标准的制订、完善工作，加强督促检查。

（十）做好突发公共事件的处置工作。突发公共事件发生后，企业应立即启动相关应急预案，组织开展先期处置，并按照分级标准迅速向地方政府及有关部门报告。对溢流、井喷、危险化学品泄漏、放射源失控等可能对周边群众和环境产生危害的突发公共事件，企业要在第一时间向地方政府报告有关情况，并及时向可能受到影响的单位、职工、群众发出预警信息。要控制事故发展态势，标明危险区域，组织、协助应急救援队伍和工作人员救助受害人员，疏散、撤离、安置受到威胁的人员，并采取必要措施防止发生次生、衍生事件。地方政府要按照相关预案要求，加强对应急处置的指挥领导，组织开展救援和群众疏散工作。有关单位要按照地方政府的统一要求，做好各项救援措施的衔接和配合。应急处置工作结束后，各企业应尽快组织恢复生产、生活秩序，消除环境污染，并加强事后评估，完善各项措施。

六、强化企业应急管理职责分工和相关政策措施

（十一）明确和落实企业应急管理责任。企业对自身应急管理工作负责，按照条块结合、属地为主的原则，在政府的领导下和有关部门的监督指导下开展应急管理工作。安全生产是企业应急管理工作的重点，安全生产监管部门和其他负有安全生产监管职责的部

门按照现有职责分工,进一步加强监管工作。其他有关部门各司其职,监督指导有关企业预防和应对其他各类突发公共事件。国有资产监督管理机构按照出资人职责,负责督促监管企业落实应急管理方针政策,把监管企业安全生产工作纳入考核内容,对监管企业应急预案的制订和落实情况开展检查。各级政府应急管理办事机构负责综合指导、协调企业应急管理工作。各有关部门要按照职责分工,针对不同行业的企业、大型企业与中小型企业、国有企业与民营企业、内资企业与外资企业等不同类型企业在应急管理工作中的不同特点,加强对企业应急管理的分类指导。建立激励约束机制,对应急管理工作中表现突出的企业和个人给予表彰或奖励,对不履行职责引起事态扩大、造成严重后果的责任人要依法追究责任。

(十二)企业要加大投入力度。企业应急能力建设是企业安全生产和企业长远发展的保障。各企业要加大对应急能力建设的投入力度,着力解决制约企业应急管理的关键问题,使人力、物力、财力等生产要素适应应急管理工作的要求,做到应急管理与企业发展同步规划、同步实施、同步推进。要切实加大对应急物资的投入,制订应急物资保障方案,重点加强防护用品、救援装备、救援器材的物资储备,做到数量充足、品种齐全、质量可靠。加快新技术、新工艺和新设备的应用,改善企业安全生产条件,提高防灾减灾能力。针对企业应急管理的重点和难点问题,加强与有关科研院所的联合攻关。有条件的企业要加强应急管理的信息化建设,配备必要的设备,逐步实现与有关部门数据信息的互联互通。高危行业企业要安排应急专项资金,用于隐患排查整改、危险源监控、应急队伍建设、物资设备购置、应急预案演练、应急知识培训和宣传教育等工作。

(十三)制定完善相关政策。建立和完善政府应急准备金制度,对处置企业突发公共事件等给予必要支持。进一步落实企业强制性提取安全费用、交纳安全生产风险抵押金、提高事故伤亡赔偿标准的政策措施。研究制定征用补偿政策,完善对企业物资合理征用的补偿办法。研究制定相关政策措施,加强先进适用技术、装备的研发和应用,加快形成具有自主知识产权的应急技术和产品,扶持应急产业发展。建立完善企业应急队伍有偿服务机制,对企业应急救援队伍参与社会救援的经费支出予以相应补偿,鼓励和支持企业参与社会救援。充分发挥保险在突发公共事件预防、处置和恢复重建等方面的作用,大力推进高危行业企业的意外伤害保险和责任保险制度建设,完善对专职和兼职救护队员的工伤保险制度。

河南省人民政府办公厅关于加强建设工程安全生产管理工作的通知

（豫政办[2005]77号，2005年9月8日）

各市、县人民政府，省人民政府有关部门：

为认真贯彻落实《国务院进一步加强安全生产工作的决定》（国发[2004]2号）及《建设工程安全生产管理条例》（国务院令第393号）、《安全生产许可证条例》（国务院令第397号）等有关法律、法规，切实加强房屋建筑和市政基础设施工程的安全管理，保障人民生命和国家财产安全，更好地促进我省建设工程的健康发展，现就进一步加强建设工程安全生产工作通知如下。

一、提高认识，切实增强抓好建设工程安全生产工作的责任感和使命感

建设工程安全生产工作是构建和谐社会的重要内容之一，是加快我省经济发展，实现中原崛起的重要保障措施。随着我省城镇化进程加快，基本建设规模逐步扩大，建设项目技术含量和施工难度不断增大，不安全因素大量增加，建设工程安全生产面临的任务日趋繁重。各级政府、各有关部门和单位要从落实科学发展观、构建和谐社会、促进河南经济发展的高度，充分认识建设工程安全生产工作的重要性，牢固树立以人为本的思想，认真落实"安全第一、预防为主"的方针，切实增强安全生产法制观念和做好安全工作的责任感，正确处理安全与建设、安全与效益、安全与发展的关系，真正把建设工程安全作为一项重要工作纳入议事日程，纳入建设事业和经济社会发展的总体规划，切实采取有效措施，狠抓各项工作的落实，坚决遏制重大事故的发生，确保建设工程的顺利进行。

二、完善制度，加强监督管理

（一）加强建设工程安全生产监督执法。各级建设行政主管部门要认真履行法定的监管职责，加强对各类房屋建筑和市政基础设施工程的安全生产监督管理，完善监管机构，创新监管方式，规范监管程序，运用检查、巡查、随机抽查等多种形式，加大监督检查和执法力度，消除监管盲区和死角，依法查处重大安全隐患和违法违规行为。任何单位不得以重点工程、开发区工程、招商引资工程等为由不接受建设行政主管部门的监管。对存在重大安全隐患又不能及时整改的工程，要坚决停工；对问题严重的，要进行严厉处罚和公开曝光；对拒不接受管理的，要会同监察部门严肃查处，或申请审判机关强制执行。对监管中存在的重大问题要及时向当地政府报告，以便及时解决。各级政府和有关部门要认真清理和废除与法律法规相抵触、不利于建设工程安全生产监管或限制正常安全检查的地方性规定，支持建设行政主管部门依法开展安全生产监管工作。

（二）建立健全建设工程安全生产考核体系。各级政府及建设行政主管部门、建设工

程相关单位要研究制定本地区、本行业、本单位的建设工程安全生产中长期规划，确定年度工作目标，建立健全责任制，逐级分解、量化责任目标，形成上下联动、分级负责、防范严密的责任体系。要完善建设工程安全生产考核机制和奖惩机制，加强对落实情况的检查、监督，把建设工程安全生产工作情况作为业绩考核的重要依据，真正把建设工程安全生产工作落到实处。

（三）建立健全建筑市场安全准入制度。各级建设行政主管部门要对建筑施工企业安全生产进行严格审查，不具备条件的企业，不予颁发安全生产许可证。未取得安全生产许可证的企业不得参加工程投标，工商部门不得办理营业执照年度审验，建设单位不得使用。建筑企业负责人、项目负责人、专职安全管理人员未取得安全考核合格证的，不得从事管理活动，项目经理不得参加投标。对未取得安全生产许可证和安全生产考核合格证而擅自从事建筑生产活动和管理活动的单位和个人，要予以严肃处理。

（四）完善安全生产监管手段和监管机制。建设行政主管部门要加强对建设工程安全生产检查、巡查、督察，建立和完善建筑市场主体安全生产业绩档案，通过信息网络、新闻媒体发布安全生产动态，公示建筑市场有关方面的安全生产优良业绩或不良记录，并将安全生产状况与市场准入、资质升降、个人执业资格、招标投标、企业评优评先、奖惩等方面有机结合起来，加大管理力度，充分体现安全生产的否决作用。积极研究探讨运用经济手段管理安全的措施和办法，完善安全风险约束机构，提高建筑安全生产和综合监督水平和应急救援能力。

（五）严格安全责任追究。建设工程安全事故发生后，建筑施工单位在迅速组织事故抢救的同时，要立即上报当地建设行政主管部门及有关部门，建设行政主管部门及有关部门要按照事故上报的规定及时向当地政府和上级主管部门报告，任何单位和部门不得迟报、谎报和瞒报。对不按规定上报事故的责任单位和责任人，要严肃追究责任。各级政府要按照事故调查处理权限和程序，坚持客观公正、廉洁高效、依法办事的原则，组织有关部门查清事故原因，划清事故责任，及时批复结案，使责任单位和责任人依法受到严肃处理。

三、加强培训，落实经费

各级建设行政主管部门、建设工程相关单位要针对行业特点、企业特点和工程特点，根据安全生产工作的具体要求，多渠道、多形式、多层次开展建设安全生产的宣传教育培训，广泛普及安全生产的法律、法规、规范、标准和基本知识，大力营造安全生产的浓厚氛围，巩固和扩大安全生产的宣传教育培训效果，提高各级各类人员的安全意识、法制观念、防范技能和管理水平。特别要针对建筑行业整体素质不高和农民工多的特点，认真做好对建筑施工企业管理人员和一线作业人员的安全教育培训，重点加强对建筑施工企业负责人、项目负责人、专职安全生产人员及特别作业人员和现场作业人员的教育培训和考核，严格持证上岗。建筑务工人员比较集中的县、乡政府，要从促进当地经济发展的高度出发，集中组织开展对建筑务工人员的培训，提高建筑务工人员安全生产意识和技能，把好务工人员出口关。

认真落实安全生产经费，确保安全生产投入。各建设工程单位要按照《建设工程安全生产管理条例》的要求，将安全施工措施费用列入工程概算和招标预算，并按照有关规定或合同约定按时支付施工单位。施工单位要制订和落实施工安全技术措施,确保安全施工措施费用专款专用。建设单位和施工单位不得以任何理由减少和取消此项费用;监理单位要把此项费用拨付使用情况作为造价控制的内容;建设行政主管部门要根据工程安全文明施工的要求,合理确定并适时调整安全文明施工措施费用的计取标准,并加强对建设单位支付和施工单位使用安全施工措施费用情况的监督检查。对建设单位不支付或施工单位挪用安全施工措施费用的,要依法严肃处理。

四、强化措施,明确主体责任

各建设、勘察、设计、施工、监理单位和建筑材料、配件及设备的生产、供应、租赁单位,要认真执行法律、法规、规章和工程建设强制性标准,切实履行各自的安全生产责任、义务,自觉规范自身的安全生产行为,健全制度,完善措施,加强管理,接受监督,共同确保建设工程安全生产。

各建设单位要严格执行法定建设程序,认真做好开工前的各项准备工作,加强施工过程中安全生产协调和管理。按照《建设工程安全生产管理条例》的要求,在规定的时间内向建设行政主管部门报送安全施工措施资料,保证资料的真实性、有效性。

各勘察单位要按照法律、法规和工程建设强制性标准进行勘察,勘察作业要严格执行操作规程,采取措施保证各类管线设施和周边建筑物、构筑物的安全。提供的勘察文件应当真实、准确,满足建设工程安全生产的需要。

各设计单位要按照法律、法规和工程建设强制性标准进行设计,对涉及施工安全的重点部位和环节在设计文件中注明,对采用新结构、新材料、新工艺的建设工程和特殊结构的建设工程在设计中提出保障施工作业人员和防范生产安全事故的指导意见和措施建议。

各施工单位要根据工程特点和安全技术规定及有关要求编制安全技术措施和专项施工方案,严格按程序进行审核和审批,认真组织实施,不得擅自更改。要按照国家和行业安全规范标准要求,切实加强施工现场安全防护,确保防范措施落实到位。严格执行设备淘汰制度,坚决消除国家明令淘汰、禁止使用的设备。施工现场使用的塔吊、人货电梯、物料提升机等垂直运输设备和提升设施,必须按规定进行检验检测,并在建设行政主管部门登记备案,未按规定检测或检测不合格的设备设施不得使用。

监理单位要依照《建设工程安全生产管理条例》的规定和要求,切实履行职责,认真做好安全监理工作。对不认真履行职责、造成重大安全隐患或安全事故的相关责任单位和责任人,要给予严肃处理。

各建筑材料、配件及设备的生产、供应、租赁单位提供的建筑材料、配件及设备应有制造许可证、产品合格证及检测合格证,并对提供的材料和产品质量负责。

河南省人民政府办公厅转发省发展改革委等部门《关于强化生产经营单位安全生产主体责任严格安全生产业绩考核的实施意见》的通知

（豫政办[2007]23 号,2007 年 3 月 23 日）

各省辖市人民政府,省人民政府各部门：

省发展改革委、省政府国资委、省安全生产监管局等部门制定的《关于强化生产经营单位安全生产主体责任严格安全生产业绩考核的实施意见》已经省政府同意,现转发给你们,请认真贯彻落实。

附件：

关于强化生产经营单位安全生产主体责任严格安全生产业绩考核的实施意见

（2007 年 3 月 12 日）

为强化生产经营单位安全生产主体责任,完善安全生产业绩考核工作,促进各类生产经营单位安全生产状况稳定好转,根据国家发展改革委、国务院国资委、国家安全生产监管总局联合下发的《关于强化生产经营单位安全生产主体责任严格安全生产业绩考核指导意见的通知》（发改运行[2006]818 号）要求,依据《中华人民共和国安全生产法》、《河南省安全生产条例》等法律、法规规定,结合我省实际,制定如下实施意见。

一、依法明确和落实生产经营单位安全生产主体责任

生产经营单位是社会生产经营活动的基本单位,是安全生产的管理主体,同时也是安全生产的责任主体,必须坚持“安全第一、预防为主、综合治理”的方针,依法履行安全生产主体责任：

（一）认真贯彻落实安全生产的法律、法规和规程、标准,建立和落实生产经营单位以主要负责人为核心的安全生产责任制。

（二）严格依法设置安全生产管理机构,配备安全生产管理人员。矿山、建筑施工单位和危险物品的生产、经营、运输、储存单位应当设置安全生产管理机构,或者按照不低于

从业人员1%的比例配备专职安全生产管理人员。其他生产经营单位,从业人员在300人以上的,应当设置安全生产管理机构或者按照不低于从业人员5‰的比例配备专职安全生产管理人员;从业人员在300人以下的,应当配备专职或者兼职安全生产管理人员,也可以委托具有国家规定的相关专业技术资格的工程技术人员或者具有安全生产管理能力的人员进行安全生产管理。

(三)建立健全并落实各项安全生产规章制度和操作规程。生产经营单位应当建立健全并落实的安全生产规章制度,主要包括:

1. 安全生产会议制度;
2. 安全教育培训制度;
3. 安全生产投入保障制度;
4. 安全检查制度;
5. 危险作业安全管理制度;
6. 重大危险源报告、登记、监控制度;
7. 事故隐患排查登记、报告、整改制度;
8. 防火和临时动火审批制度;
9. 建设项目安全设施"三同时"管理制度;
10. 安全设施、设备管理和检修、维修制度;
11. 特种作业人员培训和持证上岗制度;
12. 劳动防护用品购买、配备、使用制度;
13. 作业现场职业卫生管理制度;
14. 女职工和未成年工特殊保护制度;
15. 发包项目或出租项目安全管理制度;
16. 供用电安全管理制度;
17. 危险物品安全管理制度;
18. 安全事故报告、调查和处理制度;
19. 事故应急救援管理制度;
20. 安全生产奖惩制度;
21. 其他保障安全生产的规章制度。

(四)保证安全生产资金及时有效投入。生产经营单位的决策机构、主要负责人或个人经营的投资人是保证安全生产投入的责任人,要确保本单位安全生产资金投入,做到安全生产资金专储、专管、专用。

安全生产资金投入专项用于下列安全生产事项:

1. 安全技术改造;
2. 安全设备、设施更新、改造和维护;
3. 安全生产宣传、教育和培训;
4. 劳动防护用品购买配备;
5. 事故隐患整改和重大危险源监控;
6. 作业现场职业危害治理;

7. 其他保障安全生产的事项。

矿山、建筑施工、危险化学品、烟花爆竹、道路交通运输等行业的生产经营单位要按照国家及我省规定的标准足额提取、存储风险抵押金和安全费用。

（五）加强事故隐患整改。生产经营单位应当认真、全面、彻底地排查和摸清本单位的事故隐患，建立重大事故隐患管理台账和档案。对发现的重大事故隐患必须登记建档和做好监控。明确专门机构，落实专人负责，采取得力措施限期整改。

（六）加强对重大危险源的监控。生产经营单位应当按照《重大危险源辨识》（GB 18218—2000）和国家、省有关规定，对重大危险源进行登记建档，设置现场安全警示标志，配备必要的监测仪器设备和监控设施，定期对重大危险源场所及其仪器、设备等进行安全检查、检测和维护保养。把重大危险源及有关安全措施、监控方案、应急预案等报当地安全生产监督管理等有关部门备案。

（七）加强对危险物品和重要场所的安全管理。生产经营单位要根据生产任务、季节变化的特点，加强对重点部位、人员密集场所的管理和监控；加强消防安全、电气电路安全等检查，配齐安全设备设施，保持良好工作状态；加强爆炸物品、有毒有害化学危险品等危险物品的领用、清退、登记管理，切实提高安全防范水平。

（八）制定应急救援预案，定期组织演练。生产经营单位要成立应急救援队伍，组织制定并演练本单位的事故应急救援预案，定期组织救援设施、设备调配演习，确保救援装备、器材完好有效。

（九）认真执行建设项目安全设施"三同时"制度。生产经营单位新建、改建、扩建项目安全设施必须与主体工程同时设计、同时施工、同时投入生产和使用。安全设施投资应当纳入建设项目概算。

新建、改建、扩建项目安全设施"三同时"应当符合以下要求：

1. 在可行性研究阶段对建设项目存在的危险危害因素进行论证；

2. 建设项目设计单位在编制项目设计文件时，应同时编制安全设施项目的文件；

3. 生产经营单位在编制建设项目投资计划时，应当将安全设施所需投资一并纳入计划，同时编报；

4. 存在重大危险、危害因素的建设项目应当依法进行安全预评价；

5. 对存在重大危险、危害因素的建设项目，设计单位必须按照国家或者行业安全生产标准进行设计，其初步设计文件应当有安全生产专篇，并经安全生产监督管理部门审查同意；

6. 施工单位应当严格按照批准的设计文件进行施工，并对安全设施的工程质量负责；

7. 建设项目竣工投产前，生产经营单位应当对安全设施进行安全验收评价；

8. 安全设施经安全生产监督管理等部门验收合格后，方可与主体工程同时投入生产和使用。

（十）严格实行安全生产许可制度。严格按照《安全生产许可证条例》（国务院令第397号）等法律、法规的规定，对煤矿、非煤矿山、建筑施工、危险化学品、烟花爆竹和民用爆炸物品等生产经营单位实行安全生产许可制度。

（十一）加强作业现场安全管理。生产经营单位应当加强对生产作业现场的安全检查力度，重点整治违章指挥、违章作业、违反劳动纪律等“三违”行为。

作业现场监护管理要规范化。生产经营单位应当加强对作业现场的安全管理，指派专职安全管理人员负责施工作业现场的安全监护、监督、检查。爆破、大型设备（构件）吊装、建设工程拆除等危险作业以及交叉作业的，应当确定专人进行现场施工的统一协调指挥。

做好共同区域生产经营活动的安全协调。两个以上生产经营单位在同一作业区域内进行生产经营活动，可能危及对方生产安全的，应当签订安全生产管理协议，明确各自的安全生产管理职责和应当采取的安全措施，并指定专职安全生产管理人员进行安全检查与协调。

（十二）积极搞好安全生产标准化建设。继续推进机械制造企业安全生产标准化考核评级工作，并在煤炭、水泥、钢铁、冶金、非煤矿山、危化品、建筑、旅游等行业中开展安全生产标准化工作。

（十三）认真开展作业场所职业危害防护治理工作。生产经营单位应当建立健全作业场所职业危害防护防治责任制，积极预防和减少作业场所职业危害，为劳动者创造符合国家职业卫生标准和卫生要求的工作环境和条件，并积极采用先进适用的安全生产技术、工艺、设备，不断提高和改善劳动条件，保障劳动者获得职业卫生保护。

（十四）加强对承包承租项目的安全管理和协调。生产经营单位要对用于生产经营活动的出租厂房（仓库）、场所和发包工程项目进行全面检查清理。按照法律、法规的规定，不得将厂房（仓库）、场所、设备或工程项目出租或者发包给不具备安全生产条件、相应资质的单位或个人，不得把存在事故隐患的厂房（仓库）、场所、设备进行出租。对符合条件发包或者出租的，应在承包合同、租赁合同中约定各自的安全生产管理职责，或者签订专门的安全生产管理协议。

加强对外来施工单位的安全管理。出租厂房（仓库）、场所和发包工程项目的，必须经本单位安全生产管理机构对承租方、承包方的安全生产条件、资质核准后方可出租和发包。同时，生产经营单位要对承包、承租单位的安全生产工作统一协调、管理，不能以任何形式推卸安全生产管理责任，坚决纠正“以包代管、以租代管”行为。

（十五）加强安全生产宣传教育和培训。生产经营单位应当建立健全安全生产宣传教育和培训工作制度，将安全生产宣传教育和培训工作纳入本单位年度工作计划。对从业人员进行四新教育（新工艺、新设备、新材料和新技术）和三级教育（厂、车间、班组），经考核合格才能上岗。对从业人员（含临时工）的安全培训率要达到100%，特种作业人员必须持证上岗。

（十六）切实加强对外来务工人员的管理。生产经营单位应当制定完善的录用、使用外来务工人员管理制度，把好外来务工人员从事危险危害岗位作业的准入关。探索有效的安全教育途径和方法，切实提高外来务工人员从业技能和自我安全防范意识。

（十七）为从业人员提供符合国家标准或者行业标准的劳动防护用品，并监督、教育从业人员按照规定佩戴、使用。

（十八）依法参加工伤社会保险，为从业人员足额缴纳保险费。

（十九）组织制订和实施安全生产中长期规划和年度计划。

（二十）切实发挥工会在安全生产中的民主管理和民主监督作用。

（二十一）严格落实生产安全事故责任追究制度。生产经营单位发生生产安全事故，必须依法向有关部门报告，主要负责人必须坚守岗位，并立即组织救援，认真组织或配合事故调查组开展事故调查，妥善做好对事故伤亡人员依法赔偿等善后工作，不得瞒报、迟报生产安全事故。要结合本单位实际，按照事故调查处理“四不放过”原则，制定和完善各级生产安全事故责任追究制度，并采取有效措施做好事故的报告、调查、分析、处理和统计工作。

（二十二）法律、法规、规章规定的其他安全生产责任。

二、依法建立健全以生产经营单位主要负责人为核心的安全生产责任体系

生产经营单位要根据生产经营特点，建立健全以主要负责人为核心，包括内部各层次、各部门、各岗位的安全生产责任体系。

（一）主要负责人是安全生产的第一责任人，依法履行安全生产职责：

1. 建立健全本单位安全生产责任制；

2. 组织制定本单位安全生产规章制度和操作规程；

3. 保证本单位安全生产资金投入；

4. 督促、检查本单位的安全生产工作，及时消除生产安全事故隐患；

5. 组织制定并实施本单位的生产安全事故应急预案，组织开展应急预案培训、演练和宣传教育；

6. 及时、如实报告生产安全事故；

7. 法律、法规、规章规定的其他安全生产职责。

生产经营单位分管安全生产的负责人对安全生产负直接和具体领导责任，协助生产经营单位主要负责人抓好安全生产工作。其他负责人，对其分管范围内的安全生产承担相应领导责任。

（二）生产经营单位的安全生产管理人员对本单位安全生产实施综合管理，应当履行下列职责：

1. 协助决策机构和领导组织推动生产经营中的安全生产工作，负责制定本单位安全生产管理年度工作计划；

2. 协助决策机构和领导组织制定本单位年度安全生产管理目标并进行考核；

3. 参与制定安全生产资金投入计划和安全技术措施计划并具体实施，或者监督相关部门落实；

4. 组织制定或修订安全生产管理制度、安全操作规程等，并监督检查执行情况；

5. 组织现场安全生产检查，协助解决检查出的问题，紧急情况下有权指令先行停止生产，并立即报告领导研究处理；

6. 参加审查新建、改建、扩建、大修项目设计计划，参加项目安全评价审查、验收和试运行工作，并负责审查承包、承租单位相关资质、证照和资料；

7. 组织有关部门研究作业场所职业危害预防和职业病的防治措施；

8. 组织实施安全生产宣传教育和培训，总结和推广安全生产的先进经验和典型；

9. 按规定监督或者及时发放劳动防护用品，并指导有关部门教育从业人员正确佩戴和使用；

10. 参加伤亡事故的调查和处理，进行伤亡事故的统计、分析和报告，协助有关部门制定事故预防措施并监督执行；

11. 本单位确定的其他安全生产管理职责。

（三）生产经营单位的主要负责人、分管负责人和安全生产管理人员应当接受具备相应资质的培训机构的培训，具备与从事的生产经营活动相适应的安全生产知识和管理能力，取得相应的培训合格证书。

煤矿、非煤矿山、危险化学品、烟花爆竹等生产经营单位主要负责人和安全生产管理人员必须经具备相应资质的培训机构进行专门培训，取得由安全生产监管监察部门颁发的安全资格证书后方可任职。

生产经营单位从业人员要自觉接受安全生产教育和培训，掌握必要的安全生产知识，提高安全生产自我防范意识和安全生产技能。未经安全生产教育和培训合格的，不得上岗作业。在作业过程中，要严格遵守安全生产规程。发现事故隐患或者其他不安全因素，要立即向现场安全生产管理人员报告。有权拒绝违章指挥或者强令冒险作业，并有权向有关部门检举、控告。

三、依法履行安全生产监管职责，促进生产经营单位落实安全生产主体责任

生产经营单位应当自觉履行《中华人民共和国安全生产法》等有关法律、法规规定的责任，并按照规定向安全生产监督管理部门和有关部门报告安全生产情况。

各级政府应当加强对安全生产工作的领导，支持、督促各有关部门依法履行安全生产监督管理职责，及时协调、解决安全生产监督管理中存在的重大问题。

各级负有安全生产监督管理职责的政府部门对涉及安全生产的批准、核准、许可、注册、认证、颁发证照等事项，要依法履行职责，严把市场准入关；要有针对性地指导生产经营单位加强安全生产基础管理，建立健全安全生产管理体系和规章制度，完善安全生产技术规范和标准，执行新建和改扩建工程项目安全设施“三同时”制度，搞好重大危险源的普查和监控；依法对生产经营单位安全生产进行监督检查，对违法行为进行处罚。

国有资产监管机构和其他国有企业主管部门要督促国有企业贯彻落实党和国家有关安全生产的方针、政策及法律法规等；督促国有企业主要负责人落实安全生产第一责任人的责任和企业安全生产责任制，搞好对国有企业主要负责人的安全业绩考核；依照有关规定，参与或组织开展国有企业安全生产检查、督察，督促国有企业落实各项安全防范和隐患治理措施；参与国有企业重特大事故调查，负责落实事故责任追究的有关规定；督促国有企业统筹规划，把安全生产纳入中长期发展规划，保障职工健康与安全。

在生产经营单位改制、破产、兼并、收购、整合、重组等产权变动、主要负责人变更期间，国有资产监管部门和控制变更、变动实际进程的有关部门应当切实负起安全生产监管主体责任，加强对生产经营单位的监督检查，防止发生生产安全事故。对双方签订的安全管理协议或者有关文件中的安全生产管理方面的内容应认真审查，发现未按规定约定有关事项的，应责令改正。

工会应当依法组织职工参加本单位安全生产的民主管理和民主监督，维护职工在安全生产方面的合法权益。

四、建立生产经营单位安全生产业绩考核体系，完善安全生产激励约束机制

（一）严格生产经营单位业绩考核。每年省政府与各省辖市政府、省直有关部门签订安全生产责任目标时，将生产经营单位安全生产列为主要内容。各省辖市政府、省直有关部门要根据省政府下达的安全生产责任目标，将安全生产控制指标逐级分解落实到生产经营单位。中央驻豫企业和省管企业的安全生产责任目标由省政府安全生产委员会负责下达，其他生产经营单位由各省辖市政府或有关部门负责下达。

各级负有安全生产监督管理职责的政府部门要加强对生产经营单位安全生产责任目标执行情况的监督检查，并将监督检查结果定期向社会公布。对国有企业的监督检查结果要向国有资产监管机构或主管部门通报。

生产经营单位要将安全生产责任目标分解落实到各部门、各岗位，建立全面、全员、全过程的安全生产责任目标体系。要建立完善内部安全生产责任目标执行情况的检查制度，及时发现、纠正执行中的各种问题，保证安全生产责任的落实。

1. 对生产经营单位安全生产责任目标实行分级考核：中央驻豫及省管企业安全生产责任目标考核由省政府安全生产委员会办公室负责组织实施；其他生产经营单位的安全生产责任目标考核由与其签订安全生产目标责任书的政府或有关部门负责组织实施。

2. 对省属国有企业负责人的年度安全生产业绩考核，按照省政府国资委制定的《河南省省属国有企业负责人经营业绩考核暂行办法》（豫国资发[2004]2 号）有关规定执行。

（二）建立和完善安全生产奖励机制。各级政府和有关部门要根据对辖区内生产经营单位安全生产工作情况的考核结果，根据有关规定对完成安全生产责任目标的单位给予适当奖励。

（三）严格安全生产责任追究。

实行安全生产考核“一票否决”制。对年度考核不合格者，取消参加当年各项综合性先进（优秀）单位评比资格，取消该单位和部门安全生产负责人参与当年先进（优秀）个人评比和晋升资格。

国有资产监管机构和其他国有企业主管部门依据《企业国有资产监督管理暂行条例》（国务院令第 378 号）对国有企业负责人进行经营业绩考核时，必须将安全业绩考核作为重要内容，考核结果要与企业负责人的薪酬和任免挂钩。

各生产经营单位要建立健全安全管理绩效量化考核体系，加强内部安全生产责任目标完成情况的考核。考核结果要与职务任免、收入分配挂钩。各类高危行业的生产经营单位可实行内部风险抵押金制度，推行安全结构工资制，形成有效的安全生产激励和约束机制。

各地、各有关部门要结合本地、本部门的特点，分别制定强化生产经营单位安全生产主体责任、严格安全生产业绩考核的办法。

河南省重大危险源监督管理办法

(2007年11月21日河南省人民政府令第112号公布,
自2008年1月1日起施行)

第一条 为加强重大危险源监督管理,防止和减少事故发生,根据《中华人民共和国安全生产法》、《河南省安全生产条例》和有关法律、法规,制定本办法。

第二条 本省行政区域内重大危险源的管理和监督,适用本办法。

第三条 本办法所称重大危险源,是指长期或者临时生产、搬运、使用或者储存危险物品,且危险物品的数量等于或者超过临界量的单元(包括场所和设施)。重大危险源包括以下十类:

(一)贮罐区(贮罐);

(二)库区(库);

(三)生产场所;

(四)压力管道;

(五)锅炉;

(六)压力容器;

(七)煤矿;

(八)金属非金属地下矿山;

(九)尾矿库;

(十)放射源。

第四条 各级人民政府应当加强对重大危险源监督管理工作的领导,及时协调、解决监督管理工作中存在的重大问题,防范生产安全事故发生。

第五条 县级以上人民政府安全生产监督管理部门对重大危险源的普查、登记、评价和监控工作实施综合监督管理。

县级以上人民政府其他有关主管部门依法在各自的职责范围内对重大危险源的普查、登记、评价和监控工作实施监督管理。

第六条 县级以上人民政府安全生产监督管理部门应当建立重大危险源监控系统和信息管理系统,实行分级监控、动态管理,定期公布监控信息,接受社会监督。

第七条 生产经营单位负责本单位重大危险源的普查、辨识、登记、评价和监控,并将有关情况定期报告安全生产监督管理部门和有关主管部门。

生产经营单位主要负责人对本单位重大危险源的安全管理和检测、监控工作全面负责。

第八条 生产经营单位应当委托具备相应资质的安全生产中介机构定期对重大危险源进行安全评价,根据安全评价结果制定监控方案,并将安全评价结果和监控方案报告安全生产监督管理部门和有关主管部门。

存在剧毒物质的重大危险源,应当每年进行一次安全评价;其他重大危险源,应当两年进行一次安全评价。重大危险源在生产流程、材料、工艺、设备、防护措施和环境等因素发生重大变化,或者有关法律、法规、国家标准或者行业标准发生变化时,应当重新进行安全评价。

安全生产中介机构对其作出的安全评价结果负责。

第九条 安全评价报告应当包括以下主要内容:

(一)安全评价的主要依据;

(二)重大危险源基本情况;

(三)危险、危害因素辨识;

(四)可能发生事故的种类及损害程度;

(五)重大危险源等级;

(六)应急救援预案效果评价;

(七)监控方案。

第十条 生产经营单位应当定期对重大危险源的工艺参数、危险物质进行检测,对重要设备设施进行检验,对安全状况进行检查,做好记录,建立档案。

第十一条 生产经营单位应当制定重大危险源应急救援预案,报送县级以上人民政府安全生产监督管理部门备案,并定期组织演练。

应急救援预案应当包括以下主要内容:

(一)应急救援机构、人员及其职责;

(二)危险辨识与评价;

(三)应急救援设备和设施;

(四)应急救援能力评价与资源;

(五)报警、通讯联络方式;

(六)应急救援程序与行动方案;

(七)保护措施与程序;

(八)事故后的恢复与程序;

(九)培训与演练。

第十二条 生产经营单位应当定期对重大危险源安全状况进行检查,发现事故隐患应当立即采取措施予以排除。难以立即排除的,应当组织论证,制定治理方案,限期治理。事故隐患排除前或者排除过程中无法保证安全的,应当立即从危险区域撤出作业人员,停产停业或者停止使用,并采取有效的安全防范和监控措施。

治理方案应当包括事故隐患事实、治理期限和目标、治理措施、责任机构和人员、治理经费、物质保障等内容。

第十三条 生产经营单位的决策机构及其主要负责人、个人经营的投资人应当保证重大危险源的安全管理、检测、监控及隐患治理所必需的资金投入,并对由于资金投入不足导致的后果承担责任。

生产经营单位在破产或者关闭前,应当排除本单位存在的重大危险源,其缴纳的安全生产风险抵押金应当优先用于排除重大危险源。

第十四条 县级以上人民政府应当组织有关部门按照职责分工，对存在重大危险源的生产经营单位进行监督、检查，督促生产经营单位加强对重大危险源的监控。

第十五条 任何单位和个人对重大危险源存在的事故隐患，有权向安全生产监督管理部门或者其他有关部门报告或者举报。

安全生产监督管理部门或者其他有关部门接到报告或者举报后，应当按照职责分工立即组织核查并依法处理。

第十六条 安全生产监督管理部门或者其他有关主管部门的工作人员有下列行为之一的，依法给予行政处分；构成犯罪的，依法追究刑事责任：

（一）对明知已存在的重大危险源监管不力，导致事故发生的；

（二）接到报告或者举报后，不立即组织核查并依法处理的；

（三）在监管工作中滥用职权，侵犯生产经营单位合法权益的。

第十七条 生产经营单位未按规定对重大危险源进行普查、辨识的，责令限期改正；逾期未改正的，处5 000 元以上 3 万元以下的罚款。

第十八条 生产经营单位对重大危险源未登记建档，或者未进行评价、监控，或者未制定应急预案的，依据《中华人民共和国安全生产法》第八十五条规定，责令限期改正；逾期未改正的，责令停产停业整顿，可以并处 2 万元以上 10 万元以下的罚款；造成严重后果，构成犯罪的，依法追究刑事责任。

第十九条 本办法规定的行政处罚由安全生产监督管理部门决定；有关法律、法规、规章对行政处罚决定机关另有规定的，从其规定。

第二十条 本办法自 2008 年 1 月 1 日起施行。

三、部门规章

BUMEN GUIZHANG

房屋建筑和市政基础设施工程施工分包管理办法

（2004年2月3日中华人民共和国建设部令第124号发布，
2004年4月1日起施行）

第一条 为了规范房屋建筑和市政基础设施工程施工分包活动，维护建筑市场秩序，保证工程质量和施工安全，根据《中华人民共和国建筑法》、《中华人民共和国招标投标法》、《建设工程质量管理条例》等有关法律、法规，制定本办法。

第二条 在中华人民共和国境内从事房屋建筑和市政基础设施工程施工分包活动，实施对房屋建筑和市政基础设施工程施工分包活动的监督管理，适用本办法。

第三条 国务院建设行政主管部门负责全国房屋建筑和市政基础设施工程施工分包的监督管理工作。

县级以上地方人民政府建设行政主管部门负责本行政区域内房屋建筑和市政基础设施工程施工分包的监督管理工作。

第四条 本办法所称施工分包，是指建筑业企业将其所承包的房屋建筑和市政基础设施工程中的专业工程或者劳务作业发包给其他建筑业企业完成的活动。

第五条 房屋建筑和市政基础设施工程施工分包分为专业工程分包和劳务作业分包。

本办法所称专业工程分包，是指施工总承包企业（以下简称专业分包工程发包人）将其所承包工程中的专业工程发包给具有相应资质的其他建筑业企业（以下简称专业分包工程承包人）完成的活动。

本办法所称劳务作业分包，是指施工总承包企业或者专业承包企业（以下简称劳务作业发包人）将其承包工程中的劳务作业发包给劳务分包企业（以下简称劳务作业承包人）完成的活动。

本办法所称分包工程发包人包括本条第二款、第三款中的专业分包工程发包人和劳务作业发包人；分包工程承包人包括本条第二款、第三款中的专业分包工程承包人和劳务作业承包人。

第六条 房屋建筑和市政基础设施工程施工分包活动必须依法进行。

鼓励发展专业承包企业和劳务分包企业，提倡分包活动进入有形建筑市场公开交易，完善有形建筑市场的分包工程交易功能。

第七条 建设单位不得直接指定分包工程承包人。任何单位和个人不得对依法实施的分包活动进行干预。

第八条 分包工程承包人必须具有相应的资质，并在其资质等级许可的范围内承揽业务。

严禁个人承揽分包工程业务。

第九条 专业工程分包除在施工总承包合同中有约定外,必须经建设单位认可。专业分包工程承包人必须自行完成所承包的工程。

劳务作业分包由劳务作业发包人与劳务作业承包人通过劳务合同约定。劳务作业承包人必须自行完成所承包的任务。

第十条 分包工程发包人和分包工程承包人应当依法签订分包合同,并按照合同履行约定的义务。分包合同必须明确约定支付工程款和劳务工资的时间、结算方式以及保证按期支付的相应措施,确保工程款和劳务工资的支付。

分包工程发包人应当在订立分包合同后7个工作日内,将合同送工程所在地县级以上地方人民政府建设行政主管部门备案。分包合同发生重大变更的,分包工程发包人应当自变更后7个工作日内,将变更协议送原备案机关备案。

第十一条 分包工程发包人应当设立项目管理机构,组织管理所承包工程的施工活动。

项目管理机构应当具有与承包工程的规模、技术复杂程度相适应的技术、经济管理人员。其中,项目负责人、技术负责人、项目核算负责人、质量管理人员、安全管理人员必须是本单位的人员。具体要求由省、自治区、直辖市人民政府建设行政主管部门规定。

前款所指本单位人员,是指与本单位有合法的人事或者劳动合同、工资以及社会保险关系的人员。

第十二条 分包工程发包人可以就分包合同的履行,要求分包工程承包人提供分包工程履约担保;分包工程承包人在提供担保后,要求分包工程发包人同时提供分包工程付款担保的,分包工程发包人应当提供。

第十三条 禁止将承包的工程进行转包。不履行合同约定,将其承包的全部工程发包给他人,或者将其承包的全部工程肢解后以分包的名义分别发包给他人的,属于转包行为。

违反本办法第十一条规定,分包工程发包人将工程分包后,未在施工现场设立项目管理机构和派驻相应人员,并未对该工程的施工活动进行组织管理的,视同转包行为。

第十四条 禁止将承包的工程进行违法分包。下列行为,属于违法分包:

(一)分包工程发包人将专业工程或者劳务作业分包给不具备相应资质条件的分包工程承包人的;

(二)施工总承包合同中未有约定,又未经建设单位认可,分包工程发包人将承包工程中的部分专业工程分包给他人的。

第十五条 禁止转让、出借企业资质证书或者以其他方式允许他人以本企业名义承揽工程。

分包工程发包人没有将其承包的工程进行分包,在施工现场所设项目管理机构的项目负责人、技术负责人、项目核算负责人、质量管理人员、安全管理人员不是工程承包人本单位人员的,视同允许他人以本企业名义承揽工程。

第十六条 分包工程承包人应当按照分包合同的约定对其承包的工程向分包工程发包人负责。分包工程发包人和分包工程承包人就分包工程对建设单位承担连带责任。

第十七条 分包工程发包人对施工现场安全负责,并对分包工程承包人的安全生产进行管理。专业分包工程承包人应当将其分包工程的施工组织设计和施工安全方案报分包工程发包人备案,专业分包工程发包人发现事故隐患,应当及时作出处理。

分包工程承包人就施工现场安全向分包工程发包人负责,并应当服从分包工程发包人对施工现场的安全生产管理。

第十八条 违反本办法规定,转包、违法分包或者允许他人以本企业名义承揽工程的,按照《中国人民共和国建筑法》、《中华人民共和国招标投标法》和《建设工程质量管理条例》的规定予以处罚;对于接受转包、违法分包和用他人名义承揽工程的,处 1 万元以上 3 万元以下的罚款。

第十九条 未取得建筑业企业资质承接分包工程的,按照《中华人民共和国建筑法》第六十五条第三款和《建设工程质量管理条例》第六十条第一款、第二款的规定处罚。

第二十条 本办法自 2004 年 4 月 1 日起施行。原城乡建设环境保护部 1986 年 4 月 30 日发布的《建筑安装工程总分包实施办法》同时废止。

建筑施工企业安全生产许可证管理规定

（2004 年 7 月 5 日中华人民共和国建设部令第 128 号发布，
自公布之日起施行）

第一章 总 则

第一条 为了严格规范建筑施工企业安全生产条件，进一步加强安全生产监督管理，防止和减少生产安全事故，根据《安全生产许可证条例》、《建设工程安全生产管理条例》等有关行政法规，制定本规定。

第二条 国家对建筑施工企业实行安全生产许可制度。

建筑施工企业未取得安全生产许可证的，不得从事建筑施工活动。

本规定所称建筑施工企业，是指从事土木工程、建筑工程、线路管道和设备安装工程及装修工程的新建、扩建、改建和拆除等有关活动的企业。

第三条 国务院建设主管部门负责中央管理的建筑施工企业安全生产许可证的颁发和管理。

省、自治区、直辖市人民政府建设主管部门负责本行政区域内前款规定以外的建筑施工企业安全生产许可证的颁发和管理，并接受国务院建设主管部门的指导和监督。

市、县人民政府建设主管部门负责本行政区域内建筑施工企业安全生产许可证的监督管理，并将监督检查中发现的企业违法行为及时报告安全生产许可证颁发管理机关。

第二章 安全生产条件

第四条 建筑施工企业取得安全生产许可证，应当具备下列安全生产条件：

（一）建立、健全安全生产责任制，制定完备的安全生产规章制度和操作规程；

（二）保证本单位安全生产条件所需资金的投入；

（三）设置安全生产管理机构，按照国家有关规定配备专职安全生产管理人员；

（四）主要负责人、项目负责人、专职安全生产管理人员经建设主管部门或者其他有关部门考核合格；

（五）特种作业人员经有关业务主管部门考核合格，取得特种作业操作资格证书；

（六）管理人员和作业人员每年至少进行一次安全生产教育培训并考核合格；

（七）依法参加工伤保险，依法为施工现场从事危险作业的人员办理意外伤害保险，为从业人员缴纳保险费；

（八）施工现场的办公、生活区及作业场所和安全防护用具、机械设备、施工机具及配件符合有关安全生产法律、法规、标准和规程的要求；

（九）有职业危害防治措施，并为作业人员配备符合国家标准或者行业标准的安全防护用具和安全防护服装；

（十）有对危险性较大的分部分项工程及施工现场易发生重大事故的部位、环节的预防、监控措施和应急预案；

（十一）有生产安全事故应急救援预案、应急救援组织或者应急救援人员，配备必要的应急救援器材、设备；

（十二）法律、法规规定的其他条件。

第三章 安全生产许可证的申请与颁发

第五条 建筑施工企业从事建筑施工活动前，应当依照本规定向省级以上建设主管部门申请领取安全生产许可证。

中央管理的建筑施工企业（集团公司、总公司）应当向国务院建设主管部门申请领取安全生产许可证。

前款规定以外的其他建筑施工企业，包括中央管理的建筑施工企业（集团公司、总公司）下属的建筑施工企业，应当向企业注册所在地省、自治区、直辖市人民政府建设主管部门申请领取安全生产许可证。

第六条 建筑施工企业申请安全生产许可证时，应当向建设主管部门提供下列材料：

（一）建筑施工企业安全生产许可证申请表；

（二）企业法人营业执照；

（三）第四条规定的相关文件、材料。

建筑施工企业申请安全生产许可证，应当对申请材料实质内容的真实性负责，不得隐瞒有关情况或者提供虚假材料。

第七条 建设主管部门应当自受理建筑施工企业的申请之日起45日内审查完毕；经审查符合安全生产条件的，颁发安全生产许可证；不符合安全生产条件的，不予颁发安全生产许可证，书面通知企业并说明理由。企业自接到通知之日起应当进行整改，整改合格后方可再次提出申请。

建设主管部门审查建筑施工企业安全生产许可证申请，涉及铁路、交通、水利等有关专业工程时，可以征求铁路、交通、水利等有关部门的意见。

第八条 安全生产许可证的有效期为3年。安全生产许可证有效期满需要延期的，企业应当于期满前3个月向原安全生产许可证颁发管理机关申请办理延期手续。

企业在安全生产许可证有效期内，严格遵守有关安全生产的法律法规，未发生死亡事故的，安全生产许可证有效期届满时，经原安全生产许可证颁发管理机关同意，不再审查，安全生产许可证有效期延期3年。

第九条 建筑施工企业变更名称、地址、法定代表人等，应当在变更后10日内，到原安全生产许可证颁发管理机关办理安全生产许可证变更手续。

第十条 建筑施工企业破产、倒闭、撤销的，应当将安全生产许可证交回原安全生产许可证颁发管理机关予以注销。

第十一条 建筑施工企业遗失安全生产许可证，应当立即向原安全生产许可证颁发管理机关报告，并在公众媒体上声明作废后，方可申请补办。

第十二条 安全生产许可证申请表采用建设部规定的统一式样。

安全生产许可证采用国务院安全生产监督管理部门规定的统一式样。

安全生产许可证分正本和副本,正、副本具有同等法律效力。

第四章 监督管理

第十三条 县级以上人民政府建设主管部门应当加强对建筑施工企业安全生产许可证的监督管理。建设主管部门在审核发放施工许可证时,应当对已经确定的建筑施工企业是否有安全生产许可证进行审查,对没有取得安全生产许可证的,不得颁发施工许可证。

第十四条 跨省从事建筑施工活动的建筑施工企业有违反本规定行为的,由工程所在地的省级人民政府建设主管部门将建筑施工企业在本地区的违法事实、处理结果和处理建议抄告原安全生产许可证颁发管理机关。

第十五条 建筑施工企业取得安全生产许可证后,不得降低安全生产条件,并应当加强日常安全生产管理,接受建设主管部门的监督检查。安全生产许可证颁发管理机关发现企业不再具备安全生产条件的,应当暂扣或者吊销安全生产许可证。

第十六条 安全生产许可证颁发管理机关或者其上级行政机关发现有下列情形之一的,可以撤销已经颁发的安全生产许可证:

(一)安全生产许可证颁发管理机关工作人员滥用职权、玩忽职守颁发安全生产许可证的;

(二)超越法定职权颁发安全生产许可证的;

(三)违反法定程序颁发安全生产许可证的;

(四)对不具备安全生产条件的建筑施工企业颁发安全生产许可证的;

(五)依法可以撤销已经颁发的安全生产许可证的其他情形。

依照前款规定撤销安全生产许可证,建筑施工企业的合法权益受到损害的,建设主管部门应当依法给予赔偿。

第十七条 安全生产许可证颁发管理机关应当建立、健全安全生产许可证档案管理制度,定期向社会公布企业取得安全生产许可证的情况,每年向同级安全生产监督管理部门通报建筑施工企业安全生产许可证颁发和管理情况。

第十八条 建筑施工企业不得转让、冒用安全生产许可证或者使用伪造的安全生产许可证。

第十九条 建设主管部门工作人员在安全生产许可证颁发、管理和监督检查工作中,不得索取或者接受建筑施工企业的财物,不得谋取其他利益。

第二十条 任何单位或者个人对违反本规定的行为,有权向安全生产许可证颁发管理机关或者监察机关等有关部门举报。

第五章 罚 则

第二十一条 违反本规定,建设主管部门工作人员有下列行为之一的,给予降级或者撤职的行政处分;构成犯罪的,依法追究刑事责任:

(一)向不符合安全生产条件的建筑施工企业颁发安全生产许可证的;

(二)发现建筑施工企业未依法取得安全生产许可证擅自从事建筑施工活动,不依法处理的；

（三）发现取得安全生产许可证的建筑施工企业不再具备安全生产条件，不依法处理的；

（四）接到对违反本规定行为的举报后，不及时处理的；

（五）在安全生产许可证颁发、管理和监督检查工作中，索取或者接受建筑施工企业的财物，或者谋取其他利益的。

由于建筑施工企业弄虚作假，造成前款第（一）项行为的，对建设主管部门工作人员不予处分。

第二十二条 取得安全生产许可证的建筑施工企业，发生重大安全事故的，暂扣安全生产许可证并限期整改。

第二十三条 建筑施工企业不再具备安全生产条件的，暂扣安全生产许可证并限期整改；情节严重的，吊销安全生产许可证。

第二十四条 违反本规定，建筑施工企业未取得安全生产许可证擅自从事建筑施工活动的，责令其在建项目停止施工，没收违法所得，并处10万元以上50万元以下的罚款；造成重大安全事故或者其他严重后果，构成犯罪的，依法追究刑事责任。

第二十五条 违反本规定，安全生产许可证有效期满未办理延期手续，继续从事建筑施工活动的，责令其在建项目停止施工，限期补办延期手续，没收违法所得，并处5万元以上10万元以下的罚款；逾期仍不办理延期手续，继续从事建筑施工活动的，依照本规定第二十四条的规定处罚。

第二十六条 违反本规定，建筑施工企业转让安全生产许可证的，没收违法所得，处10万元以上50万元以下的罚款，并吊销安全生产许可证；构成犯罪的，依法追究刑事责任；接受转让的，依照本规定第二十四条的规定处罚。

冒用安全生产许可证或者使用伪造的安全生产许可证的，依照本规定第二十四条的规定处罚。

第二十七条 违反本规定，建筑施工企业隐瞒有关情况或者提供虚假材料申请安全生产许可证的，不予受理或者不予颁发安全生产许可证，并给予警告，1年内不得申请安全生产许可证。

建筑施工企业以欺骗、贿赂等不正当手段取得安全生产许可证的，撤销安全生产许可证，3年内不得再次申请安全生产许可证；构成犯罪的，依法追究刑事责任。

第二十八条 本规定的暂扣、吊销安全生产许可证的行政处罚，由安全生产许可证的颁发管理机关决定；其他行政处罚，由县级以上地方人民政府建设主管部门决定。

第六章 附 则

第二十九条 本规定施行前已依法从事建筑施工活动的建筑施工企业，应当自《安全生产许可证条例》施行之日起（2004年1月13日起）1年内向建设主管部门申请办理建筑施工企业安全生产许可证；逾期不办理安全生产许可证，或者经审查不符合本规定的安全生产条件，未取得安全生产许可证，继续进行建筑施工活动的，依照本规定第二十四条的规定处罚。

第三十条 本规定自公布之日起施行。

建筑起重机械安全监督管理规定

（2008年1月28日中华人民共和国建设部令第166号公布，
自2008年6月1日起施行）

第一条 为了加强建筑起重机械的安全监督管理，防止和减少生产安全事故，保障人民群众生命和财产安全，依据《建设工程安全生产管理条例》、《特种设备安全监察条例》、《安全生产许可证条例》，制定本规定。

第二条 建筑起重机械的租赁、安装、拆卸、使用及其监督管理，适用本规定。

本规定所称建筑起重机械，是指纳入特种设备目录，在房屋建筑工地和市政工程工地安装、拆卸、使用的起重机械。

第三条 国务院建设主管部门对全国建筑起重机械的租赁、安装、拆卸、使用实施监督管理。

县级以上地方人民政府建设主管部门对本行政区域内的建筑起重机械的租赁、安装、拆卸、使用实施监督管理。

第四条 出租单位出租的建筑起重机械和使用单位购置、租赁、使用的建筑起重机械应当具有特种设备制造许可证、产品合格证、制造监督检验证明。

第五条 出租单位在建筑起重机械首次出租前，自购建筑起重机械的使用单位在建筑起重机械首次安装前，应当持建筑起重机械特种设备制造许可证、产品合格证和制造监督检验证明到本单位工商注册所在地县级以上地方人民政府建设主管部门办理备案。

第六条 出租单位应当在签订的建筑起重机械租赁合同中，明确租赁双方的安全责任，并出具建筑起重机械特种设备制造许可证、产品合格证、制造监督检验证明、备案证明和自检合格证明，提交安装使用说明书。

第七条 有下列情形之一的建筑起重机械，不得出租、使用：

（一）属国家明令淘汰或者禁止使用的；

（二）超过安全技术标准或者制造厂家规定的使用年限的；

（三）经检验达不到安全技术标准规定的；

（四）没有完整安全技术档案的；

（五）没有齐全有效的安全保护装置的。

第八条 建筑起重机械有本规定第七条第（一）、（二）、（三）项情形之一的，出租单位或者自购建筑起重机械的使用单位应当予以报废，并向原备案机关办理注销手续。

第九条 出租单位、自购建筑起重机械的使用单位，应当建立建筑起重机械安全技术档案。

建筑起重机械安全技术档案应当包括以下资料：

（一）购销合同、制造许可证、产品合格证、制造监督检验证明、安装使用说明书、备案证明等原始资料；

(二)定期检验报告、定期自行检查记录、定期维护保养记录、维修和技术改造记录、运行故障和生产安全事故记录、累计运转记录等运行资料;

(三)历次安装验收资料。

第十条 从事建筑起重机械安装、拆卸活动的单位(以下简称安装单位)应当依法取得建设主管部门颁发的相应资质和建筑施工企业安全生产许可证,并在其资质许可范围内承揽建筑起重机械安装、拆卸工程。

第十一条 建筑起重机械使用单位和安装单位应当在签订的建筑起重机械安装、拆卸合同中明确双方的安全生产责任。

实行施工总承包的,施工总承包单位应当与安装单位签订建筑起重机械安装、拆卸工程安全协议书。

第十二条 安装单位应当履行下列安全职责:

(一)按照安全技术标准及建筑起重机械性能要求,编制建筑起重机械安装、拆卸工程专项施工方案,并由本单位技术负责人签字;

(二)按照安全技术标准及安装使用说明书等检查建筑起重机械及现场施工条件;

(三)组织安全施工技术交底并签字确认;

(四)制定建筑起重机械安装、拆卸工程生产安全事故应急救援预案;

(五)将建筑起重机械安装、拆卸工程专项施工方案,安装、拆卸人员名单,安装、拆卸时间等材料报施工总承包单位和监理单位审核后,告知工程所在地县级以上地方人民政府建设主管部门。

第十三条 安装单位应当按照建筑起重机械安装、拆卸工程专项施工方案及安全操作规程组织安装、拆卸作业。

安装单位的专业技术人员、专职安全生产管理人员应当进行现场监督,技术负责人应当定期巡查。

第十四条 建筑起重机械安装完毕后,安装单位应当按照安全技术标准及安装使用说明书的有关要求对建筑起重机械进行自检、调试和试运转。自检合格的,应当出具自检合格证明,并向使用单位进行安全使用说明。

第十五条 安装单位应当建立建筑起重机械安装、拆卸工程档案。

建筑起重机械安装、拆卸工程档案应当包括以下资料:

(一)安装、拆卸合同及安全协议书;

(二)安装、拆卸工程专项施工方案;

(三)安全施工技术交底的有关资料;

(四)安装工程验收资料;

(五)安装、拆卸工程生产安全事故应急救援预案。

第十六条 建筑起重机械安装完毕后,使用单位应当组织出租、安装、监理等有关单位进行验收,或者委托具有相应资质的检验检测机构进行验收。建筑起重机械经验收合格后方可投入使用,未经验收或者验收不合格的不得使用。

实行施工总承包的,由施工总承包单位组织验收。

建筑起重机械在验收前应当经有相应资质的检验检测机构监督检验合格。

检验检测机构和检验检测人员对检验检测结果、鉴定结论依法承担法律责任。

第十七条　使用单位应当自建筑起重机械安装验收合格之日起30日内，将建筑起重机械安装验收资料、建筑起重机械安全管理制度、特种作业人员名单等，向工程所在地县级以上地方人民政府建设主管部门办理建筑起重机械使用登记。登记标志置于或者附着于该设备的显著位置。

第十八条　使用单位应当履行下列安全职责：

（一）根据不同施工阶段、周围环境以及季节、气候的变化，对建筑起重机械采取相应的安全防护措施；

（二）制定建筑起重机械生产安全事故应急救援预案；

（三）在建筑起重机械活动范围内设置明显的安全警示标志，对集中作业区做好安全防护；

（四）设置相应的设备管理机构或者配备专职的设备管理人员；

（五）指定专职设备管理人员、专职安全生产管理人员进行现场监督检查；

（六）建筑起重机械出现故障或者发生异常情况的，立即停止使用，消除故障和事故隐患后，方可重新投入使用。

第十九条　使用单位应当对在用的建筑起重机械及其安全保护装置、吊具、索具等进行经常性和定期的检查、维护和保养，并做好记录。

使用单位在建筑起重机械租期结束后，应当将定期检查、维护和保养记录移交出租单位。

建筑起重机械租赁合同对建筑起重机械的检查、维护、保养另有约定的，从其约定。

第二十条　建筑起重机械在使用过程中需要附着的，使用单位应当委托原安装单位或者具有相应资质的安装单位按照专项施工方案实施，并按照本规定第十六条规定组织验收。验收合格后方可投入使用。

建筑起重机械在使用过程中需要顶升的，使用单位委托原安装单位或者具有相应资质的安装单位按照专项施工方案实施后，即可投入使用。

禁止擅自在建筑起重机械上安装非原制造厂制造的标准节和附着装置。

第二十一条　施工总承包单位应当履行下列安全职责：

（一）向安装单位提供拟安装设备位置的基础施工资料，确保建筑起重机械进场安装、拆卸所需的施工条件；

（二）审核建筑起重机械的特种设备制造许可证、产品合格证、制造监督检验证明、备案证明等文件；

（三）审核安装单位、使用单位的资质证书、安全生产许可证和特种作业人员的特种作业操作资格证书；

（四）审核安装单位制定的建筑起重机械安装、拆卸工程专项施工方案和生产安全事故应急救援预案；

（五）审核使用单位制定的建筑起重机械生产安全事故应急救援预案；

（六）指定专职安全生产管理人员监督检查建筑起重机械安装、拆卸、使用情况；

（七）施工现场有多台塔式起重机作业时，应当组织制定并实施防止塔式起重机相互碰撞的安全措施。

第二十二条 监理单位应当履行下列安全职责：

（一）审核建筑起重机械特种设备制造许可证、产品合格证、制造监督检验证明、备案证明等文件；

（二）审核建筑起重机械安装单位、使用单位的资质证书、安全生产许可证和特种作业人员的特种作业操作资格证书；

（三）审核建筑起重机械安装、拆卸工程专项施工方案；

（四）监督安装单位执行建筑起重机械安装、拆卸工程专项施工方案情况；

（五）监督检查建筑起重机械的使用情况；

（六）发现存在生产安全事故隐患的，应当要求安装单位、使用单位限期整改，对安装单位、使用单位拒不整改的，及时向建设单位报告。

第二十三条 依法发包给两个及两个以上施工单位的工程，不同施工单位在同一施工现场使用多台塔式起重机作业时，建设单位应当协调组织制定防止塔式起重机相互碰撞的安全措施。

安装单位、使用单位拒不整改生产安全事故隐患的，建设单位接到监理单位报告后，应当责令安装单位、使用单位立即停工整改。

第二十四条 建筑起重机械特种作业人员应当遵守建筑起重机械安全操作规程和安全管理制度，在作业中有权拒绝违章指挥和强令冒险作业，有权在发生危及人身安全的紧急情况时立即停止作业或者采取必要的应急措施后撤离危险区域。

第二十五条 建筑起重机械安装拆卸工、起重信号工、起重司机、司索工等特种作业人员应当经建设主管部门考核合格，并取得特种作业操作资格证书后，方可上岗作业。

省、自治区、直辖市人民政府建设主管部门负责组织实施建筑施工企业特种作业人员的考核。

特种作业人员的特种作业操作资格证书由国务院建设主管部门规定统一的样式。

第二十六条 建设主管部门履行安全监督检查职责时，有权采取下列措施：

（一）要求被检查的单位提供有关建筑起重机械的文件和资料；

（二）进入被检查单位和被检查单位的施工现场进行检查；

（三）对检查中发现的建筑起重机械生产安全事故隐患，责令立即排除；重大生产安全事故隐患排除前或者排除过程中无法保证安全的，责令从危险区域撤出作业人员或者暂时停止施工。

第二十七条 负责办理备案或者登记的建设主管部门应当建立本行政区域内的建筑起重机械档案，按照有关规定对建筑起重机械进行统一编号，并定期向社会公布建筑起重机械的安全状况。

第二十八条 违反本规定，出租单位、自购建筑起重机械的使用单位，有下列行为之一的，由县级以上地方人民政府建设主管部门责令限期改正，予以警告，并处以 5 000 元以上 1 万元以下罚款：

（一）未按照规定办理备案的；

（二）未按照规定办理注销手续的；

（三）未按照规定建立建筑起重机械安全技术档案的。

第二十九条　违反本规定，安装单位有下列行为之一的，由县级以上地方人民政府建设主管部门责令限期改正，予以警告，并处以5 000元以上3万元以下罚款：

（一）未履行第十二条第（二）、（四）、（五）项安全职责的；

（二）未按照规定建立建筑起重机械安装、拆卸工程档案的；

（三）未按照建筑起重机械安装、拆卸工程专项施工方案及安全操作规程组织安装、拆卸作业的。

第三十条　违反本规定，使用单位有下列行为之一的，由县级以上地方人民政府建设主管部门责令限期改正，予以警告，并处以5 000元以上3万元以下罚款：

（一）未履行第十八条第（一）、（二）、（四）、（六）项安全职责的；

（二）未指定专职设备管理人员进行现场监督检查的；

（三）擅自在建筑起重机械上安装非原制造厂制造的标准节和附着装置的。

第三十一条　违反本规定，施工总承包单位未履行第二十一条第（一）、（三）、（四）、（五）、（七）项安全职责的，由县级以上地方人民政府建设主管部门责令限期改正，予以警告，并处以5 000元以上3万元以下罚款。

第三十二条　违反本规定，监理单位未履行第二十二条第（一）、（二）、（四）、（五）项安全职责的，由县级以上地方人民政府建设主管部门责令限期改正，予以警告，并处以5 000元以上3万元以下罚款。

第三十三条　违反本规定，建设单位有下列行为之一的，由县级以上地方人民政府建设主管部门责令限期改正，予以警告，并处以5 000元以上3万元以下罚款；逾期未改的，责令停止施工：

（一）未按照规定协调组织制定防止多台塔式起重机相互碰撞的安全措施的；

（二）接到监理单位报告后，未责令安装单位、使用单位立即停工整改的。

第三十四条　违反本规定，建设主管部门的工作人员有下列行为之一的，依法给予处分；构成犯罪的，依法追究刑事责任：

（一）发现违反本规定的违法行为不依法查处的；

（二）发现在用的建筑起重机械存在严重生产安全事故隐患不依法处理的；

（三）不依法履行监督管理职责的其他行为。

第三十五条　本规定自2008年6月1日起施行。

劳动防护用品监督管理规定

（2005 年 7 月 22 日国家安全生产监督管理总局令第 1 号公布，
2005 年 9 月 1 日起施行）

第一章 总 则

第一条 为加强和规范劳动防护用品的监督管理，保障从业人员的安全与健康，根据安全生产法及有关法律、行政法规，制定本规定。

第二条 在中华人民共和国境内生产、检验、经营和使用劳动防护用品，适用本规定。

第三条 本规定所称劳动防护用品，是指由生产经营单位为从业人员配备的，使其在劳动过程中免遭或者减轻事故伤害及职业危害的个人防护装备。

第四条 劳动防护用品分为特种劳动防护用品和一般劳动防护用品。

特种劳动防护用品目录由国家安全生产监督管理总局确定并公布；未列入目录的劳动防护用品为一般劳动防护用品。

第五条 国家安全生产监督管理总局对全国劳动防护用品的生产、检验、经营和使用的情况实施综合监督管理。

省级安全生产监督管理部门对本行政区域内劳动防护用品的生产、检验、经营和使用的情况实施综合监督管理。

煤矿安全监察机构对监察区域内煤矿企业劳动防护用品使用情况实施监察。

第六条 特种劳动防护用品实行安全标志管理。特种劳动防护用品安全标志管理工作由国家安全生产监督管理总局指定的特种劳动防护用品安全标志管理机构实施，受指定的特种劳动防护用品安全标志管理机构对其核发的安全标志负责。

第二章 劳动防护用品的生产、检验、经营

第七条 生产劳动防护用品的企业应当具备下列条件：

（一）有工商行政管理部门核发的营业执照；

（二）有满足生产需要的生产场所和技术人员；

（三）有保证产品安全防护性能的生产设备；

（四）有满足产品安全防护性能要求的检验与测试手段；

（五）有完善的质量保证体系；

（六）有产品标准和相关技术文件；

（七）产品符合国家标准或者行业标准的要求；

（八）法律、法规规定的其他条件。

第八条 生产劳动防护用品的企业应当按其产品所依据的国家标准或者行业标准进

行生产和自检，出具产品合格证，并对产品的安全防护性能负责。

第九条 新研制和开发的劳动防护用品，应当对其安全防护性能进行严格的科学试验，并经具有安全生产检测检验资质的机构（以下简称检测检验机构）检测检验合格后，方可生产、使用。

第十条 生产劳动防护用品的企业生产的特种劳动防护用品，必须取得特种劳动防护用品安全标志。

第十一条 检测检验机构必须取得国家安全生产监督管理总局认可的安全生产检测检验资质，并在批准的业务范围内开展劳动防护用品检测检验工作。

第十二条 检测检验机构应当严格按照有关标准和规范对劳动防护用品的安全防护性能进行检测检验，并对所出具的检测检验报告负责。

第十三条 经营劳动防护用品的单位应有工商行政管理部门核发的营业执照、有满足需要的固定场所和了解相关防护用品知识的人员。经营劳动防护用品的单位不得经营假冒伪劣劳动防护用品和无安全标志的特种劳动防护用品。

第三章 劳动防护用品的配备与使用

第十四条 生产经营单位应当按照《劳动防护用品选用规则》（GB 11651）和国家颁发的劳动防护用品配备标准以及有关规定，为从业人员配备劳动防护用品。

第十五条 生产经营单位应当安排用于配备劳动防护用品的专项经费。

生产经营单位不得以货币或者其他物品替代应当按规定配备的劳动防护用品。

第十六条 生产经营单位为从业人员提供的劳动防护用品，必须符合国家标准或者行业标准，不得超过使用期限。

生产经营单位应当督促、教育从业人员正确佩戴和使用劳动防护用品。

第十七条 生产经营单位应当建立健全劳动防护用品的采购、验收、保管、发放、使用、报废等管理制度。

第十八条 生产经营单位不得采购和使用无安全标志的特种劳动防护用品；购买的特种劳动防护用品须经本单位的安全生产技术部门或者管理人员检查验收。

第十九条 从业人员在作业过程中，必须按照安全生产规章制度和劳动防护用品使用规则，正确佩戴和使用劳动防护用品；未按规定佩戴和使用劳动防护用品的，不得上岗作业。

第四章 监督管理

第二十条 安全生产监督管理部门、煤矿安全监察机构依法对劳动防护用品使用情况和特种劳动防护用品安全标志进行监督检查，督促生产经营单位按照国家有关规定为从业人员配备符合国家标准或者行业标准的劳动防护用品。

第二十一条 安全生产监督管理部门、煤矿安全监察机构对有下列行为之一的生产经营单位，应当依法查处：

（一）不配发劳动防护用品的；

（二）不按有关规定或者标准配发劳动防护用品的；

（三）配发无安全标志的特种劳动防护用品的；

（四）配发不合格的劳动防护用品的；

（五）配发超过使用期限的劳动防护用品的；

（六）劳动防护用品管理混乱，由此对从业人员造成事故伤害及职业危害的；

（七）生产或者经营假冒伪劣劳动防护用品和无安全标志的特种劳动防护用品的；

（八）其他违反劳动防护用品管理有关法律、法规、规章、标准的行为。

第二十二条 特种劳动防护用品安全标志管理机构及其工作人员应当坚持公开、公平、公正的原则，严格审查、核发安全标志，并应接受安全生产监督管理部门、煤矿安全监察机构的监督。

第二十三条 生产经营单位的从业人员有权依法向本单位提出配备所需劳动防护用品的要求；有权对本单位劳动防护用品管理的违法行为提出批评、检举、控告。

安全生产监督管理部门、煤矿安全监察机构对从业人员提出的批评、检举、控告，经查实后应当依法处理。

第二十四条 生产经营单位应当接受工会的监督。工会对生产经营单位劳动防护用品管理的违法行为有权要求纠正，并对纠正情况进行监督。

第五章 罚 则

第二十五条 生产经营单位未按国家有关规定为从业人员提供符合国家标准或者行业标准的劳动防护用品，有本规定第二十一条第（一）、（二）、（三）、（四）、（五）、（六）项行为的，安全生产监督管理部门或者煤矿安全监察机构责令限期改正；逾期未改正的，责令停产停业整顿，可以并处五万元以下的罚款；造成严重后果，构成犯罪的，依法追究刑事责任。

第二十六条 生产或者经营劳动防护用品的企业或者单位有本规定第二十一条第（七）、（八）项行为的，安全生产监督管理部门或者煤矿安全监察机构责令停止违法行为，可以并处三万元以下的罚款。

第二十七条 检测检验机构出具虚假证明，构成犯罪的，依照刑法有关规定追究刑事责任；尚不够刑事处罚的，由安全生产监督管理部门没收违法所得，违法所得在五千元以上的，并处违法所得二倍以上五倍以下罚款，没有违法所得或者违法所得不足五千元的，单处或者并处五千元以上二万元以下的罚款，对其直接负责的主管人员和直接责任人员处五千元以上五万元以下的罚款；给他人造成损害的，与生产经营单位承担连带赔偿责任。

对有前款违法行为的检测检验机构，由国家安全生产监督管理总局撤销其检测检验资质。

第二十八条 特种劳动防护用品安全标志管理机构的工作人员滥用职权、玩忽职守、弄虚作假、徇私舞弊的，依照有关规定给予行政处分；构成犯罪的，依法追究刑事责任。

第六章 附 则

第二十九条 进口的一般劳动防护用品的安全防护性能不得低于我国相关标准，并向国家安全生产监督管理总局指定的特种劳动防护用品安全标志管理机构申请办理准用手续;进口的特种劳动防护用品应当按照本规定取得安全标志。

第三十条 各省、自治区、直辖市安全生产监督管理部门可以根据本规定,制定劳动防护用品监督管理实施细则,并报国家安全生产监督管理总局备案。

第三十一条 本规定自2005年9月1日起施行。

安全生产领域违法违纪行为政纪处分暂行规定

（2006年11月22日中华人民共和国监察部、国家安全生产监督管理总局令第11号公布，自公布之日起施行）

第一条　为了加强安全生产工作，惩处安全生产领域违法违纪行为，促进安全生产法律法规的贯彻实施，保障人民群众生命财产和公共财产安全，根据《中华人民共和国行政监察法》、《中华人民共和国安全生产法》及其他有关法律法规，制定本规定。

第二条　国家行政机关及其公务员，企业、事业单位中由国家行政机关任命的人员有安全生产领域违法违纪行为，应当给予处分的，适用本规定。

第三条　有安全生产领域违法违纪行为的国家行政机关，对其直接负责的主管人员和其他直接责任人员，以及对有安全生产领域违法违纪行为的国家行政机关公务员（以下统称有关责任人员），由监察机关或者任免机关按照管理权限，依法给予处分。

有安全生产领域违法违纪行为的企业、事业单位，对其直接负责的主管人员和其他直接责任人员，以及对有安全生产领域违法违纪行为的企业、事业单位工作人员中由国家行政机关任命的人员（以下统称有关责任人员），由监察机关或者任免机关按照管理权限，依法给予处分。

第四条　国家行政机关及其公务员有下列行为之一的，对有关责任人员，给予警告、记过或者记大过处分；情节较重的，给予降级或者撤职处分；情节严重的，给予开除处分：

（一）不执行国家安全生产方针政策和安全生产法律、法规、规章以及上级机关、主管部门有关安全生产的决定、命令、指示的；

（二）制定或者采取与国家安全生产方针政策以及安全生产法律、法规、规章相抵触的规定或者措施，造成不良后果或者经上级机关、有关部门指出仍不改正的。

第五条　国家行政机关及其公务员有下列行为之一的，对有关责任人员，给予警告、记过或者记大过处分；情节较重的，给予降级或者撤职处分；情节严重的，给予开除处分：

（一）向不符合法定安全生产条件的生产经营单位或者经营者颁发有关证照的；

（二）对不具备法定条件机构、人员的安全生产资质、资格予以批准认定的；

（三）对经责令整改仍不具备安全生产条件的生产经营单位，不撤销原行政许可、审批或者不依法查处的；

（四）违法委托单位或者个人行使有关安全生产的行政许可权或者审批权的；

（五）有其他违反规定实施安全生产行政许可或者审批行为的。

第六条　国家行政机关及其公务员有下列行为之一的，对有关责任人员，给予警告、记过或者记大过处分；情节较重的，给予降级或者撤职处分；情节严重的，给予开除处分：

（一）批准向合法的生产经营单位或者经营者超量提供剧毒品、火工品等危险物资，造成后果的；

（二）批准向非法或者不具备安全生产条件的生产经营单位或者经营者，提供剧毒品、火工品等危险物资或者其他生产经营条件的。

第七条 国家行政机关公务员利用职权或者职务上的影响，违反规定为个人和亲友谋取私利，有下列行为之一的，给予警告、记过或者记大过处分；情节较重的，给予降级或者撤职处分；情节严重的，给予开除处分：

（一）干预、插手安全生产装备、设备、设施采购或者招标投标等活动的；

（二）干预、插手安全生产行政许可、审批或者安全生产监督执法的；

（三）干预、插手安全生产中介活动的；

（四）有其他干预、插手生产经营活动危及安全生产行为的。

第八条 国家行政机关及其公务员有下列行为之一的，对有关责任人员，给予警告、记过或者记大过处分；情节较重的，给予降级或者撤职处分；情节严重的，给予开除处分：

（一）未按照有关规定对有关单位申报的新建、改建、扩建工程项目的安全设施，与主体工程同时设计、同时施工、同时投入生产和使用中组织审查验收的；

（二）发现存在重大安全隐患，未按规定采取措施，导致生产安全事故发生的；

（三）对发生的生产安全事故瞒报、谎报、拖延不报，或者组织、参与瞒报、谎报、拖延不报的；

（四）生产安全事故发生后，不及时组织抢救的；

（五）对生产安全事故的防范、报告、应急救援有其他失职、渎职行为的。

第九条 国家行政机关及其公务员有下列行为之一的，对有关责任人员，给予警告、记过或者记大过处分；情节较重的，给予降级或者撤职处分；情节严重的，给予开除处分：

（一）阻挠、干涉生产安全事故调查工作的；

（二）阻挠、干涉对事故责任人员进行责任追究的；

（三）不执行对事故责任人员的处理决定，或者擅自改变上级机关批复的对事故责任人员的处理意见的。

第十条 国家行政机关公务员有下列行为之一的，给予警告、记过或者记大过处分；情节较重的，给予降级或者撤职处分；情节严重的，给予开除处分：

（一）本人及其配偶、子女及其配偶违反规定在煤矿等企业投资入股或者在安全生产领域经商办企业的；

（二）违反规定从事安全生产中介活动或者其他营利活动的；

（三）在事故调查处理时，滥用职权、玩忽职守、徇私舞弊的；

（四）利用职务上的便利，索取他人财物，或者非法收受他人财物，在安全生产领域为他人谋取利益的。

对国家行政机关公务员本人违反规定投资入股煤矿的处分，法律、法规另有规定的，从其规定。

第十一条 国有企业及其工作人员有下列行为之一的，对有关责任人员，给予警告、记过或者记大过处分；情节较重的，给予降级、撤职或者留用察看处分；情节严重的，给予开除处分：

（一）未取得安全生产行政许可及相关证照或者不具备安全生产条件从事生产经营

活动的；

（二）弄虚作假，骗取安全生产相关证照的；

（三）出借、出租、转让或者冒用安全生产相关证照的；

（四）未按照有关规定保证安全生产所必需的资金投入，导致产生重大安全隐患的；

（五）新建、改建、扩建工程项目的安全设施，不与主体工程同时设计、同时施工、同时投入生产和使用，或者未按规定审批、验收，擅自组织施工和生产的；

（六）被依法责令停产停业整顿、吊销证照、关闭的生产经营单位，继续从事生产经营活动的。

第十二条 国有企业及其工作人员有下列行为之一，导致生产安全事故发生的，对有关责任人员，给予警告、记过或者记大过处分；情节较重的，给予降级、撤职或者留用察看处分；情节严重的，给予开除处分：

（一）对存在的重大安全隐患，未采取有效措施的；

（二）违章指挥，强令工人违章冒险作业的；

（三）未按规定进行安全生产教育和培训并经考核合格，允许从业人员上岗，致使违章作业的；

（四）制造、销售、使用国家明令淘汰或者不符合国家标准的设施、设备、器材或者产品的；

（五）超能力、超强度、超定员组织生产经营，拒不执行有关部门整改指令的；

（六）拒绝执法人员进行现场检查或者在被检查时隐瞒事故隐患，不如实反映情况的；

（七）有其他不履行或者不正确履行安全生产管理职责的。

第十三条 国有企业及其工作人员有下列行为之一的，对有关责任人员，给予记过或者记大过处分；情节较重的，给予降级、撤职或者留用察看处分；情节严重的，给予开除处分：

（一）对发生的生产安全事故瞒报、谎报或者拖延不报的；

（二）组织或者参与破坏事故现场、出具伪证或者隐匿、转移、篡改、毁灭有关证据，阻挠事故调查处理的；

（三）生产安全事故发生后，不及时组织抢救或者擅离职守的。

生产安全事故发生后逃匿的，给予开除处分。

第十四条 国有企业及其工作人员不执行或者不正确执行对事故责任人员作出的处理决定，或者擅自改变上级机关批复的对事故责任人员的处理意见的，对有关责任人员，给予警告、记过或者记大过处分；情节较重的，给予降级、撤职或者留用察看处分；情节严重的，给予开除处分。

第十五条 国有企业负责人及其配偶、子女及其配偶违反规定在煤矿等企业投资入股或者在安全生产领域经商办企业的，对由国家行政机关任命的人员，给予警告、记过或者记大过处分；情节较重的，给予降级、撤职或者留用察看处分；情节严重的，给予开除处分。

第十六条 承担安全评价、培训、认证、资质验证、设计、检测、检验等工作的机构及其工作人员，出具虚假报告等与事实不符的文件、材料，造成安全生产隐患的，对有关责任人员，给予警告、记过或者记大过处分；情节较重的，给予降级、降职或者撤职处分；情节严重的，给予开除留用察看或者开除处分。

第十七条 法律、法规授权的具有管理公共事务职能的组织以及国家行政机关依法委托的组织及其工勤人员以外的工作人员有安全生产领域违法违纪行为，应当给予处分的，参照本规定执行。

企业、事业单位中除由国家行政机关任命的人员外，其他人员有安全生产领域违法违纪行为，应当给予处分的，由企业、事业单位参照本规定执行。

第十八条 有安全生产领域违法违纪行为，需要给予组织处理的，依照有关规定办理。

第十九条 有安全生产领域违法违纪行为，涉嫌犯罪的，移送司法机关依法处理。

第二十条 本规定由监察部和国家安全生产监督管理总局负责解释。

第二十一条 本规定自公布之日起施行。

《生产安全事故报告和调查处理条例》罚款处罚暂行规定

（2007年7月12日国家安全生产监督管理总局令第13号公布，自公布之日起施行）

第一条 为防止和减少生产安全事故，严格追究生产安全事故发生单位及其有关责任人员的法律责任，正确适用事故罚款的行政处罚，依照《生产安全事故报告和调查处理条例》（以下简称《条例》）的规定，制定本规定。

第二条 安全生产监督管理部门和煤矿安全监察机构对生产安全事故发生单位（以下简称事故发生单位）及其主要负责人、直接负责的主管人员和其他责任人员等有关责任人员实施罚款的行政处罚，适用本规定。

法律、行政法规对行政处罚的种类、幅度和决定机关另有规定的，依照其规定。

第三条 本规定所称事故发生单位是指对事故发生负有责任的生产经营单位。

本规定所称主要负责人是指有限责任公司、股份有限公司的董事长或者总经理或者个人经营的投资人，其他生产经营单位的厂长、经理、局长、矿长（含实际控制人、投资人）等人员。

第四条 本规定所称事故发生单位主要负责人、直接负责的主管人员和其他直接责任人员的上一年年收入，属于国有生产经营单位的，是指该单位上级主管部门所确定的上一年年收入总额；属于非国有生产经营单位的，是指经财务、税务部门核定的上一年年收入总额。

第五条 《条例》所称的迟报、漏报、谎报和瞒报，依照下列情形认定：

（一）报告事故的时间超过规定时限的，属于迟报；

（二）因过失对应当上报的事故或者事故发生的时间、地点、类别、伤亡人数、直接经济损失等内容遗漏未报的，属于漏报；

（三）故意不如实报告事故发生的时间、地点、类别、伤亡人数、直接经济损失等有关内容的，属于谎报；

（四）故意隐瞒已经发生的事故，并经有关部门查证属实的，属于瞒报。

第六条 对事故发生单位及其有关责任人员处以罚款的行政处罚，依照下列规定决定：

（一）对发生特别重大事故的单位及其有关责任人员罚款的行政处罚，由国家安全生产监督管理总局决定；

（二）对发生重大事故的单位及其有关责任人员罚款的行政处罚，由省级人民政府安全生产监督管理部门决定；

（三）对发生较大事故的单位及其有关责任人员罚款的行政处罚，由设区的市级人民政府安全生产监督管理部门决定；

（四）对发生一般事故的单位及其有关责任人员罚款的行政处罚，由县级人民政府安全生产监督管理部门决定。

上级安全生产监督管理部门可以指定下一级安全生产监督管理部门对事故发生单位及其有关责任人员实施行政处罚。

第七条　对煤矿事故发生单位及其有关责任人员处以罚款的行政处罚，依照下列规定执行：

（一）对发生特别重大事故的煤矿及其有关责任人员罚款的行政处罚，由国家煤矿安全监察局决定；

（二）对发生重大事故和较大事故的煤矿及其有关责任人员罚款的行政处罚，由省级煤矿安全监察机构决定；

（三）对发生一般事故的煤矿及其有关责任人员罚款的行政处罚，由省级煤矿安全监察机构所属分局决定。

上级煤矿安全监察机构可以指定下一级煤矿安全监察机构对事故发生单位及其有关责任人员实施行政处罚。

第八条　特别重大事故以下等级事故，事故发生地与事故发生单位所在地不在同一个县级以上行政区域的，由事故发生地的安全生产监督管理部门或者煤矿安全监察机构依照本规定第六条或者第七条规定的权限实施行政处罚。

第九条　安全生产监督管理部门和煤矿安全监察机构对事故发生单位及其有关责任人员实施罚款的行政处罚，依照《安全生产违法行为行政处罚办法》规定的程序执行。

第十条　事故发生单位及其有关责任人员对安全生产监督管理部门和煤矿安全监察机构给予的行政处罚，享有陈述、申辩的权利；对行政处罚不服的，有权依法申请行政复议或者提起行政诉讼。

第十一条　事故发生单位主要负责人有《条例》第三十五条规定的行为之一的，依照下列规定处以罚款：

（一）事故发生单位主要负责人在事故发生后不立即组织事故抢救的，处上一年年收入80%的罚款；

（二）事故发生单位主要负责人迟报或者漏报事故的，处上一年年收入40%至60%的罚款；

（三）事故发生单位主要负责人在事故调查处理期间擅离职守的，处上一年年收入60%至80%的罚款。

第十二条　事故发生单位有《条例》第三十六条规定的行为之一的，依照下列规定处以罚款：

（一）没有贻误事故抢救的，处100万元以上200万元以下的罚款；

（二）贻误事故抢救或者造成事故扩大或者影响事故调查的，处200万元以上300万元以下的罚款；

（三）贻误事故抢救或者造成事故扩大或者影响事故调查，手段恶劣，情节严重的，处300万元以上500万元以下的罚款。

第十三条　事故发生单位的主要负责人、直接负责的主管人员和其他直接责任人员有《条例》第三十六条规定的行为之一的，依照下列规定处以罚款：

（一）谎报、瞒报事故的，处上一年年收入60%至80%的罚款；

（二）伪造、故意破坏事故现场，或者转移、隐匿资金、财产、销毁有关证据、资料，或者拒绝接受调查，或者拒绝提供有关情况和资料，或者在事故调查中作伪证，或者指使他人作伪证的，处上一年年收入80%至90%的罚款；

（三）事故发生后逃匿的，处上一年年收入100%的罚款。

第十四条 事故发生单位对造成3人以下死亡，或者3人以上10人以下重伤（包括急性工业中毒），或者300万元以上1 000万元以下直接经济损失的事故负有责任的，处10万元以上20万元以下的罚款。

第十五条 事故发生单位对较大事故发生负有责任的，依照下列规定处以罚款：

（一）造成3人以上6人以下死亡，或者10人以上30人以下重伤（包括急性工业中毒），或者1 000万元以上3 000万元以下直接经济损失的，处20万元以上30万元以下的罚款；

（二）造成6人以上10人以下死亡，或者30人以上50人以下重伤（包括急性工业中毒），或者3 000万元以上5 000万元以下直接经济损失的，处30万元以上50万元以下的罚款。

第十六条 事故发生单位对重大事故发生负有责任的，依照下列规定处以罚款：

（一）造成10人以上15人以下死亡，或者50人以上70人以下重伤（包括急性工业中毒），或者5 000万元以上7 000万元以下直接经济损失的，处50万元以上100万元以下的罚款；

（二）造成15人以上30人以下死亡，或者70人以上100人以下重伤（包括急性工业中毒），或者7 000万元以上1亿元以下直接经济损失的，处100万元以上200万元以下的罚款。

第十七条 事故发生单位对特别重大事故发生负有责任的，处200万元以上500万元以下的罚款。

第十八条 事故发生单位主要负责人未依法履行安全生产管理职责，导致事故发生的，依照下列规定处以罚款：

（一）发生一般事故的，处上一年年收入30%的罚款；

（二）发生较大事故的，处上一年年收入40%的罚款；

（三）发生重大事故的，处上一年年收入60%的罚款；

（四）发生特别重大事故的，处上一年年收入80%的罚款。

第十九条 法律、行政法规对发生事故的单位及其有关责任人员规定的罚款幅度与本规定不同的，按照较高的幅度处以罚款，但对同一违法行为不得重复罚款。

第二十条 违反《条例》和本规定，事故发生单位及其有关责任人员有两种以上应当处以罚款的行为的，安全生产监督管理部门或者煤矿安全监察机构应当分别裁量，合并作出处罚决定。

第二十一条 对事故发生负有责任的其他单位及其有关责任人员处以罚款的行政处罚，依照相关法律、法规和规章的规定实施。

第二十二条 本规定所称的“以上”包括本数，所称的“以下”不包括本数。

第二十三条 本规定自公布之日起施行。

安全生产事故隐患排查治理暂行规定

（2007 年 12 月 28 日国家安全生产监督管理总局
令第 16 号公布，自 2008 年 2 月 1 日起施行）

第一章 总 则

第一条 为了建立安全生产事故隐患排查治理长效机制，强化安全生产主体责任，加强事故隐患监督管理，防止和减少事故，保障人民群众生命财产安全，根据安全生产法等法律、行政法规，制定本规定。

第二条 生产经营单位安全生产事故隐患排查治理和安全生产监督管理部门、煤矿安全监察机构（以下统称安全监管监察部门）实施监管监察，适用本规定。

有关法律、行政法规对安全生产事故隐患排查治理另有规定的，依照其规定。

第三条 本规定所称安全生产事故隐患（以下简称事故隐患），是指生产经营单位违反安全生产法律、法规、规章、标准、规程和安全生产管理制度的规定，或者因其他因素在生产经营活动中存在可能导致事故发生的物的危险状态、人的不安全行为和管理上的缺陷。

事故隐患分为一般事故隐患和重大事故隐患。一般事故隐患，是指危害和整改难度较小，发现后能够立即整改排除的隐患。重大事故隐患，是指危害和整改难度较大，应当全部或者局部停产停业，并经过一定时间整改治理方能排除的隐患，或者因外部因素影响致使生产经营单位自身难以排除的隐患。

第四条 生产经营单位应当建立健全事故隐患排查治理制度。

生产经营单位主要负责人对本单位事故隐患排查治理工作全面负责。

第五条 各级安全监管监察部门按照职责对所辖区域内生产经营单位排查治理事故隐患工作依法实施综合监督管理；各级人民政府有关部门在各自职责范围内对生产经营单位排查治理事故隐患工作依法实施监督管理。

第六条 任何单位和个人发现事故隐患，均有权向安全监管监察部门和有关部门报告。

安全监管监察部门接到事故隐患报告后，应当按照职责分工立即组织核实并予以查处；发现所报告事故隐患应当由其他有关部门处理的，应当立即移送有关部门并记录备查。

第二章 生产经营单位的职责

第七条 生产经营单位应当依照法律、法规、规章、标准和规程的要求从事生产经营活动。严禁非法从事生产经营活动。

第八条 生产经营单位是事故隐患排查、治理和防控的责任主体。

生产经营单位应当建立健全事故隐患排查治理和建档监控等制度，逐级建立并落实从主要负责人到每个从业人员的隐患排查治理和监控责任制。

第九条 生产经营单位应当保证事故隐患排查治理所需的资金，建立资金使用专项制度。

第十条 生产经营单位应当定期组织安全生产管理人员、工程技术人员和其他相关人员排查本单位的事故隐患。对排查出的事故隐患，应当按照事故隐患的等级进行登记，建立事故隐患信息档案，并按照职责分工实施监控治理。

第十一条 生产经营单位应当建立事故隐患报告和举报奖励制度，鼓励、发动职工发现和排除事故隐患，鼓励社会公众举报。对发现、排除和举报事故隐患的有功人员，应当给予物质奖励和表彰。

第十二条 生产经营单位将生产经营项目、场所、设备发包、出租的，应当与承包、承租单位签订安全生产管理协议，并在协议中明确各方对事故隐患排查、治理和防控的管理职责。生产经营单位对承包、承租单位的事故隐患排查治理负有统一协调和监督管理的职责。

第十三条 安全监管监察部门和有关部门的监督检查人员依法履行事故隐患监督检查职责时，生产经营单位应当积极配合，不得拒绝和阻挠。

第十四条 生产经营单位应当每季、每年对本单位事故隐患排查治理情况进行统计分析，并分别于下一季度 15 日前和下一年 1 月 31 日前向安全监管监察部门和有关部门报送书面统计分析表。统计分析表应当由生产经营单位主要负责人签字。

对于重大事故隐患，生产经营单位除依照前款规定报送外，应当及时向安全监管监察部门和有关部门报告。重大事故隐患报告内容应当包括：

（一）隐患的现状及其产生原因；

（二）隐患的危害程度和整改难易程度分析；

（三）隐患的治理方案。

第十五条 对于一般事故隐患，由生产经营单位（车间、分厂、区队等）负责人或者有关人员立即组织整改。

对于重大事故隐患，由生产经营单位主要负责人组织制定并实施事故隐患治理方案。重大事故隐患治理方案应当包括以下内容：

（一）治理的目标和任务；

（二）采取的方法和措施；

（三）经费和物资的落实；

（四）负责治理的机构和人员；

（五）治理的时限和要求；

（六）安全措施和应急预案。

第十六条 生产经营单位在事故隐患治理过程中，应当采取相应的安全防范措施，防止事故发生。事故隐患排除前或者排除过程中无法保证安全的，应当从危险区域内撤出作业人员，并疏散可能危及的其他人员，设置警戒标志，暂时停产停业或者停止使用；对暂时难以停产或者停止使用的相关生产储存装置、设施、设备，应当加强维护和保养，防止事故发生。

第十七条　生产经营单位应当加强对自然灾害的预防。对于因自然灾害可能导致事故灾难的隐患，应当按照有关法律、法规、标准和本规定的要求排查治理，采取可靠的预防措施，制定应急预案。在接到有关自然灾害预报时，应当及时向下属单位发出预警通知；发生自然灾害可能危及生产经营单位和人员安全的情况时，应当采取撤离人员、停止作业、加强监测等安全措施，并及时向当地人民政府及其有关部门报告。

第十八条　地方人民政府或者安全监管监察部门及有关部门挂牌督办并责令全部或者局部停产停业治理的重大事故隐患，治理工作结束后，有条件的生产经营单位应当组织本单位的技术人员和专家对重大事故隐患的治理情况进行评估；其他生产经营单位应当委托具备相应资质的安全评价机构对重大事故隐患的治理情况进行评估。

经治理后符合安全生产条件的，生产经营单位应当向安全监管监察部门和有关部门提出恢复生产的书面申请，经安全监管监察部门和有关部门审查同意后，方可恢复生产经营。申请报告应当包括治理方案的内容、项目和安全评价机构出具的评价报告等。

第三章　监督管理

第十九条　安全监管监察部门应当指导、监督生产经营单位按照有关法律、法规、规章、标准和规程的要求，建立健全事故隐患排查治理等各项制度。

第二十条　安全监管监察部门应当建立事故隐患排查治理监督检查制度，定期组织对生产经营单位事故隐患排查治理情况开展监督检查；应当加强对重点单位的事故隐患排查治理情况的监督检查。对检查过程中发现的重大事故隐患，应当下达整改指令书，并建立信息管理台账。必要时，报告同级人民政府并对重大事故隐患实行挂牌督办。

安全监管监察部门应当配合有关部门做好对生产经营单位事故隐患排查治理情况开展的监督检查，依法查处事故隐患排查治理的非法和违法行为及其责任者。

安全监管监察部门发现属于其他有关部门职责范围内的重大事故隐患的，应该及时将有关资料移送有管辖权的有关部门，并记录备查。

第二十一条　已经取得安全生产许可证的生产经营单位，在其被挂牌督办的重大事故隐患治理结束前，安全监管监察部门应当加强监督检查。必要时，可以提请原许可证颁发机关依法暂扣其安全生产许可证。

第二十二条　安全监管监察部门应当会同有关部门把重大事故隐患整改纳入重点行业领域的安全专项整治中加以治理，落实相应责任。

第二十三条　对挂牌督办并采取全部或者局部停产停业治理的重大事故隐患，安全监管监察部门收到生产经营单位恢复生产的申请报告后，应当在10日内进行现场审查。审查合格的，对事故隐患进行核销，同意恢复生产经营；审查不合格的，依法责令改正或者下达停产整改指令。对整改无望或者生产经营单位拒不执行整改指令的，依法实施行政处罚；不具备安全生产条件的，依法提请县级以上人民政府按照国务院规定的权限予以关闭。

第二十四条 安全监管监察部门应当每季将本行政区域重大事故隐患的排查治理情况和统计分析表逐级报至省级安全监管监察部门备案。

省级安全监管监察部门应当每半年将本行政区域重大事故隐患的排查治理情况和统计分析表报国家安全生产监督管理总局备案。

第四章 罚 则

第二十五条 生产经营单位及其主要负责人未履行事故隐患排查治理职责,导致发生生产安全事故的,依法给予行政处罚。

第二十六条 生产经营单位违反本规定,有下列行为之一的,由安全监管监察部门给予警告,并处三万元以下的罚款:

(一)未建立安全生产事故隐患排查治理等各项制度的;

(二)未按规定上报事故隐患排查治理统计分析表的;

(三)未制定事故隐患治理方案的;

(四)重大事故隐患不报或者未及时报告的;

(五)未对事故隐患进行排查治理擅自生产经营的;

(六)整改不合格或者未经安全监管监察部门审查同意擅自恢复生产经营的。

第二十七条 承担检测检验、安全评价的中介机构,出具虚假评价证明,尚不够刑事处罚的,没收违法所得,违法所得在五千元以上的,并处违法所得二倍以上五倍以下的罚款,没有违法所得或者违法所得不足五千元的,单处或者并处五千元以上二万元以下的罚款,同时可对其直接负责的主管人员和其他直接责任人员处五千元以上五万元以下的罚款;给他人造成损害的,与生产经营单位承担连带赔偿责任。

对有前款违法行为的机构,撤销其相应的资质。

第二十八条 生产经营单位事故隐患排查治理过程中违反有关安全生产法律、法规、规章、标准和规程规定的,依法给予行政处罚。

第二十九条 安全监管监察部门的工作人员未依法履行职责的,按照有关规定处理。

第五章 附 则

第三十条 省级安全监管监察部门可以根据本规定,制定事故隐患排查治理和监督管理实施细则。

第三十一条 事业单位、人民团体以及其他经济组织的事故隐患排查治理,参照本规定执行。

第三十二条 本规定自 2008 年 2 月 1 日起施行。

四、规范性文件

GUIFANXING WENJIAN

一、住房和城乡建设部文件

建设部关于印发《建筑业企业职工安全培训教育暂行规定》的通知

（建教[1997]83号,1997年5月4日）

各省、自治区、直辖市建委(建设厅),山东省、江苏省建管局,各计划单列市建委,新疆生产建设兵团,中建总公司,国务院有关部门:

现将《建筑业企业职工安全培训教育暂行规定》印发给你们,请遵照执行。

附件:

建筑业企业职工安全培训教育暂行规定

第一章 总 则

第一条 为贯彻安全第一、预防为主的方针,加强建筑业企业职工安全培训教育工作,增强职工的安全意识和安全防护能力,减少伤亡事故的发生,制定本暂行规定。

第二条 建筑业企业职工必须定期接受安全培训教育,坚持先培训、后上岗的制度。

第三条 本暂行规定适用于所有在中华人民共和国境内从事工程建设的建筑业企业。

第四条 建设部主管全国建筑业企业职工安全培训教育工作。

国务院有关专业部门负责所属建筑业企业职工的安全培训教育工作。其所属企业的安全培训教育工作,还应当接受企业所在地建设行政主管部门及其所属建筑安全监督管理机构的指导和监督。

县级以上地方人民政府建设行政主管部门负责本行政区域内建筑业企业职工安全培训教育管理工作。

第二章　培训对象、时间和内容

第五条　建筑业企业职工每年必须接受一次专门的安全培训。

（一）企业法定代表人、项目经理每年接受安全培训的时间，不得少于30学时；

（二）企业专职安全管理人员除按照建教［1991］522号文《建设企事业单位关键岗位持证上岗管理规定》的要求，取得岗位合格证书并持证上岗外，每年还必须接受安全专业技术业务培训，时间不得少于40学时；

（三）企业其他管理人员和技术人员每年接受安全培训的时间，不得少于20学时；

（四）企业特殊工种（包括电工、焊工、架子工、司炉工、爆破工、机械操作工、起重工、塔吊司机及指挥人员、人货两用电梯司机等）在通过专业技术培训并取得岗位操作证后，每年仍须接受有针对性的安全培训，时间不得少于20学时；

（五）企业其他职工每年接受安全培训的时间，不得少于15学时；

（六）企业待岗、转岗、换岗的职工，在重新上岗前，必须接受一次安全培训，时间不得少于20学时。

第六条　建筑业企业新进场的工人，必须接受公司、项目（或工区、工程处、施工队，下同）、班组的三级安全培训教育，经考核合格后，方能上岗。

（一）公司安全培训教育的主要内容是：国家和地方有关安全生产的方针、政策、法规、标准、规范、规程和企业的安全规章制度等。培训教育的时间不得少于15学时。

（二）项目安全培训教育的主要内容是：工地安全制度、施工现场环境、工程施工特点及可能存在的不安全因素等。培训教育的时间不得少于15学时。

（三）班组安全培训教育的主要内容是：本工种的安全操作规程、事故案例剖析、劳动纪律和岗位讲评等。培训教育的时间不得少于20学时。

第三章　安全培训教育的实施与管理

第七条　实行安全培训教育登记制度。建筑业企业必须建立职工的安全培训教育档案，没有接受安全培训教育的职工，不得在施工现场从事作业或者管理活动。

第八条　县级以上地方人民政府建设行政主管部门制订本行政区域内建筑业企业职工安全培训教育规划和年度计划，并组织实施。省、自治区、直辖市的建筑业企业职工安全培训教育规划和年度计划，应当报建设部建设教育主管部门和建筑安全主管部门备案。

国务院有关专业部门负责组织制订所属建筑业企业职工安全培训教育规划和年度计划，并组织实施。

第九条　有条件的大中型建筑业企业，经企业所在地的建设行政主管部门或者授权所属的建筑安全监督管理机构审核确认后，可以对本企业的职工进行安全培训工作，并接受企业所在地的建设行政主管部门或者建筑安全监督管理机构的指导和监督。其他建筑业企业职工的安全培训工作，由企业所在地的建设行政主管部门或者建筑安全监督管理机构负责组织。

建筑业企业法定代表人、项目经理的安全培训工作，由企业所在地的建设行政主管部门或者建筑安全监督管理机构负责组织。

第十条 实行总分包的工程项目,总包单位要负责统一管理分包单位的职工安全培训教育工作。分包单位要服从总包单位的统一管理。

第十一条 从事建筑业企业职工安全培训工作的人员,应当具备下列条件:

(一)具有中级以上专业技术职称;

(二)有五年以上施工现场经验或者从事建筑安全教学、法规等方面工作五年以上的人员;

(三)经建筑安全师资培训合格,并获得培训资格证书。

第十二条 建筑业企业职工的安全培训,应当使用经建设部主管部门和建筑安全主管部门统一审定的培训大纲和教材。

第十三条 建筑业企业职工的安全培训教育经费,从企业职工教育经费中列支。

第四章 附 则

第十四条 本暂行规定自发布之日起施行。

建设部关于印发《建筑工程预防高处坠落事故若干规定》和《建筑工程预防坍塌事故若干规定》的通知

（建质[2003]82号，2003年4月17日）

各省、自治区建设厅，直辖市建委、市政管委，江苏省、山东省建管局，新疆生产建设兵团建设局：

现将《建筑工程预防高处坠落事故若干规定》和《建筑工程预防坍塌事故若干规定》印发给你们，请结合实际，贯彻执行。

附件1：建筑工程预防高处坠落事故若干规定
附件2：建筑工程预防坍塌事故若干规定

附件1：

建筑工程预防高处坠落事故若干规定

第一条 为预防高处坠落事故发生，保证施工安全，依据《建筑法》和《安全生产法》对施工企业提出的有关要求，制定本规定。

第二条 本规定适用于脚手架上作业、各类登高作业、外用电梯安装作业及洞口临边作业等可能发生高处坠落的施工作业。

第三条 施工单位的法定代表人对本单位的安全生产全面负责。施工单位在编制施工组织设计时，应制定预防高处坠落事故的安全技术措施。

项目经理对本项目的安全生产全面负责。项目经理部应结合施工组织设计，根据建筑工程特点编制预防高处坠落事故的专项施工方案，并组织实施。

第四条 施工单位应做好高处作业人员的安全教育及相关的安全预防工作。

（一）所有高处作业人员应接受高处作业安全知识的教育；特种高处作业人员应持证上岗，上岗前应依据有关规定进行专门的安全技术签字交底。采用新工艺、新技术、新材料和新设备的，应按规定对作业人员进行相关安全技术签字交底。

（二）高处作业人员应经过体检，合格后方可上岗。施工单位应为作业人员提供合格的安全帽、安全带等必备的安全防护用具，作业人员应按规定正确佩戴和使用。

第五条 施工单位应按类别,有针对性地将各类安全警示标志悬挂于施工现场各相应部位,夜间应设红灯示警。

第六条 高处作业前,应由项目分管负责人组织有关部门对安全防护设施进行验收,经验收合格签字后,方可作业。安全防护设施应做到定型化、工具化,防护栏杆以黄黑(或红白)相间的条纹标示,盖件等以黄(或红)色标示。需要临时拆除或变动安全设施的,应经项目分管负责人审批签字,并组织有关部门验收,经验收合格签字后,方可实施。

第七条 物料提升机应按有关规定由其产权单位编制安装拆卸施工方案,产权单位分管负责人审批签字,并负责安装和拆卸;使用前与施工单位共同进行验收,经验收合格签字后,方可作业。物料提升机应有完好的停层装置,各层联络要有明确信号和楼层标记。物料提升机上料口应装设有连锁装置的安全门,同时采用断绳保护装置或安全停靠装置。通道口走道板应满铺并固定牢靠,两侧边应设置符合要求的防护栏杆和挡脚板,并用密目式安全网封闭两侧。物料提升机严禁乘人。

第八条 施工外用电梯应按有关规定由其产权单位编制安装拆卸施工方案,产权单位分管负责人审批签字,并负责安装和拆卸;使用前与施工单位共同进行验收,经验收合格签字后,方可作业。施工外用电梯各种限位应灵敏可靠,楼层门应采取防止人员和物料坠落措施,电梯上下运行行程内应保证无障碍物。电梯轿厢内乘人、载物时,严禁超载,载荷应均匀分布,防止偏重。

第九条 移动式操作平台应按相关规定编制施工方案,项目分管负责人审批签字并组织有关部门验收,经验收合格签字后,方可作业。移动式操作平台立杆应保持垂直,上部适当向内收紧,平台作业面不得超出底脚。立杆底部和平台立面应分别设置扫地杆、剪刀撑或斜撑,平台应用坚实木板满铺,并设置防护栏杆和登高扶梯。

第十条 各类作业平台、卸料平台应按相关规定编制施工方案,项目分管负责人审批签字并组织有关部门验收,经验收合格签字后,方可作业。架体应保持稳固,不得与施工脚手架连接。作业平台上严禁超载。

第十一条 脚手架应按相关规定编制施工方案,施工单位分管负责人审批签字,项目分管负责人组织有关部门验收,经验收合格签字后,方可作业。作业层脚手架的脚手板应铺设严密,下部应用安全平网兜底。脚手架外侧应采用密目式安全网做全封闭,不得留有空隙。密目式安全网应可靠固定在架体上。作业层脚手板与建筑物之间的空隙大于15 cm时应作全封闭,防止人员和物料坠落。作业人员上下应有专用通道,不得攀爬架体。

第十二条 附着式升降脚手架和其他外挂式脚手架应按相关规定由其产权单位编制施工方案,产权单位分管负责人审批签字,并与施工单位在使用前进行验收,经验收合格签字后,方可作业。附着式升降脚手架和其他外挂式脚手架每提升一次,都应由项目分管负责人组织有关部门验收,经验收合格签字后,方可作业。附着式升降脚手架和其他外挂式脚手架应设置安全可靠的防倾覆、防坠落装置,每一作业层架体外侧应设置符合要求的防护栏杆和挡脚板。附着式升降脚手架和其他外挂式脚手架升降时,应设专人对脚手架作业区域进行监护。

第十三条 模板工程应按相关规定编制施工方案,施工单位分管负责人审批签字;项目分管负责人组织有关部门验收,经验收合格签字后,方可作业。模板工程在绑扎钢筋、粉刷模板、支拆模板时应保证作业人员有可靠立足点，作业面应按规定设置安全防护设施。模板及其支撑体系的施工荷载应均匀堆置，并不得超过设计计算要求。

第十四条 吊篮应按相关规定由其产权单位编制施工方案，产权单位分管负责人审批签字，并与施工单位在使用前进行验收，经验收合格签字后，方可作业。吊篮产权单位应做好日常例保和记录。吊篮悬挂机构的结构件应选用钢材或其他适合的金属结构材料制造，其结构应具有足够的强度和刚度。作业人员应按规定佩戴安全带；安全带应挂设在单独设置的安全绳上，严禁安全绳与吊篮连接。

第十五条 施工单位对电梯井门应按定型化、工具化的要求设计制作，其高度应在1.5 m至1.8 m范围内。电梯井内不超过10 m应设置一道安全平网；安装拆卸电梯井内安全平网时，作业人员应按规定佩戴安全带。

第十六条 施工单位进行屋面卷材防水层施工时，屋面周围应设置符合要求的防护栏杆。屋面上的孔洞应加盖封严，短边尺寸大于1.5 m时，孔洞周边也应设置符合要求的防护栏杆，底部加设安全平网。在坡度较大的屋面作业时，应采取专门的安全措施。

附件2：

建筑工程预防坍塌事故若干规定

第一条 为预防坍塌事故发生，保证施工安全，依据《建筑法》和《安全生产法》对施工企业提出的有关要求，制定本规定。

第二条 凡从事建筑工程新建、改建、扩建等活动的有关单位，应当遵守本规定。

第三条 本规定所称坍塌是指施工基坑(槽)坍塌、边坡坍塌、基础桩壁坍塌、模板支撑系统失稳坍塌及施工现场临时建筑(包括施工围墙)倒塌等。

第四条 施工单位的法定代表人对本单位的安全生产全面负责，施工单位在编制施工组织设计时，应制定预防坍塌事故的安全技术措施。

项目经理对本项目的安全生产全面负责。项目经理部应结合施工组织设计，根据建筑工程特点，编制预防坍塌事故的专项施工方案，并组织实施。

第五条 基坑(槽)、边坡、基础桩、模板和临时建筑作业前，施工单位应按设计单位要求，根据地质情况、施工工艺、作业条件及周边环境编制施工方案，单位分管负责人审批签字，项目分管负责人组织有关部门验收，经验收合格签字后，方可作业。

第六条 土方开挖前，施工单位应确认地下管线的埋置深度、位置及防护要求后，制定防护措施，经项目分管负责人审批签字后，方可作业。土方开挖时，施工单位应对相邻建(构)筑物、道路的沉降和位移情况进行观测。

第七条 施工单位应编制深基坑(槽)、高切坡、桩基和超高、超重、大跨度模板支撑系统等专项施工方案，并组织专家审查。

本规定所称深基坑(槽)是指开挖深度超过5 m的基坑(槽)或深度未超过5 m但地质情况和周围环境较复杂的基坑(槽)。高切坡是指岩质边坡超过30 m、或土质边坡超过15 m的边坡。超高、超重、大跨度模板支撑系统是指高度超过8 m、或跨度超过18 m、或施工总荷载大于10 kN/m、或集中线荷载大于15 kN/m的模板支撑系统。

第八条 施工单位应做好施工区域内临时排水系统规划，临时排水不得破坏相邻建(构)筑物的地基和挖、填土方的边坡。在地形、地质条件复杂，可能发生滑坡、坍塌的地段挖方时，应由设计单位确定排水方案。场地周围出现地表水汇流、排泄或地下水管渗漏时，施工单位应组织排水，对基坑采取保护措施。开挖低于地下水位的基坑(槽)、边坡和基础桩时，施工单位应合理选用降水措施降低地下水位。

第九条 基坑(槽)、边坡设置坑(槽)壁支撑时，施工单位应根据开挖深度、土质条件、地下水位、施工方法及相邻建(构)筑物等情况设计支撑。拆除支撑时应按基坑(槽)回填顺序自下而上逐层拆除，随拆随填，防止边坡塌方或相邻建(构)筑物产生破坏，必要时应采取加固措施。

第十条 基坑(槽)、边坡和基础桩孔边堆置各类建筑材料的，应按规定距离堆置。各类施工机械距基坑(槽)、边坡和基础桩孔边的距离，应根据设备重量、基坑(槽)、边坡和基础桩的支护、土质情况确定，并不得小于1.5 m。

第十一条 基坑(槽)作业时,施工单位应在施工方案中确定攀登设施及专用通道,作业人员不得攀爬模板、脚手架等临时设施。

第十二条 机械开挖土方时,作业人员不得进入机械作业范围内进行清理或找坡作业。

第十三条 地质灾害易发区内施工时,施工单位应根据地质勘察资料编制施工方案,单位分管负责人审批签字,项目分管负责人组织有关部门验收,经验收合格签字后,方可作业。施工时应遵循自上而下的开挖顺序,严禁先切除坡脚。爆破施工时,应防止爆破震动影响边坡稳定。

第十四条 施工单位应防止地面水流入基坑(槽)内造成边坡塌方或土体破坏。基坑(槽)开挖后,应及时进行地下结构和安装工程施工,基坑(槽)开挖或回填应连续进行。在施工过程中,应随时检查坑(槽)壁的稳定情况。

第十五条 模板作业时,施工单位对模板支撑宜采用钢支撑材料作支撑立柱,不得使用严重锈蚀、变形、断裂、脱焊、螺栓松动的钢支撑材料和竹材作立柱。支撑立柱基础应牢固,并按设计计算严格控制模板支撑系统的沉降量。支撑立柱基础为泥土地面时,应采取排水措施,对地面平整、夯实,并加设满足支撑承载力要求的垫板后,方可用以支撑立柱。斜支撑和立柱应牢固拉接,形成整体。

第十六条 基坑(槽)、边坡和基础桩施工及模板作业时,施工单位应指定专人指挥、监护,出现位移、开裂及渗漏时,应立即停止施工,将作业人员撤离作业现场,待险情排除后,方可作业。

第十七条 楼面、屋面堆放建筑材料、模板、施工机具或其他物料时,施工单位应严格控制数量、重量,防止超载。堆放数量较多时,应进行荷载计算,并对楼面、屋面进行加固。

第十八条 施工单位应按地质资料和设计规范,确定临时建筑的基础型式和平面布局,并按施工规范进行施工。施工现场临时建筑与建筑材料等的间距应符合技术标准。

第十九条 临时建筑外侧为街道或行人通道的,施工单位应采取加固措施。禁止在施工围墙墙体上方或紧靠施工围墙架设广告或宣传标牌。施工围墙外侧应有禁止人群停留、聚集和堆砌土方、货物等的警示。

第二十条 施工现场使用的组装式活动房屋应有产品合格证。施工单位在组装后进行验收,经验收合格签字后,方能使用。对搭设在空旷、山脚等处的活动房应采取防风、防洪和防暴雨等措施。

第二十一条 雨期施工,施工单位应对施工现场的排水系统进行检查和维护,保证排水畅通。在傍山、沿河地区施工时,应采取必要的防洪、防泥石流措施。

深基坑特别是稳定性差的土质边坡、顺向坡,施工方案应充分考虑雨季施工等诱发因素,提出预案措施。

第二十二条 冬季解冻期施工时,施工单位应对基坑(槽)和基础桩支护进行检查,无异常情况后,方可施工。

建设部关于印发《建筑工程安全防护、文明施工措施费用及使用管理规定》的通知

（建办[2005]89 号,2005 年 6 月 7 日）

各省、自治区建设厅,直辖市建委,江苏省、山东省建管局,新疆生产建设兵团建设局:

现将《建筑工程安全防护、文明施工措施费用及使用管理规定》印发给你们,请结合本地区实际,认真贯彻执行。贯彻执行中的有关问题和情况及时反馈建设部。

附件:

建筑工程安全防护、文明施工措施费用及使用管理规定

第一条 为加强建筑工程安全生产、文明施工管理,保障施工从业人员的作业条件和生活环境,防止施工安全事故发生,根据《中华人民共和国安全生产法》、《中华人民共和国建筑法》、《建设工程安全生产管理条例》、《安全生产许可证条例》等法律法规,制定本规定。

第二条 本规定适用于各类新建、扩建、改建的房屋建筑工程(包括与其配套的线路管道和设备安装工程、装饰工程)、市政基础设施工程和拆除工程。

第三条 本规定所称安全防护、文明施工措施费用,是指按照国家现行的建筑施工安全、施工现场环境与卫生标准和有关规定,购置和更新施工安全防护用具及设施、改善安全生产条件和作业环境所需要的费用。安全防护、文明施工措施项目清单详见附表。

建设单位对建筑工程安全防护、文明施工措施有其他要求的,所发生费用一并计入安全防护、文明施工措施费。

第四条 建筑工程安全防护、文明施工措施费用是由《建筑安装工程费用项目组成》(建标[2003]206 号)中措施费所含的文明施工费、环境保护费、临时设施费、安全施工费组成。

其中安全施工费由临边、洞口、交叉、高处作业安全防护费,危险性较大工程安全措施费及其他费用组成。危险性较大工程安全措施费及其他费用项目组成由各地建设行政主管部门结合本地区实际自行确定。

第五条 建设单位、设计单位在编制工程概(预)算时,应当依据工程所在地工程造价管理机构测定的相应费率,合理确定工程安全防护、文明施工措施费。

第六条 依法进行工程招投标的项目,招标方或具有资质的中介机构编制招标文件

时,应当按照有关规定并结合工程实际单独列出安全防护、文明施工措施项目清单。

投标方应当根据现行标准规范,结合工程特点、工期进度和作业环境要求,在施工组织设计文件中制定相应的安全防护、文明施工措施,并按照招标文件要求结合自身的施工技术水平、管理水平对工程安全防护、文明施工措施项目单独报价。投标方安全防护、文明施工措施的报价,不得低于依据工程所在地工程造价管理机构测定费率计算所需费用总额的90%。

第七条 建设单位与施工单位应当在施工合同中明确安全防护、文明施工措施项目总费用,以及费用预付、支付计划,使用要求、调整方式等条款。

建设单位与施工单位在施工合同中对安全防护、文明施工措施费用预付、支付计划未作约定或约定不明的,合同工期在一年以内的,建设单位预付安全防护、文明施工措施项目费用不得低于该费用总额的50%;合同工期在一年以上的(含一年),预付安全防护、文明施工措施费用不得低于该费用总额的30%,其余费用应当按照施工进度支付。

实行工程总承包的,总承包单位依法将建筑工程分包给其他单位的,总承包单位与分包单位应当在分包合同中明确安全防护、文明施工措施费用由总承包单位统一管理。安全防护、文明施工措施由分包单位实施的,由分包单位提出专项安全防护措施及施工方案,经总承包单位批准后及时支付所需费用。

第八条 建设单位申请领取建筑工程施工许可证时,应当将施工合同中约定的安全防护、文明施工措施费用支付计划作为保证工程安全的具体措施提交建设行政主管部门。未提交的,建设行政主管部门不予核发施工许可证。

第九条 建设单位应当按照本规定及合同约定及时向施工单位支付安全防护、文明施工措施费,并督促施工企业落实安全防护、文明施工措施。

第十条 工程监理单位应当对施工单位落实安全防护、文明施工措施情况进行现场监理。对施工单位已经落实的安全防护、文明施工措施,总监理工程师或者造价工程师应当及时审查并签认所发生的费用。监理单位发现施工单位未落实施工组织设计及专项施工方案中安全防护和文明施工措施的,有权责令其立即整改;对施工单位拒不整改或未按期限要求完成整改的,工程监理单位应当及时向建设单位和建设行政主管部门报告,必要时责令其暂停施工。

第十一条 施工单位应当确保安全防护、文明施工措施费专款专用,在财务管理中单独列出安全防护、文明施工措施项目费用清单备查。施工单位安全生产管理机构和专职安全生产管理人员负责对建筑工程安全防护、文明施工措施的组织实施进行现场监督检查,并有权向建设主管部门反映情况。

工程总承包单位对建筑工程安全防护、文明施工措施费用的使用负总责。总承包单位应当按照本规定及合同约定及时向分包单位支付安全防护、文明施工措施费用。总承包单位不按本规定和合同约定支付费用,造成分包单位不能及时落实安全防护措施导致发生事故的,由总承包单位负主要责任。

第十二条 建设行政主管部门应当按照现行标准规范对施工现场安全防护、文明施工措施落实情况进行监督检查,并对建设单位支付及施工单位使用安全防护、文明施工措施费用情况进行监督。

第十三条 建设单位未按本规定支付安全防护、文明施工措施费用的，由县级以上建设行政主管部门依据《建设工程安全生产管理条例》第五十四条规定，责令限期整改；逾期未改正的，责令该建设工程停止施工。

第十四条 施工单位挪用安全防护、文明施工措施费用的，由县级以上建设主管部门依据《建设工程安全生产管理条例》第六十三条规定，责令限期整改，处挪用费用20%以上50%以下的罚款；造成损失的，依法承担赔偿责任。

第十五条 建设行政主管部门的工作人员有下列行为之一的，由其所在单位或者上级主管机关给予行政处分；构成犯罪的，依照刑法有关规定追究刑事责任：

(一)对没有提交安全防护、文明施工措施费用支付计划的工程颁发施工许可证的；

(二)发现违法行为不予查处的；

(三)不依法履行监督管理职责的其他行为。

第十六条 建筑工程以外的工程项目安全防护、文明施工措施费用及使用管理可以参照本规定执行。

第十七条 各地可依照本规定，结合本地区实际制定实施细则。

第十八条 本规定由国务院建设行政主管部门负责解释。

第十九条 本规定自2005年9月1日起施行。

附表：建设工程安全防护、文明施工措施项目清单附表：

建设工程安全防护、文明施工措施项目清单

<table>
<tr><th>类别</th><th colspan="2">项目名称</th><th>具体要求</th></tr>
<tr><td rowspan="9">文明施工与环境保护</td><td colspan="2">安全警示标志牌</td><td>在易发伤亡事故(或危险)处设置明显的、符合国家标准要求的安全警示标志牌</td></tr>
<tr><td colspan="2">现场围挡</td><td>(1)现场采用封闭围挡,高度不小于1.8 m;
(2)围挡材料可采用彩色、定型钢板,砖、混凝土砌块等墙体</td></tr>
<tr><td colspan="2">五板一图</td><td>在进门处悬挂工程概况、管理人员名单及监督电话、安全生产、文明施工、消防保卫五板;施工现场总平面图</td></tr>
<tr><td colspan="2">企业标志</td><td>现场出入的大门应设有本企业标识或企业标识</td></tr>
<tr><td colspan="2">场容场貌</td><td>(1)道路畅通;
(2)排水沟、排水设施通畅;
(3)工地地面硬化处理;
(4)绿化</td></tr>
<tr><td colspan="2">材料堆放</td><td>(1)材料、构件、料具等堆放时,悬挂有名称、品种、规格等标牌;
(2)水泥和其他易飞扬细颗粒建筑材料应密闭存放或采取覆盖等措施;
(3)易燃、易爆和有毒有害物品分类存放</td></tr>
<tr><td colspan="2">现场防火</td><td>消防器材配置合理,符合消防要求</td></tr>
<tr><td colspan="2">垃圾清运</td><td>施工现场应设置密闭式垃圾站,施工垃圾、生活垃圾应分类存放。施工垃圾必须采用相应容器或管道运输</td></tr>
<tr><td colspan="3"></td></tr>
<tr><td rowspan="4">临时设施</td><td colspan="2">现场办公</td><td>(1)施工现场办公、生活区与作业区分开设置,保持安全距离;
(2)工地办公室、现场宿舍、食堂、厕所、饮水、休息场所符合卫生和安全要求</td></tr>
<tr><td rowspan="3">施工现场临时用电</td><td>配电线路</td><td>(1)按照TN－S系统要求配备五芯电缆、四芯电缆和三芯电缆;
(2)按要求架设临时用电线路的电杆、横担、瓷夹、瓷瓶等,或电缆埋地的地沟;
(3)对靠近施工现场的外电线路,设置木质、塑料等绝缘体的防护设施</td></tr>
<tr><td>配电箱开关箱</td><td>(1)按三级配电要求,配备总配电箱、分配电箱、开关箱三类标准电箱,开关箱应符合一机、一箱、一闸、一漏,三类电箱中的各类电器应是合格品;
(2)按两级保护的要求,选取符合容量要求和质量合格的总配电箱和开关箱中的漏电保护器</td></tr>
<tr><td>接地保护装置</td><td>施工现场保护零钱的重复接地应不少于三处</td></tr>
</table>

续附表

类别	项目名称		具体要求
安全施工	临边洞口交叉高处作业防护	楼板、屋面、阳台等临边防护	用密目式安全立网全封闭,作业层另加两边防护栏杆和18 cm高的踢脚板
		通道口防护	设防护棚,防护棚应为不小于5 cm厚的木板或两道相距50 cm的竹笆。两侧应沿栏杆架用密目式安全网封闭
		预留洞口防护	用木板全封闭;短边超过1.5 m长的洞口,除封闭外四周还应设有防护栏杆
		电梯井口防护	设置定型化、工具化、标准化的防护门;在电梯井内每隔两层(不大于10 m)设置一道安全平网
		楼梯边防护	设1.2 m高的定型化、工具化、标准化的防护栏杆,18 cm高的踢脚板
		垂直方向交叉作业防护	设置防护隔离棚或其他设施
		高空作业防护	有悬挂安全带的悬索或其他设施;有操作平台;有上下的梯子或其他形式的通道
其他(由各地自定)			

注:本表所列建筑工程安全防护、文明施工措施项目,是依据现行法律法规及标准规范确定。如修订法律法规和标准规范,本表所列项目应按照修订后的法律法规和标准规范进行调整。

建设部关于遏制市政工程、人工挖孔桩施工(维护)中毒事故的通知

(建安办[2005]10号,2005年10月14日)

各省、自治区建设厅,直辖市建委、市政管委,江苏省、山东省建管局,新疆生产建设兵团建设局:

今年以来,市政工程、人工挖孔桩施工(维护)中毒重大事故较多,除我部《关于加强城市排水设施安全管理工作的通知》(建办城[2005]50号)通报的浙江省宁波市和湖北省仙桃市两起中毒事故外,部分地区又接连发生中毒重大事故:

2005年7月2日,内蒙古自治区巴彦淖尔市乌拉特前旗西山咀镇工业与城市污水合排应急工程,1名施工人员在打通闭水试验封堵时中毒,另3人在营救过程中也相继中毒,共造成4人死亡。

2005年9月25日,湖南省长沙市四季美景水木轩5号楼工程,1名施工人员下到桩孔内作业时中毒晕倒,另外3名施工人员陆续下井施救也中毒晕到,共造成4人死亡。

2005年10月4日,河北省张家口市东沙河污水干管工程,1名施工人员下到管道中检修水泵时晕倒,另6人立即进行抢救也晕倒,共造成3人死亡。

分析市政工程施工(维护)中毒重大事故的主要原因,一是在污水管网作业中,未经检测下水井有毒气体或检测不清即下井作业;二是涉及人工挖孔桩作业中,施工人员下井前不进行毒气检测或检测方法不当,或通风措施不满足要求,盲目下井作业;三是发生中毒事故后,由于缺乏救护知识及防毒救护用具,其他人员盲目施救造成伤亡人数增加。

各地要认真吸取上述重大事故的教训,按照建办城[2005]50号文件的要求,结合本地实际,有针对性地开展预防施工(维护)中毒事故的专项整治活动,并做好以下工作:

一、切实加大预防施工中毒事故的措施力度。对于涉及市政污水管道(井)、人工挖孔桩等可能发生有害气体中毒的工程,施工(维护)单位必须编制专项施工方案,经监理单位签字后方可实施。工地现场负责人要在作业人员进入市政污水管道(井)等作业环境前,认真向现场作业人员进行安全技术交底,并为作业人员配备防毒用具。经仪器检测井下空气符合安全生产标准要求并经工地现场负责人签字确认后,方可下井作业。同时,要采取可靠的通风措施,保证作业面的安全条件。在作业过程中,要安排专人对作业人员实施作业监护,一旦发生中毒事故,要按照预案科学施救。

二、认真制定完善施工(维护)中毒事故的应急预案。各地要认真研究市政工程施工(维护)中毒事故发生的原因和规律,提出切实可行的应对措施,指导施工(维护)企业制定有针对性的预防中毒事故应急预案,并督促企业结合工程特点,定期组织演练。同时,省级建设行政主管部门要组织对本地区市政工程施工企业的安全生产条件进行抽查复核,加强安全生产许可证的动态监管。

三、明确市政工程建设单位的安全管理责任。各地要认真贯彻落实建办城[2005]50号文件的要求，严格对市政工程建设和运行单位的安全管理。市政工程建设和运行单位（含承担具体运行维护工作的市政管理部门和有关排水企业）要认真履行建设单位的安全监管职责，强化安全生产管理，科学组织市政工程运行过程中的养护维修工作。

四、强化施工（维护）人员防护救护知识的培训教育。各市政施工（维护）、地基基础及其他施工企业，要强化对从事市政管道（井）、人工挖孔桩作业的施工（维护）人员尤其是农民工的安全生产培训教育，培训教育的重点是《城市污水处理厂运行、维护及其安全技术规程》、《排水管道维护安全技术规程》以及个人防护和救护的基本方法，通过培训教育，增强其自我保护意识，避免盲目施救造成施救人员伤亡。

五、限制淘汰危及安全生产的落后工艺设备。各地要根据本地区经济发展实际情况，逐步限制、淘汰危及安全生产的落后工艺和设备，施工（维护）中毒事故多发地区和广东、湖南等南方地区要及时发布公告，率先淘汰人工挖孔桩等易造成安全事故的施工工艺。同时，要大力推进安全生产科技进步，从根本上防止施工中毒等重大事故发生。

六、严格对施工单位安全生产许可证的管理。对于至今尚未申请安全生产许可证的施工企业，但不再从事进行施工活动的，应撤销其施工资质证书。擅自进行施工活动的，除按照《安全生产许可证条例》进行严厉处罚外，应立即撤销其施工资质证书。对于已申请安全生产许可证的施工企业但不符合安全生产条件的，要责令其停业整顿，限期整改，整改合格的颁发安全生产许可证，在限期内多次整改不合格的，应撤销其施工资质证书。

建设部关于加强建筑施工现场临建宿舍及办公用房管理的通知

（建安办函[2006]23号，2006年2月24日）

各省、自治区建设厅，直辖市建委，江苏省、山东省建管局，新疆生产建设兵团建设局，中央管理的有关建设集团（总公司）：

2月21日下午1时左右，北京市海淀区四道口果品仓储物流中心工地一栋三层简易组装活动板房临建宿舍楼，在拆卸到第二层的屋顶、局部拆到一层屋顶时突然发生坍塌，造成3人死亡，16人受伤。

近年来，北京、天津、辽宁、黑龙江、上海、江苏及山东等地建筑施工现场临建宿舍特别是简易组装活动板房（楼）在使用或安装、拆卸中，相继发生过倒塌、火灾及一氧化碳中毒等事故，并造成重大人员伤亡。当前正是各类工程项目开（复）工高峰期，也是搭设临建比较集中的时期，各级建设行政主管部门和施工单位要从关爱农民工的身体健康，保证农民工生命安全出发，切实加强建筑施工现场临建宿舍及办公用房的管理，现提出具体工作要求如下：

一、各级建设主管部门要充分研究建筑业农民工进城参加城市工程建设的居住生活问题。并借鉴北京、上海和青岛等地的经验和做法，结合实际，制定本地区建筑施工现场临建房屋安全技术标准。对施工现场临建宿舍、办公用房等临建房屋，特别是装配式活动房屋的设计、制作、使用、安装、拆卸、验收、运输和维护、保管等方面作出相关安全技术规定，同时制定相应管理办法，以保证施工现场临建房屋安全技术标准的落实。

二、各级建设行政主管部门、建设单位和建筑业企业要加强对临建房屋的管理。严禁购买和使用不符合地方临建标准或无生产厂家、无产品合格证书的装配式活动房屋。生产厂家制造生产的装配式活动房屋必须有设计构造图、计算书、安装拆卸使用说明书等并符合有关节能、安全技术标准。

三、施工单位应严格按照《建设工程安全生产管理条例》第二十九条规定要求，将施工现场的办公、生活区与作业区分开设置，并保持安全距离；办公、生活区的选址应当符合安全、消防要求。临建宿舍、办公用房、食堂、厕所应按《施工现场环境与卫生标准》（JGJ 146—2004）搭设，并设置符合安全、卫生规定的其他设施，如淋浴室、娱乐室、医务室、宣传栏等，以保证农民工物质、文化生活的基本需要。现场要建立专项检查制度进行定期和不定期的检查，确保上述设施的安全使用。

四、各施工单位应采取有效措施，以保证临建宿舍及办公用房的使用安全。特别是北方使用煤炭采暖的地区，要严密注意气象变化，切实防止农民工宿舍取暖或施工工程保温时发生一氧化碳中毒的事故。同时要严防工地生活区火灾事故的发生。

建设部、总工会关于进一步改善建筑业农民工作业、生活环境切实保障农民工职业健康的通知

（建质[2006]58号，2006年3月17日）

各省、自治区建设厅、总工会，直辖市建委、工会，江苏省、山东省建管局，新疆生产建设兵团建设局、工会：

建筑业农民工队伍约占进城务工人员总数的三分之一，占从事建筑施工人员总数的90%以上，在现代化建设中发挥着积极作用。为农民工创造良好的作业、生活环境，提高农民工队伍整体素质，对于统筹城乡发展，构建社会主义和谐社会，促进建筑业的健康发展具有重要意义。

为进一步改善建筑业农民工作业、生活环境，切实保障农民工职业健康，现提出以下要求。

一、统一思想，提高认识，切实保障建筑业农民工职业健康

各级建设行政主管部门和各级工会组织要以实践“三个代表”重要思想为指导，按照落实科学发展观和构建社会主义和谐社会的要求，采取积极有效的措施，为农民工创造良好的工作、生活环境，逐步实现农民工作业环境的标准化、生活环境的秩序化、安全警示人性化，全面提高农民工的职业素质和安全意识，逐步建立保障建筑业农民工职业健康的长效机制，真正体现“以人为本”的思想。

二、明确目标，落实责任，共同推进农民工作业、生活环境的改善和提高

各级建设行政主管部门、各级工会组织以及各有关单位要明确目标，落实责任，共同探索改善农民工作业、生活环境的有效途径。

建设行政主管部门要加大对安全防护、文明施工措施费用的拨付、使用的监督，督促建设单位及时拨付安全防护、文明施工措施费用，督促施工企业确保费用的及时投入。要督促施工企业按照规定为农民工配备安全生产和职业病防护设施，强化用人单位职工安全卫生的主体责任，要向新招用的农民工告知劳动安全、职业危害事项，发放符合要求的劳动防护用品。要加快推进工伤保险工作，应为从事危险作业的农民工办理意外伤害保险。

各级工会组织要在改善农民工作业、生活环境中发挥积极的作用，把维护农民工生命安全和身体健康作为维护农民工合法权益的首要任务。要监督施工企业（劳务企业）招用农民工时必须依法订立并严格履行劳动合同，建立权责明确的劳动关系，劳动合同中应包含劳动保护条件条款，并符合有关规定。工会组织应通过职工代表大会和厂务公开方式监督施工企业是否保证安全专项经费的足额支出。

三、充分发挥群众监督作用,加强施工现场安全生产工作

要全面落实"安全第一,预防为主,群防群治,防治结合"的指导方针,在建筑施工企业中发挥建筑安全群众监督员作用。选用一批长期在施工现场生产一线,熟悉建筑施工安全生产工作,责任心强,文化程度较高的农民工担任建筑安全群众监督员。充分发挥群众监督员的作用,加强对现场施工人员安全生产行为的监督。群众监督员发现违法违章行为要及时进行制止;发现事故隐患及时向企业报告;出现可能危及工人生命安全紧急情况时,协助有关人员组织工人及时撤离现场;对施工现场安全事故防范措施提出整改建议等。

四、积极开展安全质量标准化活动,进一步改善建筑业农民工的作业、生活环境

建筑施工企业要在继续深入开展创建文明工地活动的基础上,积极推行建筑施工安全质量标准化活动。

要按照《建筑施工现场环境与卫生标准》的有关要求,明确划分施工作业区和生活区,合理设置宿舍、食堂、饮水、淋浴、卫生等基本生活设施。有条件地区的施工单位可与电信运营单位联系合作,在农民工宿舍内或在施工现场安装基本通讯设施。要结合季节特点,做好农民工的饮食卫生和防暑降温、防疫等工作,特别是高温天气,要合理调剂户外作业时间,适当延长午休时间。定期组织农民工进行体检,使农民工真正感受到企业的温暖,增强企业的凝聚力、向心力。

施工企业的工会组织要切实为农民工创造业余文化学习和娱乐条件,配备相关的书报、杂志、电视机、棋牌等文化用品和文体活动设施,不断满足农民工业余文化生活的需要,体现对农民工的人文关怀。

五、积极开展建筑业农民工职业技能和安全教育培训工作,提高农民工队伍整体素质

各级建设行政主管部门和各级建设产业工会要切实做好农民工职业技能及安全教育培训工作,强化用人单位对农民工的岗位培训责任。要积极组织施工企业开展寓教于乐、贴近生活、贴近实际的农民工喜闻乐见的职业技能及安全教育培训活动,使广大农民工了解他们在安全生产中的责任、义务和权利,掌握劳动安全卫生知识和技能,提高自我保护的意识和能力,严格遵守安全生产规章制度和标准规范,形成我要安全、我懂安全、我保安全的企业文化氛围。对不履行培训义务的用人单位,应按国家规定强制提取职工教育培训费,用于政府组织的培训。施工企业工会组织要积极配合企业举办建筑业农民工夜校,有计划地对施工现场一线人员进行安全培训。有条件的施工企业可在施工现场建立临时培训教室,要在施工现场推行人性化警示用语,在施工现场作业区、加工区及生活区使用统一规范的警示牌。对从事特种作业的农民工要专门培训、持证上岗。各级建设行政主管部门要积极支持配合工会组织在建筑业开展"安康杯"等竞赛活动,提高企业安全生产管理水平,切实保障农民工职业健康。

六、加强舆论宣传,形成关心农民工的良好氛围

要大力宣传党和国家关于农民工的方针政策,宣传农民工在改革开放和现代化建设中的突出贡献和先进典型,加强对保障农民工权益情况的舆论监督。对优秀农民工要给予表彰奖励。总结和推广各地和施工企业关心农民工的做法经验,提高对农民工的服务和管理水平。要结合实际抓紧制定和完善保护农民工权益的配套措施和具体办法,积极研究解决工作中遇到的新问题,确保涉及建筑业农民工的各项政策措施落到实处。

建设部关于印发《关于加强汛期建筑施工安全生产工作的意见》的通知

(建质函[2006]200号,2006年7月27日)

各省、自治区建设厅,直辖市建委(建设交通委),江苏省、山东省建管局,新疆生产建设兵团建设局:

每年6月至8月,我国大部分地区处于汛期,南方部分地区进入汛期更早。汛期大风、暴雨天气多,洪水、山体滑坡、泥石流等自然灾害易发,给建筑施工安全生产工作带来许多不利的因素,我国每年在汛期都发生多起建筑施工重大安全事故,给人民生命和财产带来严重损失。为建立汛期建筑施工安全生产的长效机制,我部制定了《关于加强汛期建筑施工安全生产工作的意见》,现印发给你们,请结合本地实际贯彻执行。

附件:

关于加强汛期建筑施工安全生产工作的意见

为建立汛期建筑施工安全生产的长效机制,科学应对各种复杂和不利因素,及早作出相关防范措施,遏止重大安全事故发生,根据《建设工程安全生产管理条例》和《建筑工程安全生产监督管理工作导则》,现提出以下意见:

一、加强领导,完善汛期安全生产责任制

(1)各级建设行政主管部门特别是降雨集中区、台风多发区和地质灾害易发区建设行政主管部门要牢固树立“安全发展”理念,坚持“安全第一、预防为主、综合治理”,加强对汛期建筑施工安全生产工作的组织领导,成立专门的防汛工作领导机构,深入分析本地区建筑安全生产形势,吸取以往汛期重大建筑施工安全事故的教训,研究汛期安全生产工作的特点和规律,针对汛期安全生产薄弱环节和事故易发类型,及早制定防范措施和部署各项工作。

(2)各级建设行政主管部门的主要负责人是本地区汛期建筑施工安全生产工作的第一责任人,要高度重视汛期安全生产工作,深入汛期安全生产工作第一线,切实做到对本地区汛期安全生产薄弱环节心中有数,并及时解决突出问题和矛盾。同时,要将汛期安全生产工作责任分解落实到每个职能部门和工作岗位,并强化对责任落实情况的监督检查。

(3)施工企业的法定代表人是本企业汛期建筑施工安全生产工作的第一责任人,要

全面安排部署本企业汛期安全生产工作，建立专门管理机构，配备专门管理人员，加强对企业各个项目安全生产工作的监督检查。工程项目的项目经理是本项目汛期建筑施工安全生产工作的第一责任人，要及时排查、消除施工现场的各项事故隐患，根据天气变化合理安排工程进度和工序，确保一线操作人员生命安全。

二、着眼长效，建立各项汛期安全工作制度

(4)信息沟通制度。各级建设行政主管部门要加强与国土资源、气象等有关部门的沟通和配合，在汛期建立经常性的联系渠道，强化信息沟通，及时掌握水情预测预报和地质灾害气象等预报，以便快速作出应对反应。

(5)预警提示制度。在汛期来临之前，向各级建设行政主管部门和有关施工企业发布预警通知，指出可能发生事故的薄弱环节和重点部位以及相应对策，督促有关方面提前部署防范工作。

(6)隐患检查制度。组织对本辖区内在建工程施工现场进行全面检查，尤其是对基坑开挖、边坡支护、脚手架、模板工程、塔吊拆装等危险性较大的分部分项工程更要重点排查，发现事故隐患要督促施工企业及时整改并监督其落实情况。

(7)重大危险源公示、监控制度。对于汛期内本辖区施工现场可能造成事故的各类重大危险源，要分门别类登记造册并向社会公布，同时对其密切监控，防止危险源转化为事故隐患甚至酿成重大事故。

(8)应急救援制度。编制符合本地实际、针对性和可操作性强的汛期建筑安全生产事故应急预案，定期组织演练，并做好宣传培训工作。一旦发生险情，立即启动预案，科学组织抢险救灾。

(9)汛期值班制度。要合理安排值班制度，主要领导和工作人员要坚守岗位，确保通讯联络畅通，全面掌握本辖区建筑安全生产工作动态。发现险情立即作出应急反应并及时向上级报告。

(10)责任追究制度。对于未及时作出防范措施或擅离职守造成重大事故的，要追究企业主要负责人和项目经理的责任；涉及建设主管部门有关人员失职渎职的，要追究其相关法律责任。

三、突出重点，落实企业安全生产主体责任

(11)施工企业和工程项目部要针对工程项目的具体特点，制定本单位汛期安全生产事故应急救援预案，并定期组织演练，同时要加强对一线操作人员汛期安全生产知识和防护、救护技能的培训教育，提高其安全意识和素质。

(12)施工企业和工程项目部要及时收看天气预报，密切关注天气变化，总结以往汛期施工经验，合理安排施工进度和计划，在大风天气、连续暴雨或者有关部门发出自然灾害或气候预警时，应停止施工并根据情况安排工人撤离施工现场或危险区域。

(13)施工企业和工程项目部要强化对施工现场各个关键部位和关键环节的检查，检查重点是施工现场排水、运输道路、边坡基坑支护、脚手架工程、施工用电、垂直运输设备、临时设施等，要确保消除各项事故隐患，确保各项防护措施满足汛期安全生产的需要。施

工现场重点部位和环节的安全防范措施要点见附件1。

(14)施工企业和工程项目部要做好汛期值班工作,企业主要负责人和项目经理要职守在第一线,全面掌握、部署本单位安全生产工作。一旦事故发生,立即启动预案组织抢险,并按规定及时将事故情况上报建设行政主管部门。

(15)施工企业和工程项目部在险情或大风暴雨天气结束、恢复施工之前,必须逐个环节、逐个部位地对施工现场进行全面细致的安全检查,确保不留隐患。检查结束后,需经监理单位复查并由总监理工程师签发开工令后方可复工。

(16)施工企业和工程项目部要做好高温天气下的防暑降温工作,落实每一位工人的防暑降温物品,合理调配工人的作业时间,避免高温时段室外作业,同时,要改善劳动作业条件,减轻劳动强度,积极为广大工人创造良好的作业和休息环境。

(17)施工企业和工程项目部要确保施工人员宿舍、食堂、厕所、淋浴间等符合标准要求,加强对饮用水、食品的卫生管理,严格执行食品卫生制度,避免食品变质引发中毒事件。同时,加强对夏季易发疾病的监控,现场作业人员发生法定传染病、食物中毒时,应及时向有关主管部门报告。

汛期来临前,各地建设行政主管部门要根据本意见要求,制定符合本地区实际的汛期建筑安全生产工作方案,及时部署安排各项安全生产工作;汛期前及汛期期间要认真按本意见附件2的要求强化对汛期建筑安全各项工作措施的检查落实;汛期结束后,要认真对本地区汛期建筑安全生产工作进行总结评估。各地要及时将汛期前制订的工作方案和汛期后作出的评估报告报建设部。

附件1:汛期施工现场重点部位和环节安全防范措施要点

附件2:汛期建筑安全生产工作措施检查表

附件1:

汛期施工现场重点部位和环节安全防范措施要点

一、施工现场排水

(1)施工现场应按标准实现现场硬化处理。

(2)根据施工总平面图、规划和设计排水方案及设施,利用自然地形确定排水方向,按规定坡度挖好排水沟。

(3)设置连续、通畅的排水设施和其他应急设施,防止泥浆、污水、废水外流或堵塞下水道和排水河沟。

(4)若施工现场临近高地,应在高地的边缘(现场上侧)挖好截水沟,防止洪水冲入现场。

(5)汛期前做好傍山施工现场边缘的危石处理,防止滑坡、塌方威胁工地。

(6)雨期指定专人负责,及时疏浚排水系统,确保施工现场排水畅通。

二、施工现场运输道路

(1)临时道路起拱5%,两侧做宽300 mm、深200 mm的排水沟。

(2)对路基易受冲刷部分,铺石块、焦渣、砾石等渗水防滑材料,或设涵管排泄,保证路基的稳固。

(3)雨期指定专人负责维修路面,对路面不平或积水现象应及时修复、清除。

三、边坡基坑支护

(1)汛期前应清除沟边多余弃土,减轻坡顶压力。

(2)雨后应及时对坑、槽、沟边坡和固壁支撑结构进行检查,并派专人对深基坑进行测量,观察边坡情况,如发现边坡有裂缝、疏松、支撑结构折断、走动等危险征兆,立即采取措施解决。

(3)因雨水原因发生坡道打滑等情况时,应停止土石方机械作业施工。

(4)雷雨天气不得露天进行电力爆破土石方,如爆破过程中遇到雷电,迅速将雷管脚线、电线主线两端连成短路。

(5)加强对基坑周边的监控,配备足够的潜水泵等排水设施,确保排水及时,防止基坑坍塌。

四、脚手架工程

(1)遇大雨、高温、雷击和6级以上大风等恶劣天气,停止脚手架搭设和拆除作业。

(2)大风、大雨等天气后,组织人员检查脚手架是否有摇晃、变形情况,遇有倾斜、下沉、连墙件松脱、节点连接位移和安全网脱落、开绳等现象,应及时进行处理。

(3)落地式钢管脚手架立杆底端应当高于自然地坪50 mm,并夯实整平,留出一定散水坡度，在周围设置排水措施，防止雨水浸泡脚手架。

(4)悬挑架和附着式升降脚手架在汛期来临前要有加固措施，将架体与建筑物按照架体的高度设置连接件或拉结措施。

(5)吊篮脚手架在汛期来临前，应予拆除。

五、施工用电

(1)严格按照《施工现场临时用电安全技术规范》(JGJ46—2005)落实临时用电的各项安全措施。

(2)各种露天使用的电气设备应选择较高的干燥处放置。

(3)总配电箱、分配电箱、开关箱应有可靠的防雨措施，电焊机应加防护雨罩。

(4)雨期前应检查照明和动力线有无混线、漏电现象，电杆有无腐蚀、埋设松动等，防止触电。

(5)雨期要检查现场电气设备的接零、接地保护措施是否牢靠，漏电保护装置是否灵敏，电线绝缘接头是否良好。

(6)暴雨等险情来临之前，施工现场临时用电除照明、排水和抢险用电外，其他电源应全部切断。

(7)施工现场高出建筑物的塔吊、外用电梯、井字架、龙门架以及较高金属脚手架等高架设施，如果在相邻建筑物、构筑物的防雷装置保护范围以外，应按规范设置防雷装置。

六、垂直运输设备

(一)塔吊

(1)自升式塔吊有附着装置的，在最上一道以上自由高度超过说明书设计高度的，应朝建筑物方向设置两根钢丝绳拉结。

(2)自升式塔吊未附着，但已达到设计说明书最大独立高度的，应设置四根钢丝绳对角拉结。

(3)拉结应用Φ15以上的钢丝绳，拉结点应设在转盘以下第一个标准节的根部；拉结点处标准节内侧应采用大于标准节角钢宽度的木方作支撑，以防拉伤塔身钢结构；四根拉结绳与塔身之间的角度应一致，控制在45°~60°之间；钢丝绳应采用地锚、地锚筐固定或与建筑物已达到设计强度的混凝土结构联结等形式进行锚固；钢丝绳应有调整松紧度的措施，以确保塔身处于垂直状态。

(4)塔身螺栓必须全部紧固，塔身附着装置应全面检查，确保无松动、无开焊、无变形。

(5)严禁对塔吊前后臂进行固定，确保自由旋转。塔机的避雷设施必须确保完好有效，塔吊电源线路必须切断。

(二)龙门架(井子架)和施工用电梯

(1)有附墙装置的龙门架(井字架)物料提升机和施工用电梯，要采取措施强化附墙拉结装置。

(2)无附墙装置的物料提升机，应加大缆风绳及地锚的强度，或设置临时附墙设施等作加固处理。

七、宿舍、办公室等临时设施

(1)选址必须在安全可靠的地点,避开滑坡、泥石流、山洪、坍塌等灾害地段。

(2)工地宿舍设专人负责,进行昼夜值班,每个宿舍配备不少于2个手电筒。发现险情时,要清楚记得避险路线、避险地点和避险方法。台风来临之际,严禁工人到海边游玩或观景看浪。

(3)采用彩钢板房应有产品合格证,用做宿舍和办公室的,必须根据设置的地址及当地常年风压值等,对彩钢板房的地基进行加固,并使彩钢板房与地基牢固连接,确保房屋稳固。

(4)当地气象部门发布强对流(台风)天气预报后,所有在砖砌临建宿舍住宿的人员必须全部撤出到达安全地点。临近海边、基坑、砖砌围挡墙及广告牌的临建住宿人员必须全部撤出。在以塔机高度为半径的地面范围内的临建设施内的人员也必须全部撤出。

(5)施工现场宿舍、办公室等临时设施,在汛期前应整修加固完毕,保证不漏、不塌、不倒,周围不积水,严防水冲入室内。大风和大雨后,应当检查临时设施地基和主体结构情况,发现问题及时处理。

注1:对于汛期施工现场临时建筑的安全管理和隐患排查,可参考本措施要点附表。

注2:本措施要点列举的各项措施,是根据现行建筑安全技术标准规范,在汛期安全工作中需要着重突出的部分,做好汛期建筑安全生产工作,除应按本措施要点强化防护和检查工作外,还应全面贯彻国家和行业有关安全生产的各项法律、法规、规章和技术标准规范。

附表:临时建筑安全隐患排查表

附表：

临时建筑安全隐患排查表

项目名称			
建设单位			
施工单位			
监理单位			
检查情况			
序号	检查项目	满足要求	不满足要求
1	工人临时宿舍选址是否符合安全性要求，是否充分考虑周边水文、地质情况，是否与施工区分开设置，是否符合施工现场总平面图布置要求		
2	现场自建的临时宿舍设计和施工是否符合有关规范要求，临时宿舍材料选用是否符合有关规定		
3	装配式活动房屋是否具有产品合格证		
4	临时宿舍是否有检查验收制度和记录		
5	施工围墙内外有无依墙堆放建筑材料、建筑垃圾和中小型机械设备，施工围墙有无作为广告牌和设备支撑墙		
6	施工现场临时设施、临时宿舍、现场办公用房、职工食堂、厕所、浴室等与建筑材料、设备、建筑垃圾以及与施工围墙是否保持足够安全距离		
7	对于搭建在易发生山体滑坡、崩塌等危险区域的临时宿舍是否及时拆除或将人员转移		
8	地方自定项目		

项目经理：　　　　总　监：　　　　日　期：

附件2:

汛期建筑安全生产工作措施检查表

<table>
<tr><th>单位</th><th colspan="2">检查项目</th><th>满足要求</th><th>不满足要求</th></tr>
<tr><td rowspan="9">各级建设行政主管部门</td><td colspan="2">成立专门防汛工作领导机构</td><td></td><td></td></tr>
<tr><td colspan="2">建立汛期建筑安全生产工作责任制</td><td></td><td></td></tr>
<tr><td rowspan="7">建立汛期各项工作制度并予落实</td><td>信息沟通制度</td><td></td><td></td></tr>
<tr><td>预警提示制度</td><td></td><td></td></tr>
<tr><td>隐患检查制度</td><td></td><td></td></tr>
<tr><td>重大危险源公示、监控制度</td><td></td><td></td></tr>
<tr><td>应急救援制度</td><td></td><td></td></tr>
<tr><td>汛期值班制度</td><td></td><td></td></tr>
<tr><td>责任追究制度</td><td></td><td></td></tr>
<tr><td rowspan="14">施工企业</td><td colspan="2">建立汛期专门管理机构、配备专管人员</td><td></td><td></td></tr>
<tr><td colspan="2">建立汛期安全生产责任制</td><td></td><td></td></tr>
<tr><td colspan="2">制订汛期应急预案并定期演练</td><td></td><td></td></tr>
<tr><td colspan="2">强化对作业人员汛期安全生产知识培训</td><td></td><td></td></tr>
<tr><td colspan="2">合理安排汛期施工进度、计划</td><td></td><td></td></tr>
<tr><td colspan="2">建立汛期值班制度</td><td></td><td></td></tr>
<tr><td colspan="2">汛期过后按规定程序复工</td><td></td><td></td></tr>
<tr><td rowspan="7">强化对施工现场关键部位和关键环节检查</td><td>施工现场排水</td><td></td><td></td></tr>
<tr><td>施工现场运输道路</td><td></td><td></td></tr>
<tr><td>边坡基坑支护</td><td></td><td></td></tr>
<tr><td>脚手架工程</td><td></td><td></td></tr>
<tr><td>施工用电</td><td></td><td></td></tr>
<tr><td>垂直运输设备</td><td></td><td></td></tr>
<tr><td>临时设施</td><td></td><td></td></tr>
</table>

建设部关于印发《模板支撑失稳倒塌事故分析研讨会会议纪要》的通知

（建质安函[2006]149号,2006年11月21日）

各省、自治区建设厅,直辖市建委,江苏省、山东省建管局,新疆生产建设兵团建设局:

近期,全国建筑施工模板支撑失稳倒塌事故时有发生,且多数为群死群伤的恶性伤亡事故,不仅造成了严重的经济损失和恶劣的社会影响,而且严重威胁到施工作业人员的生命安全健康。为查明事故原因,提出有效对策,中国建筑业协会建筑安全分会于2006年11月13日在京组织召开了模板支撑系统失稳倒塌事故专题研讨会。现将《模板支撑失稳倒塌事故分析研讨会会议纪要》印发给你们。请各地结合实际,采取有效措施遏制模板支撑失稳倒塌事故。

附件:

模板支撑失稳倒塌事故分析研讨会会议纪要

2006年11月13日,中国建筑业协会建筑安全分会在京组织召开了模板支撑系统失稳事故专题研讨会。会议分析研讨了近年来模板坍塌事故发生的原因,研究提出了遏制模板坍塌事故的对策建议。现将会议主要内容纪要如下。

会议由中国建筑业协会安全分会秦春芳主任主持,建设部质量安全司、标准定额研究所有关处室负责同志,北京、广东、浙江、江苏、山东、大连、贵阳、淄博等地区建设行政主管部门和安全监督机构的有关人员,沈阳建筑大学、北京交通大学有关专家教授及部分施工企业的有关人员参加了此次会议。

研讨会上,北京市、浙江省、广东省、大连市、贵阳市、淄博市等地区与会人员首先对北京2005年"9·5"事故、浙江2003年"2·18"事故、江门2004年"10·7"事故、大连2006年"5·19"事故、贵阳2005年"10·27"事故、淄博2006年"9·30"事故等模板坍塌事故的有关情况进行了介绍和分析。《建筑模板工程安全技术规范》主编单位沈阳建筑大学土木工程学院的魏忠泽教授简要介绍了规范的编制情况。与会人员针对模板坍塌事故原因分析及规范编制情况展开了热烈的讨论,并提出了有关对策建议。

与会专家经过分析讨论一致认为,造成模板坍塌事故的主要原因有以下五个方面:

一是施工现场管理不到位。一些施工企业不按规定编制模板工程安全专项施工方案或不按施工方案搭设模板支撑体系;监理单位现场监管不力,对方案编制不审核,对模板支撑体系不验收;建设主管部门对模板工程没有实行有效的监管。

二是模板支撑搭设不规范。部分现场施工人员不按支撑体系的构造要求进行搭设,缺少剪刀撑和扫地杆,使得支撑体系的整体稳定性无法保证;还有一些施工现场作业人员不重视模板支撑立杆底部的构造处理,雨季施工地基产生明显的不均匀沉降,导致模板支撑产生较大的次应力,极易发生垮塌。

三是模板支撑荷载计算错误或考虑不周。一些施工企业编制的施工方案荷载计算有误;荷载组合未按最不利原则考虑;对泵送混凝土引起的动力荷载在设计计算中估计不足等,造成模板支撑体系的安全度大幅度下降。

四是钢管和扣件的质量低劣。目前由于钢管、扣件生产及流通领域存在诸多问题,导致施工现场使用的钢管和扣件多为质量不合格产品,如钢管壁厚达不到规范要求,钢管的平直度较差,一些钢管已明显弯曲等,致使模板支撑承载能力明显降低。

五是安全技术规范有待完善。目前《建筑施工模板工程安全技术规范》尚未出台,现有标准规范中仅有《建筑施工扣件式钢管脚手架安全技术规范》(JGJ 130—2001)在5.6节和6.8节中涉及有关模板支撑体系的计算与构造要求的条文,但没有关于荷载取值和荷载组合计算等条款,对模板支撑体系的构造规定不明确。

针对以上五方面原因,与会专家提出以下对策建议:

一是严格执行《危险性较大工程安全专项施工方案编制及专家论证审查办法》。施工单位应当按规定编制安全专项施工方案,特别是对于高度超过8 m,或跨度超过18 m的高大模板支撑系统,应当组织专家组进行论证审查。监理单位应当认真审核安全专项施工方案,并督促施工单位严格按照安全专项方案组织落实,严把验收关。

二是抓紧颁布《建筑模板工程安全技术规范》。在设计计算方面要针对目前使用较多的泵送混凝土浇注方法等,按最不利原则确定荷载组合;在构造要求方面要考虑地基变形、整体稳定性等问题,保证模板支撑为空间几何不变体系;在钢管扣件质量方面要严格加以控制,并制定切实可行的质量检测和验收方法。

三是加大对高大模板施工的监管力度。各地建设主管部门应当积极推行网格式管理,明确本地区监控重点环节和重点部位。对于高大模板等危险性较大工程,应当加大检查频次,发现隐患及时督促整改,有效遏制重大事故发生。

建设部关于加强既有建筑装修、改扩建质量安全监督管理的通知

（建安办函[2007]4 号，2007 年 4 月 16 日）

各省、自治区建设厅，直辖市建委（规委、市政管委），新疆生产建设兵团建设局：

2007 年 4 月 9 日下午 1 时，四川省成都市锦江区东光街一幢临街单层商铺（58 间，建筑面积 1 011 m^2）的屋檐发生整体垮塌，目前已造成 10 人死亡，26 人受伤。该商铺是建于 2001 年 7 月的临时建筑，属拆迁安置的过渡营业用房，位于居民密集区域。2005 年 7 月的街区风貌整治中给商铺增加了仿古屋檐，未经正式设计、施工、质量监督与竣工验收，而发生垮塌的正是后来增加的屋檐部分。

类似的事故其他地方也有发生。2006 年 7 月 7 日凌晨，河南省郑州市金水区黑朱庄村一栋七层居民楼，因盲目加层使用而发生倒塌，事故造成 4 人死亡，3 人受伤。

这两起既有建筑事故均由于擅自装修、改扩建而引发：一是工程建设未执行法定程序；二是装修、加层、改建项目未履行工程报建手续，方案未经正式设计；三是施工过程无质量监督，竣工无验收。

事故的发生给人民生命和财产造成巨大损失，在社会上造成了严重影响。它反映了一些地方对既有建筑装修、改扩建工程的监管相对滞后，已成为工程建设质量安全监管工作的一个薄弱环节。各地建设主管部门要认真吸取事故教训，举一反三，以防止此类事故再次发生。为进一步加强对既有建筑装修、改扩建工程的质量安全监管，切实保障既有建筑的使用安全，现就有关问题通知如下。

一、提高认识，切实履行质量安全监管职责

各地建设行政主管部门要提高认识，坚持以人为本，认真落实科学发展观，进一步完善建设工程质量安全监管机制，扩大监管覆盖面。按照《建筑法》、《建设工程质量管理条例》和《建设工程安全生产管理条例》的要求，认真抓好既有建筑装修、改扩建质量安全监管责任的落实工作，防止类似事故的再次发生。

二、认真做好排查工作，避免恶性事故发生

各地建设行政主管部门要会同有关部门，共同组织力量对辖区范围内的既有建筑进行一次全面安全隐患排查工作。检查重点：一是未执行法定程序的建设工程。对此类工程要彻底进行清查，并追究相关单位和人员的责任；二是学校、商场、娱乐场所等人员集中的公共建筑。检查其装修、改扩建、附加装饰物或大型户外广告牌等，是否办理报建手续和施工许可。

对于检查出的安全隐患，要监督产权人或责任人尽快制定并落实相应解危措施，该停

用的坚决停用,该拆除的坚决拆除,确保既有建筑的使用安全。

三、严格管理制度,加大处罚和责任追究力度

各地建设行政主管部门要采取切实有效措施,依法严肃查处违反法定建设程序的行为,并强化社会监督。凡既有建筑装修、加层、改建、扩建以及附加装饰物或大型户外广告牌等,必须按照国家有关法律、法规和工程建设强制性标准实施质量监督管理和施工许可制度,确保按照批准的装修、改扩建方案进行施工。对于不实施监管而造成质量安全事故的,要依法严肃追究相关责任单位和个人的责任。

四、切实加强监管,保证既有建筑使用安全

各地建设行政主管部门在加强新建工程质量监管的同时,要更加注重建筑物使用过程的安全维护、装修和改扩建等监管工作,制定相应的安全维护管理规定,进一步提高建筑物安全使用与管理水平。当前应做好以下几方面工作:

一是要全面落实产权单位(个人)对既有建筑使用安全的主体责任,同时要强化建设(房地产)行政主管部门的监管责任;

二是要加大对建筑物装修、加层、改扩建或改变用途等的检查和执法力度,对违反建设程序的要进行整改,并经鉴定符合安全条件后,方可继续使用;

三是要通过多种形式加强对建筑物使用安全的宣传工作,抓住典型案例举一反三,增强全社会遵守法律、法规和规章的自觉性,提高安全防范意识,避免和减少既有建筑质量安全事故的发生。

建设事业“十一五”推广应用和限制禁止使用技术（第一批）公告

（建设部公告第659号,2007年6月14日）

为加强对建设事业“十一五”推广应用新技术的指导,限制、禁止使用技术的管理,积极培育和引导建设技术市场的发展,加快推进建设事业科技进步,依据《建设领域推广应用新技术管理规定》（建设部令第109号）、《建设部推广应用新技术管理细则》（建科[2002]222号）和实施《建设事业“十一五”重点推广技术领域》（建科[2006]315号）的要求,我部组织编制了《建设事业“十一五”推广应用和限制禁止使用技术（第一批）》（以下简称《技术公告》）。现予公告,并就有关事宜通知如下：

一、《技术公告》是在我部全面研究、分析建设事业“十一五”重点工作和科技发展规划及其技术创新部署,提出《建设事业“十一五”重点推广技术领域》的基础上编制的。体现了在“十一五”科技支撑和引领建设事业发展工作中,更加注重资源环境科技问题、社会发展科技问题,更加注重城乡区域统筹中城镇化与城市发展的重大科技问题和新农村建设科技问题,进一步强化了对建设事业技术发展的导向。公告的技术内容覆盖了建筑节能与新能源利用技术、节地与地下空间利用技术、节水与水资源开发利用技术、节材与材料资源合理利用技术、城镇环境友好技术、新农村建设先进适用技术、新型建筑结构施工技术与施工及质量安全技术、信息化应用技术、城市公共交通技术等9个重点推广技术领域,共计395项技术,其中推广应用技术326项,限制使用技术37项,禁止使用技术32项。

二、各省、自治区、直辖市建设主管部门要采取切实措施,研究制定优惠政策,开展工程示范,加强工程化应用技术配套,积极推进《技术公告》发布新技术的推广应用;采取措施加强宣传,使本地区有关设计、施工、房地产开发、监理、质量、安全、施工图审查、验收等工程相关单位和技术应用单位以及基层建设主管部门、尽快了解并准确把握公告的内容和技术要求,适时调整产品结构,促进技术升级,确保《技术公告》的实施。

三、对《技术公告》中的限制使用技术和禁止使用技术,施工图设计审查单位、工程监理单位和工程质量安全监督部门应将其列为审查内容,依照《技术公告》的规定进行审查,房地产开发、设计和施工单位不得违反规定使用。凡违反《技术公告》并违反工程建设强制性标准的,依据《建设工程质量管理条例》和《建设工程安全生产管理条例》对有关单位进行处罚。

四、为促进有关单位准确把握《技术公告》内容和技术要求,我部确定了每项公告技术的咨询服务单位,《技术公告》实施过程有关单位中可直接咨询同时公布的相应技术咨询服务单位。各技术咨询服务单位应当认真履行职责和义务,准确提供相应的技术咨询。

五、未列入本《技术公告》,现阶段广泛应用的技术,不属于本《技术公告》的调整范围。

六、本《技术公告》发布后,《化学建材技术与产品公告》(建设部公告第27号)、《建设部推广应用和限制禁止使用技术》(建设部公告第218号)即废止。

附件:建设事业“十一五”推广应用和限制禁止使用技术(第一批)推广应用、限制和禁止使用技术部分(节选安全技术领域)

附件：

建设事业"十一五"推广应用和限制禁止使用技术（第一批）推广应用技术部分（安全）

序号	技术分类 领域	技术分类 类目	技术分类 类别	技术名称	主要技术性能及特点	适用范围	生效时间	技术咨询服务单位
245	七 新型建筑结构、施工技术与施工、质量安全技术领域	新型模板与脚手架技术	新型模板与脚手架施工技术	整体智能爬模平台技术	整体智能爬模平台由模板、平台、支撑体系、提升机构和控制系统组成。现浇混凝土的内外墙模板都能按楼层整体提升。提升机构支撑在已建的结构上，由电动或液压传动提升。提升时，通过电脑采集动力和速度信号，同时监控提升状况，实现自动均衡升降。技术先进，机械化、智能化程度高；模板整体成型，机位跨度大，布置灵活；可重复使用，通用性好；有助于提高工程质量，加快施工进度，实现安全文明施工	房屋建筑施工	自本公告发布之日起至下期公告发布本类技术之日止	中国建筑业协会建筑安全分会
246				液压自爬模施工技术	液压自爬模由支撑架体、操作平台、导轨及模板系统构成，依靠液压使架体和模板沿导轨提升安装就位。爬升速度快、操作方便、结构简单、整体稳定性好、高空作业安全可靠；可垂直爬升，可沿斜面爬升；爬升平稳同步、纠偏简单，施工误差可逐层消除。在施工过程中与其他专业不争机械、不占工期、不抢占施工面，施工作业效率显著；不需要大量人员，具有明显的经济效益和社会效益	房屋建筑施工		中国土木工程学会
249				智能附着式整体升降脚手架技术	附着式整体升降脚手架，附着在在建工程上，带有升降机构，可以自行升降。升降工作除附墙连接外全部自动化、机械化；电脑智能控制、自动监控；防坠装置多重设置、多道防护；将高空搭设、拆除等危险工作转化为地面作业；降低建筑成本，节能、环保。该类技术其设计、构造、升降等均应符合 JGJ 59—99 和建建[2000]230 号文的规定	房屋建筑施工		
250				附着式升降脚手架（爬架技术）	具有定型的主框架和定型的底部支撑水平框架的架体，附着在在建工程上，带有升降机构，可以自行升降。可用于剪力墙、框剪、框架、筒体等高层结构的施工，适应性广，并可根据建筑物结构和施工的要求进行整体、多跨和单跨任意组合；可用电动设备、液压设施实现升降。能节约材料、节约人工、机械使用费，缩短施工工期；升降、防倾及防坠装置安全可靠。该类技术的设计、构造、升降、同步、防坠、防倾，均应符合 JGJ 59—99 和建建[2000]230 号文的规定	房屋建筑施工		
251				外脚手架工具式连墙技术	采用与预埋件相连的、既能受拉又能受压的工具式连墙件，能可靠地传递脚手架水平荷载，使脚手架和主体结构形成可靠的连接，并增强脚手架的整体性、稳定性	各种外脚手架		

续表

序号	技术分类			技术名称	主要技术性能及特点	适用范围	生效时间	技术咨询服务单位
	领域	类目	类别					
252	七 新型建筑结构、施工技术与施工、质量安全技术领域	建设工程施工、质量安全技术	临时用电技术	透明塑壳断路器	产品符合 GB 14048.2—2001、JGJ 46—2005 标准要求，具有可见分断点的隔离、过载及短路保护功能。如 DZ20T 系列产品，额定电流 100A、250A、400A 及 630A 。产品应通过隔离功能附加试验，如触头位置/泄漏电流/8kV 冲击电压等验证试验，并可设置断开位置指示件，通过 CCC 认证	建筑施工现场总配电箱、分配电箱、开关箱中	自本公告发布之日起至下期公告发布本类技术之日止	中国建筑业协会建筑安全分会
253				电子式和电磁式漏电断路器	产品符合 GB 14048.2—2001，GB 6829，JGJ 46—2005 标准要求。具有过载、短路及漏电保护功能，电子式漏电断路器还应具有辅助电源故障时自动断电保护功能，产品应通过 CCC 认证	建筑施工现场总配电箱和开关箱中		
254				电磁式和电子式漏电保护器	产品符合 GB 6829，JGJ 46—2005 标准要求；此类产品本身不具备过载及短路保护功能，必须与断路器配合使用。如 LBM-1 型漏电保护器与 DZ20T 系列产品配合使用可实现漏电保护，并具有辅助电源故障时能自动断电功能。提高漏电动作的可靠性，使用安全。产品应通过 CCC 认证	建筑施工现场总配电箱和开关箱中		中国土木工程学会
255				具有电路隔离、过载、短路和漏电保护功能于一体的组合电器	产品符合 GB 6829，GB 14048.2—2001，JGJ 46—2005 标准要求；额定电压 220V/380V；额定电流 40A、63A、100A、250A；采用透明外壳，具有隔离、过载、短路及漏电保护功能，并具有辅助电路故障情况下自动断电保护功能。具有结构紧凑、节能、安全可靠的特点，产品应通过 CCC 认证	建筑施工现场总配电箱中的分路和开关箱中		中国建筑业协会建筑安全分会
256				弧焊变压器防触电装置	产品符合 GB 10235—2000，JGJ 46—2005 标准要求；额定电压 380V、220V，二次侧空载电压≤36V。可有效地防止弧焊机二次侧触电事故，产品应通过 CCC 认证	建筑施工现场开关箱中		

续表

序号	技术分类			技术名称	主要技术性能及特点	适用范围	生效时间	技术咨询服务单位
	领域	类目	类别					
257	七 新型建筑结构、施工技术与施工、质量安全技术领域	建设工程施工、质量安全技术	临时用电技术	配电箱和开关箱	产品符合 GB 7251.1—1997, GB 7251.4—1998, JGJ 46—2005 标准要求。 总配电箱额定电压380V/220V,额定电流250(225)A、400A、630(600)A;输出1—4路。箱内元器件配置:(1)主电路用LBM-1漏电保护器与透明塑壳断路器组合;分路用透明塑壳断路器。(2)主电路用带隔离功能的透明塑壳断路器(DZ20T等)、分路用透明塑壳断路器(DZ20T等)与漏电保护器(LBM-1等)组合。具有隔离、过载、短路、漏电保护及辅助电源故障自动断电保护功能。 分配电箱额定电压380V/220V,额定电流100A、250A、400A,主电路及分路分别设置透明塑壳断路器,具有隔离、过载、短路保护功能。 开关箱额定电压380V/220V;额定电流40A、63A、100A、250A;配置有隔离功能的透明塑壳断路器(DZ20T、KDM1等)后置电磁式漏电保护器;或具有隔离、过载、短路和漏电保护,并能在辅助电源故障时自动断电功能的组合电器;输出一路。 配电箱和开关箱均应设置PE端子板和N端子板。产品应通过CCC认证	建筑施工现场	自本公告发布之日起至下期公告发布本类技术之日止	中国建筑业协会建筑安全分会
258			垂直运输技术	SC、SS型施工升降机(含井字架、龙门架物料提升机)	齿轮齿条传动,带有渐近式防坠安全器,与建筑物的附着牢固可靠;钢丝绳传动的物料提升机构造简单,适用性强;具有可靠的防断绳或超速安全装置;在楼层停靠取物料时,具有停靠装置,其安全性能符合国家行业标准。应由有资质的专业生产企业制造。经济适用、维修、保养方便	建筑施工现场		
259				群塔作业防止碰撞防护技术	在安装多台塔式起重机的施工现场,为防止相邻塔式起重机碰撞,在每台塔式起重机上安装防碰撞装置,由总系统控制,以防止碰撞事故的发生	建筑施工现场		
260				塔式起重机安全监控管理系统	记录起重机工作状态并将记录储存。可有效预防起重机误操作、违章、超载等引起的安全事故,为准确分析事故原因提供科学依据,为安全监督管理提供有效的技术手段	各类塔式起重机		

建设事业“十一五”推广应用和限制禁止使用技术(第一批)限制使用技术部分(安全)

序号	领域	技术名称	说明	限用范围	生效时间	技术咨询服务单位
32	三 新型建筑结构、施工技术与施工、质量安全技术领域	水泥预制板临时活动房屋	这类活动房现在无标准,基础构造过于简陋,经不住暴风雨的袭击。易发生安全事故	易受飓风、暴风、山体滑坡等各类自然灾害影响地区禁止使用;其他地区仅用于单层临时房屋且必须有可靠的抗风、防坍塌措施	自本公告发布之日起新开工工程	中国建筑业协会建筑安全分会
33		超过一定使用年限的塔式起重机	630 kN·m以下(不含630 kN·m)、出厂年限超过10年(不含10年)的塔式起重机;630—1 250 kN·m(不含1 250 kN·m)、出厂年限超过15年(不含15年)的塔式起重机;1 250 kN·m以上、出厂年限超过20年(不含20年)的塔式起重机。由于使用年限过久,存在设备结构疲劳、锈蚀、变形等安全隐患。超过年限的由有资质评估机构评估合格后,可继续使用	建筑施工现场	自本公告发布之日起	
34		超过一定使用年限的施工升降机	出厂年限超过8年(不含8年)的SC型施工升降机,传动系统磨损严重,钢结构疲劳、变形、腐蚀等较严重,存在安全隐患;出厂年限超过5年(不含5年)的SS型施工升降机,使用时间过长造成结构件疲劳、变形、腐蚀等较严重,运动件磨损严重,存在安全隐患。超过年限的由有资质评估机构评估合格后,可继续使用	建筑施工现场	自本公告发布之日起	
35		人工挖孔桩	依据《建设部推广应用和限制禁止使用技术》(建设部第218号公告)	不得用于软土或易发生流沙的场地。地下水位高的场地,应先降水后施工	自2004年3月18日起执行	

建设事业“十一五”推广应用和限制禁止使用技术(第一批)禁止使用技术部分(安全)

序号	领域	技术名称	说明	禁用范围	生效时间	技术咨询服务单位
21	三 新型建筑结构、施工技术与施工、质量安全技术领域	简易临时吊架	用钢筋焊成梯型架体，挂在外墙上，在梯形架体的横梁上铺设脚手板后，作为砌筑和装修脚手架使用，在施工现场临时搭设，制作粗糙，缺少安全措施。已造成多起群死群伤事故	禁止用于房屋建筑施工	自本公告发布之日起执行	中国建筑业协会建筑安全分会
22		自制简易吊篮	包括用扣件和钢管搭设的吊篮、不经设计计算就制作出的吊篮、无可靠的安全防护和限位保险装置的吊篮			
23		大模板悬挂脚手架(包括同类型脚手架)	在大模板就位后，再在其上安装“挂脚手架”作为操作平台，在安装过程中，施工人员必须站在起重机吊起的架体上作业，由于结构缺陷，架体横向稳定性差，抗风荷载能力差，容易造成架体倾翻，极易发生坠落事故。在设计、搭设和使用方面存在严重安全隐患，危险性大			
24		石板闸刀开关	产品安全性能差	建筑施工现场		
25		HK1、HK2、HK2P、HK8型闸刀开关	产品安全性能差			
26		瓷插式熔断器	产品安全性能差			
27		QT60/80 塔机(70 及 80 年代生产产品)	上世纪 70~80 年代生产的动臂式塔机，安全装置不齐全，安全性能差			
28		井架简易塔式起重机	塔身结构由杆件用螺栓连接，受力不明确，非标准节形式，起重臂无风标效应。安全性能差，安全装置不齐全，稳定性差			
29		QTG20、QTG25、QTG30 等型号的塔式起重机	自行安装的固定式塔式起重机，由于无顶升套架及机构，无高处安装作业平台，安装拆卸工况差，安全无保证			
31		自制简易的或用摩擦式卷扬机驱动的钢丝绳式物料提升机	卷扬机制动装置由手工控制，无法进行上、下限位和速度的自动控制。无安全装置或安全装置无效、安全隐患大、技术落后、不符合现行的标准要求			

建设部关于印发《绿色施工导则》的通知

（建质[2007]223号，2007年9月10日）

各省、自治区建设厅，直辖市建委，国务院有关部门：

现将《绿色施工导则》印发给你们，请结合本地区、本部门实际情况认真贯彻执行。执行中有何问题和建议，请及时告我部工程质量安全监督与行业发展司。

附件：

绿色施工导则

1 总则

1.1 我国尚处于经济快速发展阶段，作为大量消耗资源、影响环境的建筑业，应全面实施绿色施工，承担起可持续发展的社会责任。

1.2 本导则用于指导建筑工程的绿色施工，并可供其他建设工程的绿色施工参考。

1.3 绿色施工是指工程建设中，在保证质量、安全等基本要求的前提下，通过科学管理和技术进步，最大限度地节约资源与减少对环境负面影响的施工活动，实现四节一环保（节能、节地、节水、节材和环境保护）。

1.4 绿色施工应符合国家的法律、法规及相关的标准规范，实现经济效益、社会效益和环境效益的统一。

1.5 实施绿色施工，应依据因地制宜的原则，贯彻执行国家、行业和地方相关的技术经济政策。

1.6 运用ISO 14000和ISO 18000管理体系，将绿色施工有关内容分解到管理体系目标中去，使绿色施工规范化、标准化。

1.7 鼓励各地区开展绿色施工的政策与技术研究，发展绿色施工的新技术、新设备、新材料与新工艺，推行应用示范工程。

2 绿色施工原则

2.1 绿色施工是建筑全寿命周期中的一个重要阶段。实施绿色施工，应进行总体方案优化。在规划、设计阶段，应充分考虑绿色施工的总体要求，为绿色施工提供基础条件。

2.2 实施绿色施工，应对施工策划、材料采购、现场施工、工程验收等各阶段进行控制，加强对整个施工过程的管理和监督。

3 绿色施工总体框架

绿色施工总体框架由施工管理、环境保护、节材与材料资源利用、节水与水资源利用、节能与能源利用、节地与施工用地保护6个方面组成(图1)。这6个方面涵盖了绿色施工的基本指标,同时包含了施工策划、材料采购、现场施工、工程验收等各阶段的指标的子集。

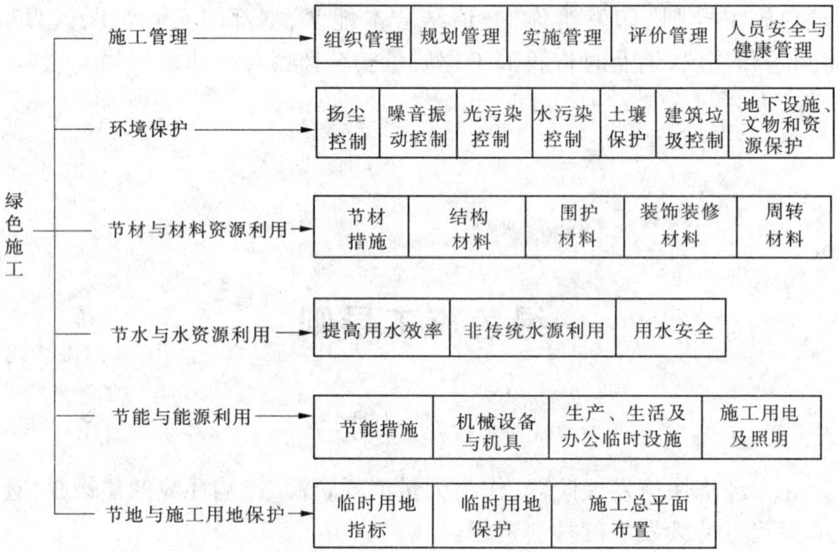

图1 绿色施工总体框架

4 绿色施工要点

4.1 绿色施工管理主要包括组织管理、规划管理、实施管理、评价管理和人员安全与健康管理5个方面。

4.1.1 组织管理

(1)建立绿色施工管理体系,并制定相应的管理制度与目标。

(2)项目经理为绿色施工第一责任人,负责绿色施工的组织实施及目标实现,并指定绿色施工管理人员和监督人员。

4.1.2 规划管理

编制绿色施工方案。该方案应在施工组织设计中独立成章,并按有关规定进行审批。

绿色施工方案应包括以下内容:

(1)环境保护措施。制定环境管理计划及应急救援预案,采取有效措施,降低环境负荷,保护地下设施和文物等资源。

(2)节材措施。在保证工程安全与质量的前提下,制定节材措施。如进行施工方案的节材优化,建筑垃圾减量化,尽量利用可循环材料等。

(3)节水措施。根据工程所在地的水资源状况,制定节水措施。

(4)节能措施。进行施工节能策划,确定目标,制定节能措施。

(5)节地与施工用地保护措施。制定临时用地指标、施工总平面布置规划及临时用地节地措施等。

4.1.3 实施管理

(1)绿色施工应对整个施工过程实施动态管理,加强对施工策划、施工准备、材料采购、现场施工、工程验收等各阶段的管理和监督。

(2)应结合工程项目的特点,有针对性地对绿色施工作相应的宣传,通过宣传营造绿色施工的氛围。

(3)定期对职工进行绿色施工知识培训,增强职工绿色施工意识。

4.1.4 评价管理

(1)对照本导则的指标体系,结合工程特点,对绿色施工的效果及采用的新技术、新设备、新材料与新工艺,进行自评估。

(2)成立专家评估小组,对绿色施工方案、实施过程至项目竣工,进行综合评估。

4.1.5 人员安全与健康管理

(1)制定施工防尘、防毒、防辐射等职业危害的措施,保障施工人员的长期职业健康。

(2)合理布置施工场地,保护生活及办公区不受施工活动的有害影响。施工现场建立卫生急救、保健防疫制度,在安全事故和疾病疫情出现时提供及时救助。

(3)提供卫生、健康的工作与生活环境,加强对施工人员的住宿、膳食、饮用水等生活与环境卫生等管理,明显改善施工人员的生活条件。

4.2 环境保护技术要点

4.2.1 扬尘控制

(1)运送土方、垃圾、设备及建筑材料等,不污损场外道路。运输容易散落、飞扬、流漏的物料的车辆,必须采取措施封闭严密,保证车辆清洁。施工现场出口应设置洗车槽。

(2)土方作业阶段,采取洒水、覆盖等措施,达到作业区目测扬尘高度小于1.5 m,不扩散到场区外。

(3)结构施工、安装装饰装修阶段,作业区目测扬尘高度小于0.5 m。对易产生扬尘的堆放材料应采取覆盖措施;对粉末状材料应封闭存放;场区内可能引起扬尘的材料及建筑垃圾搬运应有降尘措施,如覆盖、洒水等;浇筑混凝土前清理灰尘和垃圾时尽量使用吸尘器,避免使用吹风器等易产生扬尘的设备;机械剔凿作业时可用局部遮挡、掩盖、水淋等防护措施;高层或多层建筑清理垃圾应搭设封闭性临时专用道或采用容器吊运。

(4)施工现场非作业区达到目测无扬尘的要求。对现场易飞扬物质采取有效措施,如洒水、地面硬化、围挡、密网覆盖、封闭等,防止扬尘产生。

(5)构筑物机械拆除前,做好扬尘控制计划。可采取清理积尘、拆除体洒水、设置隔挡等措施。

(6)构筑物爆破拆除前,做好扬尘控制计划。可采用清理积尘、淋湿地面、预湿墙体、屋面敷水袋、楼面蓄水、建筑外设高压喷雾状水系统、搭设防尘排栅和直升机投水弹等综合降尘。选择风力小的天气进行爆破作业。

(7)在场界四周隔挡高度位置测得的大气总悬浮颗粒物(TSP)月平均浓度与城市背景值的差值不大于0.08 mg/m^3。

4.2.2 噪音与振动控制

(1)现场噪音排放不得超过国家标准《建筑施工场界噪声限值》(GB 12523—90)的规定。

(2)在施工场界对噪音进行实时监测与控制。监测方法执行国家标准《建筑施工场界噪声测量方法》(GB 12524—90)。

(3)使用低噪音、低振动的机具,采取隔音与隔振措施,避免或减少施工噪音和振动。

4.2.3 光污染控制

(1)尽量避免或减少施工过程中的光污染。夜间室外照明灯加设灯罩,透光方向集中在施工范围。

(2)电焊作业采取遮挡措施,避免电焊弧光外泄。

4.2.4 水污染控制

(1)施工现场污水排放应达到国家标准《污水综合排放标准》(GB 8978—1996)的要求。

(2)在施工现场应针对不同的污水,设置相应的处理设施,如沉淀池、隔油池、化粪池等。

(3)污水排放应委托有资质的单位进行废水水质检测,提供相应的污水检测报告。

(4)保护地下水环境。采用隔水性能好的边坡支护技术。在缺水地区或地下水位持续下降的地区,基坑降水尽可能少地抽取地下水;当基坑开挖抽水量大于50万m^3时,应进行地下水回灌,并避免地下水被污染。

(5)对于化学品等有毒材料、油料的储存地,应有严格的隔水层设计,做好渗漏液收集和处理。

4.2.5 土壤保护

(1)保护地表环境,防止土壤侵蚀、流失。因施工造成的裸土,及时覆盖砂石或种植速生草种,以减少土壤侵蚀;因施工造成地表径流、土壤流失的情况,应采取设置地表排水系统、稳定斜坡、植被覆盖等措施,减少土壤流失。

(2)沉淀池、隔油池、化粪池等不发生堵塞、渗漏、溢出等现象。及时清掏各类池内沉淀物,并委托有资质的单位清运。

(3)对于有毒有害废弃物如电池、墨盒、油漆、涂料等应回收后交有资质的单位处理,不能作为建筑垃圾外运,避免污染土壤和地下水。

(4)施工后应恢复施工活动破坏的植被(一般指临时占地内)。与当地园林、环保部门或当地植物研究机构进行合作,在先前开发地区种植当地或其他合适的植物,以恢复剩余空地地貌或科学绿化,补救施工活动中人为破坏植被和地貌造成的土壤侵蚀。

4.2.6 建筑垃圾控制

(1)制定建筑垃圾减量化计划,如住宅建筑,每万平方米的建筑垃圾不宜超过400t。

(2)加强建筑垃圾的回收再利用,力争建筑垃圾的再利用和回收率达到30%,建筑物拆除产生的废弃物的再利用和回收率大于40%。对于碎石类、土石方类建筑垃圾,可采用地基填埋、铺路等方式提高再利用率,力争再利用率大于50%。

(3)施工现场生活区设置封闭式垃圾容器,施工场地生活垃圾实行袋装化,及时清运。对建筑垃圾进行分类,并收集到现场封闭式垃圾站,集中运出。

4.2.7 地下设施、文物和资源保护

(1)施工前应调查清楚地下各种设施,做好保护计划,保证施工场地周边的各类管道、管线、建筑物、构筑物的安全运行。

(2)施工过程中一旦发现文物,立即停止施工,保护现场并通报文物部门并协助做好工作。

(3)避让、保护施工场区及周边的古树名木。

(4)逐步开展统计分析施工项目的 CO_2 排放量,以及各种不同植被和树种的 CO_2 固定量的工作。

4.3 节材与材料资源利用技术要点

4.3.1 节材措施

(1)图纸会审时,应审核节材与材料资源利用的相关内容,达到材料损耗率比定额损耗率降低30%。

(2)根据施工进度、库存情况等合理安排材料的采购、进场时间和批次,减少库存。

(3)现场材料堆放有序。储存环境适宜,措施得当。保管制度健全,责任落实。

(4)材料运输工具适宜,装卸方法得当,防止损坏和遗洒。根据现场平面布置情况就近卸载,避免和减少二次搬运。

(5)采取技术和管理措施提高模板、脚手架等的周转次数。

(6)优化安装工程的预留、预埋、管线路径等方案。

(7)应就地取材,施工现场500 km以内生产的建筑材料用量占建筑材料总重量的70%以上。

4.3.2 结构材料

(1)推广使用预拌混凝土和商品砂浆。准确计算采购数量、供应频率、施工速度等,在施工过程中动态控制。结构工程使用散装水泥。

(2)推广使用高强钢筋和高性能混凝土,减少资源消耗。

(3)推广钢筋专业化加工和配送。

(4)优化钢筋配料和钢构件下料方案。钢筋及钢结构制作前应对下料单及样品进行复核,无误后方可批量下料。

(5)优化钢结构制作和安装方法。大型钢结构宜采用工厂制作,现场拼装;宜采用分段吊装、整体提升、滑移、顶升等安装方法,减少方案的措施用材量。

(6)采取数字化技术,对大体积混凝土、大跨度结构等专项施工方案进行优化。

4.3.3 围护材料

(1)门窗、屋面、外墙等围护结构选用耐候性及耐久性良好的材料,施工确保密封性、防水性和保温隔热性。

(2)门窗采用密封性、保温隔热性能、隔音性能良好的型材和玻璃等材料。

(3)屋面材料、外墙材料具有良好的防水性能和保温隔热性能。

(4)当屋面或墙体等部位采用基层加设保温隔热系统的方式施工时,应选择高效节能、耐久性好的保温隔热材料,以减小保温隔热层的厚度及材料用量。

(5)屋面或墙体等部位的保温隔热系统采用专用的配套材料,以加强各层次之间的黏结或连接强度,确保系统的安全性和耐久性。

(6)根据建筑物的实际特点,优选屋面或外墙的保温隔热材料系统和施工方式,例如保温板粘贴、保温板干挂、聚氨酯硬泡喷涂、保温浆料涂抹等,以保证保温隔热效果,并减少材料浪费。

(7)加强保温隔热系统与围护结构的节点处理,尽量降低热桥效应。针对建筑物的不同部位保温隔热特点,选用不同的保温隔热材料及系统,以做到经济适用。

4.3.4　装饰装修材料

(1)贴面类材料在施工前,应进行总体排版策划,减少非整块材的数量。

(2)采用非木质的新材料或人造板材代替木质板材。

(3)防水卷材、壁纸、油漆及各类涂料基层必须符合要求,避免起皮、脱落。各类油漆及黏结剂应随用随开启,不用时及时封闭。

(4)幕墙及各类预留预埋应与结构施工同步。

(5)木制品及木装饰用料、玻璃等各类板材等宜在工厂采购或定制。

(6)采用自粘类片材,减少现场液态黏结剂的使用量。

4.3.5　周转材料

(1)应选用耐用、维护与拆卸方便的周转材料和机具。

(2)优先选用制作、安装、拆除一体化的专业队伍进行模板工程施工。

(3)模板应以节约自然资源为原则,推广使用定型钢模、钢框竹模、竹胶板。

(4)施工前应对模板工程的方案进行优化。多层、高层建筑使用可重复利用的模板体系,模板支撑宜采用工具式支撑。

(5)优化高层建筑的外脚手架方案,采用整体提升、分段悬挑等方案。

(6)推广采用外墙保温板替代混凝土施工模板的技术。

(7)现场办公和生活用房采用周转式活动房。现场围挡应最大限度地利用已有围墙,或采用装配式可重复使用围挡封闭。力争工地临房、临时围挡材料的可重复使用率达到70%。

4.4　节水与水资源利用的技术要点

4.4.1　提高用水效率

(1)施工中采用先进的节水施工工艺。

(2)施工现场喷洒路面、绿化浇灌不宜使用市政自来水。现场搅拌用水、养护用水应采取有效的节水措施,严禁无措施浇水养护混凝土。

(3)施工现场供水管网应根据用水量设计布置,管径合理、管路简捷,采取有效措施减少管网和用水器具的漏损。

(4)现场机具、设备、车辆冲洗用水必须设立循环用水装置。施工现场办公区、生活区的生活用水采用节水系统和节水器具,提高节水器具配置比率。项目临时用水应使用节水型产品,安装计量装置,采取针对性的节水措施。

(5)施工现场建立可再利用水的收集处理系统，使水资源得到梯级循环利用。

(6)施工现场分别对生活用水与工程用水确定用水定额指标，并分别计量管理。

(7)大型工程的不同单项工程、不同标段、不同分包生活区，凡具备条件的应分别计量用水量。在签订不同标段分包或劳务合同时，将节水定额指标纳入合同条款，进行计量考核。

(8)对混凝土搅拌站点等用水集中的区域和工艺点进行专项计量考核。施工现场建立雨水、中水或可再利用水的收集利用系统。

4.4.2 非传统水源利用

(1)优先采用中水搅拌、中水养护，有条件的地区和工程应收集雨水养护。

(2)处于基坑降水阶段的工地，宜优先采用地下水作为混凝土搅拌用水、养护用水、冲洗用水和部分生活用水。

(3)现场机具、设备、车辆冲洗、喷洒路面、绿化浇灌等用水，优先采用非传统水源，尽量不使用市政自来水。

(4)大型施工现场，尤其是雨量充沛地区的大型施工现场建立雨水收集利用系统，充分收集自然降水用于施工和生活中适宜的部位。

(5)力争施工中非传统水源和循环水的再利用量大于30%。

4.4.3 用水安全

在非传统水源和现场循环再利用水的使用过程中，应制定有效的水质检测与卫生保障措施，确保避免对人体健康、工程质量以及周围环境产生不良影响。

4.5 节能与能源利用的技术要点

4.5.1 节能措施

(1)制定合理施工能耗指标，提高施工能源利用率。

(2)优先使用国家、行业推荐的节能、高效、环保的施工设备和机具，如选用变频技术的节能施工设备等。

(3)施工现场分别设定生产、生活、办公和施工设备的用电控制指标，定期进行计量、核算、对比分析，并有预防与纠正措施。

(4)在施工组织设计中，合理安排施工顺序、工作面，以减少作业区域的机具数量，相邻作业区充分利用共有的机具资源。安排施工工艺时，应优先考虑耗用电能的或其他能耗较少的施工工艺。避免设备额定功率远大于使用功率或超负荷使用设备的现象。

(5)根据当地气候和自然资源条件，充分利用太阳能、地热等可再生能源。

4.5.2 机械设备与机具

(1)建立施工机械设备管理制度，开展用电、用油计量，完善设备档案，及时做好维修保养工作，使机械设备保持低耗、高效的状态。

(2)选择功率与负载相匹配的施工机械设备，避免大功率施工机械设备低负载长时间运行。机电安装可采用节电型机械设备，如逆变式电焊机和能耗低、效率高的手持电动工具等，以利节电。机械设备宜使用节能型油料添加剂，在可能的情况下，考虑回收利用，节约油量。

(3)合理安排工序，提高各种机械的使用率和满载率，降低各种设备的单位耗能。

4.5.3 生产、生活及办公临时设施

(1)利用场地自然条件,合理设计生产、生活及办公临时设施的体形、朝向、间距和窗墙面积比,使其获得良好的日照、通风和采光。南方地区可根据需要在其外墙窗设遮阳设施。

(2)临时设施宜采用节能材料,墙体、屋面使用隔热性能好的材料,减少夏天空调、冬天取暖设备的使用时间及耗能量。

(3)合理配置采暖、空调、风扇数量,规定使用时间,实行分段分时使用,节约用电。

4.5.4 施工用电及照明

(1)临时用电优先选用节能电线和节能灯具,临电线路合理设计、布置,临电设备宜采用自动控制装置。采用声控、光控等节能照明灯具。

(2)照明设计以满足最低照度为原则,照度不应超过最低照度的20%。

4.6 节地与施工用地保护的技术要点

4.6.1 临时用地指标

(1)根据施工规模及现场条件等因素合理确定临时设施,如临时加工厂、现场作业棚及材料堆场、办公生活设施等的占地指标。临时设施的占地面积应按用地指标所需的最低面积设计。

(2)要求平面布置合理、紧凑,在满足环境、职业健康与安全及文明施工要求的前提下尽可能减少废弃地和死角,临时设施占地面积有效利用率大于90%。

4.6.2 临时用地保护

(1)应对深基坑施工方案进行优化,减少土方开挖和回填量,最大限度地减少对土地的扰动,保护周边自然生态环境。

(2)红线外临时占地应尽量使用荒地、废地,少占用农田和耕地。工程完工后,及时对红线外占地恢复原地形、地貌,使施工活动对周边环境的影响降至最低。

(3)利用和保护施工用地范围内原有绿色植被。对于施工周期较长的现场,可按建筑永久绿化的要求,安排场地新建绿化。

4.6.3 施工总平面布置

(1)施工总平面布置应做到科学、合理,充分利用原有建筑物、构筑物、道路、管线为施工服务。

(2)施工现场搅拌站、仓库、加工厂、作业棚、材料堆场等布置应尽量靠近已有交通线路或即将修建的正式或临时交通线路,缩短运输距离。

(3)临时办公和生活用房应采用经济、美观、占地面积小、对周边地貌环境影响较小,且适合于施工平面布置动态调整的多层轻钢活动板房、钢骨架水泥活动板房等标准化装配式结构。生活区与生产区应分开布置,并设置标准的分隔设施。

(4)施工现场围墙可采用连续封闭的轻钢结构预制装配式活动围挡,减少建筑垃圾,保护土地。

(5)施工现场道路按照永久道路和临时道路相结合的原则布置。施工现场内形成环形通路,减少道路占用土地。

(6)临时设施布置应注意远近结合(本期工程与下期工程),努力减少和避免大量临时建筑拆迁和场地搬迁。

5 发展绿色施工的新技术、新设备、新材料与新工艺

5.1 施工方案应建立推广、限制、淘汰公布制度和管理办法。发展适合绿色施工的资源利用与环境保护技术,对落后的施工方案进行限制或淘汰,鼓励绿色施工技术的发展,推动绿色施工技术的创新。

5.2 大力发展现场监测技术、低噪音的施工技术、现场环境参数检测技术、自密实混凝土施工技术、清水混凝土施工技术、建筑固体废弃物再生产品在墙体材料中的应用技术、新型模板及脚手架技术的研究与应用。

5.3 加强信息技术应用,如绿色施工的虚拟现实技术、三维建筑模型的工程量自动统计、绿色施工组织设计数据库建立与应用系统、数字化工地、基于电子商务的建筑工程材料、设备与物流管理系统等。通过应用信息技术,进行精密规划、设计、精心建造和优化集成,实现与提高绿色施工的各项指标。

6 绿色施工的应用示范工程

我国绿色施工尚处于起步阶段,应通过试点和示范工程,总结经验,引导绿色施工的健康发展。各地应根据具体情况,制定有针对性的考核指标和统计制度,制定引导施工企业实施绿色施工的激励政策,促进绿色施工的发展。

建设部关于印发《建筑施工人员个人劳动保护用品使用管理暂行规定》的通知

（建质[2007]255 号，2007 年 11 月 5 日）

各省、自治区建设厅，直辖市建委，江苏省、山东省建管局，新疆生产建设兵团建设局：

现将《建筑施工人员个人劳动保护用品使用管理暂行规定》印发给你们，请结合本地区实际，认真贯彻执行。

附件：

建筑施工人员个人劳动保护用品使用管理暂行规定

第一条 为加强对建筑施工人员个人劳动保护用品的使用管理，保障施工作业人员安全与健康，根据《中华人民共和国建筑法》、《建设工程安全生产管理条例》、《安全生产许可证条例》等法律法规，制定本规定。

第二条 本规定所称个人劳动保护用品，是指在建筑施工现场，从事建筑施工活动的人员使用的安全帽、安全带以及安全（绝缘）鞋、防护眼镜、防护手套、防尘（毒）口罩等个人劳动保护用品（以下简称“劳动保护用品”）。

第三条 凡从事建筑施工活动的企业和个人，劳动保护用品的采购、发放、使用、管理等必须遵守本规定。

第四条 劳动保护用品的发放和管理，坚持“谁用工，谁负责”的原则。施工作业人员所在企业（包括总承包企业、专业承包企业、劳务企业等，下同）必须按国家规定免费发放劳动保护用品，更换已损坏或已到使用期限的劳动保护用品，不得收取或变相收取任何费用。

劳动保护用品必须以实物形式发放，不得以货币或其他物品替代。

第五条 企业应建立完善劳动保护用品的采购、验收、保管、发放、使用、更换、报废等规章制度。同时应建立相应的管理台账，管理台账保存期限不得少于两年，以保证劳动保护用品的质量具有可追溯性。

第六条 企业采购、个人使用的安全帽、安全带及其他劳动防护用品等，必须符合《安全帽》（GB 2811）、《安全带》（GB 6095）及其他劳动保护用品相关国家标准的要求。

企业、施工作业人员，不得采购和使用无安全标记或不符合国家相关标准要求的劳动保护用品。

第七条 企业应当按照劳动保护用品采购管理制度的要求,明确企业内部有关部门、人员的采购管理职责。企业在一个地区组织施工的,可以集中统一采购;对企业工程项目分布在多个地区,集中统一采购有困难的,可由各地区或项目部集中采购。

第八条 企业采购劳动保护用品时,应查验劳动保护用品生产厂家或供货商的生产、经营资格,验明商品合格证明和商品标识,以确保采购劳动保护用品的质量符合安全使用要求。

企业应当向劳动保护用品生产厂家或供货商索要法定检验机构出具的检验报告或由供货商签字盖章的检验报告复印件,不能提供检验报告或检验报告复印件的劳动保护用品不得采购。

第九条 企业应加强对施工作业人员的教育培训,保证施工作业人员能正确使用劳动保护用品。

工程项目部应有教育培训的记录,有培训人员和被培训人员的签名和时间。

第十条 企业应加强对施工作业人员劳动保护用品使用情况的检查,并对施工作业人员劳动保护用品的质量和正确使用负责。实行施工总承包的工程项目,施工总承包企业应加强对施工现场内所有施工作业人员劳动保护用品的监督检查。督促相关分包企业和人员正确使用劳动保护用品。

第十一条 施工作业人员有接受安全教育培训的权利,有按照工作岗位规定使用合格的劳动保护用品的权利;有拒绝违章指挥、拒绝使用不合格劳动保护用品的权利。同时,也负有正确使用劳动保护用品的义务。

第十二条 监理单位要加强对施工现场劳动保护用品的监督检查。发现有不使用、或使用不符合要求的劳动保护用品,应责令相关企业立即改正。对拒不改正的,应当向建设行政主管部门报告。

第十三条 建设单位应当及时、足额向施工企业支付安全措施专项经费,并督促施工企业落实安全防护措施,使用符合相关国家产品质量要求的劳动保护用品。

第十四条 各级建设行政主管部门应当加强对施工现场劳动保护用品使用情况的监督管理。发现有不使用、或使用不符合要求的劳动保护用品的违法违规行为的,应当责令改正;对因不使用或使用不符合要求的劳动保护用品造成事故或伤害的,应当依据《建设工程安全生产管理条例》和《安全生产许可证条例》等法律法规,对有关责任方给予行政处罚。

第十五条 各级建设行政主管部门应将企业劳动保护用品的发放、管理情况列入建筑施工企业《安全生产许可证》条件的审查内容之一;施工现场劳动保护用品的质量情况作为认定企业是否降低安全生产条件的内容之一;施工作业人员是否正确使用劳动保护用品情况作为考核企业安全生产教育培训是否到位的依据之一。

第十六条 各地建设行政主管部门可建立合格劳动保护用品的信息公告制度,为企业购买合格的劳动保护用品提供信息服务。同时依法加大对采购、使用不合格劳动保护用品的处罚力度。

第十七条 施工现场内,为保证施工作业人员安全与健康所需的其他劳动保护用品可参照本规定执行。

第十八条 各地可根据本规定,制定具体的实施办法。

第十九条 本规定自发布之日起施行。

建设部关于印发《关于进一步规范房屋建筑和市政工程生产安全事故报告和调查处理工作的若干意见》的通知

（建质[2007]257 号，2007 年 11 月 9 日）

各省、自治区建设厅，直辖市建委，江苏省、山东省建管局，新疆生产建设兵团建设局：

为贯彻落实《生产安全事故报告和调查处理条例》（国务院令第 493 号），规范房屋建筑和市政工程生产安全事故报告和调查处理工作，我们制定了《关于进一步规范房屋建筑和市政工程生产安全事故报告和调查处理工作的若干意见》，现印发给你们，请认真贯彻执行。

附件：

关于进一步规范房屋建筑和市政工程生产安全事故报告和调查处理工作的若干意见

为认真贯彻落实《生产安全事故报告和调查处理条例》（国务院令第 493 号，以下简称《条例》），规范房屋建筑和市政工程生产安全事故报告和调查处理工作，现提出如下意见：

一、事故等级划分

（一）特别重大事故，是指造成 30 人以上死亡，或者 100 人以上重伤，或者 1 亿元以上直接经济损失的事故；

（二）重大事故，是指造成 10 人以上 30 人以下死亡，或者 50 人以上 100 人以下重伤，或者 5 000 万元以上 1 亿元以下直接经济损失的事故；

（三）较大事故，是指造成 3 人以上 10 人以下死亡，或者 10 人以上 50 人以下重伤，或者 1 000 万元以上 5 000 万元以下直接经济损失的事故；

（四）一般事故，是指造成 3 人以下死亡，或者 10 人以下重伤，或者 1 000 万元以下 100 万元以上直接经济损失的事故。

本等级划分所称的“以上”包括本数，所称的“以下”不包括本数。

二、事故报告

(一)施工单位事故报告要求

事故发生后,事故现场有关人员应当立即向施工单位负责人报告;施工单位负责人接到报告后,应当于1小时内向事故发生地县级以上人民政府建设主管部门和有关部门报告。

情况紧急时,事故现场有关人员可以直接向事故发生地县级以上人民政府建设主管部门和有关部门报告。

实行施工总承包的建设工程,由总承包单位负责上报事故。

(二)建设主管部门事故报告要求

1.建设主管部门接到事故报告后,应当依照下列规定上报事故情况,并通知安全生产监督管理部门、公安机关、劳动保障行政主管部门、工会和人民检察院:

(1)较大事故、重大事故及特别重大事故逐级上报至国务院建设主管部门;

(2)一般事故逐级上报至省、自治区、直辖市人民政府建设主管部门;

(3)建设主管部门依照本条规定上报事故情况,应当同时报告本级人民政府。国务院建设主管部门接到重大事故和特别重大事故的报告后,应当立即报告国务院。

必要时,建设主管部门可以越级上报事故情况。

2.建设主管部门按照本规定逐级上报事故情况时,每级上报的时间不得超过2小时。

3.事故报告内容:

(1)事故发生的时间、地点和工程项目、有关单位名称;

(2)事故的简要经过;

(3)事故已经造成或者可能造成的伤亡人数(包括下落不明的人数)和初步估计的直接经济损失;

(4)事故的初步原因;

(5)事故发生后采取的措施及事故控制情况;

(6)事故报告单位或报告人员;

(7)其他应当报告的情况。

4.事故报告后出现新情况,以及事故发生之日起30日内伤亡人数发生变化的,应当及时补报。

三、事故调查

(一)建设主管部门应当按照有关人民政府的授权或委托组织事故调查组对事故进行调查,并履行下列职责:

1.核实事故项目基本情况,包括项目履行法定建设程序情况、参与项目建设活动各方主体履行职责的情况;

2.查明事故发生的经过、原因、人员伤亡及直接经济损失,并依据国家有关法律法规和技术标准分析事故的直接原因和间接原因;

3.认定事故的性质,明确事故责任单位和责任人员在事故中的责任;

4. 依照国家有关法律法规对事故的责任单位和责任人员提出处理建议；

5. 总结事故教训，提出防范和整改措施；

6. 提交事故调查报告。

（二）事故调查报告应当包括下列内容：

1. 事故发生单位概况；

2. 事故发生经过和事故救援情况；

3. 事故造成的人员伤亡和直接经济损失；

4. 事故发生的原因和事故性质；

5. 事故责任的认定和对事故责任者的处理建议；

6. 事故防范和整改措施。

事故调查报告应当附具有关证据材料，事故调查组成员应当在事故调查报告上签名。

四、事故处理

（一）建设主管部门应当依据有关人民政府对事故的批复和有关法律法规的规定，对事故相关责任者实施行政处罚。处罚权限不属本级建设主管部门的，应当在收到事故调查报告批复后 15 个工作日内，将事故调查报告（附具有关证据材料）、结案批复、本级建设主管部门对有关责任者的处理建议等转送有权限的建设主管部门。

（二）建设主管部门应当依照有关法律法规的规定，对因降低安全生产条件导致事故发生的施工单位给予暂扣或吊销安全生产许可证的处罚；对事故负有责任的相关单位给予罚款、停业整顿、降低资质等级或吊销资质证书的处罚。

（三）建设主管部门应当依照有关法律法规的规定，对事故发生负有责任的注册执业资格人员给予罚款、停止执业或吊销其注册执业资格证书的处罚。

五、事故统计

（一）建设主管部门除按上述规定上报生产安全事故外，还应当按照有关规定将一般及以上生产安全事故通过《建设系统安全事故和自然灾害快报系统》上报至国务院建设主管部门。

（二）对于经调查认定为非生产安全事故的，建设主管部门应在事故性质认定后 10 个工作日内将有关材料报上一级建设主管部门。

六、其他要求

事故发生地的建设主管部门接到事故报告后，其负责人应立即赶赴事故现场，组织事故救援。

发生一般及以上事故或领导对事故有批示要求的，设区的市级建设主管部门应派员赶赴现场了解事故有关情况。

发生较大及以上事故或领导对事故有批示要求的，省、自治区建设厅，直辖市建委应派员赶赴现场了解事故有关情况。

发生重大及以上事故或领导对事故有批示要求的,国务院建设主管部门应根据相关规定派员赶赴现场了解事故有关情况。

七、各地区可以根据本地实际情况制定实施细则

住房和城乡建设部关于印发《建筑施工特种作业人员管理规定》的通知

（建质[2008]75号，2008年4月18日）

各省、自治区建设厅，直辖市建委，江苏省、山东省建管局，新疆生产建设兵团建设局：

现将《建筑施工特种作业人员管理规定》印发给你们，请结合本地区实际贯彻执行。

附件：

建筑施工特种作业人员管理规定

第一章 总 则

第一条 为加强对建筑施工特种作业人员的管理，防止和减少生产安全事故，根据《安全生产许可证条例》、《建筑起重机械安全监督管理规定》等法规规章，制定本规定。

第二条 建筑施工特种作业人员的考核、发证、从业和监督管理，适用本规定。

本规定所称建筑施工特种作业人员是指在房屋建筑和市政工程施工活动中，从事可能对本人、他人及周围设备设施的安全造成重大危害作业的人员。

第三条 建筑施工特种作业包括：

（一）建筑电工；

（二）建筑架子工；

（三）建筑起重信号司索工；

（四）建筑起重机械司机；

（五）建筑起重机械安装拆卸工；

（六）高处作业吊篮安装拆卸工；

（七）经省级以上人民政府建设主管部门认定的其他特种作业。

第四条 建筑施工特种作业人员必须经建设主管部门考核合格，取得建筑施工特种作业人员操作资格证书（以下简称“资格证书”），方可上岗从事相应作业。

第五条 国务院建设主管部门负责全国建筑施工特种作业人员的监督管理工作。

省、自治区、直辖市人民政府建设主管部门负责本行政区域内建筑施工特种作业人员的监督管理工作。

第二章　考　核

第六条　建筑施工特种作业人员的考核发证工作，由省、自治区、直辖市人民政府建设主管部门或其委托的考核发证机构（以下简称“考核发证机关”）负责组织实施。

第七条　考核发证机关应当在办公场所公布建筑施工特种作业人员申请条件、申请程序、工作时限、收费依据和标准等事项。

考核发证机关应当在考核前在机关网站或新闻媒体上公布考核科目、考核地点、考核时间和监督电话等事项。

第八条　申请从事建筑施工特种作业的人员，应当具备下列基本条件：

（一）年满18周岁且符合相关工种规定的年龄要求；

（二）经医院体检合格且无妨碍从事相应特种作业的疾病和生理缺陷；

（三）初中及以上学历；

（四）符合相应特种作业需要的其他条件。

第九条　符合本规定第八条规定的人员应当向本人户籍所在地或者从业所在地考核发证机关提出申请，并提交相关证明材料。

第十条　考核发证机关应当自收到申请人提交的申请材料之日起5个工作日内依法作出受理或者不予受理决定。

对于受理的申请，考核发证机关应当及时向申请人核发准考证。

第十一条　建筑施工特种作业人员的考核内容应当包括安全技术理论和实际操作。

考核大纲由国务院建设主管部门制定。

第十二条　考核发证机关应当自考核结束之日起10个工作日内公布考核成绩。

第十三条　考核发证机关对于考核合格的，应当自考核结果公布之日起10个工作日内颁发资格证书；对于考核不合格的，应当通知申请人并说明理由。

第十四条　资格证书应当采用国务院建设主管部门规定的统一样式，由考核发证机关编号后签发。资格证书在全国通用。

资格证书样式见附件一，编号规则见附件二。

第三章　从　业

第十五条　持有资格证书的人员，应当受聘于建筑施工企业或者建筑起重机械出租单位（以下简称用人单位），方可从事相应的特种作业。

第十六条　用人单位对于首次取得资格证书的人员，应当在其正式上岗前安排不少于3个月的实习操作。

第十七条　建筑施工特种作业人员应当严格按照安全技术标准、规范和规程进行作业，正确佩戴和使用安全防护用品，并按规定对作业工具和设备进行维护保养。

建筑施工特种作业人员应当参加年度安全教育培训或者继续教育，每年不得少于24小时。

第十八条　在施工中发生危及人身安全的紧急情况时，建筑施工特种作业人员有权立即停止作业或者撤离危险区域，并向施工现场专职安全生产管理人员和项目负责人报告。

第十九条 用人单位应当履行下列职责：

（一）与持有效资格证书的特种作业人员订立劳动合同；

（二）制定并落实本单位特种作业安全操作规程和有关安全管理制度；

（三）书面告知特种作业人员违章操作的危害；

（四）向特种作业人员提供齐全、合格的安全防护用品和安全的作业条件；

（五）按规定组织特种作业人员参加年度安全教育培训或者继续教育，培训时间不少于24小时；

（六）建立本单位特种作业人员管理档案；

（七）查处特种作业人员违章行为并记录在档；

（八）法律法规及有关规定明确的其他职责。

第二十条 任何单位和个人不得非法涂改、倒卖、出租、出借或者以其他形式转让资格证书。

第二十一条 建筑施工特种作业人员变动工作单位，任何单位和个人不得以任何理由非法扣押其资格证书。

第四章 延期复核

第二十二条 资格证书有效期为两年。有效期满需要延期的，建筑施工特种作业人员应当于期满前3个月内向原考核发证机关申请办理延期复核手续。延期复核合格的，资格证书有效期延期2年。

第二十三条 建筑施工特种作业人员申请延期复核，应当提交下列材料：

（一）身份证（原件和复印件）；

（二）体检合格证明；

（三）年度安全教育培训证明或者继续教育证明；

（四）用人单位出具的特种作业人员管理档案记录；

（五）考核发证机关规定提交的其他资料。

第二十四条 建筑施工特种作业人员在资格证书有效期内，有下列情形之一的，延期复核结果为不合格：

（一）超过相关工种规定年龄要求的；

（二）身体健康状况不再适应相应特种作业岗位的；

（三）对生产安全事故负有责任的；

（四）2年内违章操作记录达3次（含3次）以上的；

（五）未按规定参加年度安全教育培训或者继续教育的；

（六）考核发证机关规定的其他情形。

第二十五条 考核发证机关在收到建筑施工特种作业人员提交的延期复核资料后，应当根据以下情况分别作出处理：

（一）对于属于本规定第二十四条情形之一的，自收到延期复核资料之日起5个工作日内作出不予延期决定，并说明理由；

(二)对于提交资料齐全且无本规定第二十四条情形的,自受理之日起10个工作日内办理准予延期复核手续,并在证书上注明延期复核合格,并加盖延期复核专用章。

第二十六条 考核发证机关应当在资格证书有效期满前按本规定第二十五条作出决定;逾期未作出决定的,视为延期复核合格。

第五章 监督管理

第二十七条 考核发证机关应当制定建筑施工特种作业人员考核发证管理制度,建立本地区建筑施工特种作业人员档案。

县级以上地方人民政府建设主管部门应当监督检查建筑施工特种作业人员从业活动,查处违章作业行为并记录在档。

第二十八条 考核发证机关应当在每年年底向国务院建设主管部门报送建筑施工特种作业人员考核发证和延期复核情况的年度统计信息资料。

第二十九条 有下列情形之一的,考核发证机关应当撤销资格证书:

(一)持证人弄虚作假骗取资格证书或者办理延期复核手续的;

(二)考核发证机关工作人员违法核发资格证书的;

(三)考核发证机关规定应当撤销资格证书的其他情形。

第三十条 有下列情形之一的,考核发证机关应当注销资格证书:

(一)依法不予延期的;

(二)持证人逾期未申请办理延期复核手续的;

(三)持证人死亡或者不具有完全民事行为能力的;

(四)考核发证机关规定应当注销的其他情形。

第六章 附 则

第三十一条 省、自治区、直辖市人民政府建设主管部门可结合本地区实际情况制定实施细则,并报国务院建设主管部门备案。

第三十二条 本办法自2008年6月1日起施行。

附件一:建筑施工特种作业操作资格证书样式(略)

附件二:建筑施工特种作业操作资格证书编号规则(略)

住房和城乡建设部关于印发《建筑起重机械备案登记办法》的通知

（建质[2008]76号,2008年4月18日）

各省、自治区建设厅,直辖市建委,江苏省、山东省建管局,新疆生产建设兵团建设局:

现将《建筑起重机械备案登记办法》印发给你们,请结合本地区实际贯彻执行。

附件:

建筑起重机械备案登记办法

第一条 为加强建筑起重机械备案登记管理,根据《建筑起重机械安全监督管理规定》(建设部令第166号),制定本办法。

第二条 本办法所称建筑起重机械备案登记包括建筑起重机械备案、安装(拆卸)告知和使用登记。

第三条 县级以上地方人民政府建设主管部门可以使用计算机信息管理系统办理建筑起重机械备案登记,并建立数据库。

县级以上地方人民政府建设主管部门应当提供本行政区域内建筑起重机械备案登记查询服务。

第四条 出租、安装、使用单位应当按规定提交建筑起重机械备案登记资料,并对所提供资料的真实性负责。

县级以上地方人民政府建设主管部门应当建立建筑起重机械备案登记诚信考核制度。

第五条 建筑起重机械出租单位或者自购建筑起重机械使用单位(以下简称“产权单位”)在建筑起重机械首次出租或安装前,应当向本单位工商注册所在地县级以上地方人民政府建设主管部门(以下简称“设备备案机关”)办理备案。

第六条 产权单位在办理备案手续时,应当向设备备案机关提交以下资料:

(一)产权单位法人营业执照副本;

(二)特种设备制造许可证;

(三)产品合格证;

(四)制造监督检验证明;

(五)建筑起重机械设备购销合同、发票或相应有效凭证;

(六)设备备案机关规定的其他资料。

所有资料复印件应当加盖产权单位公章。

第七条 设备备案机关应当自收到产权单位提交的备案资料之日起7个工作日内,对符合备案条件且资料齐全的建筑起重机械进行编号,向产权单位核发建筑起重机械备案证明。

建筑起重机械备案编号规则见附件一。

第八条 有下列情形之一的建筑起重机械,设备备案机关不予备案,并通知产权单位:

(一)属国家和地方明令淘汰或者禁止使用的;

(二)超过制造厂家或者安全技术标准规定的使用年限的;

(三)经检验达不到安全技术标准规定的。

第九条 起重机械产权单位变更时,原产权单位应当持建筑起重机械备案证明到设备备案机关办理备案注销手续。设备备案机关应当收回其建筑起重机械备案证明。

原产权单位应当将建筑起重机械的安全技术档案移交给现产权单位。

现产权单位应当按照本办法办理建筑起重机械备案手续。

第十条 建筑起重机械属于本办法第八条情形之一的,产权单位应当及时采取解体等销毁措施予以报废,并向设备备案机关办理备案注销手续。

第十一条 从事建筑起重机械安装、拆卸活动的单位(以下简称"安装单位")办理建筑起重机械安装(拆卸)告知手续前,应当将以下资料报送施工总承包单位、监理单位审核:

(一)建筑起重机械备案证明;

(二)安装单位资质证书、安全生产许可证副本;

(三)安装单位特种作业人员证书;

(四)建筑起重机械安装(拆卸)工程专项施工方案;

(五)安装单位与使用单位签订的安装(拆卸)合同及安装单位与施工总承包单位签订的安全协议书;

(六)安装单位负责建筑起重机械安装(拆卸)工程专职安全生产管理人员、专业技术人员名单;

(七)建筑起重机械安装(拆卸)工程生产安全事故应急救援预案;

(八)辅助起重机械资料及其特种作业人员证书;

(九)施工总承包单位、监理单位要求的其他资料。

第十二条 施工总承包单位、监理单位应当在收到安装单位提交的齐全有效的资料之日起2个工作日内审核完毕并签署意见。

第十三条 安装单位应当在建筑起重机械安装(拆卸)前2个工作日内通过书面形式、传真或者计算机信息系统告知工程所在地县级以上地方人民政府建设主管部门,同时按规定提交经施工总承包单位、监理单位审核合格的有关资料。

第十四条 建筑起重机械使用单位在建筑起重机械安装验收合格之日起30日内,向工程所在地县级以上地方人民政府建设主管部门(以下简称“使用登记机关”)办理使用登记。

第十五条 使用单位在办理建筑起重机械使用登记时,应当向使用登记机关提交下列资料:

(一)建筑起重机械备案证明;

(二)建筑起重机械租赁合同;

(三)建筑起重机械检验检测报告和安装验收资料;

(四)使用单位特种作业人员资格证书;

(五)建筑起重机械维护保养等管理制度;

(六)建筑起重机械生产安全事故应急救援预案;

(七)使用登记机关规定的其他资料。

第十六条 使用登记机关应当自收到使用单位提交的资料之日起7个工作日内,对于符合登记条件且资料齐全的建筑起重机械核发建筑起重机械使用登记证明。

第十七条 有下列情形之一的建筑起重机械,使用登记机关不予使用登记并有权责令使用单位立即停止使用或者拆除:

(一)属于本办法第八条情形之一的;

(二)未经检验检测或者经检验检测不合格的;

(三)未经安装验收或者经安装验收不合格的。

第十八条 使用登记机关应当在安装单位办理建筑起重机械拆卸告知手续时,注销建筑起重机械使用登记证明。

第十九条 建筑起重机械实行年度统计上报制度。省、自治区、直辖市人民政府建设主管部门应当在每年年底将本地区建筑起重机械备案登记情况汇总后上报国务院建设主管部门。

建筑起重机械备案登记汇总表见附件二。

第二十条 县级以上地方人民政府建设主管部门应当对施工现场的建筑起重机械备案登记情况进行监督检查。

第二十一条 省级以上人民政府建设主管部门应当按照有关规定及时公布限制或禁止使用的建筑起重机械。

第二十二条 出租、安装、使用单位未按规定办理建筑起重机械备案、安装(拆卸)告知、使用登记及注销手续的,由建设主管部门依照有关法规和规章进行处罚。

第二十三条 省、自治区、直辖市人民政府建设主管部门可结合本地区实际制定实施细则。

第二十四条 本办法自2008年6月1日起施行。

附件一:建筑起重机械备案编号规则(略)

附件二:建筑起重机械备案登记汇总表(略)

住房和城乡建设部关于印发《建筑施工企业安全生产管理机构设置及专职安全生产管理人员配备办法》的通知

（建质[2008]91号，2008年5月13日）

各省、自治区建设厅，直辖市建委，江苏、山东省建管局，新疆生产建设兵团建设局，中央管理的建筑企业：

为进一步规范建筑施工企业安全生产管理机构设置及专职安全生产管理人员配备，全面落实建筑施工企业安全生产主体责任，我们组织修订了《建筑施工企业安全生产管理机构设置及专职安全生产管理人员配备办法》，现印发给你们，请遵照执行。原《关于印发〈建筑施工企业安全生产管理机构设置及专职安全生产管理人员配备办法〉和〈危险性较大工程安全专项施工方案编制及专家论证审查办法〉的通知》（建质[2004]213号）中的《建筑施工企业安全生产管理机构设置及专职安全生产管理人员配备办法》同时废止。

附件：

建筑施工企业安全生产管理机构设置及专职安全生产管理人员配备办法

第一条 为规范建筑施工企业安全生产管理机构的设置，明确建筑施工企业和项目专职安全生产管理人员的配备标准，根据《中华人民共和国安全生产法》、《建设工程安全生产管理条例》、《安全生产许可证条例》及《建筑施工企业安全生产许可证管理规定》，制定本办法。

第二条 从事土木工程、建筑工程、线路管道和设备安装工程及装修工程的新建、改建、扩建和拆除等活动的建筑施工企业安全生产管理机构的设置及其专职安全生产管理人员的配备，适用本办法。

第三条 本办法所称安全生产管理机构是指建筑施工企业设置的负责安全生产管理工作的独立职能部门。

第四条 本办法所称专职安全生产管理人员是指经建设主管部门或者其他有关部门安全生产考核合格取得安全生产考核合格证书，并在建筑施工企业及其项目从事安全生产管理工作的专职人员。

第五条 建筑施工企业应当依法设置安全生产管理机构，在企业主要负责人的领导下开展本企业的安全生产管理工作。

第六条 建筑施工企业安全生产管理机构具有以下职责：

（一）宣传和贯彻国家有关安全生产法律法规和标准；

（二）编制并适时更新安全生产管理制度并监督实施；

（三）组织或参与企业生产安全事故应急救援预案的编制及演练；

（四）组织开展安全教育培训与交流；

（五）协调配备项目专职安全生产管理人员；

（六）制订企业安全生产检查计划并组织实施；

（七）监督在建项目安全生产费用的使用；

（八）参与危险性较大工程安全专项施工方案专家论证会；

（九）通报在建项目违规违章查处情况；

（十）组织开展安全生产评优评先表彰工作；

（十一）建立企业在建项目安全生产管理档案；

（十二）考核评价分包企业安全生产业绩及项目安全生产管理情况；

（十三）参加生产安全事故的调查和处理工作；

（十四）企业明确的其他安全生产管理职责。

第七条 建筑施工企业安全生产管理机构专职安全生产管理人员在施工现场检查过程中具有以下职责：

（一）查阅在建项目安全生产有关资料、核实有关情况；

（二）检查危险性较大工程安全专项施工方案落实情况；

（三）监督项目专职安全生产管理人员履责情况；

（四）监督作业人员安全防护用品的配备及使用情况；

（五）对发现的安全生产违章违规行为或安全隐患，有权当场予以纠正或作出处理决定；

（六）对不符合安全生产条件的设施、设备、器材，有权当场作出查封的处理决定；

（七）对施工现场存在的重大安全隐患有权越级报告或直接向建设主管部门报告；

（八）企业明确的其他安全生产管理职责。

第八条 建筑施工企业安全生产管理机构专职安全生产管理人员的配备应满足下列要求，并应根据企业经营规模、设备管理和生产需要予以增加：

（一）建筑施工总承包资质序列企业：特级资质不少于6人；一级资质不少于4人；二级和二级以下资质企业不少于3人。

（二）建筑施工专业承包资质序列企业：一级资质不少于3人；二级和二级以下资质企业不少于2人。

（三）建筑施工劳务分包资质序列企业：不少于2人。

（四）建筑施工企业的分公司、区域公司等较大的分支机构（以下简称分支机构）应依据实际生产情况配备不少于2人的专职安全生产管理人员。

第九条 建筑施工企业应当实行建设工程项目专职安全生产管理人员委派制度。建设工程项目的专职安全生产管理人员应当定期将项目安全生产管理情况报告企业安全生产管理机构。

第十条 建筑施工企业应当在建设工程项目组建安全生产领导小组。建设工程实行施工总承包的,安全生产领导小组由总承包企业、专业承包企业和劳务分包企业项目经理、技术负责人和专职安全生产管理人员组成。

第十一条 安全生产领导小组的主要职责:

(一)贯彻落实国家有关安全生产法律法规和标准;

(二)组织制定项目安全生产管理制度并监督实施;

(三)编制项目生产安全事故应急救援预案并组织演练;

(四)保证项目安全生产费用的有效使用;

(五)组织编制危险性较大工程安全专项施工方案;

(六)开展项目安全教育培训;

(七)组织实施项目安全检查和隐患排查;

(八)建立项目安全生产管理档案;

(九)及时、如实报告安全生产事故。

第十二条 项目专职安全生产管理人员具有以下主要职责:

(一)负责施工现场安全生产日常检查并做好检查记录;

(二)现场监督危险性较大工程安全专项施工方案实施情况;

(三)对作业人员违规违章行为有权予以纠正或查处;

(四)对施工现场存在的安全隐患有权责令立即整改;

(五)对于发现的重大安全隐患,有权向企业安全生产管理机构报告;

(六)依法报告生产安全事故情况。

第十三条 总承包单位配备项目专职安全生产管理人员应当满足下列要求:

(一)建筑工程、装修工程按照建筑面积配备:

1.1 万平方米以下的工程不少于 1 人;

2.1 万 ~5 万平方米的工程不少于 2 人;

3.5 万平方米及以上的工程不少于 3 人,且按专业配备专职安全生产管理人员。

(二)土木工程、线路管道、设备安装工程按照工程合同价配备:

1.5 000 万元以下的工程不少于 1 人;

2.5 000 万 ~1 亿元的工程不少于 2 人;

3.1 亿元及以上的工程不少于 3 人,且按专业配备专职安全生产管理人员。

第十四条 分包单位配备项目专职安全生产管理人员应当满足下列要求:

(一)专业承包单位应当配置至少 1 人,并根据所承担的分部分项工程的工程量和施工危险程度增加。

(二)劳务分包单位施工人员在 50 人以下的,应当配备 1 名专职安全生产管理人员;50 ~200 人的,应当配备 2 名专职安全生产管理人员;200 人及以上的,应当配备 3 名及以上专职安全生产管理人员,并根据所承担的分部分项工程施工危险实际情况增加,不得少于工程施工人员总人数的5‰。

第十五条 采用新技术、新工艺、新材料或致害因素多、施工作业难度大的工程项目，项目专职安全生产管理人员的数量应当根据施工实际情况，在第十三条、第十四条规定的配备标准上增加。

第十六条 施工作业班组可以设置兼职安全巡查员，对本班组的作业场所进行安全监督检查。

建筑施工企业应当定期对兼职安全巡查员进行安全教育培训。

第十七条 安全生产许可证颁发管理机关颁发安全生产许可证时，应当审查建筑施工企业安全生产管理机构设置及其专职安全生产管理人员的配备情况。

第十八条 建设主管部门核发施工许可证或者核准开工报告时，应当审查该工程项目专职安全生产管理人员的配备情况。

第十九条 建设主管部门应当监督检查建筑施工企业安全生产管理机构及其专职安全生产管理人员履责情况。

第二十条 本办法自颁发之日起实施，原《关于印发〈建筑施工企业安全生产管理机构设置及专职安全生产管理人员配备办法〉和〈危险性较大工程安全专项施工方案编制及专家论证审查办法〉的通知》（建质[2004]213号）中的《建筑施工企业安全生产管理机构设置及专职安全生产管理人员配备办法》废止。

住房和城乡建设部关于印发《建筑施工企业安全生产许可证动态监管暂行办法》的通知

（建质[2008]121号，2008年6月30日）

各省、自治区建设厅，直辖市建委：

为强化建筑施工企业安全生产许可证动态监管，促进施工企业保持和改善安全生产条件，控制和减少生产安全事故，我部制定了《建筑施工企业安全生产许可证动态监管暂行办法》。现印发给你们，请结合本地区实际执行。

附件：

建筑施工企业安全生产许可证动态监管暂行办法

第一条 为加强建筑施工企业安全生产许可证的动态监管，促进建筑施工企业保持和改善安全生产条件，控制和减少生产安全事故，根据《安全生产许可证条例》、《建设工程安全生产管理条例》和《建筑施工企业安全生产许可证管理规定》等法规规章，制定本办法。

第二条 建设单位或其委托的工程招标代理机构在编制资格预审文件和招标文件时，应当明确要求建筑施工企业提供安全生产许可证，以及企业主要负责人、拟担任该项目负责人和专职安全生产管理人员（以下简称"三类人员"）相应的安全生产考核合格证书。

第三条 建设主管部门在审核发放施工许可证时，应当对已经确定的建筑施工企业是否具有安全生产许可证以及安全生产许可证是否处于暂扣期内进行审查，对未取得安全生产许可证及安全生产许可证处于暂扣期内的，不得颁发施工许可证。

第四条 建设工程实行施工总承包的，建筑施工总承包企业应当依法将工程分包给具有安全生产许可证的专业承包企业或劳务分包企业，并加强对分包企业安全生产条件的监督检查。

第五条 工程监理单位应当查验承建工程的施工企业安全生产许可证和有关"三类人员"安全生产考核合格证书持证情况，发现其持证情况不符合规定的或施工现场降低安全生产条件的，应当要求其立即整改。施工企业拒不整改的，工程监理单位应当向建设单位报告。建设单位接到工程监理单位报告后，应当责令施工企业立即整改。

第六条 建筑施工企业应当加强对本企业和承建工程安全生产条件的日常动态检查,发现不符合法定安全生产条件的,应当立即进行整改,并做好自查和整改记录。

第七条 建筑施工企业在“三类人员”配备、安全生产管理机构设置及其他法定安全生产条件发生变化以及因施工资质升级、增项而使得安全生产条件发生变化时,应当向安全生产许可证颁发管理机关(以下简称颁发管理机关)和当地建设主管部门报告。

第八条 颁发管理机关应当建立建筑施工企业安全生产条件的动态监督检查制度,并将安全生产管理薄弱、事故频发的企业作为监督检查的重点。

颁发管理机关根据监管情况、群众举报投诉和企业安全生产条件变化报告,对相关建筑施工企业及其承建工程项目的安全生产条件进行核查,发现企业降低安全生产条件的,应当视其安全生产条件降低情况对其依法实施暂扣或吊销安全生产许可证的处罚。

第九条 市、县级人民政府建设主管部门或其委托的建筑安全监督机构在日常安全生产监督检查中,应当查验承建工程施工企业的安全生产许可证。发现企业降低施工现场安全生产条件的或存在事故隐患的,应立即提出整改要求;情节严重的,应责令工程项目停止施工并限期整改。

第十条 依据本办法第九条责令停止施工符合下列情形之一的,市、县级人民政府建设主管部门应当于作出最后一次停止施工决定之日起 15 日内以书面形式向颁发管理机关(县级人民政府建设主管部门同时抄报设区市级人民政府建设主管部门;工程承建企业跨省施工的,通过省级人民政府建设主管部门抄告)提出暂扣企业安全生产许可证的建议,并附具企业及有关工程项目违法违规事实和证明安全生产条件降低的相关询问笔录或其他证据材料。

(一)在 12 个月内,同一企业同一项目被两次责令停止施工的。

(二)在 12 个月内,同一企业在同一市、县内三个项目被责令停止施工的。

(三)施工企业承建工程经责令停止施工后,整改仍达不到要求或拒不停工整改的。

第十一条 颁发管理机关接到本办法第十条规定的暂扣安全生产许可证建议后,应当于 5 个工作日内立案,并根据情节轻重依法给予企业暂扣安全生产许可证 30 日至 60 日的处罚。

第十二条 工程项目发生一般及以上生产安全事故的,工程所在地市、县级人民政府建设主管部门应当立即按照事故报告要求向本地区颁发管理机关报告。

工程承建企业跨省施工的,工程所在地省级建设主管部门应当在事故发生之日起 15 日内将事故基本情况书面通报颁发管理机关,同时附具企业及有关项目违法违规事实和证明安全生产条件降低的相关询问笔录或其他证据材料。

第十三条 颁发管理机关接到本办法第十二条规定的报告或通报后,应立即组织对相关建筑施工企业(含施工总承包企业和与发生事故直接相关的分包企业)安全生产条件进行复核,并于接到报告或通报之日起 20 日内复核完毕。

颁发管理机关复核施工企业及其工程项目安全生产条件,可以直接复核或委托工程所在地建设主管部门复核。被委托的建设主管部门应严格按照法规规章和相关标准进行复核,并及时向颁发管理机关反馈复核结果。

第十四条 依据本办法第十三条进行复核,对企业降低安全生产条件的,颁发管理机关应当依法给予企业暂扣安全生产许可证的处罚；属情节特别严重的或者发生特别重大事故的，依法吊销安全生产许可证。

暂扣安全生产许可证处罚视事故发生级别和安全生产条件降低情况，按下列标准执行：

（一）发生一般事故的，暂扣安全生产许可证30至60日。

（二）发生较大事故的，暂扣安全生产许可证60至90日。

（三）发生重大事故的，暂扣安全生产许可证90至120日。

第十五条 建筑施工企业在12个月内第二次发生生产安全事故的，视事故级别和安全生产条件降低情况，分别按下列标准进行处罚：

（一）发生一般事故的，暂扣时限为在上一次暂扣时限的基础上再增加30日。

（二）发生较大事故的，暂扣时限为在上一次暂扣时限的基础上再增加60日。

（三）发生重大事故的，或按本条（一）、（二）处罚暂扣时限超过120日的，吊销安全生产许可证。

12个月内同一企业连续发生三次生产安全事故的，吊销安全生产许可证。

第十六条 建筑施工企业瞒报、谎报、迟报或漏报事故的，在本办法第十四条、第十五条处罚的基础上，再处延长暂扣期30日至60日的处罚。暂扣时限超过120日的，吊销安全生产许可证。

第十七条 建筑施工企业在安全生产许可证暂扣期内，拒不整改的，吊销其安全生产许可证。

第十八条 建筑施工企业安全生产许可证被暂扣期间，企业在全国范围内不得承揽新的工程项目。发生问题或事故的工程项目停工整改，经工程所在地有关建设主管部门核查合格后方可继续施工。

第十九条 建筑施工企业安全生产许可证被吊销后，自吊销决定作出之日起一年内不得重新申请安全生产许可证。

第二十条 建筑施工企业安全生产许可证暂扣期满前10个工作日，企业需向颁发管理机关提出发还安全生产许可证申请。颁发管理机关接到申请后，应当对被暂扣企业安全生产条件进行复查，复查合格的，应当在暂扣期满时发还安全生产许可证；复查不合格的，增加暂扣期限直至吊销安全生产许可证。

第二十一条 颁发管理机关应建立建筑施工企业安全生产许可动态监管激励制度。对于安全生产工作成效显著、连续三年及以上未被暂扣安全生产许可证的企业，在评选各级各类安全生产先进集体和个人、文明工地、优质工程等时可以优先考虑，并可根据本地实际情况在监督管理时采取有关优惠政策措施。

第二十二条 颁发管理机关应将建筑施工企业安全生产许可证审批、延期、暂扣、吊销情况，于做出有关行政决定之日起5个工作日内录入全国建筑施工企业安全生产许可证管理信息系统，并对录入信息的真实性和准确性负责。

第二十三条 在建筑施工企业安全生产许可证动态监管中，涉及有关专业建设工程主管部门的，依照有关职责分工实施。

各省、自治区、直辖市人民政府建设主管部门可根据本办法，制定本地区的实施细则。

住房和城乡建设部关于印发《危险性较大的分部分项工程安全管理办法》的通知

（建质[2009]87 号,2009 年 5 月 13 日）

各省、自治区住房和城乡建设厅,直辖市建委,江苏省、山东省建管局,新疆生产建设兵团建设局,中央管理的建筑企业：

为进一步规范和加强对危险性较大的分部分项工程安全管理,积极防范和遏制建筑施工生产安全事故的发生,我们组织修定了《危险性较大的分部分项工程安全管理办法》,现印发给你们,请遵照执行。

附件：

危险性较大的分部分项工程安全管理办法

第一条 为加强对危险性较大的分部分项工程安全管理,明确安全专项施工方案编制内容,规范专家论证程序,确保安全专项施工方案实施,积极防范和遏制建筑施工生产安全事故的发生,依据《建设工程安全生产管理条例》及相关安全生产法律法规制定本办法。

第二条 本办法适用于房屋建筑和市政基础设施工程（以下简称“建筑工程”）的新建、改建、扩建、装修和拆除等建筑安全生产活动及安全管理。

第三条 本办法所称危险性较大的分部分项工程是指建筑工程在施工过程中存在的、可能导致作业人员群死群伤或造成重大不良社会影响的分部分项工程。危险性较大的分部分项工程范围见附件 1。

危险性较大的分部分项工程安全专项施工方案（以下简称“专项方案”）,是指施工单位在编制施工组织（总）设计的基础上,针对危险性较大的分部分项工程单独编制的安全技术措施文件。

第四条 建设单位在申请领取施工许可证或办理安全监督手续时,应当提供危险性较大的分部分项工程清单和安全管理措施。施工单位、监理单位应当建立危险性较大的分部分项工程安全管理制度。

第五条 施工单位应当在危险性较大的分部分项工程施工前编制专项方案；对于超

过一定规模的危险性较大的分部分项工程,施工单位应当组织专家对专项方案进行论证。超过一定规模的危险性较大的分部分项工程范围见附件2。

第六条 建筑工程实行施工总承包的,专项方案应当由施工总承包单位组织编制。其中,起重机械安装拆卸工程、深基坑工程、附着式升降脚手架等专业工程实行分包的,其专项方案可由专业承包单位组织编制。

第七条 专项方案编制应当包括以下内容:

(一)工程概况:危险性较大的分部分项工程概况、施工平面布置、施工要求和技术保证条件。

(二)编制依据:相关法律、法规、规范性文件、标准、规范及图纸(国标图集)、施工组织设计等。

(三)施工计划:包括施工进度计划、材料与设备计划。

(四)施工工艺技术:技术参数、工艺流程、施工方法、检查验收等。

(五)施工安全保证措施:组织保障、技术措施、应急预案、监测监控等。

(六)劳动力计划:专职安全生产管理人员、特种作业人员等。

(七)计算书及相关图纸。

第八条 专项方案应当由施工单位技术部门组织本单位施工技术、安全、质量等部门的专业技术人员进行审核。经审核合格的,由施工单位技术负责人签字。实行施工总承包的,专项方案应当由总承包单位技术负责人及相关专业承包单位技术负责人签字。

不需专家论证的专项方案,经施工单位审核合格后报监理单位,由项目总监理工程师审核签字。

第九条 超过一定规模的危险性较大的分部分项工程专项方案应当由施工单位组织召开专家论证会。实行施工总承包的,由施工总承包单位组织召开专家论证会。

下列人员应当参加专家论证会:

(一)专家组成员;

(二)建设单位项目负责人或技术负责人;

(三)监理单位项目总监理工程师及相关人员;

(四)施工单位分管安全的负责人、技术负责人、项目负责人、项目技术负责人、专项方案编制人员、项目专职安全生产管理人员;

(五)勘察、设计单位项目技术负责人及相关人员。

第十条 专家组成员应当由5名及以上符合相关专业要求的专家组成。

本项目参建各方的人员不得以专家身份参加专家论证会。

第十一条 专家论证的主要内容:

(一)专项方案内容是否完整、可行;

(二)专项方案计算书和验算依据是否符合有关标准规范;

(三)安全施工的基本条件是否满足现场实际情况。

专项方案经论证后,专家组应当提交论证报告,对论证的内容提出明确的意见,并在论证报告上签字。该报告作为专项方案修改完善的指导意见。

第十二条 施工单位应当根据论证报告修改完善专项方案,并经施工单位技术负责人、项目总监理工程师、建设单位项目负责人签字后,方可组织实施。

实行施工总承包的,应当由施工总承包单位、相关专业承包单位技术负责人签字。

第十三条 专项方案经论证后需做重大修改的,施工单位应当按照论证报告修改,并重新组织专家进行论证。

第十四条 施工单位应当严格按照专项方案组织施工,不得擅自修改、调整专项方案。

如因设计、结构、外部环境等因素发生变化确需修改的,修改后的专项方案应当按本办法第八条重新审核。对于超过一定规模的危险性较大工程的专项方案,施工单位应当重新组织专家进行论证。

第十五条 专项方案实施前,编制人员或项目技术负责人应当向现场管理人员和作业人员进行安全技术交底。

第十六条 施工单位应当指定专人对专项方案实施情况进行现场监督和按规定进行监测。发现不按照专项方案施工的,应当要求其立即整改;发现有危及人身安全紧急情况的,应当立即组织作业人员撤离危险区域。

施工单位技术负责人应当定期巡查专项方案实施情况。

第十七条 对于按规定需要验收的危险性较大的分部分项工程,施工单位、监理单位应当组织有关人员进行验收。验收合格的,经施工单位项目技术负责人及项目总监理工程师签字后,方可进入下一道工序。

第十八条 监理单位应当将危险性较大的分部分项工程列入监理规划和监理实施细则,应当针对工程特点、周边环境和施工工艺等,制定安全监理工作流程、方法和措施。

第十九条 监理单位应当对专项方案实施情况进行现场监理;对不按专项方案实施的,应当责令整改,施工单位拒不整改的,应当及时向建设单位报告;建设单位接到监理单位报告后,应当立即责令施工单位停工整改;施工单位仍不停工整改的,建设单位应当及时向住房城乡建设主管部门报告。

第二十条 各地住房城乡建设主管部门应当按专业类别建立专家库。专家库的专业类别及专家数量应根据本地实际情况设置。

专家名单应当予以公示。

第二十一条 专家库的专家应当具备以下基本条件:

(一)诚实守信、作风正派、学术严谨;

(二)从事专业工作15年以上或具有丰富的专业经验;

(三)具有高级专业技术职称。

第二十二条 各地住房城乡建设主管部门应当根据本地区实际情况,制定专家资格审查办法和管理制度并建立专家诚信档案,及时更新专家库。

第二十三条 建设单位未按规定提供危险性较大的分部分项工程清单和安全管理措施,未责令施工单位停工整改的,未向住房城乡建设主管部门报告的;施工单位未按规定编制、实施专项方案的;监理单位未按规定审核专项方案或未对危险性较大的分部分项工程实施监理的;住房城乡建设主管部门应当依据有关法律法规予以处罚。

第二十四条 各地住房城乡建设主管部门可结合本地区实际,依照本办法制定实施细则。

第二十五条 本办法自颁布之日起实施。原《关于印发〈建筑施工企业安全生产管理机构设置及专职安全生产管理人员配备办法〉和〈危险性较大工程安全专项施工方案编制及专家论证审查办法〉的通知》(建质[2004]213号)中的《危险性较大工程安全专项施工方案编制及专家论证审查办法》废止。

附件1:危险性较大的分部分项工程范围
附件2:超过一定规模的危险性较大的分部分项工程范围

附件1:

危险性较大的分部分项工程范围

一、基坑支护、降水工程

开挖深度超过3 m(含3 m)或虽未超过3 m但地质条件和周边环境复杂的基坑(槽)支护、降水工程。

二、土方开挖工程

开挖深度超过3 m(含3 m)的基坑(槽)的土方开挖工程。

三、模板工程及支撑体系

(一)各类工具式模板工程:包括大模板、滑模、爬模、飞模等工程。

(二)混凝土模板支撑工程:搭设高度5 m及以上;搭设跨度10 m及以上;施工总荷载10 kN/m^2 及以上;集中线荷载15 kN/m^2 及以上;高度大于支撑水平投影宽度且相对独立无联系构件的混凝土模板支撑工程。

(三)承重支撑体系:用于钢结构安装等满堂支撑体系。

四、起重吊装及安装拆卸工程

(一)采用非常规起重设备、方法,且单件起吊重量在10 kN及以上的起重吊装工程。

(二)采用起重机械进行安装的工程。

(三)起重机械设备自身的安装、拆卸。

五、脚手架工程

(一)搭设高度24 m及以上的落地式钢管脚手架工程。

(二)附着式整体和分片提升脚手架工程。

(三)悬挑式脚手架工程。

(四)吊篮脚手架工程。

(五)自制卸料平台、移动操作平台工程。

(六)新型及异型脚手架工程。

六、拆除、爆破工程

(一)建筑物、构筑物拆除工程。

(二)采用爆破拆除的工程。

七、其他

(一)建筑幕墙安装工程。

（二）钢结构、网架和索膜结构安装工程。

（三）人工挖扩孔桩工程。

（四）地下暗挖、顶管及水下作业工程。

（五）预应力工程。

（六）采用新技术、新工艺、新材料、新设备及尚无相关技术标准的危险性较大的分部分项工程。

附件2：

超过一定规模的危险性较大的分部分项工程范围

一、深基坑工程

（一）开挖深度超过5 m（含5 m）的基坑（槽）的土方开挖、支护、降水工程。

（二）开挖深度虽未超过5 m，但地质条件、周围环境和地下管线复杂，或影响毗邻建筑（构筑）物安全的基坑（槽）的土方开挖、支护、降水工程。

二、模板工程及支撑体系

（一）工具式模板工程：包括滑模、爬模、飞模工程。

（二）混凝土模板支撑工程：搭设高度8 m及以上；搭设跨度18 m及以上，施工总荷载15 kN/m^2 及以上；集中线荷载20 kN/m^2 及以上。

（三）承重支撑体系：用于钢结构安装等满堂支撑体系，承受单点集中荷载700 kg以上。

三、起重吊装及安装拆卸工程

（一）采用非常规起重设备、方法，且单件起吊重量在100 kN及以上的起重吊装工程。

（二）起重量300 kN及以上的起重设备安装工程；高度200 m及以上内爬起重设备的拆除工程。

四、脚手架工程

（一）搭设高度50 m及以上落地式钢管脚手架工程。

（二）提升高度150 m及以上附着式整体和分片提升脚手架工程。

（三）架体高度20 m及以上悬挑式脚手架工程。

五、拆除、爆破工程

（一）采用爆破拆除的工程。

（二）码头、桥梁、高架、烟囱、水塔或拆除中容易引起有毒有害气（液）体或粉尘扩散、易燃易爆事故发生的特殊建、构筑物的拆除工程。

（三）可能影响行人、交通、电力设施、通讯设施或其他建、构筑物安全的拆除工程。

（四）文物保护建筑、优秀历史建筑或历史文化风貌区控制范围的拆除工程。

六、其他

（一）施工高度50 m及以上的建筑幕墙安装工程。

（二）跨度大于36 m及以上的钢结构安装工程；跨度大于60 m及以上的网架和索膜

结构安装工程。

（三）开挖深度超过16 m的人工挖孔桩工程。

（四）地下暗挖工程、顶管工程、水下作业工程。

（五）采用新技术、新工艺、新材料、新设备及尚无相关技术标准的危险性较大的分部分项工程。

二、其他部委文件

国家安全生产监督管理局、建设部等七部委关于加强农民工安全生产培训工作的意见

(安监总培训[2006]228 号,2006 年 10 月 27 日)

各省、自治区、直辖市及新疆生产建设兵团安全生产监督管理局,煤矿安全监管部门,教育厅(教委、教育局),劳动和社会保障厅(局),建设厅(局),农业厅(局)、总工会,各省级煤矿安全监察机构:

为贯彻落实《国务院关于解决农民工问题的若干意见》(国发[2006]5 号),切实提高农民工特别是煤矿、非煤矿山、危险化学品、烟花爆竹、建筑等高危行业农民工自我安全保护的意识和能力,有效保障农民工生命财产安全,促进全国安全生产形势稳定好转,现就加强农民工安全生产培训工作提出如下意见。

一、充分认识加强农民工安全生产培训工作的必要性和紧迫性

农民工是我国工业化、城镇化进程中涌现出的一支新型劳动大军,是推动我国社会经济发展的重要力量,为我国农村发展、城市繁荣和现代化建设做出了重要贡献。但是,由于多种原因,造成当前农民工整体文化素质较低,安全意识淡漠,缺乏必要的安全知识和自我防范能力,给安全生产带来很大压力。据统计,近几年发生的生产安全伤亡事故,90% 以上是由于人的不安全行为造成的,80% 以上发生在农民工比较集中的小企业;每年职业伤害、职业病新发病例和死亡人员中,半数以上是农民工。因此,加强农民工安全生产培训,已经成为当前解决农民工问题、保护农民工根本利益和促进安全生产形势稳定好转的一项紧迫任务。各地区、各有关部门和各单位一定要从落实科学发展观和构建社会主义和谐社会的高度,充分认识加强农民工安全生产培训工作的重要意义,加强组织领导,采取有力措施,切实抓出实效。

二、明确指导思想、工作目标和基本原则

(一)指导思想

以邓小平理论和"三个代表"重要思想为指导,全面贯彻落实科学发展观和构建社会主义和谐社会的战略思想,坚持"安全发展"指导原则和"安全第一、预防为主、综合治理"方针,认真落实《国务院关于解决农民工问题的若干意见》,以全面提高农民工安全素

质为目标,以预防和减少各类伤亡事故、保护农民工职业安全健康权益为目的,落实责任,规范管理,提高质量,加大农民工特别是高危行业农民工的安全生产培训力度,为促进全国安全生产形势的稳定好转提供可靠保障。

(二)工作目标

到2010年,农民工安全生产培训制度体系更加完善;有关部门协调配合、企业自主负责的农民工安全生产培训机制初步形成;农民工安全生产培训机构、师资、教材建设进一步加强,培训质量显著提高;广大农民工自我安全保护的意识和能力明显增强。

(三)基本原则

坚持以人为本,依法培训;统一规划,分级(或分工)实施;政府监管,企业落实;全员培训,突出重点;按需施教,注重实效。

三、按照职责分工,落实培训责任

各级安全生产监管、煤矿安全监察部门(以下简称安全监管监察部门)要把农民工安全生产培训工作纳入安全生产和安全生产培训的总体规划中,明确目标,制定措施,加强监督检查,重点做好煤矿、非煤矿山、危险化学品、烟花爆竹等高危行业农民工的安全生产培训工作。

各级教育部门要全面落实农村九年制义务教育,在义务教育中开展安全知识教育;要大力发展职业教育,在职业教育相关专业中增加安全生产方面的内容,鼓励有条件的职业院校增设安全相关专业,扩大招生规模。在农民工特别是高危行业农民工集中的地方,确定一批职业院校开展农民工的安全生产培训和职业技能培训。在职业院校、成人学校开展的农村劳动力转移培训中,增加安全生产知识的内容。

各级劳动保障部门要加强对农民工培训工作的指导,把安全生产常识作为重要培训内容,编入职业技能培训大纲和培训教材、教案中,会同行业主管部门将高危行业农民工安全生产培训列入农民工技能提升培训计划。加强劳动保障监察,督促用人单位落实职业资格证书制度。

各级建设部门要在建筑施工安全管理、安全质量标准化工地建设、劳动合同规范、建筑工人教育培训等工作中,把农民工安全生产培训作为重要内容,统筹考虑,同步落实,协调推进。

各级农业部门要把农民工安全生产培训作为提高农民工综合素质、促进安全致富的重要措施,在实施阳光工程、蓝色证书工程、开展农村劳动力转移培训中,增加安全生产相关知识。

各级工会组织要结合贯彻《工会法》等有关法律法规,监督、协助用人单位做好农民工安全生产教育培训工作,特别是督促企业落实厂(矿)、车间、班组三级安全生产教育培训;结合“安康杯”竞赛,在农民工中广泛开展群众性的安全文化活动,普及安全生产基本知识。

企业是安全生产培训的责任主体。要加强对职工特别是农民工安全生产培训的组织管理,按照《安全生产法》及《生产经营单位安全生产培训规定》(安全监管总局令第3号)等有关法律法规和规章,建立健全安全生产培训制度,把农民工安全生产培训工作纳入企业年度工作计划，积极组织或选送农民工参加有关培训，并保证本企业安全生产培训所需资金。

四、完善法规制度，推进依法培训

加强培训法规建设。各地有关部门要按照《国务院关于解决农民工问题的若干意见》要求，根据《安全生产法》等法律法规，结合本地区实际，抓紧制定和完善农民工特别是高危行业农民工安全生产培训的相关规章制度，进一步加强和规范本地区农民工安全生产培训工作。

制定培训大纲和考核标准。安全监管总局要抓紧制定煤矿、非煤矿山、危险化学品、烟花爆竹等高危行业农民工安全生产培训大纲和考核标准；建设部要结合实际，制定建筑行业农民工安全生产培训大纲和考核标准。

建立培训考核制度。各省级安全监管监察部门、建设部门要按照考核标准，根据行业特点、岗位要求和农民工文化水平，建立考试题库。各企业和培训机构要对参加培训的农民工进行严格考核，对考核合格者，颁发安全生产培训合格证书。对获得安全生产培训合格证书的农民工，企业应优先聘用；对高危企业农民工，未经培训或培训考核不合格的，不得上岗作业。

建立培训档案制度。各企业要建立经本企业、培训机构和农民工签名的培训档案，真实记录培训、考核等情况。各地有关部门要及时对农民工安全生产培训情况进行登记，并将农民工安全生产培训情况纳入本地区农民工信息统计范围。

五、严格培训要求，确保培训效果

（1）明确培训内容。农民工安全生产培训的主要内容包括安全生产法律法规；安全生产基本常识；安全生产操作规程；从业人员安全生产的权利和义务；事故案例分析；工作环境及危险因素分析；危险源和隐患辨识；个人防险、避灾、自救方法；事故现场紧急疏散和应急处置；安全设施和个人劳动防护用品的使用和维护；职业病防治等。

（2）确保培训时间。煤矿、非煤矿山、危险化学品、烟花爆竹等高危行业的农民工首次岗前安全生产培训时间不得少于72学时，建筑行业的农民工首次岗前安全生产培训时间不得少于32学时，每年接受再培训时间不得少于20学时；其他行业农民工首次岗前安全生产培训时间不得少于24学时，每年接受再培训的时间不得少于8学时。对初中以下文化程度的农民工，培训前应根据工作需要进行文化课补习。

（3）落实培训载体。具备培训条件的企业，对农民工的安全生产培训以企业为主体进行。不具备培训条件的企业特别是中小型企业，要及时组织农民工到附近有条件、具备资质的培训机构或职业院校进行培训。各级安全监管监察部门和行业管理部门要积极为农民工安全生产培训创造条件，对不具备培训条件的企业，可统一组织进行培训。

（4）丰富培训形式。各企业和培训机构要结合企业生产实际，统筹安排，采取集中培训、半工半培、送教上门等形式开展教学。要针对农民工的文化水平和特点，抓好日常安全教育，开设农民工安全生产培训宣传栏，编制通俗易懂、便于消化的文字和音像资料，利用多媒体、电视、漫画等图文并茂的直观方法进行教育培训，坚持文化补习与安全生产培训相结合、针对性教育与系统知识讲解相结合、形象化培训与老工人“传、帮、带”相结合。

六、加强基础建设,强化培训保障

(1)加强培训机构建设。安全监管监察部门要加大安全生产培训机构质量评估考核力度,对农民工培训不规范、达不到质量要求的培训机构,及时淘汰或降级;支持符合条件的职业院校和职业技能培训定点机构申报安全生产培训资质。劳动保障部门对要求承担农民工职业技能培训任务的安全生产培训机构,符合相关条件的,应当认定为职业技能培训定点机构。培训机构要加强内部建设,深化教学改革,注意引进先进的教学方法和手段,有针对性地研究和完善各高危行业农民工培训模型,增强培训效果。

(2)提高师资队伍素质。按照规模适当、结构合理、素质优良、专兼结合、动态管理的原则,培养和优化师资队伍。有计划地组织教师开展集中培训。重视从企业和安全生产一线选聘教师,充实教学力量。

(3)开发适用培训教材。本着“少而精、管用”的原则,组织编写适合农民工特点的培训教材。注重多媒体教材的研制和开发。教育部、安全监管总局和全国总工会抓紧完成《煤矿工人安全生产培训音像教材》的联合拍摄工作;安全监管总局、劳动保障部和全国总工会尽快组织编写适用于农民工的《职工安全生产知识读本》系列教材;安全监管总局抓紧开发《全国中小煤矿农民工安全生产培训多媒体教材》;建设部编写适合建筑业农民工安全生产培训的相应教材;农业部编制农民工培训读本,增加安全生产知识内容,免费发放。

七、拓宽经费渠道,加大培训投入

各地有关部门在统筹安排使用中央财政用于解决农民工问题的专项资金时,要兼顾好农民工安全生产教育培训;要积极争取地方财政对农民工安全生产培训的资金支持,广泛吸纳社会赞助资金,积极筹集培训经费。

根据《国务院关于大力推进职业教育改革与发展的决定》(国发[2002]16号),一般企业按照职工工资总额的1.5%足额提取教育培训经费,从业人员技术要求高、培训任务重、经济效益较好的企业可按2.5%提取,列入成本开支。要保证经费专项用于职工特别是农民工的教育培训,严禁挪作他用。

八、加强组织协调,严格监督检查

各地有关部门要依托农民工工作领导和协调机构,加强组织协调,将农民工安全生产培训工作纳入重要议事日程,明确工作目标,层层分解任务,确保工作到位。要加强配合,对同时具备安全生产培训资质和职业技能培训资质的培训机构,可将农民工特种作业安全技术培训和职业技能培训一并进行,同时考核,分别发证,减轻企业和农民工负担。

各级安全监管监察部门和相关行业管理部门要加强对农民工特别是高危行业农民工安全生产培训情况的监督检查,适时组织有关部门进行联合执法检查,发现未经培训上岗或培训不符合要求的,责令限期整改;逾期不改的,责令企业停产整顿直至依法关闭。各级安全监管监察部门要加强对安全生产培训机构的监督管理,发现不按照规定开展安全生产培训的,依法取消其培训资格,并向社会公布。

卫生部、建设部关于进一步加强建筑工地食堂卫生管理工作的通知

（卫监督发[2005]94号，2005年3月9日）

各省、自治区、直辖市卫生厅局、建设厅（建委），江苏、山东、浙江省建管局，新疆生产建设兵团卫生局、建设局，卫生部卫生监督中心：

建筑工地食堂食品卫生安全，关系到建筑工人身体健康和生命安全，关系到社会稳定和经济发展，《国务院关于进一步加强食品安全工作的决定》（国发[2004]23号）（以下简称《决定》）明确要求强化建筑工地食堂监督检查，切实维护建筑工人健康权益。各级卫生和建设主管部门要认真贯彻落实《决定》精神，切实保障建筑工人身体健康和饮食安全，把建筑工地食堂卫生监管工作落到实处。具体要求如下。

一、统一思想，提高认识

各级卫生、建设主管部门要按照《决定》要求，将做好建筑工地食堂卫生工作作为实践"三个代表"重要思想，坚持以人为本、执政为民的具体体现，从维护广大建筑工人合法权益和社会稳定出发，充分认识建筑工地食堂卫生工作的重要性，统一思想，加强领导，切实采取有效措施加强建筑工地食堂卫生管理工作，将党和政府对建筑工人健康和生命安全的关心落到实处。

二、明确部门职责，密切部门合作

各级卫生部门应根据《食品卫生法》的有关规定，发挥食品卫生监管技术优势，科学引导，合理规范，做好建筑工地食堂卫生的指导监督工作。各级建设主管部门应根据《建设工程安全生产管理条例》的有关规定，做好辖区内建筑工地食堂的指导监督工作，并要求各施工单位严格按照《建筑施工安全检查标准》（JGJ 59—99）、《建筑施工现场环境与卫生标准》（JGJ 146—2004）等要求，将工地食堂管理纳入建筑工地质量安全管理体系，严格制度管理。各级卫生和建设主管部门要结合当地实际情况，进一步完善工作机制，建立健全建筑工地食品卫生管理责任制和责任追究制。

三、日常监督和专项整治相结合，消除食品安全隐患

各级卫生部门应加强对建筑工地食堂卫生的日常监督，对食堂采购、贮存、加工中容易造成食物中毒或者其他食源性疾患的重要环节应重点进行监督指导。对发现的问题，要及时提出整改措施。通过完善重大食品卫生和食源性疾病事件调查的报告和处理机制，确保建筑工地食品安全事件报告及时、反应迅速、处理得当。

各级建设行政主管部门要对建筑工地食堂卫生措施落实情况进行巡查，并将建筑工

地食堂卫生管理作为施工企业文明施工的重要检查内容和考核指标。

在食物中毒高发季节，各级卫生部门要会同建设主管部门对建筑工地食堂卫生状况开展专项整治，消除建筑工地食堂食品安全隐患，确保建筑工人饮食卫生安全。

四、明确食品安全责任人，保障各项措施落实

建筑工地项目负责人是建筑工地食堂食品安全第一责任人；建筑工地食堂管理人员是食品安全直接负责人，具体负责建立食品卫生责任制和有关食品卫生安全的管理制度，保证食堂环境、食品采购、贮存及加工等符合《食品卫生法》等相关法律法规要求。建筑工地食堂要配备符合卫生标准的给水、排水等设施，配备专职或兼职食品卫生管理人员，食堂从业人员必须持有效体检合格证明上岗。发生食物中毒事故后，食堂开办单位应及时报告当地卫生和建设主管部门并积极协助医疗机构组织救治，对疏于管理、造成食物中毒及其他食源性疾患或隐瞒不报的建筑工地食堂和相关责任人，要依法追究责任。

五、加大宣传力度，提高食品卫生意识

各级卫生部门、建设主管部门要针对建筑工地食堂卫生的薄弱环节和预防集体食物中毒的重点环节，广泛开展多种形式的食品卫生知识宣传工作，倡导健康的饮食和卫生习惯，增强建筑工地食堂开办单位责任意识，强化食堂从业人员食品安全意识，提高建筑工人食品卫生知识水平和自我安全防范意识，切实保障建筑工人饮食安全。

各地卫生、建设主管部门要按照《决定》要求，密切配合、合理分工、运行高效、形成合力，切实把建筑工地食堂卫生各项工作落到实处，共同努力营造建筑工地食堂卫生的良好局面。

财政部、安全生产监督管理总局关于印发《高危行业企业安全生产费用财务管理暂行办法》的通知

（财企［2006］478 号，2006 年 12 月 8 日）

各省、自治区、直辖市、计划单列市财政厅（局）、安全生产监督管理局，新疆生产建设兵团财务局，有关中央管理企业：

为了建立高危行业企业安全生产投入长效机制，加强企业安全生产费用财务管理，根据《国务院关于进一步加强安全生产工作的决定》（国发［2004］2 号），财政部、安全生产监督管理总局联合制定了《高危行业企业安全生产费用财务管理暂行办法》。现予印发，请遵照执行。

附件：

高危行业企业安全生产费用财务管理暂行办法

第一章　总　则

第一条　为了建立高危行业企业安全生产投入长效机制，加强企业安全生产费用财务管理，维护企业、职工以及社会公共利益，根据有关法律和国务院有关决定，制定本办法。

第二条　在中华人民共和国境内从事矿山开采、建筑施工、危险品生产以及道路交通运输的企业以及其他经济组织（以下简称企业）适用本办法。

国家对煤炭开采企业和烟花爆竹生产企业另有规定的，从其规定。地热、温泉、矿泉水、卤盐开采矿山和河道采砂、采金船作业、小型砖瓦黏土矿等危险性较小的非煤矿山，不适用本办法。

第三条　企业应当建立安全生产费用管理制度。

安全生产费用（以下简称安全费用）是指企业按照规定标准提取，在成本中列支，专门用于完善和改进企业安全生产条件的资金。

第四条　安全费用按照“企业提取、政府监管、确保需要、规范使用”的原则进行财务管理。

第五条　本办法下列用语的含义是：

矿山开采是指石油和天然气、金属矿、非金属矿及其他矿产资源的勘探和生产、闭坑及有关活动。

建筑施工是指土木工程、建筑工程、井巷工程、线路管道和设备安装及装修工程的新建、扩建、改建以及矿山建设。

危险品是指列入国家标准《危险货物品名表》(GB 12268)和国家有关部门确定并公布的《剧毒化学品目录》的物品,包括军工生产危险品和民用爆炸物品等。

道路交通运输是指以机动车为交通工具的旅客和货物运输。

第二章　安全费用的提取标准

第六条　矿山企业安全费用依据开采的原矿产量按月提取。各类矿山原矿单位产量安全费用提取标准如下:

(一)石油,每吨原油17元;

(二)天然气,每千立方米原气5元;

(三)金属矿山,其中露天矿山每吨4元,井下矿山每吨8元;

(四)核工业矿山,每吨22元;

(五)非金属矿山,其中露天矿山每吨(m^3)1元,井下矿山每吨(m^3)2元;

(六)小型露天采石场,即年采剥总量50万t以下,且最大开采高度不超过50m,产品用于建筑、铺路的山坡型露天采石场,每吨0.5元。

原矿产量不含金属、非金属矿山尾矿库和废石场中用于综合利用的尾砂和低品位矿石。

第七条　煤系及与煤共(伴)生的金属非金属矿山、水体下开采矿山、有自然发火可能性的矿山、在需要保护的建(构)筑物和铁路下面开采的矿山,以及其他对安全生产有特殊要求的矿山,经省级安全生产监督管理局会同财政厅(局)核准后,可以在本办法第六条规定的基础上提高提取标准,但增加的提取标准不得超过原提取标准的50%。

第八条　建筑施工企业以建筑安装工程造价为计提依据。各工程类别安全费用提取标准如下:

(一)房屋建筑工程、矿山工程为2.0%;

(二)电力工程、水利水电工程、铁路工程为1.5%;

(三)市政公用工程、冶炼工程、机电安装工程、化工石油工程、港口与航道工程、公路工程、通信工程为1.0%。

建筑施工企业提取的安全费用列入工程造价,在竞标时,不得删减。国家对基本建设投资概算另有规定的,从其规定。

总包单位应当将安全费用按比例直接支付分包单位,分包单位不再重复提取。

第九条　危险品生产企业以本年度实际销售收入为计提依据,采取超额累退方式按照以下标准逐月提取:

(一)全年实际销售收入在1 000万元及以下的,按照4%提取;

(二)全年实际销售收入在1 000万元至10 000万元(含)的部分,按照2%提取;

(三)全年实际销售收入在10 000万元至100 000万元(含)的部分,按照0.5%提取;

（四）全年实际销售收入在100 000万元以上的部分，按照0.2%提取。

第十条　道路交通运输企业以营业收入为计提依据，按照以下标准逐月提取：

（一）客运业务按照0.5%提取；

（二）普通货运业务按照1%提取；

（三）危险品等特殊货运业务按照1.5%提取。

第十一条　中小型企业和大型企业上年末安全费用专户结余分别达到本企业上年度销售收入的5%和2%时，经当地县级以上安全生产监督管理部门商财政部门同意，企业本年度可以缓提或少提安全费用。

企业规模划分标准按照原国家经贸委、原国家计委、财政部、国家统计局《关于印发中小企业标准暂行规定的通知》（国经贸中小企[2003]143号）和国家统计局《统计上大中小型企业划分办法（暂行）》（国统字[2003]17号）规定执行。

第十二条　本办法公布前，各省级政府已制定下发企业安全生产费用提取使用办法的，其提取标准如果低于本办法规定的标准，应当按照本办法进行调整；如果高于本办法规定的标准，按照原标准执行。

第三章　安全生产费用的使用和管理

第十三条　安全费用应当按照以下规定范围使用。

（一）完善、改造和维护安全防护设备、设施支出，其中：

1.矿山企业安全设备设施是指矿山综合防尘、地质监控、防灭火、防治水、危险气体监测、通风系统，支护及防治边帮滑坡设备、机电设备、供配电系统、运输（提升）系统以及尾矿库（坝）等；

2.危险品生产企业安全设备设施是指车间、库房等作业场所的监控、监测、通风、防晒、调温、防火、灭火、防爆、泄压、防毒、消毒、中和、防潮、防雷、防静电、防腐、防渗漏、防护围堤或者隔离操作等设施设备；

3.道路交通运输企业安全设备设施是指运输工具安全状况检测及维护系统、运输工具附属安全设备等。

（二）配备必要的应急救援器材、设备和现场作业人员安全防护物品支出。

（三）安全生产检查与评价支出。

（四）重大危险源、重大事故隐患的评估、整改、监控支出。

（五）安全技能培训及进行应急救援演练支出。

（六）其他与安全生产直接相关的支出。

第十四条　在本办法规定的使用范围内，企业应当将安全费用优先用于满足安全生产监督管理部门对企业安全生产提出的整改措施或达到安全生产标准所需支出。

第十五条　企业提取安全费用应当专户核算，按规定范围安排使用。年度结余下年度使用，当年计提安全费用不足的，超出部分按正常成本费用渠道列支。

集团公司经过履行内部决策程序，可以对所属企业提取的安全费用按照一定比例集中管理，统筹使用。

第十六条　企业应当建立健全内部安全费用管理制度，明确安全费用使用、管理的程序、职责及权限，接受安全生产监督管理部门和财政部门的监督。

第十七条 企业利用安全费用形成的资产，应当纳入相关资产进行管理。

第十八条 企业应当为从事高空、高压、易燃、易爆、剧毒、放射性、高速运输、野外、矿井等高危作业的人员办理团体人身意外伤害保险或个人意外伤害保险。所需保险费用直接列入成本（费用），不在安全费用中列支。

企业为职工提供的职业病防治、工伤保险、医疗保险所需费用，不在安全费用中列支。

第十九条 矿山企业已提取维持简单再生产费用的，应当继续提取维持简单再生产费用，但其使用范围不再包含安全生产方面的用途。

第二十条 危险品生产企业转产、停产、停业或者解散的，应将安全费用结余用于处理转产、停产、停业或者解散前危险品生产或储存的设备、库存产品及生产原料所需支出。

第二十一条 企业由于产权转让、公司制改建等变更股权结构或者组织形式的，其结余的安全费用应当继续按照本办法管理使用。

企业调整业务、终止经营或者依法清算，其结余的安全费用应当结转本期收益或者清算收益。

第四章 财务监督

第二十二条 企业应当及时、足额提取安全费用，并按规定使用。在年度财务会计报告中，企业应当披露安全费用提取和使用的具体情况。

第二十三条 财政部门、安全生产监督管理部门对企业安全费用提取、管理、使用进行监督检查。

第二十四条 企业未按本办法提取和使用安全费用的，安全生产监督管理部门应当会同财政部门责令其限期改正、予以警告。逾期不改正的，由安全生产监督管理部门按照相关法规进行处理。

第五章 附 则

第二十五条 企业安全费用的会计处理，应当符合国家统一的会计制度的规定。

第二十六条 各省、自治区、直辖市财政部门和安全生产监督管理部门可以结合本地区实际情况，制定具体实施办法，并报财政部、国家安全生产监督管理总局备案。

第二十七条 本办法由财政部、国家安全生产监督管理总局负责解释。

第二十八条 本办法自2007年1月1日起施行。

三、河南省住房和城乡建设厅文件

河南省建设厅关于加强建筑施工企业安全生产管理工作的指导意见

（豫建建［2004］63号，2004年6月10日）

各省辖市建委（建设局）：

为加强建筑施工企业安全生产管理工作，全面提高全省建设工程安全生产管理水平，根据《中华人民共和国建筑法》、《中华人民共和国安全生产法》和《建设工程安全生产管理条例》等法律法规的要求，特提出如下指导意见：

一、施工单位从事建设工程的新建、扩建、改建和拆除等活动，必须依法取得资质证书及安全生产许可证，并在其资质等级许可的范围内承揽工程。

二、建立健全企业安全生产责任制度，落实安全责任。

（一）施工单位应当明确企业各级领导人员、各有关职能部门和施工现场管理人员及作业人员的安全责任，建立以第一责任人为核心的分级负责的安全生产责任制和安全生产奖惩考核制度，通过日常或定期检查、考核、奖优罚劣，使安全生产责任制真正落实到安全生产工作中。

（二）认真开展企业安全质量标准化活动，企业生产流程的各环节、各岗位应当建立严格的安全生产质量责任制。生产经营活动和行为必须符合安全生产有关法律法规和安全生产技术规范的要求，做到规范化、标准化。

三、强化企业安全生产管理组织机构建设，不得以任何理由取消安全管理机构，随意削减安全管理人员。

（一）施工单位应当建立以企业主要负责人为首的安全生产工作领导小组或安全生产委员会，配备或选聘专职安全经理，每季度至少召开一次安全生产工作会议，研究解决生产经营中存在的安全问题，形成会议纪要并组织实施。

（二）施工单位必须设置独立的安全生产管理部门，按照不低于从业人员1%的比例配备与本企业施工规模和工程特点相适应的专职安全管理人员（包括项目安全管理人员）。企业安全生产管理部门中应按建筑施工、机械、电气等专业配备常设专职安全管理人员，其中一级企业6人以上，二、三级企业4人以上。

（三）施工现场应当按照下列要求配置专职安全管理人员。

（1）1万m^2以下的房屋建筑工地不少于1人。

(2)1 万~5 万 m^2 的房屋建筑工地不少于 2 人。

(3)5 万 m^2 以上的大型房屋建筑工地设立专职安全管理机构,并按专业配备人员。

(4)分包单位人员超过 50 人的,必须配备专职安全员。

(5)施工单位安全专职管理人员一般应由公司安全生产管理部门直接委派和管理。其工资、奖金等由公司直接发放,与项目部脱钩。

四、施工单位的主要负责人、项目负责人、专职安全生产管理人员应当由建设行政主管部门或其他有关部门对其安全生产知识和管理能力进行考核,经考核合格后,方可任职;施工单位凡从事垂直运输机械设备作业、安装拆卸、起重信号、登高架设、电工、电焊工等特种作业人员,必须按照国家有关规定经过专门的安全作业培训,并取得特种作业操作资格证书后,方可上岗作业。特种作业操作资格证书要定期接受发证机关的复审。未参加复审或复审不合格的人员,禁止继续从事特种作业。

五、加强安全技术管理工作,严格安全技术措施和专项施工方案的编制、审查、审批程序。

(一)施工单位在施工组织设计中应编制安全技术措施和施工现场临时用电方案,对达到一定规模的危险性较大的基坑支护与降水工程、土方开挖工程、模板工程、起重吊装工程、脚手架工程、拆除和爆破工程以及国务院建设行政主管部门或者其他有关部门规定的其他危险性较大的工程应编制专项施工方案,并附具安全验算结果,经施工单位技术负责人、总监理工程师签字后实施,由专职安全生产管理人员进行现场监督,严格按方案施工。施工后应组织有关人员进行分部分项验收。

(二)专项施工方案应由专业工程师编制,由企业安全管理部门负责人审查,企业技术负责人审批,项目总监理工程师审核;对 5 m 以上深基坑、地下暗挖工程、8 m 以上高大模板工程的专项施工方案,施工单位还应当组织专家进行论证、审查。

六、施工单位要建立安全生产资金保障制度,保证必要的安全投入,落实安全施工措施,改善安全生产条件。

(一)建立安全费用提取制度,由施工企业按照国家有关标准提取安全费用,列入生产成本,专户储存,专项用于安全生产。严禁将列入建设工程概算的安全作业环境及安全施工措施费用和专项提取的安全费用挪作他用。

(二)建立安全生产风险抵押金制度,对在建工程项目收取安全生产风险抵押金,施工期间发生事故的,转作事故抢险救灾和善后处理所需资金。

七、建立健全安全生产教育培训制度,从资金、人力、物力和时间等方面给予保证,确保安全教育培训的质量和覆盖面。

(一)对新进场的作业人员必须进行公司、项目和班组的三级安全教育。企业待岗、转岗人员,在重新上岗前必须接受一次操作技能和安全操作知识培训,未经教育培训或者教育培训考核不合格的人员,不得上岗作业。

(二)对管理人员和作业人员每年至少进行一次安全生产教育培训,并将教育培训情况记入个人教育档案。同时做好季节性和节假日前后的安全教育工作。

(三)施工单位在采用新技术、新工艺、新设备、新材料时,应当对作业人员进行相应的安全生产教育培训。

八、加强工程项目安全检查,及时消除事故隐患。

(一)施工单位应当制定包括企业和各层次安全检查制度,明确企业、项目定期安全检查和日常、专项、季节性安全检查的时间和实施办法,提出事故隐患整改、处置和复查要求。

(二)施工单位应当每两月至少对所承担的建设工程进行一次安全检查,项目部开展的自检活动每月不少于两次。对检查结果要有详细的记录,对检查情况要进行认真、全面的系统分析,进行定性定量的安全评价。建立企业和项目部事故隐患整改台账,对检查中发现的安全隐患,要定人、定时间、定措施进行整改。

九、强化对分包单位资质和人员资格管理。在签订分包合同前,应对分包单位资质和人员资格以及安全技术措施进行审查,严禁将工程分包给不具备施工条件或缺乏相应资质的队伍和作业人员。同时加强对分包单位的安全管理,在分包合同中应明确各自的安全生产方面的权利和义务,对分包单位的安全生产情况要进行定期检查。

十、施工单位必须采购、租赁具有生产(制造)许可证、产品合格证的安全防护用具、机械设备、施工机具及配件。应当设置专门机构,在施工现场配备专职管理人员,加强机械设备的管理,落实岗位责任。要建立定期检查和维修保养制度,保证机械设备处于完好状态。建立机械设备管理档案和报废制度,对不能保证安全使用的不符合国家标准以及国家明令淘汰的机械设备进行强制性淘汰。建筑起重机械和整体提升脚手架、模板等自升式架设设施应当自验收合格之日起30日内,向建设行政主管部门或者其他有关部门登记。

十一、建立健全应急救援体系。施工单位必须制定事故(险情)应急救援预案,建立应急救援组织,并报当地建设行政主管部门备案。施工单位应当根据建设工程施工的特点、范围,对施工现场易发生重大事故的部位、环节进行监控,制定施工现场生产安全事故应急救援预案,建立应急救援小组,配备应急救援器材、设备,并进行经常性维修、保养,保证正常运转。施工单位必须为施工现场从事危险作业的人员办理意外伤害保险。实行施工总承包的,由总承包单位支付意外伤害保险费。

十二、严格执行事故报告和责任追究制度。施工单位发生生产安全事故,应当按照国家有关伤亡事故报告和调查处理的规定,及时、如实地向负责安全生产监督管理的部门、建设行政主管部门或者其他有关部门报告,不得迟报、瞒报、谎报、误报,要积极配合和做好事故调查处理工作,依法依纪追究有关责任人的政纪及法律责任。

十三、企业应该积极开展经常性的安全生产管理自我评价,按照《施工企业安全生产评价标准》(JGJ/T 77—2003)每半年进行一次,逐步建立自我约束和持续改进的安全生产长效工作机制,确保安全生产保证体系正常运行。

河南省建设厅关于印发《河南省建设工程安全施工措施审查备案管理办法》的通知

（豫建建[2005]16号,2005年2月22日）

各省辖市建委(建设局):

为加强建设工程安全生产管理,保障建设工程施工安全生产,根据国务院《建设工程安全生产管理条例》和建设部《建设领域安全生产行政责任规定》(建法[2002]223号),建设厅制定了《河南省建设工程安全施工措施审查备案管理办法》。现将本《办法》印发给你们,请认真贯彻执行,并尽快制定实施细则报省建设厅备案,执行中遇到的问题,请及时反馈省建设厅。

附件1:河南省建设工程安全施工措施审查备案管理办法
附件2:河南省建设工程安全施工措施审查备案表

附件1:

河南省建设工程安全施工措施审查备案管理办法

第一条 为加强建设工程施工现场安全生产管理,保障建设工程施工安全生产,根据国务院《建设工程安全生产管理条例》、建设部《建设领域安全生产行政责任规定》,制定本办法。

第二条 本办法所称建设工程施工现场,是指在河南省行政区内进行土木工程、建筑工程、线路管道和设备安装工程以及装修工程(不含铁路、交通、水利等专业工程)的新建、扩建、改建和拆除活动的施工现场。

第三条 建设单位组织工程建设实施、报送安全施工措施资料及建设行政主管部门实施安全施工措施审查和施工许可证的办理应遵守本办法。

第四条 建设单位在申请领取施工许可证前,应当向建设工程所在地的建设行政主管部门报送安全施工措施资料,接受对安全施工措施的审查。

依法批准开工报告的建设工程,建设单位应当自开工报告批准之日起15日内,将保证安全施工的措施报送建设工程所在地的建设行政主管部门备案。

建设单位在拆除工程施工15日前,应当将保证安全施工措施的有关资料(资料内容见《建设工程安全生产管理条例》第十一条)报送建设工程所在地的建设行政主管部门备案。

第五条 建设单位所报送的安全施工措施资料应当真实、有效，能够反映建设工程的安全生产准备情况、达到的条件和施工实施阶段的具体措施。

第六条 建设单位提供的建设工程安全施工措施资料应当包括下列内容：

（一）河南省建设工程安全施工措施审查备案申请表（一式三份）；

（二）施工单位的《安全生产许可证》（原件）；

（三）施工组织设计（方案、措施）（原件）。施工组织设计中应当编制安全技术措施，同时，对危险性较大的分部分项工程应当编制专项施工方案；

（四）拟进入施工现场使用的施工起重机械设备（塔式起重机、物料提升机、外用电梯、吊篮等）的规格型号、数量；

（五）施工单位企业经理（法人）、项目经理、安全管理人员及特种作业人员花名册及其资格证书；

（六）建设单位项目负责人及安全管理人员花名册；

（七）工程监理单位人员花名册及其资格证书；

（八）安全措施费用计划及已落实证明（原件）；

（九）已办理工伤保险、意外伤害保险、安全生产风险抵押金的证明（原件），安全生产风险抵押金待制定相应办法后再行实施；

（十）施工单位企业经理（法人）与项目经理签订的安全生产目标责任书；

（十一）项目入场人员安全培训情况（含分包队伍）；

（十二）施工现场安全生产事故应急救援预案；

（十三）其他有关资料。

施工组织设计、各项安全技术措施（方案）必须按规定的编制、审核、审批程序批准签字后方可实施。在实施过程中，施工单位必须严格执行，不得擅自修改。

第七条 建设行政主管部门对建设单位报送的安全施工措施资料应当认真审查、核实，保证工作质量，提高工作效率。需要到施工现场了解、落实有关情况的，应及时到施工现场核查。

第八条 建设行政主管部门应明确实施安全施工措施审查的部门（机构）、工作职责、工作程序、工作时限、具体要求等，并向社会公布。

第九条 建设行政主管部门在审核发放施工许可证时，对没有建设工程安全施工措施或安全施工措施不符合要求的建设工程，不得颁发施工许可证。

建设行政主管部门对建设工程是否有安全施工措施进行审查时，不得收取费用。

第十条 对未进行安全施工措施审查或审查不合格擅自开工的建设工程，由建设行政主管部门依据有关法律、法规进行处罚。

第十一条 建设行政主管部门的工作人员不认真进行安全审查或对没有安全施工措施的建设工程颁发施工许可证的，经予行政处分。构成犯罪的，依照刑法有关规定追究刑事责任。

附件2：

编号：　　　市(县)建安字(200　)第　　号

河南省建设工程安全施工措施审查备案表

工程名称：____________________

工程地址：____________________

建设单位(盖章)：________________

监理单位(盖章)：________________

施工单位(盖章)：________________

河南省建设厅监制

二〇〇　年　月　日

一、基本情况

工程名称			
工程地址			
结构		层数	
建筑面积(规模)		造价	
开工时间		竣工时间	
建设单位			
项目负责人		电话	
勘察单位		资质等级	
单位负责人		电话	
设计单位		资质等级	
单位负责人		电话	
监理单位		资质等级	
总监理工程师		电话	
施工单位		资质等级	
项目经理		电话	
安全生产许可证证号			
备 注			

二、安全施工措施有关情况

项　目	落实情况
施工组织设计（方案）	
危险性较大的分部分项工程专项施工方案	
施工现场的总平面布置图和安全标志布置图	
施工现场三通一平、五牌一图、安全宣传标语和安全警示标志	
预防主要伤害发生的措施，包括防高处坠落、防触电、防机械伤害、防物体打击、防坍塌、防火灾、防中毒	
文明施工的主要措施，包括大门、围墙、场地、宣传栏、食堂、住宿、药箱、公厕	
临时设施规划方案和已搭建的情况	
施工现场安全防护设施搭设（设置）计划	
施工进度计划	
安全措施费用计划及落实证明	
办理工伤保险、意外伤害保险、安全生产风险抵押金的证明	
施工单位企业经理（法人）与项目经理签订的安全生产目标责任书	
项目入场人员安全培训情况（含分包队伍）	
施工现场安全生产事故应急救援预案	

三、施工单位企业经理(法人)、项目经理、安全管理人员名单

序号	姓名	性别	年龄	岗位	资格证号	考核证号	电话

四、施工单位特种作业人员名单

序号	姓名	性别	年龄	工种	资格证号	发证日期

五、建设单位项目负责人及安全管理人员名单

序号	姓名	性别	年龄	职务	电话

六、工程监理单位人员名单

序号	姓名	性别	年龄	职务	资格证号	电话

七、起重机械设备及施工机具一览表

序号	设备名称	规格型号	台数	生产厂家	生产许可证号	产品合格证号	检测报告	安全状况

建设单位 意见（盖章）	项目负责人签字： 年　月　日
监理单位 意见（盖章）	总监理工程师签字： 年　月　日
施工企业 意见（盖章）	企业法人签字： 年　月　日
建委（建设局） 安全监管部门 （机构）审查意见 （盖章）	年　月　日

河南省建设厅关于印发《河南省建筑安全巡检办法(试行)》的通知

(豫建建[2005]166号,2005年8月31日)

各省辖市建委(建设局),各扩权县(市)建委(建设局):

为进一步加强对建设工程安全生产工作的监督检查,切实规范监管行为,加大监管力度,建设厅制定了《河南省建筑安全巡检办法(试行)》,现印发给你们,请认真贯彻执行。

附件:

河南省建筑安全巡检办法(试行)

为认真贯彻"安全第一,预防为主"的方针,进一步强化安全生产监督管理,促进全省建筑安全生产工作,消除事故隐患,防范和杜绝重大安全事故的发生,根据《中华人民共和国建筑法》、《中华人民共和国安全生产法》和国务院《建设工程安全生产管理条例》、《安全生产许可证条例》及有关法律法规和行业规范、标准,制定本办法。

一、巡检对象

(1)各省辖市、县(市)建设行政主管部门及其建设工程安全监督管理机构;

(2)本省辖区内对建设工程安全生产负有责任的建设单位、勘察设计单位、施工单位、监理单位及其他与建设工程安全生产有关的单位;

(3)本省辖区内在建的房屋建筑和市政基础设施工程的施工现场。

二、巡检的主要内容

1. 对建设行政主管部门及建设工程安全监督管理机构,主要检查:

(1)安全生产监管职责履行情况(重点为监督检查执法情况、对重特大事故的责任单位和责任人的处理情况);

(2)安全生产监督管理制度建立和执行情况;

(3)安全生产控制指标制定和落实情况;

(4)上级建设行政主管部门部署工作完成情况;

(5)建筑安全监督管理档案的建立、完善、规范情况。

2. 对建设单位,主要检查:

(1)申领施工许可证时,提供建设工程有关安全施工措施资料的情况;按规定办理工程质量和安全监督手续的情况。

(2)向施工单位拨付建设工程安全防护、文明施工措施费用的情况。

(3)向施工单位提供施工现场及毗邻区域内地下管线资料,气象和水文观测资料,相邻建筑物和构筑物、地下工程等有关资料的情况。

(4)履行合同约定工期的情况。

(5)有无明示或暗示施工单位购买、租赁、使用不符合安全施工要求的安全防护用具、机械设备、施工机具及配件、消防设施和器材的行为。

3. 对勘察、设计单位,主要检查:

(1)勘察单位按照工程建设强制性标准进行勘察情况;提供真实、准确的勘察文件情况;采取措施保证各类管线、设施和周边建筑物、构筑物安全的情况。

(2)设计单位按照工程建设强制性标准进行设计的情况;在设计文件中注明施工安全重点部位、环节以及提出指导意见的情况;采用新结构、新材料、新工艺或特殊结构的建筑工程,提出保障施工作业人员安全和预防生产安全事故措施建议的情况。

4. 对施工单位,主要检查:

(1)《安全生产许可证》办理情况;

(2)安全生产责任制和各项安全生产规章制度、操作规程的制定和落实情况;

(3)建设工程安全防护、文明施工措施费用的使用情况;

(4)设置安全生产管理机构和配备专职安全管理人员情况;

(5)"三类人员"经主管部门安全生产考核情况;

(6)特种作业人员持证上岗情况;

(7)安全生产教育培训计划制定和实施情况;

(8)施工现场作业人员意外伤害保险办理情况;

(9)职业危害防治措施制定情况,安全防护用具和安全防护服装的提供及使用管理情况;

(10)施工组织设计和专项施工方案编制、审批及实施情况;

(11)生产安全事故应急救援预案的建立与落实情况;

(12)企业内部安全生产检查开展和事故隐患整改情况;

(13)重大危险源的登记、公示与监控情况;

(14)生产安全事故的统计、报告和调查处理情况;

(15)安全生产内业资料管理情况。

5. 对工程监理单位,主要检查:

(1)将安全生产管理内容纳入监理规划的情况,在监理细则中制定安全技术措施的情况;

(2)审查施工组织设计中的安全技术措施或专项施工方案及监督实施情况;

(3)对事故隐患下达隐患整改通知单、整改结果复查情况,以及有关报告制度执行情况;

(4)对重点部位、关键工序实施旁站监理情况;

(5)安全监理内业资料管理情况。

6. 对其他有关单位,主要检查:

(1)机械设备、施工机具及配件的出租单位提供相关制造许可证、产品合格证、检测合格证明的情况;

(2)施工起重机械和整体提升脚手架、模板等自升式架设设施安装单位的资质、安全施工措施及验收调试等情况;

(3)施工起重机械和整体提升脚手架、模板等自升式架设设施的检验检测单位资质和出具安全合格证明文件情况。

7. 对抽查的施工现场,主要检查:

(1)工程项目各项基本建设手续办理情况;

(2)施工、监理等各方履行安全生产监管职责情况;

(3)施工单位执行安全生产法律、法规和标准规范情况;

(4)施工现场实体安全防护、文明施工情况;

(5)项目部安全生产内业资料管理情况。以上检查内容,原则上要全部检查,也可根据情况重点检查。

三、巡检组织形式

巡检按照层级管理的原则,由省、市两级分别组织实施。省建设厅委托省建设安全监督总站具体组织对全省建筑安全生产情况进行巡检,原则上每季度对 18 个省辖市巡检一遍,对问题较多的地市,将加大巡检次数。

各省辖市建设行政主管部门应按照本办法并结合当地实际建立相应的巡检制度,组织对本辖区内各县(市)建筑安全生产情况进行巡检。

四、检查程序和方式

(一)制定计划

每次巡检前,巡检组织部门应制定巡检计划,组成检查组,确定巡检方案。巡检可采取专项检查、抽查、暗访等形式进行。

(二)实施检查

1. 对下级建设行政主管部门及建设工程安全监督管理机构,可采取以下检查方式:

(1)听取下级建设行政主管部门的工作汇报;

(2)询问有关人员安全生产监督管理情况;

(3)查阅有关规范性文件、安全生产责任书、安全生产控制指标、监督执法案卷和有关会议记录等文件资料;

(4)抽查有关企业和施工现场,检查监督管理实效。

2. 对建设工程安全生产各方责任主体履行安全生产职责的监督检查,可采取下列检查方法:

(1)听取各方责任主体的工作汇报或情况介绍;

(2)查阅相关的各项文件资料和资质资格证明,如对于建设单位查阅工程概(预)算文件、施工合同和工程拨付款台账等,对于勘察设计单位查阅地质勘察资料、设计图纸和设计说明书等,对于工程监理单位查阅监理规划、监理细则、监理日志、旁站记录、验收记录、隐患整改记录、施工组织设计及专项施工方案审查等资料;

(3)考察、问询有关人员;

(4)抽查施工现场或勘察现场,检查各方主体履行职责情况。

3. 对施工现场的监督检查,可按下列程序进行:

(1)查阅建设单位、勘察设计单位、施工单位和工程监理单位等建设工程安全生产责任主体的资质、安全生产管理和安全技术资料,以及有关人员的安全生产执业资格;

(2)检查施工现场安全防护和文明施工情况,重点检查危险性较大的分部分项工程的安全防护情况,以及宿舍、食堂、办公室、现场围挡的搭建和使用情况;

(3)询问有关人员安全生产监管职责履行情况。

(三)情况反馈

检查结束后,检查组应通报检查情况,并反馈检查意见。对存在较大安全隐患的单位和个人责成当地建设行政主管部门下发事故隐患整改通知单,限期整改;存在特别重大隐患的,下发行政处罚建议书并勒令停工整改。

建设行政主管部门在每一次巡检后,应将发现的事故隐患记录备案,监督责任单位切实制订整改方案,认真落实整改。整改完毕由监理单位验收后,报当地建设行政主管部门复查销案。

省级巡检中发现的事故隐患,省建设厅委托当地市建设行政主管部门负责监督整改销案,并将整改销案情况及时向省建设厅反馈,省建设厅将对整改情况进行跟踪抽查。

五、巡检情况通报

巡检结束后要将检查情况形成书面总结材料。省级巡检情况由省建设厅在全省进行通报,市级巡检情况由各市建委在本辖区进行通报。巡检情况作为被检查单位年度安全考核和施工现场综合考评的一项重要依据,记入建设工程安全生产责任主体和从业人员安全信用档案。

六、巡检工作要求

(1)各级建设行政主管部门要加强组织领导,切实建立和完善巡检制度,精心安排部署,认真组织实施,扎实有效地开展巡检工作。

(2)各级检查人员都要切实增强责任感,认真履行职责,严格实施检查,把检查执法与普法有机结合起来,进一步宣传安全生产的法律法规和规范标准,促进各级安全责任制及各项安全管理制度的进一步落实。

(3)要坚持检查与整改相结合。坚持边检查边整改,以检查促整改,督促企业开展经常性的自查自纠活动,做到全面彻底、不留死角,坚决遏制重特大事故的发生。

(4)检查与责任追究相结合。对发生安全生产事故和存在重大隐患的责任单位和责任人要依法追究责任。对不严格执行安全生产规定的责任人,虽未造成重大事故,也要依法依纪严肃处理,真正做到防范"关口前移"。

(5)针对检查中发现普遍存在的突出问题和薄弱环节,各地要完善管理制度,及时开展专项治理活动,通过安全巡检督促引导企业完善安全生产措施,加强安全生产基础工作,不断提高河南省建设行业安全生产水平。

河南省建设厅关于印发《河南省建设工程项目安全生产评价办法(试行)》的通知

(豫建建[2005]173号,2005年9月4日)

各省辖市建委(建设局)、各扩权县(市)建委(建设局):

为进一步加强建设工程安全生产监管,完善管理制度,规范监管行为,在广泛征求意见的基础上,我厅制定了《河南省建设工程项目安全生产评价办法(试行)》,现印发给你们,请认真贯彻执行。

附件1:河南省建设工程项目安全生产评价办法(试行)
附件2:河南省建设工程项目安全生产评价表(基础施工阶段)
附件3:河南省建设工程项目安全生产评价表(结构、装饰施工阶段)
附件4:河南省建设工程项目安全生产综合评定表

附件1:

河南省建设工程项目安全生产评价办法(试行)

第一章 总 则

第一条 为强化行业安全生产监督管理,促进全省建设工程安全生产文明施工规范化、标准化和制度化,不断提高施工现场安全生产管理水平,根据《中华人民共和国建筑法》、《中华人民共和国安全生产法》、国务院《建设工程安全生产管理条例》、建设部《建筑安全生产监督管理规定》和《建设工程施工现场管理规定》及《河南省建筑市场管理条例》等法律、法规,特制定本办法。

第二条 建设工程项目安全生产评价是依照《建筑施工安全检查标准》(JGJ 59—99)和《建筑施工现场环境与卫生标准》(JGJ 146—2004),并结合国家、建设部及河南省有关安全生产管理规定,对建设工程施工现场安全生产情况进行监督、检查的综合结论。

第三条 建设工程项目安全生产评价结果作为建筑业企业安全生产管理年度总体评价和安全文明工地评审及项目负责人、项目监理负责人资质年审、晋级、评先的重要依据。

第四条 在本省行政区域内新建、扩建、改建的工业及民用建筑工程必须依照本办法进行安全生产评价。

第五条 建设工程项目安全生产评价工作由各市或县(市)建设行政主管部门或其授权的建设工程安全监督管理机构(部门)统一组织实施。

第六条 省建设厅委托河南省建设安全监督总站对全省建设工程项目安全生产评价工作进行监督检查指导;各市建设行政主管部门或其授权的建设工程安全生产监督管理机构(部门)对本行政区域内各县(市)建设工程项目安全生产评价工作进行监督检查指导。

第二章 评价程序和内容

第七条 全省建设工程项目安全生产评价分为阶段性评价和综合评价。阶段性评价包括基础施工阶段评价、结构施工阶段评价和装饰施工阶段评价;综合评价为建设工程项目安全生产最终评价。

第八条 建设工程项目安全生产评价工作采取自查自评和审查评定的方式进行。自查自评工作由施工单位负责;阶段性审查评定由监理单位负责;阶段性评价审查备案和综合审查评定由当地市或县(市)建设行政主管部门或其授权的建设工程安全监督管理机构(部门)负责。

限额以下无工程监理单位的建设工程项目,由建设单位委托有相应资格的建筑安全中介服务机构进行阶段性审查评定。

各市或县(市)建设行政主管部门或其授权的建设工程安全监督管理机构(部门)对阶段性评价情况实施监督并进行抽查(具体抽查比例由各地自行规定)。凡发现评价结果与施工现场实际不符时,可不予备案,并要求重新组织评价。

第九条 各项评价按下列程序进行:

(一)基础施工阶段评价

建设工程基础施工时,由施工单位对施工现场安全生产条件、安全管理体系和制度的建立及执行等情况进行自查自评,填写《河南省建设工程项目安全生产评价表(基础施工阶段)》,报项目监理单位(或建筑安全中介服务机构)。监理单位(或建筑安全中介服务机构)在接到评价表一周内进行审查评价,并将评价情况报当地市县(市)建设行政主管部门或其授权的建设工程安全监督管理机构(部门)审查备案。

(二)结构施工阶段评价

当建筑物施工到二至四层时,施工单位按照《建筑施工安全检查标准》(JGJ 59—99)进行自查自评,填写《河南省建设工程项目安全生产评价表(结构施工阶段)》,报项目监理单位(或建筑安全中介服务机构)。监理单位(或建筑安全中介服务机构)在接到评价表一周内进行审查评价,并将评价情况报当地市或县(市)建设行政主管部门或其授权的建设工程安全监督管理机构(部门)审查备案。

高层建筑每完成十层增加评定一次。单层建筑物以及构筑物的结构施工阶段评价时间由监理单位(或建筑安全中介服务机构)根据当地市或县(市)建设行政主管部门或其授权的建设工程安全监督管理机构(部门)的要求或项目进展情况确定。

(三)装饰施工阶段评价

当工程进行到装饰装修施工阶段,在外脚手架拆除前,施工单位按照《建筑施工安全检查标准》进行自查自评，填写《河南省建设工程项目安全生产评价表（装饰施工阶段）》，报监理单位（或建筑安全中介服务机构）。监理单位（或建筑安全中介服务机构）在接到评价表一周内进行审查评价，并将评价情况报当地市或县（市）建设行政主管部门或其授权的建设工程安全监督管理机构（部门）审查备案。

（四）综合评价

工程竣工验收交付使用前，建设、监理（或建筑安全中介服务机构）、施工单位总结整个施工阶段安全生产情况，填写《河南省建设工程项目安全生产综合评定表》，同历次安全评价和项目安全生产工作有关资料（包括行业各类安全大检查和安全监督管理部门日常检查及创建安全文明工地等情况）报当地市、县（市）建设行政主管部门或其授权的建设工程安全监督管理机构（部门）。建设行政主管部门或其授权的建设工程安全监督管理机构（部门）在接到资料 10 日内，组织评价小组，综合该工程项目历次安全评价意见、安全事故记录、行业大检查和日常监督检查情况，做出工程项目综合评价结论。

第十条 监理单位（或建筑安全中介服务机构）在进行阶段性评价时，可根据当地市或县（市）建设行政主管部门或其授权的建设工程安全监督管理机构（部门）的要求或工程项目进展情况和需要，适当增加评价次数。

第十一条 监理单位（或建筑安全中介服务机构）在做出阶段性评价结论时，除评定等级外，还应对该阶段工程项目安全生产状况进行概括性评述，指出主要问题，提出改进意见。对现场审查评价中发现的安全问题和事故隐患应及时下发整改通知，限期整改。

第三章 评价标准和方法

第十二条 建设工程项目安全生产评价实行 100 分制，各阶段评价和综合评价结论分为优良、合格、不合格三个等级。

第十三条 各阶段评价按下列计分划分等级：

（一）80 分以上（含 80 分）为优良；

（二）70 分以上（含 70 分）为合格；

（三）70 分以下或必评阶段漏评的为不合格。

第十四条 以各阶段评价平均分作为综合评价得分，结合项目施工期间安全事故、日常监督检查等情况，最终确定工程项目综合评价结果。

（一）综合评价优良的，应同时符合以下条件：

1. 综合评价得分在 80 分及其以上；

2. 施工期间未发生四级及其以上安全事故；

3. 各阶段评价结论均为合格或优良，其中优良有两次以上（含两次）；

4. 认真组织开展创建安全文明工地活动，在行业安全大检查和日常监督检查中没有受到严重警告、责令停工或通报批评。

（二）综合评价合格的，应同时符合以下条件：

1. 综合评价得分在 70 分及其以上；

2. 施工期间未发生四级及其以上安全事故；

3. 各阶段评价结论中不合格数不超过一次；

4. 在行业安全大检查中没有受到严重警告、责令停工或通报批评。

(三)有以下情况之一的,综合评价为不合格:

1. 综合评价得分在70分以下的;

2. 施工期间发生四级及其以上安全事故的;

3. 各阶段评价结论中不合格数在两次以上(含两次)的;

4. 在行业安全大检查中受到责令停工或通报批评的;

5. 严重违反强制性标准和国家、地方有关安全生产法规及标准、规范,施工现场管理混乱,存在重大安全隐患的;

6. 在建设工程安全监督管理机构(部门)日常监督检查中受到两次以上(含两次)停工处罚的;

7. 隐瞒事故不报的;

8. 被责令停工或责令整改的工程,未经许可擅自开工或不按要求整改的;

9. 拒绝或不配合建设安全监督管理部门安全检查的。

第四章 监督与奖惩

第十五条 建立工程项目安全生产评价情况上报制度。各地建设工程安全监督管理机构(部门)应将本行政区域内已竣工建设工程项目安全生产评价情况,于每年6月和12月,向同级建设行政主管部门和上一级建设工程安全监督管理机构(部门)上报;各省辖市建设工程安全监督管理机构(部门)汇总后报省建设安全监督总站备案。

第十六条 综合评价为优良的工程项目应给予通报表彰,施工企业对项目负责人和项目安全管理人员应给予适当奖励;监理单位对项目监理负责人和主要监理人员应给予适当奖励。各阶段评价和综合评价为优良等级的,作为评选安全文明工地、优秀项目负责人、优秀项目监理负责人的基本条件。

第十七条 综合评价为不合格的工程项目,按照《河南省建筑施工企业主要负责人、项目负责人和专职安全生产管理人员安全生产考核管理实施细则》的有关规定,吊销其项目负责人和施工现场专职安全生产管理人员的安全生产考核合格证书,取消其参加各类评先资格;同时取消其项目监理负责人参加各类评先资格。

第十八条 国家和地方其他法律、法规有相应奖惩规定的,从其规定。

第十九条 评价工作要事实求是,客观公正,严肃认真,不得弄虚作假,凡违反者视其情节给予批评、警告、直至行政处罚。

发现监理单位(或建筑安全中介服务机构)不认真履行职责,阶段性评价与施工现场情况严重不符的,将给予单位和有关责任人通报批评,并进行相应处罚。

第二十条 对安全评价有异议时,可提请当地建设行政主管部门组织复查。

第五章 附 则

第二十一条 其他建设工程项目的安全生产评价参照本办法进行。

第二十二条 本办法由省建设厅负责解释。

第二十三条 本办法自颁布之日起施行。

附件2：

编号：

（样　表）

二〇〇　年度

河南省建设工程项目安全生产评价表

（基础施工阶段）

工 程 名 称：____________________

安全报监编号：____________________

施 工 单 位：____________________

填 报 日 期：____________________

河南省建设厅监制

填 表 说 明

1. 此表在建设工程基础施工时，由施工单位对施工现场安全生产情况进行自查自评后填写，报项目监理单位审查评定，并将评价情况报当地市或县（市）建设行政主管部门或其授权的建设工程安全监督管理机构（部门）备案。

2. "安全管理"重点评价安全生产责任制和目标管理、规章制度建立、施工组织设计及安全技术交底等；"文明施工"重点评价现场围墙、大门、生活设施、现场食宿及办公、材料堆放、安全标志、现场防火等。

3. 各分项检查评分表均采用 JGJ 59—99 标准，并作为附件备查。检查评分遇有缺项时，汇总表总得分按 JGJ 59—99 评分方法进行换算；多人对同一项目检查评分时，应按加权评分方法确定分值。

4. 监理单位在做出评价结论时，除评定等级外，还应对本阶段工程项目安全生产状况进行概括性评述，指出主要问题，提出改进意见。

5. 如有建筑安全中介服务机构，可在监理单位栏中填写有关内容。

6. 此表一式四份，施工单位、项目部、监理单位、建设行政主管部门或其授权的建设工程安全监督机构（部门）各一份。

<table>
<tr><td>工程名称</td><td colspan="3"></td><td>工程地址</td><td colspan="3"></td></tr>
<tr><td>建设单位</td><td colspan="3"></td><td>负责人</td><td></td><td>电话</td><td></td></tr>
<tr><td>监理单位</td><td colspan="3"></td><td>负责人</td><td></td><td>电话</td><td></td></tr>
<tr><td>施工单位</td><td colspan="3"></td><td>负责人</td><td></td><td>电话</td><td></td></tr>
<tr><td>分包单位</td><td colspan="3"></td><td>负责人</td><td></td><td>电话</td><td></td></tr>
<tr><td>项目负责人</td><td></td><td colspan="2">项目负责人证书及安全考核证书号</td><td colspan="2"></td><td>电话</td><td></td></tr>
<tr><td>安全负责人</td><td></td><td colspan="2">安全考核证书号</td><td colspan="2"></td><td>电话</td><td></td></tr>
<tr><td>项目监理负责人</td><td></td><td>电话</td><td></td><td>工程造价</td><td></td><td>建筑面积</td><td></td></tr>
<tr><td>结　构</td><td></td><td>层数</td><td></td><td>开工时间</td><td></td><td>计划竣工时间</td><td></td></tr>
<tr><td colspan="8">安　全　评　价　内　容</td></tr>
<tr><td>内容
序号</td><td>评价内容</td><td>标准</td><td colspan="3">扣　分　标　准</td><td>施工单位
自评分</td><td>监理单位
评　分</td></tr>
<tr><td>1</td><td>工程报监情况</td><td>10</td><td colspan="3">1. 未办理报监手续扣 10 分
2. 未办理意外伤害保险扣 10 分</td><td></td><td></td></tr>
<tr><td>2</td><td>安全管理</td><td>20</td><td colspan="3">执行 JGJ 59—99 扣分标准及评分方法</td><td></td><td></td></tr>
<tr><td>3</td><td>文明施工</td><td>20</td><td colspan="3">执行 JGJ 59—99 扣分标准及评分方法</td><td></td><td></td></tr>
<tr><td>4</td><td>施工用电</td><td>20</td><td colspan="3">执行 JGJ 59—99 扣分标准及评分方法</td><td></td><td></td></tr>
<tr><td>5</td><td>基坑支护</td><td>15</td><td colspan="3">执行 JGJ 59—99 扣分标准及评分方法</td><td></td><td></td></tr>
<tr><td>6</td><td>施工机具</td><td>10</td><td colspan="3">执行 JGJ 59—99 扣分标准及评分方法</td><td></td><td></td></tr>
<tr><td>7</td><td>安全帽、安全带、安全网</td><td>5</td><td colspan="3">1. 安全帽、安全带、安全网不符合标准，每发现 1 处扣 1 分
2. 不戴安全帽或不正确佩戴安全帽的，有 1 人扣 1 分</td><td></td><td></td></tr>
<tr><td colspan="2">合计</td><td>100</td><td colspan="3"></td><td></td><td></td></tr>
</table>

施工单位 自我评价 意　　见	负责人(签字)　　　　　　　　　　　　　　(盖章) 年　月　日
监理单位 评价结论	项目监理负责人(签字)　　　　　　　　　　(盖章) 年　月　日
建设行政主管部门或其授权的建设工程安全监督管理机构(部门)审查备案情况	负责人(签字)　　　　　　　　　　　　　　(盖章) 年　月　日

附件3：

编号：

（样　表）

二○○　年度

河南省建设工程项目安全生产评价表

（结构、装饰施工阶段）

工 程 名 称：____________________

安全报监编号：____________________

施 工 单 位：____________________

填 报 日 期：____________________

河南省建设厅监制

填表说明

1. 此表在建设工程结构、装饰施工时，由施工单位对施工现场安全生产情况进行自查自评填写后，报项目监理单位审查评定，并将评价情况报当地市或县(市)建设行政主管部门或其授权的建设工程安全监督管理机构(部门)备案。

2. 各分项检查评分表均采用 JGJ 59—99 标准，并作为附件备查。检查评分遇有缺项时，汇总表总得分按 JGJ 59—99 评分方法进行换算；多人对同一项目检查评分时，应按加权评分方法确定分值。

3. 安全管理资料达不到 8 分，安全管理一项不得分。

4. 监理单位在做出评价结论时，除评定等级外，还应对本阶段工程项目安全生产状况进行概括性评述，指出主要问题，提出改进意见。

5. 如有建筑安全中介服务机构，可在监理单位栏中填写有关内容。

6. 此表一式四份，施工单位、项目部、监理单位、建设行政主管部门或其授权的建设工程安全监督管理机构(部门)各一份。

工程名称				施工单位			
开工时间		形象进度		分包单位			
项目负责人		电　话		安全负责人		电话	
安　全　评　价　内　容							
内容	标准分	施工单位自评分	监理单位评分	内容	标准分	施工单位自评分	监理单位评分
安全管理	10			施工用电	10		
文明施工	20			物料提升机与外用电梯	10		
脚手架	10			塔吊	10		
模板工程	10			起重吊装	5		
三宝、四口	10			施工机具	5		
标　准　分	100	企业自评总分		监理单位总评分			
施工单位自我评价意　　见	负责人（签字）　　　　（盖章） 年　月　日						
监理单位评价结论	项目监理负责人(签字)　　　　(盖章) 年　月　日						
建设行政主管部门或其授权的建设工程安全监督管理机构(部门)审查备案情况	负责人(签字)　　　　(盖章) 年　月　日						

附件4：

编号：

（样　表）

二○○　年度

河南省建设工程项目安全生产综合评定表

工程名称：________________________

建设单位：________________________

监理单位：________________________

施工单位：________________________

安监部门：________________________

填报日期：________________________

河南省建设厅监制

填表说明

1. 此表在工程竣工验收交付使用前，由施工企业填写，建设和监理单位签署意见，同历次安全评价和项目安全生产工作有关资料，上报当地市或县（市）建设行政主管部门或其授权的建设工程安全监督管理机构（部门）。

2. “安全施工基本状况”主要填写工程施工过程中安全事故和处理结案简况以及安全管理、安全投入、安全检查、实际效果等基本情况，可另加附页。“其他简要情况及评价意见”主要指日常监督检查情况，由建设行政主管部门或其授权的建设工程安全监督管理机构（部门）填写。

3. 评价以项目施工过程中各阶段安全评价意见、安全事故记录和日常安全监督情况综合核定。

4. 如有建筑安全中介服务机构，可在监理单位栏中填写有关内容。

5. 本表填写时一式五份，核定等级后由施工单位、项目部、建设单位、监理单位、建设行政主管部门或其授权的建设工程安全监督管理机构（部门）各存一份。

工程名称					
工程地点					
施工单位	公司	分公司(处)			项目部
层次、高度		结　构		工程造价	
开工日期		竣工日期		安全报监编号	
项目负责人姓名 及安全考核证号		安全负责人姓名 及安全考核证号		监督起止时间	
监理单位			监理负责人 姓名及证书号		

各次评价检查得分及简要情况

序号	内容	应得分	实得分	简要情况
1	基础施工阶段	100		
2	结构施工阶段	100		
3	装饰装修施工阶段	100		
4	(　　　　)阶段检查情况	100		
5	(　　　　)阶段检查情况	100		
6	(　　　　)阶段检查情况	100		
	(　　　　)阶段检查情况	100		
7	综合平均得分	100		

其他简要情况及评价意见

创建安全文明工地情况	
工地受检及奖罚情况	
伤亡事故情况	
各阶段隐患整改情况	
其他	

安全施工基本状况及企业自评等级	自评等级： 负责人(签字)：　　施工单位(盖章) 年　月　日
监理单位意见	项目监理负责人(签字)： 监理单位(盖章) 年　月　日
建设单位意见	负责人(签字)： 建设单位(盖章) 年　月　日
建设行政主管部门或其授权的建设工程安全监督管理机构(部门)综合评价结论	负责人(签字)：　　(盖章) 年　月　日

河南省建设厅关于建立建设工程重大安全事故重大安全隐患约谈制度的通知

（豫建建[2005]229号，2005年11月15日）

各省辖市建委（局）、各扩权县（市）建委（局）：

为贯彻落实国务院《建设工程安全生产管理条例》（国务院令第393号）、《安全生产许可证条例》（国务院令第397号）和国务院《关于进一步加强安全生产工作决定的通知》（国发[2004]2号）及河南省人民政府办公厅《关于加强建设工程安全生产管理工作的通知》（豫政办[2005]77号）的有关规定，全面加强我省建设工程安全管理，做好重大安全事故的调查和处理工作，维护国家财产和人民生命安全，按照建设部的统一部署，决定建立河南省建设工程安全事故、重大安全隐患约谈制度。现将有关事项通知如下：

一、按照省、市、县三级管理的原则，建立省、市、县三级建设工程重大安全事故、重大安全隐患约谈制度。

二、在工程建设过程中，凡有以下情形的，均应被确定为约谈对象：

（一）发生安全事故造成人员伤亡或者重大经济损失的；

（二）建设工程存在重大安全隐患，被省或市、县建设安全监管部门下达停工整改通知书，施工企业拒不整改或未按期整改的（谁下整改通知，谁负责约谈）。

三、发生安全事故（或停工整改期满）后5日内，由省、市、县建设行政主管部门主管领导和建设安全监管机构主要负责人约见项目建设单位主要负责人、施工企业法人和项目总监谈话（事故采取属地管理，1~2人市、县负责约谈；3人以上（含3人）省厅负责约谈）。

四、约谈主要听取企业在事故发生（或下达停工整改）后建设单位、施工企业采取应急救援和整改措施的汇报，帮助企业分析事故（重大安全隐患）原因，确定整改方案，对企业进一步加强安全生产管理提出具体要求。企业应对安全管理中存在的问题进行深刻剖析，提出具体的整改措施。记录人员应做好约谈书面记录（见附件2）。

五、约谈前，对确定为约谈对象的施工企业，省、市、县建设行政主管部门应下发约谈通知书（见附件1），通知书上应注明相关企业名称、企业法人、企业约谈参加人员、约谈具体事项、约谈时间、约谈地点等内容。

约谈通知书一式四联，加盖约谈（省、市、县）建设行政主管部门印章，建设单位、施工企业、监理企业和约谈（省、市、县）建设行政主管部门各留存一联。

六、企业应严格按照国家法律法规和省有关管理规定及行业标准进行全面整改，并在约谈后10日内以书面形式将事故（隐患）整改报告上报负责约谈的建设行政主管部门。

对无故不参加约谈或约谈无效的企业，依据有关规定予以严肃处理。

附件1：

河南省建设工程重大安全事故、重大安全隐患约谈通知书

（盖章）

约谈单位		约谈企业法人	
企业约谈参会人员			
约谈时间		约谈地点	
具体事项			

附件2：

河南省建设工程重大安全事故、重大安全隐患约谈记录

（盖章）

<table>
<tr><td>约谈单位</td><td colspan="3"></td></tr>
<tr><td>约谈负责人</td><td></td><td>记录人</td><td></td></tr>
<tr><td>约谈时间</td><td></td><td>约谈地点</td><td></td></tr>
<tr><td colspan="4">约谈记录</td></tr>
<tr><td colspan="4"></td></tr>
</table>

河南省建设厅关于进一步加强和规范我省建筑意外伤害保险工作的指导意见

（豫建建[2006]20号，2006年2月20日）

各省辖市建委（建设局）、各扩权县建委（建设局）：

近年来，全省各地按照《建筑法》、《建设工程安全生产管理条例》及《建设部关于加强建筑意外伤害保险工作的指导意见》的要求，先后开展了建筑意外伤害保险工作，取得了一定的成效。但从全省情况来看，这项工作发展还不平衡，运作不够规范，保险覆盖面还不到位。为了更好地贯彻落实有关安全生产的法律、法规和《河南省人民政府关于加快建筑业发展的意见》（豫政[2006]3号文）及省保监局、省安监局、省建设厅、省煤炭局《关于全面推行煤炭、建筑行业意外伤害保险的意见》，进一步加强和规范建筑意外伤害保险工作，提出如下意见，请认真贯彻执行。

一、提高对建筑意外伤害保险工作的认识

实施建筑意外伤害保险是《建筑法》、《建设工程安全生产管理条例》、《安全生产许可证条例》确立的一项重要制度，是保护建筑业从业人员合法权益，转移企业事故风险，增强预防和控制事故能力，促进安全生产的重要手段。各级建设行政主管部门要充分认识这项工作的重要性和必要性，积极采取有效措施，切实加以引导，推动建筑意外伤害保险工作有效开展。

二、完善保险机构的选择机制

为规范建筑意外伤害保险工作运行程序，保险机构选择将采用招标方式进行确定，具体实施由省建筑业协会安全分会牵头，从管理部门、施工企业及有关单位中推选代表组成招标评审委员会，通过综合考评，选择若干家信誉良好、服务规范及综合实力较强的保险公司，作为我省建筑人员意外伤害保险的定点承保单位。对承保单位实行动态管理，定期进行考评，实行优胜劣汰。

三、加强对建筑意外伤害保险工作的监督指导

省建设行政主管部门对全省建筑意外伤害保险工作进行监督指导。各省辖市建设行政主管部门在省建设厅的统一监督指导下，负责监督指导本地区建筑意外伤害保险工作。

为切实推进我省建筑意外伤害保险工作规范、扎实、有效地开展，省建设厅成立"河南省建筑意外伤害保险工作监督指导小组"，负责对全省建筑意外伤害保险工作进行监督指导，下设"河南省建筑意外伤害保险工作办公室"。办公室具体负责制定全省建筑意外伤害保险的工作制度、工作程序，协调保险工作的有关事宜，监督检查建筑意外伤害保

险工作的开展情况，定期向“河南省建筑意外伤害保险工作监督指导小组”报告工作。

各地也要成立和明确相应的机构，负责贯彻全省建筑意外伤害保险工作的要求，落实工作制度和工作程序，制定具体的工作细则，指导、组织本行政区域内的建筑意外伤害保险工作，及时向省建筑意外伤害保险办公室报告工作情况和问题。

省、市建设行政主管部门要上下沟通、协调一致，共同推进我省建筑意外伤害保险工作健康有序发展。

四、明确建筑意外伤害保险范围和期限

（一）施工企业在河南境内从事下列建设工程应当办理建筑意外伤害保险：

1. 各类房屋建筑及其附属设施的建设工程及其配套的线路、管道和设备安装工程；

2. 各类房屋装修工程；

3. 市政基础设施工程。

（二）施工企业应当为施工现场从事施工的所有作业人员（包括正式工、合同工、农民工、临时工）和管理人员办理意外伤害保险，支付保险费。根据建设工程管理特点和我省的实际情况，被保险人员中还应当包括到施工现场视察、监督检查工作及办理与建设工程有关事务的人员。

（三）已参加工程保险的现场施工人员，仍需参加建筑意外伤害保险。

（四）保险期限涵盖工程项目开工之日到实际竣工验收合格日。

五、统一全省建筑意外伤害保险的收费标准和赔付标准

（一）收费标准

工程造价为500万元以下的（含500万元），按3‰收取；

工程造价在500万元至1 000万元之间的，以500万元和1 000万元的收费值按插入法计算收费额；

工程造价为1 000万元至3 000万元的（含1 000万元和3 000万元），按2.5‰收取；

工程造价在3 000万元至5 000万元之间的，以3 000万元和5 000万元的收费值按插入法计算收费额；

工程造价为5 000万元至1亿元的（含5 000万元和1亿元），按2‰收取；

工程造价在1亿元至1.5亿元之间的，以1亿元和1.5亿元的收费值按插入法计算收费额；

工程造价为1.5亿元至3亿元的（含1.5亿元和3亿元），按1.5‰收取；

工程造价在3亿元至5亿元之间的，以3亿元和5亿元的收费值按插入法计算收费额；

工程造价为5亿元以上（含5亿元）的，按1‰收取。

发生重大事故的施工企业的保险费缴纳在此标准的基础上向上浮动。

（二）赔付标准

死亡赔偿金原则上不低于10万元/人；残疾保险金应按照国家标准《职工工伤与职业病致残程度鉴定》（GB/T 16180—1996）的规定，分别确定一至十级的最低赔付标准，最

高伤残等级为10万元/人次;医疗保险金按实际发生理赔,最高2.4万元/人次。

六、培育发展建筑意外伤害保险的安全服务机构

从事建筑意外伤害保险的保险机构除对发生事故具有赔付能力外,还应当具有提高建筑安全生产风险管理、安全技术服务、事故防范的能力,主动防范安全事故的发生。鉴于目前多数保险机构对建筑安全生产风险管理、事故防范、安全技术服务能力不足,各级建设行政主管部门要大力培育建筑安全中介服务组织,积极支持中介服务组织开展安全咨询服务工作,保险公司应委托安全服务机构为建筑施工企业提供安全咨询服务并支付相应的服务费用,建立事故预防控制与事故赔偿服务相结合的工作运行机构,最大限度地降低和化解安全风险。建筑安全服务中介组织必须拥有一定数量、专业配套、具备建筑安全知识和管理经验的专业技术人员,认真开展安全技术服务工作。从事建筑意外伤害保险安全技术咨询服务的机构应到省建设行政主管部门备案。

七、落实建筑意外伤害保险工作的措施

各级建设行政主管部门要强化监督管理,把在建工程项目开工前是否投保建筑意外保险情况作为审查企业安全生产条件的重要内容之一,未投保的项目,不予发放施工许可证。对于建筑意外伤害保险投保工作做的较差的企业,暂扣安全生产许可证。

八、明确建筑意外伤害保险的投保主体和投保方式及费用来源

建筑意外伤害保险费用应当列入建筑安装工程费用,具体标准由省造价管理部门测定。施工企业在工程开工前缴纳保险费用,办理投保手续。鉴于工程项目施工工艺流程中工种调动频繁,用工流动性大,投保应实行不记名和不计人数的方式。工程项目中有分包单位的由总包施工企业统一办理,分包单位按分包工程量合理承担投保费用。业主直接发包的工程项目,由承包企业直接办理。施工企业不得将投保费用向职工摊派。施工企业办理投保手续后应将投保有关信息以布告形式张贴施工现场,告知被保险人。

九、加强对建筑意外伤害保险赔付工作的监督

施工现场发生伤亡事故,施工企业应及时报告投保的保险公司,保险公司应规范和简化索赔程序,搞好赔偿服务。各级建设行政主管部门要积极创造条件,引导企业在发生意外事故后即向保险公司提出索赔,使施工伤亡人员能够得到及时、足额赔付。凡被保险人发生意外事故,企业和工程项目负责人隐瞒不报、不索赔的,要严肃查处。对于保险公司接到事故报告后,不能及时提供赔付服务的,建设行政主管部门要予以监督并进行协调、督促,对服务工作较差或问题严重的要给予警告或取消承保资格,以促进和保证赔付工作的正常开展。

附件:插入法计算保险费的计算方法(略)

河南省建设厅关于开展建筑施工安全质量标准化工作的实施意见

（豫建建［2006］24号，2006年2月21日）

各省辖市建委（局）、各扩权县（市）建委（局）：

为贯彻落实建设部《关于开展建筑施工安全质量标准化工作的指导意见》，切实加强安全生产基层基础工作，促进建筑施工企业安全生产工作规范化、制度化、标准化，推动全省建筑施工安全生产管理水平不断提高，减少和遏制重大安全事故的发生，现提出我省建筑施工安全质量标准化工作实施意见，请认真贯彻实施。

一、指导思想

以“三个代表”重要思想和科学发展观为指导，以提高建筑施工企业的管理水平、确保安全生产为目的，以贯彻落实安全生产的法律法规和规范标准为重点，以对企业和施工现场的综合评价为手段，促进企业建立自我防范、自我控制、自我完善、持续改进的工作机制，全面加强企业安全生产管理工作，逐步提高建筑施工安全的规范化、标准化管理水平。

二、工作目标

（一）总体目标

通过开展建筑施工安全质量标准化活动，使全省建筑施工企业和施工现场实现“四化一保障”目标。即企业市场行为规范化、安全管理流程程序化、场容场貌秩序化和施工现场安全防护标准化，企业安全生产得到有效保障。

（二）阶段性目标

1.施工企业达到的目标

建筑施工企业的安全生产工作按照《施工企业安全生产评价标准》（JGJ T77—2003）及《河南省建筑施工企业安全生产评价办法》进行评定。

2006年底，建筑施工企业的安全生产要全部达到“基本合格”，特级、一级企业的“合格”率达到80%以上；二级企业的“合格”率达到50%以上；三级企业及其他施工企业的“合格”率达到35%以上。

2007年底，特级、一级企业的“合格”率达到90%以上；二级企业的“合格”率达到60%以上；三级企业及其他施工企业的“合格”率达到45%以上。2008年底，特级、一级企业的“合格”率达到100%；二级企业的“合格”率达到75%以上；三级企业及其他施工企业“合格”率达到60%以上。

2009年底，二级企业的“合格”率达到90%以上；三级企业及其他施工企业“合格”率达到80%以上。

2010 年底，所有建筑施工企业“合格”率均达到 100%。

2. 施工现场达到的目标

建筑施工企业的施工现场按照《施工企业安全生产评价标准》(JGJ 59—99)及《河南省建设工程项目安全生产评价办法》进行评定。

2006 年底，建筑施工企业施工现场全部达到“合格”，其中特级企业施工现场“优良”率达到 70% 以上；一级企业施工现场“优良”率达到 50% 以上；二级企业施工现场“优良”率达到 30% 以上；三级企业及其他施工企业施工现场“优良”率达到 20% 以上。

2007 年底，特级企业施工现场“优良”率达到 80% 以上；一级企业施工现场“优良”率达到 65% 以上；二级企业施工现场“优良”率达到 45% 以上；三级企业及其他施工企业施工现场“优良”率达到 30% 以上。

2008 年底，特级企业施工现场“优良”率达到 90% 以上；一级企业施工现场“优良”率达到 75% 以上；二级企业施工现场“优良”率达到 60%；三级企业及其他施工企业施工现场“优良”率达到 40% 以上。2009 年底，特级企业施工现场“优良”率达到 100%；一级企业施工现场“优良”率达到 85% 以上；二级企业施工现场“优良”率达到 75% 以上；三级企业及其他施工企业施工现场“优良”率达到 50% 以上。

2010 年底，一级企业施工现场“优良”率达到 100%；二级企业施工现场“优良”率达到 85% 以上；三级企业及其他施工企业施工现场“优良”率达到 65% 以上。

三、组织领导和工作机构

为推动建筑施工安全质量标准化工作的深入开展，省建设厅成立建筑施工安全质量标准化工作指导小组，负责全省建筑施工安全质量标准化工作的监督指导，省建设安全监督总站具体负责全省建筑安全质量标准化工作的组织实施。

各地应根据具体情况，建立相应的组织机构，加强工作指导，组织开展建筑安全质量标准化工作。

四、工作步骤与组织实施

(一) 建立组织、制定方案、宣传动员

2006 年 3 月底前，各省辖市建设行政主管部门要建立建筑施工安全质量标准化工作的组织领导机构和实施机构，制定具体的工作目标和实施方案，确定 2006 年达标(合格)企业名单，召开动员大会，对开展建筑施工安全质量标准化工作进行安排部署，与达标企业签订达标工作目标责任书。

2006 年 4 月 10 日前，各省辖市建设行政主管部门将建筑施工安全质量标准化工作组织领导机构、实施方案及确定的 2006 年达标(合格)企业名单报省建设安全监督总站。2006 年 4 月 15 日前，各县(市)建设行政主管部门要建立建筑施工安全质量标准化组织领导机构，制定具体工作目标和实施方案，确定 2006 年达标企业(合格)名单，召开动员大会，安排部署此项工作，明确和落实达标责任。

2006 年 4 月 25 日前，各市、县(市)建设主管部门要督促 2006 年达标的施工企业建立安全质量标准化工作领导实施机构，完善和细化各环节、各岗位的工作标准和工作责任,制定标准化工作具体目标和实施方案,各企业做好本单位全面动员,做好本单位的工作部署。

2006 年 4 月底前,除已与主管部门签订达标目标责任书的施工企业外,其他施工企业均应到当地建设主管部门报送工作计划,明确本单位的工作目标和工作措施。

(二)树立典型、示范引路

2006 年 5 月,省厅组织召开全省安全质量标准化现场观摩会。

2006 年 5 ~ 7 月,各省辖市要发现和树立一批安全质量标准化示范企业和示范工程。组织企业观摩学习,召开安全质量标准化工作座谈会,示范企业谈经验、谈做法、谈体会,其他企业谈认识、找差距、谈打算、谈工作措施。

2006 年 7 月底前,各省辖市建设行政主管部门向省厅报送本地的安全质量标准化"示范企业"和"示范工程"名单(原则上每个市企业和工程各不少于 5 个,郑州市企业和工程各不少于 8 个),省厅对各地推荐安全质量标准化"示范企业"和"示范工程"进行复查,对安全质量标准化工作开展好的地区、好的企业、好的工程予以通报表彰。

(三)检查督促、全面推进

2006 年 8 ~11 月,各地要按照工作实施方案和评价标准,对施工企业和施工现场进行认真检查,对发现的问题提出整改意见。重点检查施工企业工作机构建立情况、方案制定情况、制度建立情况、措施完善情况、标准细化情况、责任落实情况、组织实施情况、自我检查整改情况等,促进企业查找管理缺陷,堵塞管理漏洞,形成"执行—检查—改进—提高"的工作链条,推动企业安全质量标准化工作扎实有效的开展。

(四)评定验收、阶段总结

2006 年 12 月 ~2007 年元月,各地要对 2006 年确定的达标"合格"企业进行检查评定,总结一年来安全质量标准化工作的经验,查找工作中存在的问题,制定 2007 年安全质量标准化工作计划和措施,并将 2006 年工作总结、检查评定情况及 2007 年工作计划报河南省建设安全监督总站。

(五)规范完善、改进提高

2007 ~2010 年为规范提高阶段。各地要在 2006 年工作开展的基础上,进一步采取有效措施,加大工作力度,完善工作内容和工作机制,积极探索新的有效的工作方法,不断扩大达标面,逐年提高建筑施工安全质量标准化水平。

在此段各地要重点做好以下工作:

(1)根据省厅对这项工作的目标要求,制定每年具体的工作目标;

(2)拿出每年工作的具体措施并认真组织落实;

(3)督促企业在完善安全保证体系的基础上,在安全保证体系正常运行上、在标准的贯彻执行上、在规范化管理上下工夫,认真查找工作缺陷、强化薄弱环节、加大安全投入、夯实工作基础,提高企业自我监督、自我改进、自我提高的能力。

(4)做好每年度检查评定,确保各阶段目标的圆满完成。

五、工作要求

(一)开展建筑施工安全质量标准化工作是提高建筑施工安全管理水平的一项重要

举措，是“十一五”期间乃至今后长时期建筑行业安全生产工作的一项重要内容，各级建设行政主管部门要高度重视，广泛动员，精心组织，认真实施，切实推动建筑施工质量安全标准化活动扎实有效地开展。

（二）各级建设行政主管部门和施工企业要认真研究制定建筑施工质量安全标准化工作的具体措施，不断总结经验，创新工作方法，完善工作机制，营造浓厚氛围，努力形成你追我赶，比、学、赶、超的工作局面。

（三）各级建设行政主管部门和施工企业要建立健全安全质量标准化工作责任制，层层分解目标，层层贯彻标准，层层落实责任，层层检查考核，狠抓工作落实，确保阶段性目标和总体目标的实现。

（四）各级建设行政主管部门要建立激励机制，大力表彰和鼓励安全质量标准化工作成绩突出的施工企业和施工现场，充分发挥典型示范引路的作用，带动本地区安全质量标准化工作的全面开展。

（五）各级建设行政主管部门在检查评定中一定要坚持原则、严格标准、严格纪律，认认真真地做好评价工作，切实提高安全质量标准化工作的质量和效果。

（六）建筑施工安全质量标准化工作是一项长期的基础性工作，各级建设行政主管部门和施工企业既要增强做好这项工作的使命感、责任感和紧迫感，又要树立坚持不懈、持之以恒的思想，稳步实施、扎实推进、不断巩固和扩大安全质量标准化工作成果。

附件：建设部关于开展建筑施工安全质量标准化工作的指导意见（略）

河南省建设厅关于印发《河南省建设工程重大危险源安全监控管理暂行办法》的通知

（豫建建[2006]27号，2006年2月22日）

各省辖市有关建设主管委（局）、各扩权县有关建设主管委（局）：

为加强建设工程施工安全管理，消除安全隐患，提高风险控制和防范能力，减少重大伤亡事故的发生，我厅组织制定了《河南省建设工程重大危险源安全监控管理暂行办法》，现印发给你们，请认真组织实施。

附件：

河南省建设工程重大危险源安全监控管理暂行办法

为了贯彻"安全第一、预防为主"的安全生产方针，强化对建设工程重大危险源的监控，提高施工现场安全生产管理水平，杜绝重特大事故发生，特制定本暂行办法。

一、重大危险源的识别

（一）本办法所称重大危险源是指存在重大施工危险的分部分项工程，主要包括：

1. 施工现场开挖深度超过5 m（含5 m）或地下室三层以上（含三层），或深度虽未超过5 m（含5 m），但地质条件和周围环境及地下管线极其复杂的基坑、沟（槽）工程；

2. 地下暗挖工程；

3. 水平混凝土构件模板支撑系统高度超过8 m，或跨度超过18 m，施工总荷载大于10 kN/m^2，或集中线荷载大于15 kN/m的高大模板工程以及各类工具式模板工程，包括滑模、爬模、大模板等；

4. 30 m及以上高空作业；

5. 城市房屋拆除爆破和其他土石大爆破；

6. 建筑起重机械设备安装拆卸；

7. 起重吊装工程；

8. 悬挑式脚手架、高度超过24 m的落地式钢管脚手架、附着式升降脚手架、吊篮脚手架；

9. 其他专业性强、工艺复杂、危险性大、交叉等易发生重大事故的施工部位及作业活动。

（二）施工总承包单位和分包单位应根据工程特点和施工范围，在基础、结构、装饰阶段施工前，对施工过程进行安全分析，对可能出现的危险因素进行识别，列出重大危险源，制定有关安全监控措施，经企业主管部门审批后，由施工总承包单位报当地建设行政主管部门或安全监督管理机构备案。

二、重大危险源的控制与管理

（一）施工总承包单位应制定重大危险源的管理制度，建立安全管理体系，明确具体责任，制定消除或减少危险性的安全技术方案、措施，认真组织方案、措施的实施，并对其进行严格的监控、检查和验收。

（二）重大危险工程的施工必须编制专项施工方案，专项施工方案除应包括相应的安全技术措施外，还应当包括监控措施、应急方案以及紧急救护措施等内容。

（三）专项施工方案应由施工企业技术部门的专业技术人员及监理单位专业监理工程师进行审核，审核合格，由施工企业技术负责人、监理单位总监理工程师签字。对建设部《危险性较大工程安全专项施工方案编制及专家论证审查办法》中规定的深基坑等达到一定规模的危险性较大工程，建筑施工企业应当组织专家组进行论证审查。经审批的专项施工方案确需修改时，应按原审批程序重新审批。

（四）重大危险工程的施工单位应按专项施工方案严格进行技术交底，并有书面记录和签字，确保作业人员清楚掌握施工方案的技术要领。

（五）重大危险工程的施工应按方案实施，凡涉及验收的项目，方案编制人员应参加首次验收，并及时形成验收记录台账。

（六）监理单位应对重大危险工程的专项施工方案进行审核，对重大危险作业进行旁站监理。对旁站过程中发现的安全隐患及时开具监理通知单，问题严重的，有权停止施工。对整改不力的，应及时将有关情况报当地建设行政主管部门或安全监督管理机构。

三、重大危险源的检查

（一）施工总承包单位应建立重大危险工程施工台账，每周组织分包、专业施工等单位按照专项施工方案对重大危险源的施工进行安全检查，并做好施工安全检查记录。

（二）监理单位应参与总包单位组织的重大危险工程的施工检查，并对总包单位开具的隐患整改单及整改情况予以确认。

（三）凡被列入监控范围的重大危险工程，必须经常与当地建设行政主管部门或安全监督管理机构沟通信息，定期将由监理签证的安全检查及问题整改情况报送安全监督管理机构，确保重大危险工程施工的信息畅通。

（四）各地建设行政主管部门或安全监督管理机构应建立全市在建工程重大危险源台账，对列入监控范围的重大危险源，应重点管理，进行定期或不定期专项检查。重点检查重大危险工程的管理制度的建立和实施；检查专项施工方案的编制、审批、交底和过程控制；检查现场实物与内业资料的相符性；检查监理单位旁站制度的落实情况，并对检查结果予以公布或通报。

（五）各地建设行政主管部门或安全监督管理机构和项目监理单位应把施工单位对重大危险工程的监控及施工情况作为工程项目安全生产阶段性评价的一项重要内容，落实控制措施，保证工程项目安全生产。

河南省建设厅关于印发《河南省建设工程安全文明施工措施费计价管理办法》的通知

（豫建设标[2006]82号，2007年1月1日执行）

各省辖市建设行政主管部门，各省定扩权县（市）建设行政主管部门，各建设、施工、监理、工程造价咨询、招标代理单位：

为了切实改善我省建设工程施工人员的作业条件和生活环境，防止和减少安全事故的发生，保证现场安全文明施工措施费的落实和使用，根据建设部《关于印发〈建筑工程安全防护、文明施工措施费用及使用管理规定〉的通知》（建办[2005]89号）的文件精神，结合我省建设工程造价管理实际，我厅制定了《河南省建设工程安全文明施工措施费计价管理办法》，现印发给你们，请认真贯彻执行。

一、现行的2002年综合基价计价办法、2004年清单计价实施细则的规定与本办法不一致时，以本办法为准。

二、取消2002年综合基价计价办法中的安全文明施工增加费。

三、取消《河南省建筑和装饰工程综合基价》中的"安全网用于里脚手架砌外墙"（4—25~27）、"沿街荆笆防护"（4—49）、"高压线防护"（4—50）、"独立防护架"（4—51、52）子目。

扣去"外墙脚手架、电梯脚手架、烟囱脚手架"（4—1~15、4—21、4—23、4—28~37、4—39~48）等子目中的尼龙网和0.2个定额工日，并扣去综合费用1.86元。

四、采用2002年综合基价进行计价时，以综合基价合计（工程量×综合基价）为基数，扣除临时设施费0.5%。

五、本办法从2007年元月1日起执行，执行中遇到的问题，请及时向我厅反映。

附件：

河南省建设工程安全文明施工措施费计价管理办法

第一条 为加强我省建设工程安全生产、文明施工管理，保证安全文明专项费用有效使用，确保施工人员的安全作业条件和文明生活环境，根据《中华人民共和国建筑法》、国务院《建设工程安全生产管理条例》、建设部《建筑工程安全防护、文明施工措施费用及使用管理规定》等法律法规及有关技术标准，制定《河南省建设工程安全文明施工措施费计价管理办法》(以下简称本办法)。

第二条　本办法适用于我省行政区域内各类新建、扩建、改建的房屋建筑工程(包括与其配套的线路管道和设备安装工程、装饰工程)、市政基础设施工程和古建园林工程。维修改造工程和拆除工程也应参照本办法。

第三条　本办法所称安全文明施工措施费,是指按照有关规定,企业为满足安全生产、文明施工要求,购置和更新施工安全防护用具及设施、改善安全生产和作业条件所需要的费用。

第四条　本办法所称安全文明施工措施费由建设部财政部印发的《建筑安装工程费用项目组成》措施费中的环境保护费,文明施工费,安全施工费,临时设施费组成。

第五条　我省安全文明施工措施费设为三部分计价,即:基本费、现场考评费、奖励费。(附表1)

基本费指为保障施工现场安全生产与文明施工措施必需投入的基本费用。

现场考评费指需经考评组考核,工程造价管理机构按规定测算核定的安全文明施工措施增加费。

奖励费指承包方创建省、市文明工地称号后,发包方应当支付承包方的奖励费用。

第六条　凡是受到建设行政主管部门(市级及市级以上)安全通报批评的工程、发生重大安全事故的工程、现场安全考评不合格的工程,不得计取现场考评费和奖励费。

第七条　安全文明施工措施费实行单项工程测算制度。现场考评费实行动态管理。未经考评、测算的工程不计取现场考评费。

第八条　安全文明施工措施费列入不可竞争费用,不参加商务标评分。有关单位在编制工程预算、标底或拦标价以及投标报价时,应按规定(附表1)足额计取安全文明施工措施全部费用,在工程造价结算以及审核时,按工程造价管理机构核发的《安全文明施工措施费——费率核定表》对造价进行调整。

第九条　招标评标时对投标人投标报价不按规定足额计算安全文明施工措施费的,应视其为不当竞标行为予以拒绝。

第十条　发、承包双方,可对地点特殊,安全文明防护标准要求高的工程,依据合理的施工组织设计,在规定的标准之外另增加特殊措施项目费用进行约定,属安全文明施工措施费的特殊约定项目。

第十一条　安全文明施工措施费应在“中标通知书”和“施工合同书”中单独列项,予以明确。

第十二条　发包单位在开工前应当预付不少于70%基本费,其余部分完工后结清。

第十三条　安全文明施工措施费的测算核定,承包单位应在工程施工进行70%时,向项目所在地市级和市级以上工程造价管理机构申报《安全文明设施——费用投入表》(附表2),工程造价管理机构测算后,向申报人发《安全文明施工措施费——费率核定表》(附表3),作为发包单位支付专项资金的支付标准。

第十四条　奖励费用,获省级以上安全文明工地称号的全额奖励,市级按70%奖励,县(区)级按50%奖励。

第十五条　安全文明施工措施费用的项目核算,采用清单计价的工程,基本费列入其他项目费中投标人部分并单独核算；现场考评费和奖励费列入其他项目费中招标人部分并单独核算。采用综合计价的工程，基本费、现场考评费、奖励费三项费用，在施工措施费下单独列项，只计税金（原“安全文明施工增加费”不再计取）。

第十六条 发包单位应当按照本规定及合同约定条款，及时向施工承包单位支付现场安全文明施工措施费。安全文明施工措施费随工程进度款拨付，工程结算时按造价管理机构核定的标准调整。

第十七条 编制工程预算时，应当按照本办法规定足额编入预算文件。审核工程造价文件时，应当按照造价管理机构核发的《安全文明施工措施费——费率核定表》确定的费率，对现场安全文明施工措施费进行必要调整。

第十八条 招标人或招标代理机构不按本办法规定在招标文件中明确计取现场安全文明施工措施费的，由招标管理机构责令限期改正；对逾期未改的不予备案，并给予通报批评。

第十九条 发包单位不按本办法支付现场安全文明施工措施费的，由县级及以上建设行政主管部门依据国务院《建设工程安全生产管理条例》第五十四条规定，责令限期改正；逾期未改正的，责令该建设工程停止施工；造成事故的，依法追究其法律责任。

第二十条 本办法授权河南省建筑工程标准定额站负责解释。

第二十一条 本办法自2007年元月1日起执行。

附表1：河南省建设工程现场安全文明施工措施费——费率表

附表2：安全文明设施——费用投入表

附表3：安全文明施工措施费——费率核定表

附表1：

河南省建设工程
现场安全文明施工措施费——费率表

序号	工程分类	费率基数	安全文明措施费(%)			
			基本	考评费	奖励	合计
1	建筑工程	综合基价	2.08	0.98	0.61	3.67
2	构件吊装	人工费	6.04	2.84	1.78	10.66
3	大型土方工程	人工费	5.03	2.37	1.48	8.88
4	桩基工程	人工费	5.03	2.37	1.48	8.88
5	单独装饰工程	人工费	5.03	2.37	1.48	8.88
6	安装工程	人工费	10.06	4.74	2.96	17.76
7	市政道桥工程	人工费	13.40	6.30	3.94	23.64
8	园林绿化工程	人工费	6.70	3.15	1.97	11.82
9	仿古建工程	人工费	5.03	2.37	1.48	8.88
10	其他工程	人工费	4.03	1.89	1.18	7.10
11	清单计价工程	人工费	10.06	4.74	2.96	17.76
12	改造、拆除工程	人工费	另行规定			

注：1. 表中所列工程均为单独发包工程。

2. 人工费＝综合工日数×34(元/工日)。

附表2：

资料编号：＿＿＿＿＿＿

安全文明设施——费用投入表

工程名称：＿＿＿＿＿＿＿＿＿＿结构类型：＿＿＿＿＿＿层数：＿＿＿＿＿＿

工程造价（万元）：＿＿＿＿＿＿建筑面积（m^2）：＿＿＿＿＿＿综合工日（工日）：＿＿＿＿

序号	设施项目内容	计量单位	单价	数量	金额（元）
1	现场围挡				
2	五板一图				
3	场容场貌				
4	材料堆放、操作加工棚				
5	现场防火				
6	垃圾清运				
7	办公、生活设施				
8	配电线路				
9	配电箱开关箱				
10	接地保护装置				
11	楼面楼梯阳台边防护				
12	门道洞口防护				
13	高空作业防护				
	合计				

填报单位： 负责人：

经办人：

联系电话：

填表日期： 年 月 日

附表3：

安全文明施工措施费——费率核定表

工程名称：________________________ 编号：________________

序号	工程分类	费率基数	核定安全文明措施费(%)			
			基本	考评费	奖励	合计
1	建筑工程	综合基价	2.08		0.61	
2	构件吊装	人工费	6.04		1.78	
3	大型土方工程	人工费	5.03		1.48	
4	桩基工程	人工费	5.03		1.48	
5	单独装饰工程	人工费	5.03		1.48	
6	安装工程	人工费	10.06		2.96	
7	市政道桥工程	人工费	13.40		3.94	
8	园林绿化工程	人工费	6.70		1.97	
9	仿古建工程	人工费	5.03		1.48	
10	其他工程	人工费	4.03		1.18	
11	清单计价工程	人工费	10.06		2.96	
12	改造、拆除工程	人工费	另行规定		另行规定	

测算单位： 负责人：

经办人：

联系电话：

填表日期： 年 月 日

河南省建设厅关于印发《河南省建筑施工企业安全生产评价暂行办法》的通知

（豫建建[2006]125号，2006年6月19日）

各省辖市建委（局）、各扩权县建委（局）：

为进一步加强建筑施工企业安全生产管理，不断提高安全管理水平，我厅制定了《河南省建筑施工企业安全生产评价暂行办法》，现印发给你们，请认真组织实施。

附件1：河南省建筑施工企业安全生产评价暂行办法
附件2：河南省建筑施工企业安全生产评价表

附件1：

河南省建筑施工企业安全生产评价暂行办法

第一章 总 则

第一条 为加强建筑施工企业安全生产的监督管理，促进建筑施工企业建立自我约束、自我规范、不断完善的安全生产工作机制，减少和杜绝重特大安全事故的发生，根据《中华人民共和国建筑法》、《中华人民共和国安全生产法》、国务院《建设工程安全生产管理条例》、《安全生产许可证条例》等法律、法规及建设部《关于开展建筑施工安全质量标准化工作的指导意见》，特制定本办法。

第二条 在本省行政区域内从事土木工程、建筑工程、线路管道设备安装工程、装饰装修工程的新建、扩建、改建活动的工程施工总承包企业、专业承包企业和劳务分包企业，均应进行安全生产评价。

第三条 依照《施工企业安全生产评价标准》（JGJ/T 77—2003）及本办法对建筑施工企业进行安全生产评价。其评价结果作为建筑施工企业安全生产许可证和资质动态管理及评优评先的一项重要依据。

第四条 建筑施工企业安全生产评价工作先由企业自评，建设行政主管部门根据日常检查情况及审查情况，对企业做出评价结论。

第五条 河南省建筑施工企业安全生产评价工作每年进行一次，每年2月底前完成上年度的评价工作，评价结果由省建设厅在《河南省工程建设信息网》上公布。

第二章 评价的组织

第六条 省建设厅负责全省建筑施工企业安全生产评价工作的监督管理。委托河南省建设安全监督总站负责中央驻豫和省管建筑施工企业安全生产的初评工作;各省辖市建设行政主管部门负责本辖区内建筑施工企业安全生产的评价工作;县(市)建设行政主管部门负责本辖区内建筑施工企业安全生产的初评工作。

各级建设行政主管部门应明确具体实施建筑施工企业安全生产评价工作的机构(部门),并报省建设厅备案。

第七条 主项资质为铁路、交通、水利、消防等相关资质类别的建筑施工企业的安全生产评价工作,分别由省级相关行政主管部门组织实施。

第八条 建筑施工企业安全生产的自评工作由企业安全生产领导机构组织有关工作部门进行实施。

第九条 各省辖市建设行政主管部门及省直有关部门于每年2月底前,将本地区、本部门所属建筑施工企业安全生产评价结果报省建设厅核准备案。

第三章 评价程序和内容

第十条 各建筑施工企业的自评工作应于每年12月底前完成,并于次年1月10日前将《河南省建筑施工企业安全生产评价表》报企业所在地建设行政主管部门具体负责安全生产评价工作的机构(部门)。

第十一条 各市、县(市)建设行政主管部门具体负责安全生产评价工作的机构(部门)接到企业报送的《河南省建筑施工企业安全生产评价表》后,应抓紧组织人员对企业进行审查,做出年度安全生产情况评价意见。县(市)建设行政主管部门将初评意见报上级主管部门。

第十二条 评价的内容包括:

(一)安全生产管理制度的建立及执行情况;

(二)资质、机构与人员管理情况;

(三)安全技术管理情况;

(四)设备与设施管理情况;

(五)安全生产业绩情况;

(六)当年竣工工程项目安全生产情况;

(七)工伤事故统计报告及调查处理情况;

(八)从事危险作业职工意外伤害保险情况;

(九)推广应用安全新技术、新方法情况;

(十)其他有关安全生产管理情况。

第十三条 各级安全生产评价机构(部门)在做出评价意见时,除评定等级外,还应对企业本考核年度安全生产状况进行概括性评述,指出主要问题,提出改进意见。

第四章　评价标准和方法

第十四条　建筑施工企业安全生产评价主要依照《施工企业安全生产评价标准》（JGJ/T 77—2003）并结合日常监督管理情况进行。为鼓励企业不断完善安全管理体系，提高施工企业和施工现场安全管理水平，对通过安全体系认证的企业可在《安全生产条件评分》中增加5分，但评价总分不超过100分。

第十五条　评价结论分为优良、合格、基本合格、不合格四个等级。

第十六条　同时符合下列条件的，评价为优良：

（一）一年内未发生死亡和一次经济损失5万元以上安全事故；

（二）达到《施工企业安全生产评价标准》（JGJ/T 77—2003）中合格标准要求，且安全生产条件和安全生产业绩评分均在85分及其以上；

（三）年度已竣工工程安全生产评价合格率100%，其中优良率60%及其以上。

第十七条　同时符合下列条件的，评价为合格：

（一）达到《施工企业安全生产评价标准》（JGJ/T 77—2003）中合格标准要求；

（二）年度已竣工工程安全生产评价合格率100%，其中优良率30%及其以上。

第十八条　有下列情况之一的，评价为基本合格：

（一）符合《施工企业安全生产评价标准》（JGJ/T 77—2003）中基本合格条件的；

（二）年度已竣工工程安全生产评价合格率达到80%以上，达不到100%的。

第十九条　有下列情况之一的，评价为不合格：

（一）符合《施工企业安全生产评价标准》（JGJ/T 77—2003）中不合格条件的；

（二）年度已竣工工程项目安全生产评价合格率在80%以下或不合格工程数超过4项的；

（三）隐瞒事故不报的；

（四）发现施工企业自评或向主管部门报送资料有弄虚作假行为的；

（五）违反国家有关安全生产规定和安全生产技术规程，情节特别严重的。

第二十条　不按要求参加全省建筑施工企业安全生产评价的，按评价不合格处理。

第五章　监督与奖惩

第二十一条　企业的安全生产评价与工程项目招投标资格、企业评先、企业资质和安全生产许可证挂钩。

第二十二条　评价为优良的建筑施工企业应给予通报表彰并作为本年度各类评先活动的重要依据。评价为基本合格和不合格的企业不得参加本年度各类评先活动。

第二十三条　评价为基本合格的建筑施工企业，由当地建设行政主管部门责令其限期整改。改正期内，企业不予晋升企业资质。连续两年评价为基本合格的，按评价不合格企业处理。

第二十四条　评价为不合格的建筑施工企业，由当地建设行政主管部门给予警告，责令其限期整改。改正期内，按低一个资质等级承接业务或者核减承接业务范围。对于管理不善发生重特大死亡事故或连续两年评价为不合格企业，吊销安全生产许可证，并给予降低资质等级或取消资质处理。

第二十五条　受到降低资质或核减承接业务范围等处理的企业，处理期满后，须由当地建设行政主管部门组织对其重新进行安全生产评价。评价合格或优良的企业可重新申请原资质等级；评价仍不合格的，在原处理的基础上加重处罚。

第二十六条　企业在评价年度因发生安全事故或严重违反国家有关安全生产规定和安全生产技术规程等原因，已受到降级、核减业务范围或暂停承接任务等处罚的，对当年度评价结果不再进行重复处罚。国家和地方其他法律、法规对企业安全生产有相应奖惩规定的，从其规定。

第二十七条　建筑施工企业对安全评价结果有异议时，可提请建设行政主管部门组织复查。

第二十八条　评价工作要坚持标准、实事求是、客观公正、严肃认真，不得弄虚作假，凡违反者视其情节给予相应处理。

第六章　附　则

第二十九条　本办法由省建设厅负责解释。

第三十条　本办法自颁布之日起施行。

附件2：

（样　表）

二〇〇　年度

河南省建筑施工企业安全生产评价表

填报单位：____________________

填报日期：____________________

河南省建设厅监制

填表说明

1. 此表由企业自评填写后，于考核年度次年的 1 月 10 日前上报企业所在地市、县(市)建设行政主管部门委托的建筑安全生产评价机构(部门)。

2. 各市、县(市)建设行政主管部门委托的安全生产评价机构(部门)按照《河南省建筑施工企业安全生产评价暂行办法》对企业进行审查，做出年度安全生产评价结论，并于 2 月底前将评价结果报省建设厅核准备案。县(市)建设行政主管部门将初评意见报上级主管部门核定。

3. 各级建筑安全评价机构(部门)在做出评价结论时，除评定等级外，还应对企业本考核年度安全生产管理状况进行概括性评述，指出主要问题，提出改进意见。

4. 本表一式四份，核定等级后由施工单位、县(市)和市级建设行政主管部门及建设厅各存一份。

<table>
<tr><td colspan="2">企业名称</td><td colspan="2"></td><td>电 话</td><td></td></tr>
<tr><td colspan="2">详细地址</td><td colspan="2"></td><td>邮 编</td><td></td></tr>
<tr><td colspan="2">企业性质</td><td colspan="2"></td><td>企业等级</td><td></td></tr>
<tr><td colspan="2">法定代表人</td><td colspan="2"></td><td>从业人数</td><td></td></tr>
<tr><td colspan="2">安全管理机构</td><td colspan="2"></td><td>企业安全负责人</td><td></td></tr>
<tr><td colspan="2">主管部门</td><td colspan="2"></td><td>成立时间</td><td></td></tr>
<tr><td colspan="2">安全生产许可证编号</td><td colspan="4"></td></tr>
<tr><td colspan="6">安全生产评价情况（依照 JGJ/T 77—2003）</td></tr>
<tr><td colspan="2" rowspan="2">评价情况
内容</td><td colspan="2">企业自我评价</td><td colspan="2">安全评价机构（部门）评价</td></tr>
<tr><td>实得分
（满分 100 分）</td><td>单项评价等级</td><td>实得分
（满分 100 分）</td><td>单项评价等级</td></tr>
<tr><td rowspan="4">安全生产条件单项评价</td><td>安全生产管理制度分项评分</td><td></td><td rowspan="4"></td><td></td><td rowspan="4"></td></tr>
<tr><td>资质、机构与人员管理分项评分</td><td></td><td></td></tr>
<tr><td>安全技术管理分项评分</td><td></td><td></td></tr>
<tr><td>设备与设施管理分项评分</td><td></td><td></td></tr>
<tr><td colspan="2">安全生产业绩单项评价</td><td></td><td></td><td></td><td></td></tr>
</table>

<table>
<tr><td>安全生产能力
综合评价等级</td><td colspan="2"></td><td></td></tr>
<tr><td>当年竣工项目
安全生产评价情况</td><td>当年竣工
工程数(个)</td><td></td><td>其中 优 良: 个 % 合格: 个 %
不合格: 个 %</td></tr>
<tr><td>年度安全事故
及其他情况</td><td colspan="3"></td></tr>
<tr><td>施工单位
自评意见</td><td colspan="3">负责人(签字): (公章)
年 月 日</td></tr>
<tr><td>县(市)建设
行政主管部门
初评意见</td><td colspan="3">负责人(签字): (公章)
年 月 日</td></tr>
<tr><td>市级建筑安全
评价机构(部门)
评价意见</td><td colspan="3">负责人(签字): (公章)
年 月 日</td></tr>
<tr><td>市级建设行政
主管部门评价结论</td><td colspan="3">(公章)
年 月 日</td></tr>
<tr><td>省建设厅
核准结论</td><td colspan="3">(公章)
年 月 日</td></tr>
</table>

河南省建设厅关于进一步加强建设工程施工许可管理工作的通知

(豫建建[2006]188号,2006年8月19日)

各省辖市建委(局)、各扩权县(市)建委(局):

为认真贯彻落实《建筑法》和《建设工程质量管理条例》等法律法规的有关规定,调动社会各方面力量进一步加强节能工作,规范建筑市场秩序,维护工程建设当事人的合法权益,做好建设工程施工许可前安全生产条件的审查,确保施工安全,依据《国务院关于加强节能工作的决定》和《建筑工程施工许可证管理办法》(建设部令71号)及关于贯彻《国务院办公厅关于切实解决建设领域拖欠工程款问题的通知》的实施意见(建市[2004]1号),结合我省的实际,就进一步加强建设工程施工许可管理工作通知如下。

一、建设单位申请领取施工许可证,除具备《建筑工程施工许可证管理办法》(建设部令71号)第四条要求的条件外,各地市建设行政主管部门应重点审查:一是由建设行政主管部门认定的施工图审查机构出具的审查合格书及审查合格的建筑节能备案表;二是建设单位是否存在拖欠工程款。凡是达不到节能设计标准要求和建设单位仍存在拖欠工程款问题的一律不颁发建筑工程施工许可证。

二、凡申请办理施工许可的工程,各级建设行政主管部门应组织进行现场踏勘,但面积小于1 000 m^2 或投资额小于100万元的小型房屋建筑、内部装修改造工程和非城市主干道的市政管线工程,可视情况决定是否进行现场踏勘。

三、工程现场踏勘工作,应遵循高效、便民、公开、廉洁的原则。现场踏勘时不得少于两名踏勘人员。各级建设行政主管部门应自受理建设单位施工许可申请材料之日起3个工作日内指派工作人员完成现场踏勘工作。

现场踏勘人员应提前将踏勘安排告知建设单位有关负责人,通知其准备好相关资料,以提高工作效率,到达施工现场后,应主动出示证件。

四、踏勘人员需要对施工现场的以下情况进行踏勘:

(一)施工现场拆迁进度是否符合施工要求,施工区域内地上建筑物是否全部拆除,是否具备开工条件。

(二)施工现场是否制定了安全防护措施:

1. 现场周边是否按规定设置了合格的围挡。

2. 建设单位是否向施工单位提供了各类地下管线资料,并制定了安全保护措施。

3. 施工现场空中区域是否有高压线等空中架设障碍物的存在。

4. 对因施工活动可能给毗邻建筑物造成影响的,是否已要求施工单位制定了安全防护措施。

5. 施工现场供水和排水、电力以及施工道路是否满足施工要求,并平整了施工场地。

（三）是否存在违法提前开工行为。

五、踏勘人员应认真填写《工程现场踏勘情况记录表》，如实记录施工现场情况，如需对现场进行拍照的，照片不少于两张并能反映现场全貌和规划区域内地貌状况。

《工程现场踏勘情况记录表》填写完毕后，应由建设单位负责人和踏勘人员当场签字确认。

六、对进行现场踏勘符合施工许可条件的，要按规定及时发放施工许可证，工程现场不具备施工条件，应按规定作出不予行政许可决定；存在违法开工行为的，在按不予行政许可处理的同时，移交执法部门依法进行行政处罚，并将有关责任单位和责任人记入不良行为记录。

七、踏勘人员应做到文明踏勘，真实准确地记录现场情况，严格遵守廉政纪律，严禁利用职务之便吃、拿、卡、要或人为设置障碍等违法违纪行为，对在工作中弄虚作假、徇私舞弊行为，一经查实，给予行政处分。

八、各级建设行政主管部门应高度重视此项工作，结合通知精神，制定工作程序和健全监督机制，并公布监督电话，把此项工作抓好落实。

附件：工程现场踏勘情况记录表

附件：

工程现场踏勘情况记录表

年　月　日

<table>
<tr><td>建筑单位</td><td colspan="2"></td><td>负责人</td><td></td><td>职务</td><td colspan="2"></td></tr>
<tr><td>工程名称</td><td colspan="2"></td><td>建筑面积</td><td></td><td>结构形式</td><td colspan="2"></td></tr>
<tr><td>工程地点</td><td colspan="4"></td><td>投资金额</td><td colspan="2"></td></tr>
<tr><td rowspan="2">联系人</td><td rowspan="2"></td><td rowspan="2">职务</td><td rowspan="2"></td><td rowspan="2">联系方式</td><td>手机</td><td colspan="2"></td></tr>
<tr><td>固定电话</td><td colspan="2"></td></tr>
<tr><td rowspan="7">现场踏勘情况记录</td><td colspan="3">内容</td><td colspan="3">踏勘记录</td><td>备注</td></tr>
<tr><td colspan="3">1. 施工区域内地上物是否全部拆除</td><td colspan="3"></td><td></td></tr>
<tr><td colspan="3">2. 建设单位是否向施工单位提供了各类地下管线资料，并制定了安全保护措施</td><td colspan="3"></td><td></td></tr>
<tr><td colspan="3">3. 按规定是否设置了合格的围挡，施工现场是否有高压线等空中架设障碍物的存在</td><td colspan="3"></td><td></td></tr>
<tr><td colspan="3">4. 施工活动是否能给毗邻建筑物造成影响，是否制定了安全防护措施</td><td colspan="3"></td><td></td></tr>
<tr><td colspan="3">5. 施工现场“三通一平”是否完成</td><td colspan="3"></td><td></td></tr>
<tr><td colspan="3">6. 是否违法提前开工</td><td colspan="3"></td><td></td></tr>
<tr><td colspan="3">建设单位意见</td><td colspan="3">现场踏勘意见</td><td colspan="2">审查意见</td></tr>
<tr><td colspan="3">负责人签字：
年　月　日</td><td colspan="3">踏勘人员签字：
年　月　日</td><td colspan="2">年　月　日</td></tr>
</table>

此表一式两份，建设单位、施工许可证发证部门各执一份。

河南省建设厅关于建筑施工企业、监理企业法定代表人组织开展企业安全讲课活动的通知

（豫建建[2006]248号,2006年12月1日）

各省辖市建委(局)、各扩权县(市)建委(局):

为了进一步落实企业安全生产主体责任,促进建筑施工企业、监理企业提高安全意识,强化安全生产管理,遏止重大安全事故的发生,决定在全省范围内开展企业法定代表人讲安全生产课活动,现将本次活动的有关事宜通知如下。

一、活动范围

全省各级各类建筑施工企业、监理企业,包括中央驻豫企业、外省进豫企业。

二、活动内容

(一)宣传讲解安全生产的方针政策、法律法规;

(二)宣传讲解政府及建设行政主管部门对安全生产工作的部署和要求;

(三)安全生产警示教育、形势教育、法纪教育;

(四)分析本企业安全生产存在的突出问题和薄弱环节;

(五)宣传企业安全文化,部署安排本公司安全生产的目标、任务、措施和要求,贯彻本企业安全生产规章制度;

(六)其他企业确定需要讲解的内容。

三、活动时间

2006年年底前组织一次,以后每年组织不少于2次。

四、活动方式

各企业法定代表人(或主持全面工作的负责人)必须亲自讲课,此外,如需增加安全专业技术知识的可由分管安全负责人或安全专职人员讲课,但不得以专业技术知识讲课代替法定代表人讲课。根据本公司情况可分层次、分批次进行讲课。规模较大的企业和规模较大的工程可在企业和工地开办培训学校、夜校,定期、不定期组织安全讲座。

五、授课对象

本企业与安全生产相关的人员。

六、活动要求

（一）企业法定代表人组织安全生产讲课是落实企业法定代表人第一安全生产责任的重要措施，也是强化企业安全生产管理、落实企业主体责任的重要手段，同时，也是管理创新的重要探索。各级建设行政主管部门和相关企业要切实提高对开展这次活动的认识，认真研究部署此项工作，建立定期讲课制度，扎实有效地开展此次活动。

（二）各建筑施工企业、监理企业法定代表人要组织班子成员认真研究制定活动方案，做好充分准备，精心组织实施，确保活动取得实效，严禁走形式、走过场。

（三）各施工企业、监理企业要对活动内容进行录音、摄像和录像并及时将活动情况写成书面材料报当地建设行政主管部门。各地建设行政主管部门确定15%的企业并派人参加企业活动（特别是中小型企业），对未直接参加的企业除报送书面材料外，要抽听抽看活动的录音、录像资料。

（四）各级建设行政主管部门要加强对此项活动开展情况的检查监督，在今后检查中要将其作为一项内容，对组织认真、活动扎实的单位和法定代表人将给予表彰，对于领导不重视、活动不认真，走形式、走过场的企业和法定代表人要给予通报批评，并做出严肃处理。

（五）各级建设行政主管部门要注意发现此项工作开展好坏两方面的典型，并收集该单位活动的音像资料，省厅将建立此项活动音像库。

（六）各省辖市建设行政主管部门要对此项工作的组织开展写出专题汇报，报省建设安全监督总站。今年的活动情况于2007年1月底前上报，以后每年的活动情况分别于每年的7月10日和12月30日上报，省厅将此项工作的开展情况列入年度安全生产考核的内容。

河南省建设厅关于印发《河南省建筑市场信用管理试行办法》的通知

（豫建[2007]41号,2007年5月12日）

各省辖市建委(局)、各扩权县(市)建委(局)：

为构建全省建筑市场信用体系,营造诚实守信的市场环境。现将《河南省建筑市场信用管理试行办法》印发给你们,请贯彻执行,执行中有关问题请与省厅建筑管理处联系。

附件：

河南省建筑市场信用管理试行办法

第一章 总 则

第一条 为构建全省建筑市场信用体系,营造诚实守信的市场环境,依据有关法律、法规和《国务院办公厅关于社会信用体系建设的若干意见》、建设部《关于加快推进建筑市场信用体系建设工作的意见》、《建筑市场诚信行为信息管理办法》和河南省人民政府《关于加强全省社会信用体系建设的指导意见》,结合我省实际,制定本办法。

第二条 对建筑市场各方主体及其从业人员进行信用信息采集、记录、公布、存储、使用和利用信用信息进行评价、管理等活动,适用本办法。

第三条 本办法所称建筑市场主体包括：

(一)在本省行政区域内从事建设活动的企业法人及其他经济组织,包括建设(房地产开发、代建单位)、勘察、设计、施工、监理、招标代理、造价咨询、施工图审查、检测试验机构及构配件、预拌混凝土生产或供应企业及其他相关单位(以下统称“企业”)。

(二)在本省行政区域内从事工程建设活动的各类注册执业人员、项目经理、监理人员、检测人员、招标代理从业人员、评标专家及其他相关人员(以下统称“个人”)。

第四条 本办法所称信用信息是指用于识别企业、个人身份、反映企业经济状况、履约能力、财务状况、商业信誉及建设行政主管部门、专业管理部门和社会组织依法对市场各方主体、从业人员履行职责过程中产生的与信用行为有关的信用记录和信用状况的数据、资料。

第五条 省级建设行政主管部门负责全省建筑市场信用建设的监督与管理、制定本省建筑市场信用的总体框架、实施方案、信用标准；建立和完善失信惩戒、准入清出制度；构建与工商、金融、税务、工程担保等有关部门信用信息资源共享以及市场联动机制。

各省辖市、县(市)建设行政主管部门负责构建本地区信用建设协调机制，明确分管领导、牵头机构和具体业务承办单位，落实工作责任，实施整体联动。对辖区内参与工程建设的各方责任主体的信用行为进行检查、记录、整理、保全、发布、上报。具体工作由各市确定的牵头机构负责(以下简称信用管理牵头机构)。

行业协会协助政府主管部门做好信用行为记录、信息发布、信用评价等工作，推进建筑市场动态监管；完善行业内部监督和协调机制，建立以会员单位为基础的自律维权信息平台，加强行业自律，提高企业及从业人员的信用意识。

信用征信和评价机构在建设行政主管部门的监管和行业协会的指导下，开展建设行业信用研究，掌握市场各方责任主体的经营管理情况，有针对性地提出市场信用征信和评价建议，依法从事建筑市场信用信息咨询、征信和信用评价等业务，参与构建市场化的信用征信和评价机制。

第六条 信用信息征集、披露、使用及开展相关评价服务活动，应当遵循合法、公开、公正、准确、及时的原则，维护社会公共利益和企业、个人的合法权益。

第二章 信用信息征集

第七条 建筑市场主体信用信息系统由企业基本信息、良好信用信息、不良信用信息、评价信息等内容组成。

第八条 基本信息包括：

(一)企业登记注册基本状况。

(二)企业法人代表、经理、技术负责人、财务负责人、经营负责人及资质标准中要求的主要执业人员及从业人员的状况；上市公司法人代表及董事、监事、经理及有关高级管理人员的状况。

(三)企业取得的专项许可、技术专利、科技成果。

(四)企业主项及增项资质类别及等级；行政机关依法对企业进行专项或者周期性检验、检测结果。

(五)企业的经营状况。

(六)企业的信用及其评估记录。

(七)依法登记的其他有关企业身份的情况。

(八)从业人员的基本状况，包括以下内容：

1. 从业人员的身份证明及履历；

2. 从业人员的资格证；

3. 从业人员的执业注册状况及持证上岗状况；

4. 从业人员的工作业绩；

5. 依法登记的其他有关身份情况；

6. 从业人员的劳动合同签订及缴纳社会保险情况。

第九条 良好信用信息包括：

(一)企业及其法定代表人、主要负责人、从业人员受到市级(含市级)以上有关表彰情况;

(二)企业和从业人员个人获得的市级(含市级)以上工程建设类奖项;

(三)被金融机构评定为“A”类以上的信用等级;

(四)建设行政主管部门认为可以记录的有关企业及从业人员的其他良好信用行为。

第十条 不良信用信息包括:

(一)违反工程建设法律、法规、规章及规范性文件的行为;

(二)违反合同管理、劳动用工、环境保护、工程担保、城市建设管理等有关法律、法规的行为;

(三)企业拖欠工程款、职工工资(含农民工工资)、社会保险费数额较大且造成不良社会影响的行为;

(四)以商业贿赂或其他不正当手段扰乱市场秩序的行为;

(五)发生等级以上质量和安全事故行为;

(六)各级建设行政主管部门、专业主管部门和执法部门依法认定记录的其他不良行为。

第十一条 工程建设各方主体及从业人员的不良行为应经过下列法律文书或其他文件之一认定:

(一)已生效的判决书或仲裁裁决书;

(二)已生效的行政处罚决定书;

(三)各级建设行政主管部门、专业主管部门及相关执法部门签发的责令整改通知书、通报批评及不良行为记录等;

(四)经有关职能部门或机构查证,并做出处理决定的文书;

(五)经媒体披露、查实的不良行为事实认定文书或文件。

第十二条 信用信息的征集,采用企业自行申报、主管部门、行业协会、中介机构提供等多种方式。企业的身份信息由企业自行申报;主管部门提供的信息,包括各级政府部门组织的各类执法检查、督察和举报、投诉等结论,由各市信用管理牵头机构负责整理上报;行业协会、中介机构应主动向省、市信用管理部门提供信用信息。提供信息的单位对其提供的信息内容的真实性负责,各市信用管理牵头机构应对采集信息的合法性和完整性负责。

第十三条 信息采集和记录按照下列规定进行:

(一)企业及其从业人员的基本信息,由企业自行上报,经各市信用管理机构审核录入信用信息系统;

(二)生效的行政处罚决定书、法院判决书和仲裁裁决书、相关管理部门发出的通报批评文件或责令整改通知书、相关管理部门在日常检查中发现及根据举报、投诉核实的企业及从业人员不良行为,由各市信用管理牵头机构认定后录入不良信用信息系统;

(三)征信活动中涉及的金融机构、行业组织、公用事业单位及中介组织掌握的企业及从业人员信用信息,原则上由信息掌握部门向各市信用管理牵头机构提供,申请信用信息公开的企业和个人也可自行提供,但须经各市信用管理牵头机构审核确认后,录入信用信息系统；

（四）各市信用管理牵头机构应将经记录认定的信用信息、评估信息记入相应的信用信息系统，同时载入相应的企业及从业人员的身份信息中。

第十四条 企业信用信息实行零报告制度，各市信用管理牵头机构于每月5日前将已生效的信用信息对口上报省建设行政主管部门信用信息管理机构。中央和外省进豫企业的信用行为记录由其项目所在地建设行政主管部门负责采集、审核、记录、汇总和公布，逐级上报，同时向企业工商注册地建设行政主管部门通报。

第三章 信用信息公示与使用

第十五条 省、市建筑市场主体信用信息数据库由公示信息数据库、记录信息数据库和存储信息数据库组成。需要公示的信息，可在相关数据库中提取，但必须符合公示条件。

第十六条 公示信息包括：

（一）行政机关、行政事务执行机构、司法机关在行使职权过程中形成的可供公众查阅的公共记录信息；

（二）在信贷、赊购、缴费支付、合同履行、工程担保等活动中形成的不良信用信息；

（三）已经公开的信用信息；

（四）其他不涉及法律规定保密的信用信息；

（五）信用信息系统中的身份信息、不良信用信息、良好信用信息的内容。

公示信息在建设行政主管部门指定的信用信息网站上公开，任何组织和个人都可以登录查询。

第十七条 公示信息期限及程序按下列规定设定：

（一）身份信息，企业的记录期限自企业取得资质（格）证书之日始至企业终止时止，个人的记录期限自取得执业（从业）资格之日始至资格失效或放弃资格时止；

（二）不良行为记录信息的公布时间为行政处罚决定做出后7日内，公布期限一般为6个月至3年，对违规行为轻微不予处罚的通报文件，公布期限为3个月；

（三）良好行为记录信息公布期限为3年，法律、法规另有规定的从其规定；

（四）记录信息期满后，系统自动解除记录，并转入存储信息数据库永久保存。

已提供并公示的信用信息变更或者失效的，各市信用管理牵头机构应当在信息变更或者失效之日起及时提供修改、删除的意见。

第十八条 企业信用信息的录入、更改、增加、删除，必须以具有法律效力的文书和行政文件为依据。信用管理机构和信息发布机构不得擅自更改企业信用信息。

第十九条 提供信息的行政管理部门和执法部门可以通过政务专网登录省、市建设信用信息系统，提供或者查询信息，实现企业信用信息资源共享。工程建设活动中五大责任主体使用企业信用信息实行会员制度，并通过协议形式，确定双方应享有的权利和义务关系等相关内容，实行“有偿服务”。

第四章 信用信息平台建设与维护

第二十条 各级建设行政主管部门应建立以市场、招标投标、工程质量、安全、造价咨询、执法机构等和行业协会间的联动机制；相关业务部门应对工程建设中违法违规行为的日常处罚决定和不良行为记录及时整理，并按照各自权限通过市场监管信息系统及时上网记录，形成基础性信用信息，为信用评价提供信息保障。

第二十一条 依托有形建筑市场的资源优势，建立全省建筑市场信用档案数据库和行业统一的信用信息发布平台。信用信息发布平台的日常维护由各市有形建筑市场（建设工程交易中心）负责。

第二十二条 各市建设行政主管部门及牵头机构应当建立严格的管理制度，采取必要的技术措施，科学设置信用信息数据库的访问权限，保证信用信息系统的运行安全；定期对信用信息数据库进行备份，防止信息丢失。

第二十三条 存储的信息公示时效已到期的，作为资料档案在数据库中永久性保存，仅供建设行政执法部门、各行业协会和信用评价中介机构有特殊需要时查询。

第二十四条 各级建设行政主管部门和有关单位在日常监督管理、企业资质等级评定、质量安全、招标投标、工程担保以及评先评优和周期性检验等工作中，应参照企业信用信息和个人信用信息记录，作为依法管理的依据。

第二十五条 企业认为本企业信息与事实不符的，可以向原提供信用信息的部门或机构提出变更或者撤销记录的申请，对经审核符合变更和撤销条件的，原提供部门应当及时上传并按有关规定办理变更和撤销手续。

原提供信用信息的行政管理部门做出维持原记录决定的，要在做出决定后五个工作日内告知申请人。

第五章 信用评价机构

第二十六条 省建设行政主管部门将按照“统筹规划，合理布局、规模适度、择优选用”的原则，认定相应数量的评价机构（具体标准另行制定），确保信用评价工作的客观性、公正性和权威性，避免信用评价间的过度竞争。

未经省建设行政主管部门认定的信用评价机构所出具的评价结果，不予认可和使用。

第二十七条 信用评价机构申报资格程序：

（一）由申请人提出申请；

（二）提交相关资料；

（三）由建设厅委托有关机构组织审查，对符合条件的信用评价机构报建设厅核准认定；

（四）颁发《河南省建筑市场信用评价资格证书》。

第二十八条 从事信用评价业务的机构应遵循以下原则：

（一）依法评价原则。按照国家有关法律、法规、政策和建设行政主管部门的有关规定，开展信用评价业务；

（二）客观公正原则。根据独立、公正、客观、科学的原则，设定信用评价体系，采用宏观与微观、动态与静态、定量与定性相结合的科学分析方法，确定被评价对象的信用等级；

（三）程序公开原则。严格依据公开的评价方法和程序，独立开展信用评价工作，保证信用评价的公正性、准确性、完整性、权威性，信用评价结果不受任何单位和个人的影响；

（四）回避原则。信用评价机构和评估人员如与被评价对象有利益关系的，应当回避。

第六章 信用综合评价

第二十九条 建立以政府监督调控、行业协会管理、中介机构信用等级评价的信用管理体系。以企业良好信用信息、不良信用信息、企业素质和经营能力等情况为评价指标，实行定量与定性相结合的综合评价方式。

第三十条 企业信用等级评定分为 AAA 级、AA 级、A 级、B 级四个级别。AAA 级信用企业表示企业信用度优，AA 级信用企业表示企业信用度良，A 级信用企业表示企业信用度处于一般水平，B 级信用企业表示企业信用度差。

第三十一条 企业信用等级评价结果，由信用评价机构报建设厅委托的有关机构进行审查公示后，颁发信用等级证书。

第三十二条 信用评价机构应当建立企业信用档案，并对企业的信用状况进行动态跟踪，帮助企业不断提高管理水平。

第三十三条 对良好行为和不良行为记录实行加、扣分制，并作为信用评价的重要依据。良好行为的加分标准参照《河南省建筑市场信用等级评定细则》执行；不良行为的记分标准参照建设部《建筑市场诚信行为信息管理办法》和《河南省工程建设与建筑业不良行为记录和公示管理办法（试行）》执行。

第三十四条 “A”、“B”信用等级证书有效期为一年；“AAA”、“AA”信用等级证书有效期为两年，期间采用年度审核方式，由原信用评价机构组织对获证企业实施动态复审，并将复审结果报建设厅委托的有关机构。对复审中发现降低信用等级标准的企业，由建设厅委托的有关机构做出重新核定或取消原信用等级的决定，报省建设行政主管部门备案后予以公示。

第三十五条 有下列情形之一的，应降低或取消企业的信用等级：

（一）企业法定代表人因重大违法行为被判有期徒刑及以上刑罚的；

（二）在信用等级评定有效期内发生三级（含三级）以上工程质量安全事故的；

（三）在信用等级评定有效期内不良行为记录在一个记分周期内累计达 10 分以上的；

（四）企业未通过工商年检或未参与资质动态考核的；

（五）因违法违规在社会上造成重大影响的；

（六）法律法规规定的其他情形。

第七章 监督管理

第三十六条 按照建设部“政府启动、市场运作、权威发布、信息共享”的基本原则，严格规范我省建设信用评价中介机构行为，实行政府监管、协会指导、社会中介机构信用评价、评级结果统一发布的管理机制。

第三十七条 对信用评价机构实行动态管理，每年进行一次考核，具体工作由建设厅委托的有关机构实施，并报省建设行政主管部门备案。

第三十八条 信用评价机构有下列情形之一的，取消其评级资格并予以公示：

（一）信用评价机构经营中有重大违法、违规行为的；

（二）信用评价机构出具虚假评估报告的；

（三）在评价活动中收受被评价单位不正当钱物及其他好处的；

（四）在年度内评价活动中，受到被评价单位三次以上投诉且经查证属实的；

（五）在经营期间随意降低评价标准或有重大不诚信行为的；

（六）不按规定参加培训或年度考核的；

（七）法律法规规定的其他情形。

第三十九条 各级建设行政主管部门对获得不同信用等级的企业，实行“差异化”管理，并作为分级管理的依据。

对取得“AAA”信用等级的企业以支持发展为主，鼓励其做强做大、创优，实施简化监督和低频率检查，实行以下信用激励机制。

（一）建设单位在新项目开发、建设手续办理过程中可免予工程款支付担保或缴纳民工工资保证金；

（二）在申请办理登记、资质资格认定、对外施工或设立分支机构等涉及资质资格的日常管理中可免予审查；

（三）对部分规模较大、列为重点扶持的企业实行“一级管理”，重点跟踪服务；

（四）在各综合类评比表彰中，予以优先推荐；

（五）参加政府工程建设项目的投标，业主可免予资格审查；

（六）依法可提供的其他政策扶持或帮助。

对取得“AA”信用等级的企业要以帮扶、督促与监管并重，实施常规监督和适度频率的检查，实行以下信用预警机制。

（一）建设单位在新项目开发、建设手续办理过程中工程款支付担保、民工工资保证金可减半缴纳；

（二）在申请办理登记、资质资格认定、对外施工或设立分支机构等涉及资质资格的日常管理中可作程序性、备案性查验；

（三）参加政府工程建设项目的投标，业主可免予或简化资格审查；

（四）依法可提供的其他政策扶持或帮助。

对取得“A”信用等级的企业以防范与监管并重，实施强化监督和较高频率的检查，实行以下信用限制机制。

（一）在申请办理登记、资质资格认定、对外施工或设立分支机构等涉及资质资格的日常管理中予以严格审查；

（二）列入专项检查的重点监管对象；

（三）定期进行建设法律法规培训；

（四）根据企业违法失信性质及情节，不定期向社会公示其违法失信行为；

（五）不受理其晋升资质等级或增加资质范围的申请；

（六）参加政府工程建设项目的投标予以必要的限制；

（七）其他方面的防范性措施。

对取得"B"信用等级或未授信的企业以重点防范为主，实施行业重点监管和高频率的检查，实行以下信用惩戒机制。

（一）对建设单位在其新项目开发、办理各项建设手续过程中视情节予以必要的限制，提高工程款支付担保、民工工资保证金缴纳比例；

（二）对勘察、设计、施工、监理单位、招标代理机构将给予通报批评或视情节限制其投标资格及招标代理业务三个月、半年、一年；

（三）在申请办理登记、资质资格认定、对外施工或设立分支机构等涉及资质资格的日常管理中予以限制和重点审查；

（四）列入专项检查的重点监管对象；

（五）进行强制性建设法律、法规培训；

（六）根据单位违法失信性质及情节，不定期向社会公示其违法失信行为；

（七）不允许参加政府工程建设项目的投标；

（八）不受理其晋升资质等级或增加资质范围的申请；根据资质管理规定需重新核定资质等级的，建议资质管理机构重新核定其资质等级；

（九）其他方面的重点防范措施。

第四十条 中央和外省进豫企业从事工程建设活动备案时，应出具企业所在地相关部门及有关机构信用评价证书。有下列情形之一的不予办理进豫备案：

（一）信用评价达不到良好等级的；

（二）近两年内发生三级以上（含三级）质量安全事故的；

（三）近两年内受到省级以上建设行政主管部门（含省级）通报批评或行政处罚的；

（四）有重大不良行为记录的；

（五）建设行政主管部门认定的其他违法违规情形。

第四十一条 各级建设行政主管部门及其承办机构，应建立信用信息管理责任追究机制，对不按本办法规定采集、记录、整理、发布、上报、更改、撤销信用信息的行为，应进行责任追究。

第八章 附 则

第四十二条 本办法自发布之日起施行。以往文件相关规定与本办法不一致的，以本办法为准，法律法规有规定的，从其规定。未尽事宜，参照建设部《建筑市场诚信行为管理办法》执行。

第四十三条 中央和外省进豫企业的信用管理参照本办法执行。

第四十四条 本办法由河南省建设厅负责解释。

河南省建设厅关于进一步加强劳务分包市场管理工作的通知

（豫建建[2007]68号,2007年4月29日）

各省辖市建委(局)：

为维护建筑市场秩序,规范劳务分包行为,提高建筑业企业和劳务队伍的整体素质,确保工程质量和安全生产。根据建设部《关于建立和完善劳务分包制度、发展建筑劳务企业的意见》(建市[2005]131号)的要求,结合我省实际,现就进一步加强劳务分包市场管理工作的有关要求通知如下。

一、目标要求

1. 自2007年6月底,凡在我省行政区域内从事建筑活动的特级、一级施工总承包企业和专业承包企业,必须将劳务作业全部分包给有资质的建筑劳务企业,至2008年6月底,所有企业进行劳务分包,必须使用有相应资质的建筑劳务企业,严禁将建筑劳务作业分包给无资质的企业、劳务召集人、带头人或者"包工头"或私招滥雇劳务人员。

2. 各市要在有形建筑市场建设工程交易中心建立和完善劳务分包交易平台。各市建委(局)要对劳务分包合同进行备案,将劳务分包行为全面纳入监管。

二、措施要求

1. 按照省建设厅、省工商局、省地税局联合出台的《关于发展我省建筑劳务分包企业和培育建筑劳务分包市场的指导意见的通知》(豫建建[2004]115号)、河南省建设厅《关于进一步加快发展劳务企业的通知》(豫建建[2005]107号)和河南省建设厅《关于进一步放宽政策 发展劳务企业的通知》(豫建建[2006]111号)文件要求,简化受理、审批程序,放宽建筑劳务分包企业资质条件(可分三年达到资质标准),加快劳务企业发展速度,切实扩大劳务企业的承包范围,鼓励拥有砌筑、抹灰、钢筋工、木工等相关专业资质的劳务企业,承担三层以下(含三层)规模的乡、镇、村民用住宅的建筑施工。

2. 2007年6月底开始,各级建设行政主管部门在办理施工许可时,应按照目标要求的规定,把施工总承包和专业承包企业使用有资质劳务企业情况作为审批条件之一,对达不到要求的,暂缓办理施工许可审批。

3. 施工总承包企业和专业承包企业在将劳务作业分包给有资质的劳务企业时,必须按规定与劳务分包企业签订《建设工程施工劳务合同》,并采用建设部、国家工商总局制定的统一合同文本。劳务分包企业应当到各市建委(局)办理分包合同备案后,凭备案合同及时到税务部门办理完税证明。

4. 各市要按照《建筑法》(简称)、《劳动法》(简称)和建设部《房屋建筑和市政基础设施工程施工分包管理办法》（建设部令第124号）等规定，加大执法查处力度，将违法进行劳务分包、无资质承揽劳务作业、拖欠建筑劳务企业劳务费、拖欠农民工工资等行为作为今后整顿和规范建筑市场秩序的重点，并建立企业和个人信用档案，将检查处理结果纳入承包企业的信用管理。凡被记入不良信用档案的企业，将依法对其在资质晋级、增项、招标、评优等方面给予限制。

三、工作要求

1. 各市要充分认识工作的艰巨性和紧迫性，加强领导，明确目标，落实责任，分步推进。要通过网络、书面文件、会议、座谈等多种途径将精神传达到所辖建筑业企业，特别要求建筑业企业法定代表人、企业经理、项目经理全面掌握，通过各在建工程项目经理将意见精神传达到项目上使用的劳务召集人、带头人或者“包工头”，以及作业人员。

2. 各市要重点对劳务分包行为和施工现场进行规范，要求施工总承包企业率先规范用工行为。要求有建筑劳务输出的县、区率先做好农民工培训，合法、有效、有序组织农民工成建制地参与劳务竞争，对施工总承包、专业承包企业直接雇用农民工，不签订劳动合同，或只签订劳动合同不办理社会保险，或只与无资质的劳务召集人、带头人或者“包工头”签订劳务合同或分包协议等行为，均视为违法用工和违法分包进行严肃处理。

3. 各市要在2007年下半年专门组织执法力量，重点对总承包和专业承包企业使用有资质的建筑劳务企业的情况进行一次检查，省建设厅将组织抽查，并将检查、抽查结果在全省进行通报。

4. 加强经验交流和宣传工作。省厅将择期召开经验交流会议，充分发挥先进地区和企业的示范作用，总结各市及企业劳务分包和劳务用工好的经验和做法，并加强多种形式的宣传、介绍，促进我省建筑劳务企业的健康发展。

河南省建设厅关于进一步做好建筑业农民工工作的指导意见

（豫建建[2007]63号,2007年4月29日）

各省辖市建委(局)：

为了认真贯彻落实《国务院关于解决农民工问题的若干意见》(国发[2006]5号)、《河南省人民政府关于解决农民工问题的实施意见》(豫政[2006]23号)文件精神,结合我省建筑业农民工的实际,在完善农民工政策、管理、服务和维权等方面,提出如下指导意见。

一、做好建筑业农民工工作的指导思想和主要任务

农民工是我国现代化建设进程中涌现的一支新型劳动大军,是推动我国经济社会发展的重要力量。省委、省政府始终把解决农民工问题作为一项重要工作,采取了一系列的措施,维护农民工合法权益,体现了立党为公、执政为民和以人为本的科学发展观。我省农村劳动力资源丰富,随着工业化、城镇化的加快发展,农业劳动力向非农产业和城镇转移,是社会经济发展过程中的普遍趋势。目前我省在转移的农民工中,建设领域约占全省的1/4,是全省吸纳农民工最多的领域,也是外出劳务输出的主力军,是推动全省经济发展的重要力量。因此,做好农民工工作,是构建社会主义和谐社会的客观要求,对于促进改革、发展、稳定和推进工业化、城镇化、现代化建设,保持社会经济健康持续发展具有重要意义。

做好建筑业农民工工作指导思想就是要坚持以邓小平理论和“三个代表”重要思想为指导,全面贯彻落实科学发展观,认真贯彻落实国务院和省委、省政府关于解决农民工问题的文件精神,着力解决建筑业农民工最关心、最直接、最现实的利益问题,维护社会稳定。加强管理与服务有机结合,为和谐河南建设,实现全省人民富裕安康多做贡献。

做好建筑业农民工工作的主要任务：一是不断完善预防和解决拖欠工程款和农民工工资的长效机制,维护施工企业和农民工的合法权益。二是监督企业严格执行《工资支付条例》,维护农民工获得劳动报酬的权利。三是督促企业依法为农民工缴纳各项社会保障费,帮助农民工解决生活困难和问题,维护农民工社会保障权利。四是检查企业落实劳动安全卫生法律法规,改善劳动安全卫生状况,保障农民工身体健康和生命安全,维护农民工劳动安全卫生权利。五是加强企业民主管理,落实农民工的知情权、参与权和监督权,维护农民工民主权利。六是通过各种载体和渠道,广泛开展健康向上、形式多样的群众性文体活动,丰富农民工的精神文化生活,提高农民工的整体素质,维护农民工精神文化权利。

二、采取措施确保按时足额支付农民工工资

建筑业企业对于农民工和其他职工要实行"同工同酬",按时足额支付农民工工资。要严格执行最低工资制度,推行小时最低工资标准,不得低于最低工资标准向农民工支付工资。对实发工资低于最低工资标准或不按时足额支付农民工工资的建筑业企业要责令限期改正。对发生拖欠行为的建筑业企业,要责令其向农民工加付被拖欠工资一定比例的赔偿金。对恶意拖欠、情节严重的,可依法采取责令停业整顿、降低或取消资质等措施予以制裁。

三、进一步完善农民工工资保证金制度

各市可结合本地实际,在建设领域农民工工资保证金制度的基础上,引入激励机制。对在三年清欠工作中无拖欠行为或解决拖欠问题较好的施工企业,在农民工工资保证金的收缴上进行差别化管理,降低收缴比例或采取核准一定的数额应急押金后不再按项目进行收缴。要扩大农民工工资保障金的覆盖范围,省直管项目、各级重点项目以及各类开发区的建设项目,都要实行农民工工资保障金制度。

各市及有关部门要建立受理和解决拖欠农民工工资上访投诉案件的工作制度,严格落实各市政府对本行政区域内拖欠案件和上访投诉问题督办解决的责任,确保投诉案件得到及时处理,避免出现群体上访事件的发生。要创造条件,鼓励、引导和帮助农民工更多地运用法律手段解决问题。

四、建立和完善劳务分包制度

按照建设厅、省工商局、省地税局联合出台的《关于发展我省建筑劳务分包企业和培育建筑劳务分包市场的指导意见》的通知(豫建建[2004]115 号)要求,放宽建筑劳务分包企业资质条件(可分三年达到资质标准),扩大劳务企业在部分专业上的承包范围,同时将劳务企业审批权限下放到各省辖市建委(局)。各市建设行政主管部门要简化受理、审批程序,缩短审批时间,做到随时受理,随时审批。各市对建筑劳务分包市场的建立和发展,要明确地规划,采取目标管理,积极探索和培育建筑劳务分包市场。为规范建筑市场和劳务分包行为,逐步规范和取消零散用工行为,保证农民工的合法权益创造条件。

五、加强建设领域农民工职业技能培训工作

按照《2004~2010 年河南省农民工培训规划》和《中共中央统战部、建设部关于实施"温暖工程李兆基基金建筑业农民工培训"项目的通知》(统发[2007]7 号文,简称"温暖工程")精神,积极开展农民工培训工作。各级建设行政主管部门要切实加强对建筑业农民工职业技能培训工作的指导,配合有关部门做好培训补贴资金的发放、项目管理以及验收工作。要加强"职工教育经费"的收缴和使用管理,对未履行培训义务的企业,各级建设行政主管部门要按照国家的有关规定,提请当地人民政府或经当地人民政府授权,对其采取"职工教育经费"强制提取,用于政府组织的免费培训工作。要积极探索"劳务输出地培训输出,劳务输入地注册使用"的农民工培训使用的有序管理模式,解决农民工培训工作的“瓶颈”问题。要加强建筑劳务输出基地的培训基地建设,完善教学设施,充实师资力量,做好建筑劳务输出的组织、管理、协调和服务工作。

要强化企业培训农民工的责任,对于施工企业招用的农民工没有经过培训的,在上岗前,必须依照规定进行培训,培训费用由施工企业承担。各省辖市建设行政主管部门要根据当地实际情况,对建筑面积或工程造价达到一定规模的工程项目,依托施工现场设立农民工业余学校,由工程项目承包企业负责组建,悬挂“××工地农民工业余学校”标识并组织农民工参加教育培训,专业分包和劳务分包企业要积极配合总承包企业,建设单位也要对农民工业余学校的建设予以支持。农民工业余学校的师资队伍主要由企业负责人、技术管理人员和高技能人员以及各类建设技术(培训)学校(中心)的师资等组成。建设行政主管部门要将农民工业余学校的创建情况,作为企业安全质量标准化工作、优质工程评选的重要指标。

六、切实保障农民工职业安全卫生和劳动保护权益

要严格执行国家和省、市有关职业安全和劳动保护规程及标准。施工企业必须按规定为农民工配备安全生产和职业病防护设施。强化施工企业职业安全卫生的主体责任,对新招用的农民工须告知劳动安全、职业危害事项,发放符合要求的劳动保护用品。对从事高危行业和特种作业的农民工要进行专门培训、持证上岗。要在农民工中广泛开展健康教育,开展预防保健、健康体检等活动。按照《建筑施工现场环境与卫生标准》(JGJ 146—2004)的要求,合理设置施工现场宿舍、食堂、饮水、淋浴、卫生等基本生活设施,积极做好农民工的饮食卫生和防暑降温、防疫等工作。施工现场应为农民工设置办公室、宿舍、食堂、厕所、沐浴间、开水房、文体活动室、密闭式垃圾站(或容器)及盥洗设施等临时设施,食堂应设置在远离厕所、垃圾站的地方,农民工居住区必须与生产区隔离并应符合安全、消防要求。区域内配备满足需要的消防器材或消防水池工具等。施工现场必须建立环境保护、环境卫生管理和检查制度,分区分责,责任到人,并应做好检查记录。有关部门要切实履行职责,严防重大职业安全事故发生。

七、依法维护农民工各项社会保障权益

在当前建筑产品价格仍然执行标准定额取费的情况下,各级建设行政主管部门对业内“社保费”实施统一收取和管理,是为社会统筹提供保障,是我国经济体制转轨过程中的特定产物,是推行社会保障制度的有力助手和有效手段。我省的建筑业从业人数超过400万人以上,这么多的从业人员,其养老、医疗、工伤等问题如不得到妥善解决,没有强有力的社会保障作后盾,势必会带来严重的社会问题。实行“社保费”统收这一改革措施对规范和完善建筑企业养老保险金来源的筹集工作、保证社会和建筑业的稳定发展发挥了积极作用。建筑业作为吸纳就业人数较多的行业,在全面落实党中央、国务院关于解决农民工问题的要求上,在维护企业职工合法权益,尤其是维护农民工合法权益方面负有重要的职责。各级建设行政主管部门要加大对重点项目、旧城改造、开发区工程建设等方面“社保费”的收缴工作力度,明确工程建设各方权利义务,规范“工程造价”概念,确保“社保费”不能因“单列”而从合同价中分离,解决“社保费”减免等不规范行为侵害企业和职

工权益。在当前和今后一个时期内,"社保费"的统一管理不可削弱,要重点在改革完善、加强管理等方面下工夫。

各级建设行政主管部门要积极会同劳动保障部门,结合建筑行业农民工的特点,不断研究完善符合实际的综合保险办法,逐步提高保障水平。按照《建筑法》、《工伤保险条例》的规定和《省劳动和社会保障厅、建设厅关于加强建筑施工企业工伤保险和意外伤害保险工作的通知》、《建设工程安全生产管理条例》的要求,做好施工企业参加工伤保险和意外伤害保险的组织实施工作。要逐步在农民工中,实行"信息卡"制度,"信息卡"记载农民工的培训情况、就业经历、工资发放、用人单位为其缴纳的"社保费"以及工伤保险和意外伤害保险等情况。农民工可以凭"信息卡"在全省范围内,跨地区或跨城乡流动。企业不得使用无"信息卡"的农民工上岗就业。

八、为农民工营造良好的工作环境

各级建设行政主管部门,要根据当前建筑企业中农民工人员队伍状况和特点,按照全总提出的"组织起来,切实维权"的工会工作要求,充分发挥省建设工会的积极作用,最大限度地把农民工吸纳到工会组织中来,在全社会形成理解、尊重、支持、帮助他们的良好氛围。通过指导、协调、督促建筑企业组建工会的工作,依法维护进城务工人员的合法权益,促进建筑企业的健康发展。

深入开展"八荣八耻"教育,提高农民工爱岗敬业、诚实守信,遵守职业准则和社会公德。要引导和组织农民工自觉接受就业培训,接受职业技术教育,提高科学技术文化水平。努力培养科学文明健康的生活方式,适应城市工作、生活的新要求,遵守城市公共秩序和管理规定,为城市的"两个文明"建设做贡献。

要配备文体活动设施,创造业余文化学习和娱乐条件,保证农民工物质、文化生活的需要,不断改善农民工的工作条件和生活待遇。通过开展创建文明工地、评比安全生产"平安杯"活动,并把其作为工程招投标的评标内容之一,使企业重视和改善进城务工人员的生产、生活环境。通过开展评比优秀"工法"和"技术能手"技能竞赛等活动,激励进城务工人员学业务、练技能的积极性。

河南省建设厅关于做好河南省建筑施工企业安全生产许可证延期工作的通知

（豫建建[2007]131号，2007年9月30日）

各省辖市建委（局）、省定扩权县（市）建设局（委）：

为做好我省建筑施工企业安全生产许可证延期工作，根据国务院《安全生产许可证条例》、建设部《建筑施工企业安全生产许可证管理规定》（建设部令第128号）及《关于建筑施工企业安全生产许可证有效期满延期工作的通知》（建质[2007]201号），现将延期工作的有关事宜通知如下。

一、延期对象

持有河南省建设厅颁发建筑施工企业安全生产许可证的各类施工总承包企业、专业承包企业（不含预拌商品混凝土、混凝土预制构件、园林绿化企业）和劳务分包企业。

二、延期条件

（一）建筑施工企业安全生产许可证有效期为三年。建筑施工企业在证书有效期内，符合下列条件，由企业提出延期申请，经企业注册所在地省辖市建设行政主管部门和巩义市、项城市、永城市、邓州市、中牟县、固始县建设行政主管部门（以下简称六个扩权县（市））初审核实，提出意见并报省建设厅核准，换领新的安全生产许可证正本和副本：

1.严格遵守有关安全生产的法律、法规、规章和工程建设强制性标准；

2.未发生生产安全等级事故；

3.未被暂扣过安全生产许可证；

4.未受到各级建设行政主管部门通报批评、处罚、安全生产诚信不良记录，或受到处罚、通报批评、安全生产诚信不良记录的总次数不满3次；

5.已取得安全生产考核合格证的项目负责人数和级别符合企业资质等级标准的要求。

（二）属于下列范围的建筑施工企业，将重新对其安全生产条件进行审查：

1.在安全生产许可证有效期内，发生生产安全等级事故且对事故发生负有责任的；

2.在安全生产许可证有效期内，曾被暂扣过安全生产许可证的；

3.在安全生产许可证有效期内，受到各级建设行政主管部门3次以上（含3次）处罚、通报批评或安全生产诚信不良记录的；

4.企业进行改制、重组的；

5.企业资质等级发生变化的；

6.已取得安全生产考核合格证的项目负责人数量和级别与企业现有资质等级标准要求不一致的；

7. 未在规定时间内提出延期申请的；

8. 省建设厅认为有必要重新审查的。

（三）有下列情形之一的，安全生产许可证不予进行延期：

1. 企业依法终止的；

2. 安全生产许可证、企业资质证依法被吊销的；

3. 申请延期资料有弄虚作假行为的；

4. 依法不予延期的其他情形。

另外，对于预拌商品混凝土、混凝土预制构件、园林绿化等不属于建设部规定建筑施工企业安全生产许可证发放范围的企业，此前已发放过安全生产许可证的，将不再受理延期。

三、延期工作程序及相关资料

我省建筑安全生产许可证延期工作按企业提出申请、省辖市及六个扩权县（市）建设行政主管部门和省直有关厅局初审核实、省建设厅核准换发新证的程序办理。

（一）申请

企业在安全生产许可证有效期满前三个月内，向企业注册所在地省辖市和六个扩权县（市）建设行政主管部门提出延期申请。

1. 不需要重新审查安全生产条件的企业在申请延期时，需提交以下申请材料：

（1）建筑施工企业安全生产许可证延期申请表（附件1）。

（2）建筑业企业营业执照、资质证书、原安全生产许可证、企业“三类人员”安全生产考核合格证书（企业安全生产许可证获准延期之前，“三类人员”安全生产考核合格证书应在有效期之内）复印件（需交验原件，下同）。

2. 需要进行重新审查安全生产条件的企业，除提交上述（1）、（2）两项申请材料外，还需提交以下材料：

（1）各级安全生产责任制和安全生产规章制度目录及文件，操作规程目录；主要包括：

①本企业各部门、各类人员安全生产责任制；

②本企业完备的安全生产管理制度；

③本企业完备的安全生产操作规程。

（2）保证安全生产投入的证明文件（包括企业保证安全生产投入的管理办法或规章制度、年度安全资金投入计划及实施情况）；

（3）设置安全生产管理机构（指企业安全科、处、部）和配备专职安全生产管理人员的文件（包括企业设置安全管理机构的文件、安全管理机构的工作职责、安全管理机构负责人的任命文件、安全管理机构组成人员明细表）；

（4）本企业特种作业人员名单及操作资格证书复印件；

（5）本企业管理人员和作业人员年度安全培训教育材料（包括企业培训计划、培训考核记录）；

（6）从业人员参加工伤保险以及施工现场从事危险作业人员参加意外伤害保险有关证明（参加两个保险的管理办法，当年在建工程统计表和项目缴纳保险费的票据复印件）；

（7）施工起重机械设备检测合格证明（近一年来检测合格证明复印件及汇总表）；

(8)职业危害防治措施(根据本企业业务特点,对可能会导致的职业病种类制定相应的预防措施及为从业人员发放劳动防护用品的管理办法和台账);

(9)危险性较大分部分项工程及施工现场易发生重大事故的部位、环节的预防监控措施和应急预案(根据本企业业务特点,详细列出危险性较大分部分项工程和事故易发部位、环节及有针对性和可操作性的控制措施和应急预案);

(10)生产安全事故应急救援预案(本着事故发生后有效救援原则,列出救援组织人员详细名单、应急救援器材、设备清单)。

3. 申请材料中,除建筑施工企业安全生产许可证延期申请表单列外,其他材料按要求层次和顺序统一装订整齐成册。企业在申请安全生产许可证延期时,需要交验所有证件、凭证原件。

企业应对申请材料内容的真实性负责。

(二)受理

企业注册所在地省辖市和六个扩权县(市)建设行政主管部门负责本区域内建筑施工企业延期申请的受理。

受理延期申请的部门对属于延期范围且申请材料齐全的企业应予以受理;对申请材料不齐全的,应当场或者在5个工作日内以书面形式一次告知企业需要补正的全部内容,企业应及时补正并重新申报;对不属于延期范围或者企业隐瞒有关情况、提供虚假材料的,不予受理。

(三)初审

负责初审的省辖市和六个扩权县(市)建设行政主管部门应对申请延期材料进行初步审核,对需要交验的证件、凭证原件进行查验,在建筑施工企业安全生产许可证延期申请表中签署审核意见并加盖单位行政章后,按以下两种情况分别汇总、报送相应资料至省建设厅行政服务大厅:

1. 对于不需要重新审查安全生产条件的企业,报送《免复核安全生产条件企业安全生产许可证延期汇总表》(附件2)和《建筑施工企业安全生产许可证延期申请表》(附件1)。

2. 对于需要重新审查安全生产条件的企业,报送《需复核安全生产条件企业安全生产许可证延期汇总表》(附件3)、《建筑施工企业安全生产许可证延期申请表》(附件1)和本条款(一)2中所述的全部申报材料(装订成册,所有复印件加盖"与原件核对无误"章)。

其中,涉及交通、水利等有关专业企业申请延期,征得同级有关部门初审同意后审批。

(四)核准

省建设厅负责全省建筑施工企业安全生产许可证延期的核准。

对于不需要重新审查安全生产条件、且经过初审符合规定要求的企业,准予安全生产许可证延期。

对于需要重新审查安全生产条件的企业,省建设厅依据有关法规、规章对企业申请材料进行审查,并随机对企业1到2个在建工程施工现场进行抽查。必要时征求交通、水利等有关部门意见。经重新审查合格的,准予安全生产许可证延期;审查不合格的,不予延期,书面通知企业并说明理由,企业自接到通知之日起应当进行整改,整改合格后可再次提出延期申请。

（五）发证

对于准予安全生产许可证延期的企业，省建设厅通知省辖市及六个扩权县（市）建设行政主管部门和省直相关部门集中交回企业原安全生产许可证的全部正本和副本，并换领新的安全生产许可证正本和副本。延期的安全生产许可证证号不变，副本采用新的样式。

四、办理期限

（一）省辖市和六个扩权县（市）建设行政主管部门自受理之日起，在20个工作日内完成初审，并汇总上报材料至省建设厅行政服务大厅。

（二）省建设厅自受理之日起，分别在20个工作日和45个工作日内，对无需重新审查安全生产条件和需要重新审查安全生产条件的企业作出安全生产许可证准予延期或不予延期的决定。

（三）省建设厅将定期向社会公布全省建筑施工企业安全生产许可证延期以及发放、暂扣、吊销等情况。

五、工作要求

（一）各地建设行政主管部门要高度重视延期工作，切实加强领导，抓紧安排部署，合理规划安全生产许可证延期工作的批次和时间，确保符合条件的企业在安全生产许可证有效期届满之前申领到新的安全生产许可证。

（二）各地要将安全生产许可证延期工作与安全生产的日常管理有机结合起来，以延期工作为契机，进一步规范建筑施工企业安全生产行为和安全生产条件，促使企业建立起自我约束、持续改进的安全生产长效机制，减少和控制生产安全事故，推动全省建筑安全生产形势的稳定好转。

（三）要强化安全生产的动态监管，建立并完善安全信用体系，及时向社会公布本地区安全生产信用信息，实现安全信息在全省建设系统监管职能机构之间的互联、互通和信息共享。

（四）严格安全生产许可证制度，对于安全生产许可证有效期满未办理延期手续继续进行生产的，要按照《安全生产许可证条例》有关规定严肃处理。

（五）在安全生产许可证延期工作中要严格程序、严格标准、严格纪律，提高效率，对有关违法违纪行为，要依照有关规定追究有关人员责任。

（六）请各地将《建筑施工企业安全方面受处理情况明细表》（附件4）于2007年10月30日前报河南省建设厅建管处，以后凡建设行政主管部门对企业进行通报批评、处罚或记入不良记录的应按月上报。

附件1：建筑施工企业安全生产许可证延期申请表

附件2：免复核安全生产条件企业安全生产许可证延期汇总表

附件3：需复核安全生产条件企业安全生产许可证延期汇总表

附件4：建筑施工企业安全方面受处理情况明细表

附件1：

建筑施工企业安全生产许可证延期申请表样式

申请编号： 受理编号：

申请时间： 受理时间：

建筑施工企业安全生产许可证延期申请表

企业名称：____________________

填报日期：____________________

河南省建设厅监制

填表说明

一、本表用于建筑施工企业申请延期安全生产许可证。

二、本表应使用黑色钢笔或签字笔填写,或使用计算机打印,字迹要工整,不得涂改。

三、申请编号、申请时间、受理编号、受理时间由发证机关填写,本表第一至第六部分由企业填写。第六部分填写企业在安全生产证书有效期内安全生产有关情况。表中"证书有效期"一栏,请填写证书有效期的截止时间。企业应如实逐项填写,不得有空项。如遇没有的项目请填写"无"。

四、本表一律用中文填写,数字均使用阿拉伯数字。

五、本表在填写时如需加页,一律使用 A4 型纸。

六、企业在申请时,需要交验申请材料中有关证件、凭证原件。

七、本表可在河南省工程建设信息网(www. hngcjs. net)下载后用 A4 型纸打印。

企业法定代表人声明

本人　　　（法定代表人）　　　　　　　　（身份证号码）郑重声明，本企业填报的《建筑施工企业安全生产许可证延期申请表》及申请材料的全部内容是真实的，无任何隐瞒和欺骗行为。本企业此次申请延期建筑施工企业安全生产许可证，如有隐瞒情况和提供虚假材料以及其他违法行为，本企业和本人愿意接受建设主管部门及其他有关部门依据有关法律法规给予的处罚。

企业法人代表：
（签名）　　　　　　　　　　　　　　（企业公章）
年　　月　　日

一、企业基本情况

企业名称			
注册地址（邮编）			
营业执照注册号			
经济类型		设立时间	
联系电话		传真电话	
电子邮箱		职工年平均人数	
安全生产许可证编号		证书有效期	
资质类别及等级（已办理资质的填写）	主项资质		
	增项资质		
	资质证书编号		

二、企业主要负责人简况

法定代表人					
姓 名		性 别		最高学历	
职 务		职 称		专 业	
固定电话				移动电话	
安全生产考核合格发证单位				发证时间	
证书编号				证书有效期	
经 理					
姓 名		性 别		最高学历	
职 务		职 称		专 业	
固定电话				移动电话	
安全生产考核合格发证单位				发证时间	
证书编号				证书有效期	
分管安全生产副经理					
姓 名		性 别		最高学历	
职 务		职 称		专 业	
固定电话				移动电话	
安全生产考核合格发证单位				发证时间	
证书编号				证书有效期	

三、项目负责人简况

序号	姓名	级别	专业	安全生产考核合格情况			
				发证单位	发证时间	证书编号	证书有效期

四、专职安全生产管理人员简况

安全管理机构负责人					
姓 名		性 别		最高学历	
职 务		职 称		专 业	
固定电话				移动电话	
安全生产考核合格发证单位				发证时间	
证书编号				证书有效期	

专职安全生产管理人员						
序号	姓 名	专 业	安全生产考核合格情况			
			发证单位	发证时间	证书编号	证书有效期

注:本表应包含企业安全生产管理机构人员和施工现场专职安全管理人员。

五、特种作业人员简况

序号	姓名	工种	特种作业操作资格证书			
			发证单位	发证时间	证书编号	证书有效期

六、企业安全生产情况

遵守安全生产法律、法规、规章和工程建设强制性标准情况	
受表彰情况	
生产安全事故情况	
受处罚情况	

七、安全生产许可证延期审批情况

<table>
<tr><td>省辖市及六个扩权县（市）建设行政主管部门和省直有关厅局审核意见</td><td colspan="4">负责人签字：（公章）
年 月 日</td></tr>
<tr><td>安全生产许可证颁发管理机关审批意见</td><td colspan="4">负责人签字：（公章）
年 月 日</td></tr>
<tr><td colspan="5">安全生产许可证正本、副本载明的内容</td></tr>
<tr><td>单位名称</td><td colspan="4"></td></tr>
<tr><td>单位地址</td><td colspan="4"></td></tr>
<tr><td>经济类型</td><td></td><td>主要负责人</td><td colspan="2"></td></tr>
<tr><td>发证日期</td><td></td><td>证书编号</td><td colspan="2"></td></tr>
<tr><td>证书有效期</td><td colspan="4">年 月 日至 年 月 日</td></tr>
<tr><td>许可范围</td><td colspan="4">建筑施工</td></tr>
</table>

附件2：

免复核安全生产条件企业安全生产许可证延期汇总表

市（县）主管部门（盖章）： 填报日期：

序号	单位名称	安全生产许可证编号	发证日期	初审意见	备注

附件3：

需复核安全生产条件企业安全生产许可证延期汇总表

市（县）主管部门（盖章）： 填报日期：

序号	单位名称	安全生产许可证编号	发证日期	需重新审查原因及情况	备注

附件4：

建筑施工企业安全方面受处理情况明细表

市(县)主管部门(盖章)：　　　　　　　　　　　　　　　填报日期：

单位名称	受处理情况	受处理时间	受处理原因	备 注

注：1. 受处理情况应写明通报批评、不良记录及分数、暂扣证照、罚款及额度等；

2. 受处理原因应写明因为某项工程或某种行为等情况受到处理。

河南省建设厅关于做好建筑施工企业主要负责人、项目负责人和专职安全生产管理人员安全生产考核合格证书延期工作的通知

（豫建建[2007]133号,2007年9月30日）

各省辖市建委(建设局)、各扩权县建委(建设局):

为做好我省建筑施工企业主要负责人、项目负责人和专职安全生产管理人员(以下简称“三类人员”)安全生产考核合格证书延期工作,根据有关法律法规和建设部《关于建筑施工企业主要负责人、项目负责人和专职安全生产管理人员安全生产考核合格证书延期工作指导意见》(建质[2007]189号),现将延期工作有关事宜通知如下。

一、延期条件

(一)“三类人员”安全生产考核合格证书有效期为三年。“三类人员”在证书有效期内,符合下列条件的,在证书有效期届满前三个月内,由申请人提出延期申请,经省建设厅同意,不再进行重新考核,证书有效期延期三年:

1. 对安全生产工作认识到位,严格遵守安全生产法律法规,认真履行安全生产职责;

2. 按规定接受企业年度安全生产培训教育和建设行政主管部门继续教育并在《河南省建筑施工企业管理人员安全知识考试合格证书》中有相应记录;

3. 未发生相应等级生产安全责任事故(事故等级具体规定见下述条款)。

(二)“三类人员”在安全生产考核合格证书有效期内,有对应下列行为之一的,证书有效期届满时,需重新进行考核,考核合格的,证书方可延期:

1. 企业主要负责人

(1)所在企业发生过较大及以上等级生产安全责任事故或两起一般生产安全责任事故的;

(2)所在企业存在违法违规行为,或本人未依法认真履行安全生产管理职责,被处罚或通报批评的;

(3)所在企业或个人安全不良记录达到6分及以上的;

(4)未按规定接受企业年度安全生产培训教育和建设行政主管部门继续教育的;

(5)企业法定代表人未按规定讲安全生产课的;

(6)未按规定提出延期申请的;

(7)省建设厅认为有必要重新考核的其他行为。

2. 项目负责人

(1)承建的工程项目发生过一般及以上等级生产安全责任事故的;

(2)承建的工程项目存在违法违规行为,或本人未依法认真履行安全生产管理职责,被处罚或通报批评的;

(3)个人安全不良记录达到6分及以上的;

(4)未按规定接受企业年度安全生产培训教育和建设行政主管部门继续教育的;

(5)未按规定提出延期申请的;

(6)省建设厅认为有必要重新考核的其他行为。

3. 专职安全生产管理人员

(1)企业安全管理机构的专职安全生产管理人员,其所在企业发生过较大及以上等级生产安全责任事故或两起一般生产安全责任事故的;施工现场的专职安全生产管理人员,其所在工程项目发生过一般及以上等级生产安全责任事故的;

(2)所在企业或工程项目存在违法违规行为,或本人未依法认真履行安全生产管理职责,被处罚或通报批评的;

(3)个人安全不良记录达到6分及以上的;

(4)未按规定接受企业年度安全生产培训教育和建设行政主管部门继续教育的;

(5)未按规定提出延期申请的;

(6)省建设厅认为有必要重新考核的其他行为。

(三)有下列情形之一的,安全生产考核合格证书不予进行延期:

1. 丧失民事行为能力的;

2. 安全生产考核合格证书依法被撤销、吊销的;

3. 申请延期资料有弄虚作假行为的;

4. 依法不予延期的其他情形。

二、申请延期提交资料及办理程序

(一)申报资料

1. 个人向单位申报资料

(1)《建筑施工企业"三类人员"安全生产考核合格证书延期申请表》(附件1);

(2)《河南省建筑施工企业管理人员安全知识考试合格证》,其证书上应有参加企业年度培训和建设行政主管部门继续教育培训记录;

(3)"三类人员"安全生产考核合格证书复印件(单位加盖公章,标注"与原件无误"字样);

(4)对本职安全生产工作的认识、体会和打算(不少于1 500字,不得相互抄袭)。

项目经理(或建造师)除上述4项资料外,还应提交项目经理(或建造师)证书复印件(单位加盖公章,标注"与原件无误"字样)。

企业法定代表人除上述4项资料外,还应提交其两次以上讲安全生产课的照片或录音(像)带。

2. 企业向当地主管部门报送资料

个人申报的全部资料及《建筑施工企业"三类人员"安全生产考核合格证书延期申请汇总表》(附件2)。

3. 市(县)建设行政主管部门向省建设厅报送资料

《建筑施工企业"三类人员"安全生产考核合格证书延期初审情况汇总表》(附件3纸表及电子版)、延期初审报告及《建设施工企业"三类人员"安全生产考核合格证书延期申请表》。

(二)办理程序

1. 符合延期条件的"三类人员"在延期规定时间内提出申请,提交规定的全部资料,经所在单位同意后向企业注册地建设行政主管部门报送相关资料,受理资料的建设行政主管部门对资料进行核实,由省辖市建设行政主管部门进行初审后,将符合延期条件"三类人员"的相关资料报省建设厅核准后,办理相关手续;巩义市、项城市、永城市、邓州市、固始县、中牟县建设行政主管部门对其受理资料核实初审后,可直接将延期资料报送省建设厅;逾期未办理延期手续的"三类人员"安全生产考核合格证书自行失效。

2. 施工企业应按照《建设工程安全生产管理条例》的规定,认真组织开展本企业的安全教育培训工作,并建立完整规范的教育培训档案。企业注册地建设行政主管部门在对"三类人员"安全生产考核合格证书延期申请资料核实初审时,对其接受企业年度安全教育培训的真实性、有效性要进行监督审查,以促进企业安全教育培训工作扎扎实实地开展。具体办法和措施由各地自行制定和掌握。

3. 对于需要重新考核的"三类人员",在安全生产考核合格证书三年有效期满前三个月内,按照《河南省建筑施工企业主要负责人、项目负责人和专职安全生产管理人员安全生产考核管理实施细则》(豫建建[2004]132号)规定的考核程序,重新申报考核,经省建设厅理论知识考试和能力考核合格后,办理延期手续。重新考核不合格的,不予办理延期手续。重新考核的具体实施办法另行制定。

4. "三类人员"在申报安全考核合格证书延期时,暂不提交安全生产考核合格证书原件,由各施工单位统一收缴保存,以便延期申请批准后,尽快办理延期手续。

各级建设行政主管部门对申报资料中复印件的真实性有疑问时,可以随时要求申请人或所在单位提供原件。

三、办理期限

(一)省辖市及县(市)建设行政主管部门自接收企业或下级建设行政主管部门报送资料之日起15个工作日内完成初审上报。省建设厅对无需重新考核的"三类人员",自收到各地建设行政主管部门报送延期资料(资料应齐全,符合要求)之日起20个工作日内办理延期手续,在原安全生产考核合格证书有效期一栏内填写新的有效期,加盖发证机关公章,并注明"经考核,同意延期三年"字样。

(二)对于需要重新考核的"三类人员",经省建设厅重新考核合格后,在20个工作日内办理延期手续,在原安全生产考核合格证书有效期一栏内填写新的有效期,加盖发证机关公章,并注明"经重新考核,同意延期三年"字样。

(三)省建设厅将定期向社会公布"三类人员"取得安全生产考核合格证及延期情况。

四、工作要求

（一）各地建设行政主管部门要高度重视“三类人员”安全生产考核合格证书延期工作，切实加强组织领导，抓紧安排部署，认真组织实施，确保此项工作顺利开展。

（二）各级建设行政主管部门在办理“三类人员”安全生产考核合格证书延期工作中，要坚持原则、坚持标准、严格程序、严肃纪律、认真把关，确保延期工作的公正性和严肃性。对于不符合正常延期条件的“三类人员”要严格进行重新审查。

（三）请各地将《建筑施工企业“三类人员”安全方面受处理情况明细表》（附件4）于2007年10月30日前报省建筑施工企业“三类人员”考核领导小组办公室。以后，凡建设行政主管部门对“三类人员”进行通报、处罚或记入不良行为记录的应按月随时上报。

（四）各地要以延期工作为契机，强化对“三类人员”的动态考核和继续教育培训，促使其理解和掌握安全生产法律法规及技术标准规范，认真履行岗位职责，不断提高“三类人员”安全业务素质和管理水平。

附件1：建筑施工企业“三类人员”安全生产考核合格证书延期申请表
附件2：建筑施工企业“三类人员”安全生产考核合格证书延期申请汇总表
附件3：建筑施工企业“三类人员”安全生产考核合格证书延期初审情况汇总表
附件4：建筑施工企业“三类人员”安全方面受处理情况明细表

附件1：

建筑施工企业“三类人员”安全生产考核合格证书延期申请表

<table>
<tr><td>姓 名</td><td></td><td>身份证号</td><td></td><td>所在单位</td><td></td></tr>
<tr><td>人员类别</td><td></td><td>证书编号</td><td></td><td>发证时间</td><td></td></tr>
<tr><td>安全员岗位</td><td colspan="2"></td><td>项目经理等级</td><td colspan="2"></td></tr>
<tr><td>接受企业年度安全生产教育培训情况（培训内容及学时）</td><td colspan="5"></td></tr>
<tr><td>接受建设行政主管部门安全生产继续教育情况（培训部门、内容及学时）</td><td colspan="5"></td></tr>
<tr><td>履行安全生产职责情况（包括是否发生生产安全事故、受处罚和通报及不良行为记录等情况）</td><td colspan="5"></td></tr>
<tr><td>所在企业意见</td><td colspan="5">负责人（签字）　　单 位（章）
年　月　日</td></tr>
<tr><td>省辖市建设行政主管部门意见</td><td colspan="5">负责人（签字）　　单 位（章）
年　月　日</td></tr>
<tr><td>省建设厅意见</td><td colspan="5">单 位（章）
年　月　日</td></tr>
</table>

注：1. 项目经理级别只对项目负责人或兼职项目负责人填写；

2. 本表各栏目情况均应如实认真填写；

3. 安全员岗位填机关科室或施工现场。

附件2：

建筑施工企业“三类人员”安全生产考核合格证书延期申请汇总表

申请企业(盖章)：　　　　总人数：　　　　申请日期：

序号	姓 名	人员类别	安全生产考核合格证书编号	项目经理等级	安全员岗　位	发证时间	接受企业年度教育培训情况	接受主管部门继续教育情况

注:1.“接受企业年度教育培训情况”和“接受主管部门继续教育情况”两栏填写“合格”或“不合格”；

2. 本页不够可另加附页；

3. 项目经理等级只对项目负责人或兼职项目负责人填写；

4. 安全员岗位填机关科室或施工现场。

附件3：

建筑施工企业“三类人员”安全生产考核合格证书延期初审情况汇总表

地市主管部门（盖章）： 总人数： 报送日期：

序号	姓 名	人员类别	安全生产考核合格证书编号	项目经理等级	安全员岗位	发证日期	工作单位	接受企业年度教育培训情况	接受主管部门继续教育情况	企业法人讲安全生产课情况	初审情况

注：1. 项目经理等级只对项目负责人或兼职项目负责人填写；
2. 企业法人讲安全生产课情况只对企业法定代表人填写；
3. 安全员岗位填机关科室或施工现场。

附件 4:

建筑施工企业“三类人员”安全方面受处理情况明细表

填报单位(盖章):　　　　　　　　　　填报日期:

姓 名	人员类别	职 务	所在单位	受处理情况	受处理时间	受处理原因	备注

注:1. 受处理情况应写明通报批评、不良记录及分数、罚款及额度等;

2. 受处理原因应写明因为某项工程或某种行为等情况受到处理。

河南省建设厅关于印发《河南省建设工程生产安全事故报告处理暂行规定》的通知

（豫建建[2007]162号，2007年12月19日）

各省辖市、省定扩权县（市）建设口主管委（局），各建设、施工、监理单位，各有关单位：

为规范建设工程生产安全事故报告、调查、处理程序，现将《河南省建设工程生产安全事故报告处理暂行规定》印发给你们，请认真组织学习并遵照执行。

附件：

河南省建设工程生产安全事故报告处理暂行规定

第一章 总 则

第一条 为了规范建设工程生产安全事故报告、调查、处理程序，落实生产安全事故责任追究制度，根据《建筑法》、《安全生产法》、《生产安全事故报告和调查处理条例》、《建设工程安全生产管理条例》、《安全生产许可证条例》、《注册建造师管理规定》、《房地产开发企业资质管理规定》和建设部《关于进一步规范房屋建筑和市政工程生产安全事故报告和调查处理工作的若干意见》、《建筑施工企业主要负责人、项目负责人和专职安全生产管理人员安全生产考核管理暂行规定》等有关规定，结合我省实际，制定本规定。

第二条 本省行政区域内房屋建筑、市政工程等建设工程生产安全事故的报告、调查、处理，适用本规定。

本规定中事故等级划分按照《生产安全事故报告和调查处理条例》执行。

第二章 事故报告

第三条 各省辖市、县（市）建设行政主管部门负责本区域内分管建设工程生产安全事故的上报工作，省建设厅负责全省建设工程生产安全事故的上报工作。

第四条 发生重伤以上建设工程生产安全事故后，各建设行政主管部门应在接到事故报告后，在报告当地人民政府的同时，通过建设系统安全事故快报系统向上一级建设行政主管部门上报事故情况，各级自接到报告至上报的时间不得超过2小时。

第五条 发生一般及以上生产安全事故的，省辖市建设行政主管部门应派员赶赴现场了解事故有关情况；发生较大及以上或对社会有重大影响的生产安全事故的，省建设厅派员赶赴现场了解事故有关情况。

第六条 发生较大及以上生产安全事故的，事故所在地省辖市建设行政主管部门和事故相关单位要在事故发生之日起7日内，带事故相关文字、音像等材料，到省建设厅汇报情况。

第三章 事故调查和处理

第七条 发生一般及以上生产安全事故的工程现场必须立即停工，省建设厅在事故发生之日起5个工作日内对事故负直接责任的施工单位暂扣安全生产许可证，同时对与其有管理关系的总承包单位和专业分包单位暂扣安全生产许可证，并责令限期整改。

对以上单位暂扣安全生产许可证的期限按照下列情况执行：

（一）发生一次死亡1人，或者3人以上5人以下重伤，或者300万元以上600万元以下直接经济损失事故的，暂扣时间不少于30天。

（二）发生一次死亡2人，或者5人以上10人以下重伤，或者600万元以上1 000万元以下直接经济损失事故的，暂扣时间不少于45天。

（三）发生一次死亡3人以上5人以下，或者10人以上30人以下重伤，或者1 000万元以上3 000万元以下直接经济损失事故的，暂扣时间不少于60天。

（四）发生一次死亡5人以上10人以下，或者30人以上50人以下重伤，或者3 000万元以上5 000万元以下直接经济损失事故的，暂扣时间不少于75天。

（五）发生一次死亡10人以上，或者50人以上重伤，或者5 000万元以上直接经济损失事故的，暂扣时间不少于90天。

本规定中“以上”包括本数，“以下”不包括本数。

非本省颁发安全生产许可证的建筑施工（总、分包）单位，省建设厅将按相关规定函告其安全生产许可证颁发机关处理。

建筑施工（总、分包）单位安全生产许可证被暂扣的同时，通报资质管理部门对其资质证书予以暂扣，暂扣期限同安全生产许可证暂扣期限。

第八条 建筑施工（总、分包）单位应在暂扣期限到期前5日内，向省建设厅提交发还安全生产许可证的申请报告。经复查符合安全生产条件的予以发还安全生产许可证，并通报资质管理部门发还其资质证书；不符合条件的，限期整改，并依法延长暂扣期限30至60天；拒不整改或整改仍不具备安全生产条件的，依照《建筑施工企业安全生产许可证管理规定实施意见》，吊销其安全生产许可证。

企业安全生产许可证被吊销的同时，通报资质管理部门收回其资质证书。

第九条 各级建设行政主管部门应当按照有关人民政府的授权或委托组织事故调查组对事故进行调查。调查程序按照《生产安全事故报告和调查处理条例》执行。

第十条 依据人民政府批复的事故调查报告和有关法律法规的规定，省建设厅对发生事故的相关责任单位和人员按照下列情况进行处理：

（一）发生一次死亡1人，或者3人以上5人以下重伤，或者300万元以上600万元以下直接经济损失事故的。

1. 对事故负有主要责任的：

暂扣施工现场负责人（项目经理或注册建造师）安全生产考核证书、停止其招投标180天；

吊销施工现场专职安全生产管理人员安全生产考核证书，1年内不得重新申报考核。

2. 对事故负有非主要责任的：

暂扣施工现场负责人（项目经理或注册建造师）安全生产考核证书、停止其招投标90天；

暂扣施工现场专职安全生产管理人员安全生产考核证书、停止其招投标180天。

3. 停止负有事故责任的项目总监招投标90天。

（二）发生一次死亡2人，或者5人以上10人以下重伤，或者600万元以上1 000万元以下直接经济损失事故的。

1. 对事故负有主要责任的：

停止施工（总、分包）单位招投标30至60天；

吊销施工现场负责人（项目经理或注册建造师）安全生产考核证书，1年内不得重新申报考核；

吊销施工企业安全生产管理机构负责人安全生产考核证书，1年内不得重新申报考核；

吊销施工现场专职安全生产管理人员安全生产考核证书，3年内不得重新申报考核。

2. 对事故负有非主要责任的：

暂扣施工现场负责人（项目经理或注册建造师）安全生产考核证书、停止其招投标180天；

吊销施工现场专职安全生产管理人员安全生产考核证书，1年内不得重新申报考核。

3. 停止负有事故责任的监理单位招投标30至60天，停止项目总监招投标180天。

（三）发生一次死亡3人以上5人以下，或者10人以上30人以下重伤，或者1 000万元以上3 000万元以下直接经济损失事故的。

1. 对事故负有主要责任的：

停止施工（总、分包）单位招投标60至120天；

吊销施工现场负责人（项目经理或注册建造师）执业资格证书和安全生产考核证书，3年内不得重新注册或申报考核；

吊销施工企业安全生产管理机构负责人安全生产考核证书，3年内不得重新申报考核；

吊销施工现场专职安全生产管理人员安全生产考核证书，5年内不得重新申报考核。

2. 对事故负有非主要责任的：

停止施工（总、分包）单位招投标30至60天；

吊销施工现场负责人（项目经理或注册建造师）执业资格证书和安全生产考核证书，1年内不得重新注册或申报考核；

吊销施工企业安全生产管理机构负责人安全生产考核证书，1年内不得重新申报考核；

吊销施工现场专职安全生产管理人员安全生产考核证书，3年内不得重新申报考核。

3. 停止负有事故责任的监理单位招投标60至90天，停止项目总监招投标360天。

（四）发生一次死亡5人以上10人以下，或者30人以上50人以下重伤，或者3 000万元以上5 000万元以下直接经济损失事故的。

1. 对事故负有主要责任的：

停止施工（总、分包）单位招投标120至360天或降低企业资质等级；

吊销施工企业分管安全生产副经理安全生产考核证书，1年内不得重新申报考核；

吊销施工现场负责人（项目经理或注册建造师）执业资格证书和安全生产考核证书，5年内不得重新注册或申报考核；

吊销施工企业安全生产管理机构负责人安全生产考核证书，5年内不得重新申报考核；

吊销施工现场专职安全生产管理人员安全生产考核证书，终身不得重新申报考核。

2. 对事故负有非主要责任的：

停止施工（总、分包）单位招投标60至120天；

吊销施工现场负责人（项目经理或注册建造师）执业资格证书和安全生产考核证书，3年内不得重新注册或申报考核；

吊销施工企业安全生产管理机构负责人安全生产考核证书，3年内不得重新申报考核；

吊销施工现场专职安全生产管理人员安全生产考核证书，5年内不得重新申报考核。

3. 停止负有事故责任的监理单位招投标90至180天或降低企业资质等级，吊销项目总监执业资格证书，2年内不予注册。

（五）发生一次死亡10人以上，或者50人以上重伤，或者5 000万元以上直接经济损失事故的。

1. 对事故负有主要责任的：

降低施工（总、分包）单位资质等级或吊销其资质证书；

吊销施工企业法定代表人（总经理）安全生产考核证书，1年内不得重新申报考核；

吊销施工企业分管安全生产副经理安全生产考核证书，5年内不得重新申报考核；

吊销施工现场负责人（项目经理或注册建造师）执业资格证书和安全生产考核证书，终身不得重新注册或申报考核；

吊销施工企业安全生产管理机构负责人安全生产考核证书，终身不得重新申报考核；

吊销施工现场专职安全生产管理人员安全生产考核证书，终身不得重新申报考核。

2. 对事故负有非主要责任的：

停止施工（总、分包）单位招投标120至360天或降低企业资质等级；

吊销施工企业分管安全生产副经理安全生产考核证书，1年内不得重新申报考核；

吊销施工现场负责人（项目经理或注册建造师）执业资格证书和安全生产考核证书，5年内不得重新注册或申报考核；

吊销施工企业安全生产管理机构负责人安全生产考核证书，5年内不得重新申报考核；

吊销施工现场专职安全生产管理人员安全生产考核证书，终身不得重新申报考核。

3. 降低负有事故责任的监理单位资质等级或吊销其资质证书，吊销项目总监执业资格证书，终身不予注册。

非本省建设行政主管部门或由建设部颁发执业资格证书的人员，省建设厅将按相关规定函告其执业资格颁发机关处理。

发生生产安全事故的责任单位和人员，构成犯罪的，依照刑法有关规定由司法机关追究其刑事责任。

第十一条 施工(总、分包)单位和监理单位在人员执业资格证书、安全生产考核证书被暂扣或吊销期间，必须委派新的人员进行接替，确保满足企业资质等级标准要求的人员数量与等级，并到有关行政机关完善变更手续，否则不予复工。

第十二条 对事故负有责任的建设单位的处罚依照《建设工程安全生产管理条例》执行，对房地产开发企业资质的处理依照《房地产开发企业资质管理规定》执行，构成犯罪的，对直接责任人员，依照刑法有关规定由司法机关追究其刑事责任。

第十三条 责任单位或人员有下列情况之一的，按照第十条中递次高一等级条款进行处理：

(一)12个月内发生第二起一般及以上生产安全事故的施工(总、分包)单位、监理单位和相关人员；

(二)人员执业资格证书、安全生产考核证书被暂扣或吊销，因人员调整不及时而不再满足安全生产条件要求导致发生生产安全事故的施工(总、分包)单位、监理单位和相关人员；

(三)项目未配备专职安全生产管理人员或专职安全生产管理人员配备不符合规定要求发生生产安全事故的项目负责人；

(四)企业未设立专门的安全管理机构或企业专职安全生产管理人员配备不符合规定要求发生生产安全事故的企业主要负责人。

第十四条 发生生产安全事故的相关责任单位和人员的资质、资格证书由其资质、资格颁发部门实施暂扣和收缴。

第十五条 发生生产安全事故后，各级建设行政主管部门对相关责任单位和人员进行约谈。县级以上建设行政主管部门对有关责任单位和人员的处罚，记入河南省诚信信息管理系统。省建设厅对建设生产安全事故，按季度通报全省(外省企业将通报企业所在地建设行政主管部门)，并在河南省建设厅门户网站或河南省工程建设信息网上公布，时间保留一年。

第十六条 建设生产安全事故发生后，事故所在地省辖市建设行政主管部门应当在90天内将《生产安全事故调查处理报告》及有关部门批复等相关资料报省建设厅；凡90天不能结案的，须报送文字材料说明，但结案时间不能超过180天。

第四章 附 则

第十七条 本规定未做出具体处理规定的，依照有关法律、法规规定执行。

第十八条 本规定由省建设厅负责解释。

第十九条 本规定自下发之日起施行，原《河南省建设系统重大伤亡事故报告处理暂行规定》同时废止。

河南省建设厅关于印发《河南省建筑市场诚信行为信息记录和公示管理办法》的通知

（豫建[2008]63号，2008年4月10日）

各省辖市建委（建设局），各扩权县（市）建委（建设局），各相关单位，省直有关部门：

为规范工程建设与建筑业各方主体和从业人员的市场行为，加快建立我省建筑市场信用体系，完善建筑市场监管体制，促进工程建设与建筑业健康发展，根据有关法律、法规和建设部《建筑市场诚信行为信息管理办法》（建市[2007]9号），结合我省工程建设和建筑市场实际，制定了《河南省建筑市场信用信息记录和公示管理办法》，现予以公布，望遵照执行。

附件：

河南省建筑市场信用信息记录和公示管理办法

第一条 为规范我省建筑市场秩序，健全建筑市场诚信体系，加强对建筑市场各方主体的监管，促进建筑业的健康发展，根据有关法律、法规及建设部《建筑市场诚信行为信息管理办法》（建市[2007]9号）的规定，制定本办法。

第二条 在本省行政区域内，对参与建筑市场活动的各方主体信用信息记录、公示和管理，适用本办法。

第三条 本办法所称建筑市场各方主体是：

（一）从事新建、扩建、改建的房屋建筑工程和市政基础设施工程建设活动的建设单位（包括代建单位）、勘察、设计、施工、监理、招标代理、造价咨询、施工图审查、检测试验机构及构配件、预拌混凝土生产或供应企业及其他相关单位；

（二）从事工程建设活动的各类注册执业人员、具体项目负责人、监理人员、招标代理专职人员、检测人员、评标专家及其他从业人员。

第四条 本办法所称信用信息包括良好行为记录和不良行为记录。

良好行为记录是指建筑市场各方主体在工程建设过程中严格遵守有关工程建设的法律、法规、规章或强制性标准，行为规范，诚信经营，自觉维护建筑市场秩序，受到各级建设行政主管部门和相关专业部门的奖励和表彰，所形成的良好行为记录。

不良行为记录是指建筑市场各方主体在工程建设过程中违反有关工程建设的法律、

法规、规章或强制性标准、施工技术标准和执业行为规范，经县级以上建设行政主管部门或其委托的执法监督机构查实和行政处罚，形成的不良行为记录。不良行为记录的认定按照《河南省建筑市场各方主体不良行为记录认定标准》执行（详见附表）。

第五条 “河南省工程建设监管暨建筑市场信用体系系统”（简称“省监管暨信用系统”网址 http://www.hngcjs.net）是我省建筑市场信用信息的统一发布平台。建筑市场信用信息统一记录在“省监管暨信用系统”中，各市和各相关行业网站也可同时发布。

第六条 省建设行政主管部门建立建筑市场信用信息记录和公示联席办公会议制度（以下简称联席办公会议制度），办公会议成员单位由厅建管处、法规处（执法办）、勘察设计处、质量安全监督总站、招标办、标准定额站、装饰办、清欠办组成。办公室设在建管处，具体工作由建管处牵头组织实施。

各成员单位按照统分结合的工作机制和各自的职责分工，履行以下职责：

（一）厅建管处负责信用体系建设联席会议的召集；负责综合管理全省建筑市场信用信息记录与公示工作；负责建筑市场有关信用信息与相关部门信用信息资源共享及市场联动机制；负责管理“省监管暨信用系统”；负责协调各市建筑市场信用信息管理牵头部门，采集、记录、汇总各市、县牵头部门上报的信用信息；负责对比、整理各市牵头部门上报和联席办公会议各专业部门填报的信用信息；负责公示和向建设部上报建筑市场信用信息；负责建档管理汇总的信用信息证据和资料。

（二）厅法规处（执法办）、勘察设计处、质量安全监督总站、招标办、标准定额站、装饰办、清欠办等机构，依托“省监管暨信用系统”，在各自职责范围内，明确专人，负责采集、审核、汇总、记录各业务口承办机构上报和本级业务口范围内的信用信息，并记入“省监管暨信用系统”；负责收集各市、县（市）报送的信用信息证据和资料并向建管处归档。

第七条 各市、县（市）建设行政主管部门应参照省厅的组织形式，建立相应的管理体系，并明确负责此项工作的分管领导、牵头部门、业务对口承办机构和具体责任人员，落实工作责任制，履行以下工作职责：

（一）各市、县（市）建筑市场信用信息牵头部门负责向厅建管处上报采集的各类信用信息，负责各市信用信息档案的建立和完善。各市、县（市）建委（建设局）对口专业部门根据各自工作职责，负责对辖区内参与工程建设各方主体的信用行为进行检查、认定、通报、处罚；负责受理群众投诉举报，并对不良行为事实进行调查认定；负责逐级对口上报已经认定的信用信息和相应的证据及资料（如文件、处罚决定书等）。

（二）各市、县（市）工程交易中心、招投标监管部门、施工许可部门应通过“省监管暨信用系统”填报工程信息，内容应包含工程名称、建设单位、招标代理单位、设计单位、施工单位、监理单位和项目施工、监理负责人名称等基本信息。其中进入工程交易中心交易的工程信息由各市工程交易中心填报，其他招标项目由招投标监管部门填报，其他未招标项目由各市施工许可主管部门填报。各市施工许可部门对系统中填报的工程信息进行最终核对、更正、补充，并通过“省监管暨信用系统”打印施工许可证。

第八条 各级建委（建设局）应认真执行下列制度：

（一）联席办公会议制度。省、市、县（市）每季度至少召开一次联席办公会议，听取各承办机构信用信息采集、整理、报送记录情况、存在问题、下一步工作计划；科学合理地规划、安排信用信息管理阶段性工作以及专项治理、综合执法等活动；对各承办机构上报的信用信息进行审定，并作出相关决议或决定。

（二）信息定期上报制度。各市、县对良好行为信息每季度上报一次，对有重大影响的良好信息应及时核实上报；不良行为信息实行逐月上报制度（每月25日至30日为上报时间）；发生等级以上质量和安全事故及其他严重违法违规行为的，应随时审定上报。

（三）层级督促检查制度。省级牵头部门组织对各市信息报送情况进行督促检查，市级牵头部门组织对各县（市）信息报送情况进行督促检查。督促检查应每季度开展一次，确保信息准确上报。

（四）信息管理奖惩制度。联席办公会议制度对各市、县（市）采集、汇总、报送的信用信息进行综合评价，对年度内能够按时、准确采集、汇总、报送信用信息的主管部门和承办机构，可作为评先的重要依据。反之，将在全省通报批评，取消年度评先资格。

第九条 建筑市场各方主体信用信息记录的证据和资料：

（一）市级以上各类表彰奖励的决定或文件；

（二）已生效的判决书或仲裁裁决书；

（三）已生效的行政处罚决定书；

（四）各主管部门的通报文件；

（五）经有关职能部门或机构检查认定的不良行为认定文书或处理决定的文书；

（六）媒体披露、投诉举报查实认定的不良行为认定文书或文件。

第十条 信用信息公示、交流、上报工作程序。对于记入"省监管暨信用系统"的信用记录需要公示、向其他省直部门交流或向建设部上报的，由负责记录的成员单位提出建议，经建管处汇总报主管厅长审批后进行公示、交流和上报。不良行为记录信息的公示期限为6个月至3年，对单位一般为1年，对责任人一般为2年；良好行为记录信息公示期限一般为3年。法律、法规另有规定的从其规定。公示信息应注明公示期限，公示期满后，应及时撤销公示。

第十一条 负责记录的联席办公会议成员单位对记录、公示的不良行为信息应督促相关单位和责任人进行整改并负责审查整改结果。对整改确有实效的，由企业提出申请，经批准，可缩短其不良行为记录信息公布期限，但公布期限最短不得少于3个月，同时将整改结果列于相应不良行为记录后，供有关部门和社会公众查询；对于拒不整改或整改不力的单位，信息发布部门可延长其不良行为记录信息公布期限。

第十二条 各级建设委（局）或其委托的承办机构、有关行业协会在日常监督管理、行政许可、企业资质、资格等级评定以及周期性检查和表彰评优等工作中，应参阅建筑市场主体的信用信息，作为分级管理的重要依据。建筑市场各方主体发生不良行为的，联席办公会议各有关单位除按法律法规和文件规定对建筑市场各方主体进行处理外，对建设单位两年内、其他市场主体一年内发生3次以上不良记录的，应视情节轻重对相关单位和责任人进行约谈、集中培训、媒体公示、向社会预警、限制新上建设项目、取消评先资格、给予重点考核等处理。

第十三条 联席办公会议各有关单位应制订激励措施，根据具体实际使用建筑市场良好行为记录鼓励先进。

第十四条 本办法自发布之日起实施。原《河南省建设厅关于印发河南省工程建设与建筑业不良行为记录和公示管理办法(试行)的通知》(豫建建[2006]21 号)和《河南省建设厅关于印发工程造价咨询企业不良行为记录记分表和处理办法(试行)的通知》(豫建设标[2006]54 号)同时废止。

附件:河南省建筑市场不良行为记录认定标准(节选安全部分)

附件：

建设单位及相关责任人不良行为记录认定标准（A1）

行为类别	行为代码	不良行为	法律法规文件依据	备注
A1－1 建设程序	A1－1－05	未按国家规定办理建设工程安全措施备案的	《建设工程安全生产管理条例》第五十四条	涉及行政处罚
A1－3 安全	A1－3－04	对勘察设计、施工、监理等单位提出不符合安全生产法律、法规和强制性标准规定的要求的；要求施工单位压缩合同约定的工期的	《建设工程安全生产管理条例》第七条	涉及行政处罚
	A1－3－08	建设单位未提供或挪用建设工程安全作业环境及安全施工措施费用的	《建设工程安全生产管理条例》第八条、第二十七条	涉及行政处罚
	A1－3－09	建设单位未将保证安全施工的措施或者拆除工程的有关资料报送有关部门审查备案的	《建设工程安全生产管理条例》第五十四条	其他禁止性条款
	A1－3－10	建设单位未向施工单位提供施工现场及毗邻区域内供水、排水、供电、供气、供热、通信、广播电视等地下管线资料，气象和水文观测资料，相邻建筑物和构筑物、地下工程的有关资料，并保证资料的真实、准确、完整的	《建设工程安全生产管理条例》第六条	其他禁止性条款
	A1－3－11	建设单位明示或者暗示施工单位购买、租赁、使用不符合安全施工要求的安全防护用具、机械设备、施工机具及配件、消防设施和器材的	《建设工程安全生产管理条例》第九条	其他禁止性条款
	A1－3－12	施工中使用的施工图设计文件与经审查批准的施工图设计文件不符的；设计文件在施工过程中有涉及结构安全和重要使用功能的设计变更，未将变更后的施工图报原施工图审查机构进行审查通过，擅自施工的	《建设工程安全生产管理条例》第九条、第五十六条	涉及行政处罚
	A1－3－13	建设单位未按照规定协调组织制定防止多台塔式起重机相互碰撞的安全措施的	建设部《建筑起重机械安全监督管理规定》第三十三条	涉及行政处罚
	A1－3－14	建设单位接到监理单位报告后，未责令安装单位、使用单位立即停工整改的	建设部《建筑起重机械安全监督管理规定》第三十三条	涉及行政处罚
A1－5 其他	A1－5－01	其他违法违规行为		其他禁止性条款

勘察单位及相关责任人不良行为记录认定标准(B1)

行为类别	行为代码	不良行为	法律法规文件依据	备注
B1－3 安全	B1－3－01	未按照工程建设强制性标准进行勘察的	《建设工程安全生产管理条例》第十二条	涉及行政处罚
B1－4 其他	B1－4－01	其他违法违规行为		其他禁止性条款

设计单位不良行为记录及相关责任人认定标准(C1)

行为类别	行为代码	不良行为	法律法规文件依据	备注
C1－3 安全	C1－3－01	未按照工程建设强制性标准进行设计的	《建设工程安全生产管理条例》第十二条	涉及行政处罚
	C1－3－04	采用新结构、新材料、新工艺的建设工程和特殊结构的建设工程，未在设计中提出保障施工作业人员安全和预防生产安全事故的措施建议的	《建设工程安全生产管理条例》第十三条	涉及行政处罚
C1－4 其他	C1－4－01	其他违法违规行为		其他禁止性条款

施工单位及相关责任人不良行为记录认定标准（D1）

行为类别	行为代码	不良行为	法律法规文件依据	备注
D1－4 工程安全	D1－4－01	主要负责人在本单位发生重大生产安全事故时，不立即组织抢救或者在事故调查处理期间擅离之后或者逃匿的；主要负责人对生产安全事故隐瞒不报、谎报或者拖延不报的	《安全生产法》第七十条，《建设工程安全生产管理条例》第五十条、第五十一条	涉及行政处罚
	D1－4－02	对建筑安全事故隐患不采取措施予以消除的	《建筑法》第四十四条	涉及行政处罚
	D1－4－03	未设立安全生产管理机构、配备专职安全生产管理人员或者分部分项工程施工时无专职安全生产管理人员现场监督的	《建设工程安全生产管理条例》第二十三条、第二十六条	涉及行政处罚
	D1－4－04	主要负责人、项目负责人、专职安全生产管理人员、作业人员或者特种作业人员，未经安全教育培训或者经考核不合格即从事相关工作的	《建筑法》第四十六条、《建设工程安全生产管理条例》第三十六条、第三十七条、第二十五条	涉及行政处罚
	D1－4－05	未在施工现场的危险部位设置明显的安全警示标志，或者未按照国家有关规定在施工现场设置消防通道、消防水源、配备消防设施和灭火器材的	《建设工程安全生产管理条例》第二十八条、第三十一条	涉及行政处罚
	D1－4－06	未向作业人员提供安全防护用具和安全防护服装的	《建设工程安全生产管理条例》第三十二条	涉及行政处罚
	D1－4－07	未按照规定在施工起重机械和整体提升脚手架、模板等自升式架设设施验收合格后登记的	《建设工程安全生产管理条例》第三十五条	涉及行政处罚
	D1－4－08	使用国家明令淘汰、禁止使用的危及施工安全的工艺、设备、材料的	《建设工程安全生产管理条例》第三十四条	涉及行政处罚
	D1－4－09	违法挪用列入建设工程概算的安全生产作业环境及安全施工措施所需费用	《建设工程安全生产管理条例》第二十二条	涉及行政处罚
	D1－4－10	施工前未对有关安全施工的技术要求作出详细说明的	《建设工程安全生产管理条例》第二十七条	涉及行政处罚

续表

行为类别	行为代码	不良行为	法律法规文件依据	备 注
D1－4 工程安全	D1－4－11	未根据不同施工阶段和周围环境及季节、气候的变化，在施工现场采取相应的安全施工措施，或者在城市市区内的建设工程的施工现场未实行封闭围挡的	《建设工程安全生产管理条例》第二十八条、第三十条	涉及行政处罚
	D1－4－12	在尚未竣工的建筑物内设置员工集体宿舍的	《建设工程安全生产管理条例》第二十九条	涉及行政处罚
	D1－4－13	施工现场临时搭建的建筑物不符合安全使用要求的	《建设工程安全生产管理条例》第二十九条	涉及行政处罚
	D1－4－14	未对因建设工程施工可能造成损害的毗邻建筑物、构筑物和地下管线等采取专项防护措施的	《建设工程安全生产管理条例》第三十条	涉及行政处罚
	D1－4－15	安全防护用具、机械设备、施工机具及配件在进入施工现场前未经查验或者查验不合格即投入使用的	《建设工程安全生产管理条例》第三十四条	涉及行政处罚
	D1－4－16	使用未经验收或者验收不合格的施工起重机械和整体提升脚手架、模板等自升式架设设施的	《建设工程安全生产管理条例》第三十五条	涉及行政处罚
	D1－4－17	委托不具有相应资质的单位承担施工现场安装、拆卸施工起重机械和整体提升脚手架、模板等自升式架设设施的	《建设工程安全生产管理条例》第十七条	涉及行政处罚
	D1－4－18	在施工组织设计中未编制安全技术措施、施工现场临时用电方案或者专项施工方案的	《建设工程安全生产管理条例》第二十六条	涉及行政处罚
	D1－4－19	主要负责人、项目负责人未履行安全生产管理职责的，或不服管理、违反规章制度和操作规程冒险作业	《建设工程安全生产管理条例》第二十一条、第三十三条	涉及行政处罚
	D1－4－20	施工单位取得资质证书后，降低安全生产条件的；或经整改仍未达到与其资质等级相适应的安全生产条件的	《安全生产许可证条例》第十四条	涉及行政处罚
	D1－4－21	取得安全生产许可证发生重大安全事故的	《安全生产许可证条例》第十四条	涉及行政处罚
	D1－4－22	未取得安全生产许可证擅自进行生产的	《安全生产许可证条例》第二条	涉及行政处罚

续表

行为类别	行为代码	不良行为	法律法规文件依据	备注
D1－4 工程安全	D1－4－23	安全生产许可证有效期满未办理延期手续，继续进行生产的，或逾期不办理延期手续，继续进行生产的	《安全生产许可证条例》第九条	涉及行政处罚
	D1－4－24	转让安全生产许可证的；接受转让的；冒用或者使用伪造的安全生产许可证的	《安全生产许可证条例》第十三条	涉及行政处罚
	D1－4－25	建设工程施工前，施工单位负责项目管理的技术人员对有关安全施工的技术要求未向施工作业班组、作业人员做出详细说明，并由双方签字确认的	《安全生产许可证条例》第二十七条	涉及行政处罚
	D1－4－26	施工单位未为施工现场从事危险作业的人员办理意外伤害保险的	《安全生产许可证条例》第三十八条	涉及行政处罚
	D1－4－27	安装单位未按照安全技术标准及安装使用说明书等检查建筑起重机械及现场施工条件的	建设部《建筑起重机械安全监督管理规定》第二十九条	涉及行政处罚
	D1－4－28	安装单位未制定建筑起重机械安装、拆卸工程生产安全事故应急救援预案的	建设部《建筑起重机械安全监督管理规定》第二十九条	涉及行政处罚
	D1－4－29	安装单位未将建筑起重机械安装、拆卸工程专项施工方案，安装、拆卸人员名单，安装、拆卸时间等材料报施工总承包单位和监理单位审核，或未告知工程所在地县级以上地方人民政府建设主管部门的	建设部《建筑起重机械安全监督管理规定》第二十九条	涉及行政处罚
	D1－4－30	安装单位未按照规定建立建筑起重机械安装、拆卸工程档案的	建设部《建筑起重机械安全监督管理规定》第二十九条	涉及行政处罚
	D1－4－31	安装单位未按照建筑起重机械安装、拆卸工程专项施工方案及安全操作规程组织安装、拆卸作业的	建设部《建筑起重机械安全监督管理规定》第二十九条	涉及行政处罚
	D1－4－32	使用单位未根据不同施工阶段、周围环境以及季节、气候的变化，对建筑起重机械采取相应的安全防护措施的	建设部《建筑起重机械安全监督管理规定》第三十条	涉及行政处罚
	D1－4－33	使用单位未制定建筑起重机械生产安全事故应急救援预案的	建设部《建筑起重机械安全监督管理规定》第三十条	涉及行政处罚

续表

行为类别	行为代码	不良行为	法律法规文件依据	备 注
D1－4 工程安全	D1－4－34	使用单位未设置相应的设备管理机构或者配备专职的设备管理人员的	建设部《建筑起重机械安全监督管理规定》第三十条	涉及行政处罚
	D1－4－35	使用单位在建筑起重机械出现故障或者发生异常情况的，未立即停止使用，或未消除故障和事故隐患，重新投入使用的	建设部《建筑起重机械安全监督管理规定》第三十条	涉及行政处罚
	D1－4－36	使用单位未指定专职设备管理人员进行现场监督检查的	建设部《建筑起重机械安全监督管理规定》第三十条	涉及行政处罚
	D1－4－37	使用单位擅自在建筑起重机械上安装非原制造厂制造的标准节和附着装置的	建设部《建筑起重机械安全监督管理规定》第三十条	涉及行政处罚
	D1－4－38	施工总承包单位未向安装单位提供拟安装设备位置的基础施工资料，确保建筑起重机械进场安装、拆卸所需的施工条件的	建设部《建筑起重机械安全监督管理规定》第三十一条	涉及行政处罚
	D1－4－39	施工总承包单位未审核安装单位、使用单位的资质证书、安全生产许可证和特种作业人员的特种作业操作资格证书的	建设部《建筑起重机械安全监督管理规定》第三十一条	涉及行政处罚
	D1－4－40	施工总承包单位未审核安装单位制定的建筑起重机械安装、拆卸工程专项施工方案和生产安全事故应急救援预案的	建设部《建筑起重机械安全监督管理规定》第三十一条	涉及行政处罚
	D1－4－41	施工总承包单位未审核使用单位制定的建筑起重机械生产安全事故应急救援预案的	建设部《建筑起重机械安全监督管理规定》第三十一条	涉及行政处罚
	D1－4－42	施工现场有多台塔式起重机作业时，施工总承包单位未组织制定并实施防止塔式起重机相互碰撞的安全措施的	建设部《建筑起重机械安全监督管理规定》第三十一条	涉及行政处罚
D1－6 其他	D1－6－01	其他违法违规行为		其他禁止性条款

监理单位及相关责任人不良行为记录认定标准(E1)

行为类别	行为代码	不良行为	法律法规文件依据	备注
E1－3 安全	E1－3－04	未对施工组织设计中的安全技术措施或者专项施工方案进行审查的	《建设工程安全生产管理条例》第十四条	涉及行政处罚
	E1－3－05	发现安全事故隐患未及时要求施工单位整改或者暂时停止施工的	《建设工程安全生产管理条例》第十四条	涉及行政处罚
	E1－3－06	施工单位拒不整改或者不停止施工,未及时向有关主管部门报告的	《建设工程安全生产管理条例》第十四条	涉及行政处罚
	E1－3－07	未依照法律、法规和工程建设强制性标准实施监理的	《建设工程安全生产管理条例》第十四条	涉及行政处罚
	E1－3－13	监理单位未审核建筑起重机械特种设备制造许可证、产品合格证、制造监督检验证明、备案证明等文件的	建设部《建筑起重机械安全监督管理规定》第三十二条	涉及行政处罚
	E1－3－14	监理单位未审核建筑起重机械安装单位、使用单位的资质证书、安全生产许可证和特种作业人员的特种作业操作资格证书的	建设部《建筑起重机械安全监督管理规定》第三十二条	涉及行政处罚
	E1－3－15	监理单位未监督安装单位执行建筑起重机械安装、拆卸工程专项施工方案情况的	建设部《建筑起重机械安全监督管理规定》第三十二条	涉及行政处罚
	E1－3－16	监理单位未监督检查建筑起重机械的使用情况的	建设部《建筑起重机械安全监督管理规定》第三十二条	涉及行政处罚
	E1－3－17	监理单位、监理人员不具有或无相应资质和资格从事监理工作的	《工程监理企业资质管理规定》第十六条	其他禁止性条款
E1－4 其他	E1－3－01	其他违法违规行为		其他禁止性条款

检测机构及相关责任人不良行为记录认定标准(H1)

行为类别	行为代码	不良行为	法律法规文件依据	备注
H1－4 安全	H1－4－01	检验检测单位从事施工起重机械和整体提升脚手架、模板等自升式架设设施检验检测的人员,未取得相应作业证书上岗作业的	《建设工程安全管理条例》第二十五条	其他禁止性条款
	H1－4－02	检验检测工作不符合安全技术规范要求的	《特种设备安全监察条例》第八十一条	涉及行政处罚
H1－5 其他	H1－5－01	其他违法违规行为		其他禁止性条款

良好行为信息记录(K1)

行为类别	行为代码	奖项名称
K1-1 综合类	K1-1-01	省级先进单位
	K1-1-02	市级先进单位
K1-2 质量类	K1-2-01	鲁班奖、詹天佑奖
	K1-2-02	省级质量管理奖(含工程质量奖)
	K1-2-03	市级质量管理奖(含工程质量奖)
K1-3 安全类	K1-3-01	国家级文明工地
	K1-3-02	省级文明工地
	K1-3-03	市级文明工地
	K1-3-04	省级安全管理奖
	K1-3-05	市级安全管理奖
K1-4 其他专项类奖项	K1-4-01	获国家级专有技术奖
	K1-4-02	获省级专有技术奖
	K1-4-03	获国家级示范工程奖
	K1-4-04	获省级示范工程奖
	K1-4-05	获国家级工法
	K1-4-06	获省级工法
K1-5 其他市级以上奖项	K1-5-06	

河南省建设厅关于印发《河南省建设工程重大危险源登记建档管理办法》的通知

（豫建建[2008]66号，2008年4月25日）

各省辖市建委（局）、各扩权县（市）建委（局）：

为强化重大危险源管理，提高控制和防范风险的能力，我厅研究制定了《河南省建设工程重大危险源登记建档管理办法》，现印发给你们，请结合工作实际，认真组织实施。

附件：

河南省建设工程重大危险源登记建档管理办法

为及时准确掌握建设工程重大危险源的数量和分布状况，强化重大危险源管理，提高控制和防范风险的能力，杜绝重大生产事故发生，根据《河南省建设工程重大危险源安全监控管理暂行办法》，特制定本办法。

一、在本省行政区域内的建设工程重大危险源，应按照本办法进行登记建档。

本办法所称重大危险源是指存在重大施工危险的分部分项工程（以下简称危险性较大工程），主要包括：

（一）建设部建质[2004]213号文规定的危险性较大工程；

（二）《河南省建设工程重大危险源安全监控管理暂行办法》中明确的存在重大施工危险的分部分项工程；

（三）施工现场存在的符合国家标准《重大危险源辨识》（GB 18218—2000）重大危险源分类中规定的重大危险源。

二、建设单位在办理建设工程项目安全施工措施备案手续时，应组织施工单位填写《建设工程重大危险源登记表》，如实将拟建工程的重大危险源报当地建设行政主管部门或建设工程安全监督管理机构备案。

在安全措施备案时，建设工程重大危险源登记不全的，应根据工程进度情况，适时登记上报。

三、施工单位在列入重大危险源的危险性较大工程施工前，应单独编制专项施工方案，并按规定程序进行审核、审批或论证。

四、施工单位应建立重大危险源安全管理档案和台账，并建立重大危险源公示制度，在施工现场醒目位置设立《建设工程重大危险源公示牌》，向有关人员公示施工中不同阶段、不同时段的重大危险源名称、施工部位、可能发生的事故、防护措施和责任人等内容。

五、列入重大危险源的危险性较大工程施工前5天，施工单位应填写《危险性较大工程施工告知单》，并报送当地建设行政主管部门或建设工程安全监督管理机构，以便安全监督管理部门及时了解危险性较大工程进展情况，有重点地进行跟踪督查。

施工单位在危险性较大工程施工前，应当在施工区域设置警戒线和警示标志，并做好防护措施和应急救援工作。

六、列入重大危险源的危险性较大工程实施完毕后，施工单位应填写《危险性较大工程实施完毕告知单》，并及时报送当地建设行政主管部门或建设工程安全监督管理机构。

七、在建工程重大危险源的登记、建档、公示、施工告知和实施完毕告知等由总承包单位统一负责。

总承包单位应经常组织分包单位对重大危险源的实施进行安全检查，并做好相应记录。

八、监理单位应加强对重大危险源的监管，通过采取方案审核、旁站、巡视或者检查验收等形式，监督施工单位建立并落实重大危险源有关登记、公示、告知、监控、整改等各项管理制度。

九、各级建设主管部门或建设工程安全监督管理机构应建立本地区建设工程重大危险源台账，对列入监控范围的重大危险源，应进行定期或不定期的专项检查和抽查，实施重点监督。对实施完毕的列入重大危险源的危险性较大工程，应及时予以销案。

各地建设主管部门或建设工程安全监督管理机构应将本地区建设工程重大危险源数量、种类、分布和实施时间，通过网络、媒体等方式向社会公示。

十、建设单位未向建设主管部门和安全监督管理机构报送《建设工程重大危险源登记表》或填写不认真的；施工企业、监理单位未按本办法规定对建设工程重大危险源进行登记、公示、告知和跟踪监控的，将作为安全不良行为予以记录。

十一、建设工程重大危险源登记、建档及监督管理情况列入各级建设行政主管部门监督检查的主要内容。

十二、本办法自发布之日起执行。

附件：一、建设工程重大危险源公示牌（略）

二、建设工程重大危险源登记表（略）

三、危险性较大工程施工告知单（略）

四、危险性较大工程实施完毕告知单（略）

河南省建设厅关于印发《河南省建筑起重机械设备安全监督管理办法》的通知

（豫建[2008]202号，2008年9月22日）

各省辖市、各扩权县（市）建委（建设局）、城建局、市政局：

现将《河南省建筑起重机械设备安全监督管理办法》印发给你们，请认真贯彻执行。

附件：

河南省建筑起重机械设备安全监督管理办法

第一条 为切实加强建筑起重机械设备的安全监督管理，防止和减少生产安全事故，保障人民生命和财产安全，根据《建设工程安全生产管理条例》、《特种设备安全监察条例》、《安全生产许可证条例》和建设部《建筑起重机械安全监督管理规定》等有关法规、规章，结合本省实际，制定本办法。

第二条 在本省行政区域内的建筑起重机械设备的租赁、安装、拆卸、使用、检验检测及监督管理，应当遵守本办法。

第三条 本办法所称建筑起重机械设备，是指纳入特种设备目录，在房屋建筑工地和市政工程工地安装、拆卸、使用的起重机械设备。

第四条 省建设主管部门负责全省范围内建筑起重机械设备的监督管理工作。

省辖市、县（市）建设主管部门对本行政区域内建筑起重机械设备的租赁、安装、拆卸、使用、检验检测实施监督管理。

第五条 对全省范围内建筑起重机械设备实行备案登记管理制度。建筑起重机械设备的产权单位、安装（拆卸）单位、使用单位应当按规定及时到县级以上建设主管部门进行备案登记。

第六条 出租单位出租的建筑起重机械设备和使用单位购置、租赁、使用的建筑起重机械设备应当具有特种设备制造许可证、产品合格证、制造监督检验证明。

第七条 出租单位在建筑起重机械设备首次出租前，自购建筑起重机械设备的使用单位在建筑起重机械设备首次安装前，应当持建筑起重机械设备的特种设备制造许可证、产品合格证、制造监督检验证明等有关资料到本单位工商注册所在地县级以上建设主管部门办理备案。

第八条 建筑起重机械设备的租赁、安装（拆卸）、使用单位应建立健全起重机械设备安全管理制度和岗位安全责任制，切实加强本单位出租、安拆、使用建筑起重机械设备的安全管理工作。

第九条 出租单位在与承租单位签订的建筑起重机械设备租赁合同中，应当明确租赁双方的安全责任，并向承租方出具建筑起重机械特种设备制造许可证、产品合格证、制造监督检验证明、备案证、自检合格证明及安装使用说明书。

购置三年以上的建筑起重机械设备出租时，出租单位还须提交近两年内由具有相应资质的检验检测机构出具的定期检验合格报告。

第十条 有下列情形之一的建筑起重机械设备，不得出租、安装和使用：

（一）属国家明令淘汰或者禁止使用的；

（二）超过安全技术标准或者制造厂家规定的使用年限的；

（三）经检验达不到安全技术标准规定的；

（四）没有完整安全技术档案的；

（五）没有齐全有效的安全保护装置的；

（六）没有办理建筑起重机械设备备案的。

第十一条 建筑起重机械设备有本规定第十条第（一）、（二）、（三）项情形之一的，出租单位或者自购建筑起重机械设备的使用单位应当予以报废，并向原备案机关办理注销手续。

第十二条 出租单位和自购建筑起重机械设备的使用单位，必须建立建筑起重机械设备安全技术档案。

建筑起重机械设备安全技术档案应当包括以下资料：

（一）购销合同、制造许可证、产品合格证、制造监督检验证明、安装使用说明书、备案证等原始资料；

（二）定期检验报告、定期自行检查记录、定期维护保养记录、维修和技术改造记录、运行故障和生产安全事故记录、使用情况及累计运转记录等运行资料；

（三）历次安装验收资料。

第十三条 从事建筑起重机械设备安装、拆卸活动的单位（以下简称安装单位）必须在依法取得建设主管部门颁发的相应资质和安全生产许可证后，方可在其资质许可范围内从事建筑起重机械设备的安装、拆卸工程活动。

第十四条 建筑起重机械设备使用单位（安拆工程发包单位）在选择安装单位时，应当对安装单位的资质、安全生产许可证及有关证件进行核验，不得委托无相应资质和安全生产许可证的单位和个人进行建筑起重机械设备的安装、拆卸（含顶升、附着、移位等）活动。

第十五条 建筑起重机械设备使用单位应向安装单位提供拟安装（拆卸）机械设备场地的地质和水文资料、施工平面图及隐蔽工程验收报告等有关方面的资料。安装单位在安装、拆卸过程中，应当服从使用单位及施工总承包单位对施工现场的安全生产管理。

第十六条 建筑起重机械设备安装单位及有关安拆人员应当按照国家有关规定及建筑起重机械设备安装、拆卸工程专项施工方案和安全操作规程组织安装、拆卸等活动，并对其安装质量和作业过程的安全生产负责。

第十七条 建筑起重机械设备使用单位和安装单位应当在签订的建筑起重机械设备安装、拆卸合同中明确双方的安全生产责任。

实行施工总承包的,施工总承包单位应当与安装单位签订建筑起重机械安装、拆卸工程安全协议书。

第十八条 安装单位应当履行下列安全职责:

(一)按照安全技术标准及建筑起重机械设备性能要求,编制建筑起重机械设备安装、拆卸工程专项施工方案,并由本单位技术负责人签字;

(二)按照安全技术标准及安装使用说明书等检查建筑起重机械设备及现场施工条件;

(三)组织安全施工技术交底并签字确认;

(四)制定建筑起重机械设备安装、拆卸工程生产安全事故应急救援预案;

(五)将建筑起重机械设备安装、拆卸工程专项施工方案,安装、拆卸人员名单,安装、拆卸时间等材料报施工总承包单位和监理单位审核后,告知工程所在地县级以上建设主管部门。

第十九条 安装、拆卸建筑起重机械设备应设置警戒区。

安装单位的专业技术人员、专职安全生产管理人员对安拆工程应当进行现场监督,技术负责人应当定期巡查。

第二十条 建筑起重机械设备安装完毕后,安装单位应当按照安全技术标准及安装使用说明书的有关要求对建筑起重机械设备进行自检、调试和试运转。自检合格的,应当出具自检合格证明,并向使用单位进行安全使用说明。

第二十一条 建筑起重机械设备安装完毕后,使用单位应当组织出租、安装、监理等有关单位按规定进行验收,并履行验收签字手续,或者委托具有相应资质的检验检测机构进行验收。建筑起重机械设备经验收合格后方可投入使用,未经验收或者验收不合格的不得使用。

实行施工总承包的,由施工总承包单位组织验收。

建筑起重机械设备在验收前应当经有相应资质的检验检测机构检验检测合格。

检验检测机构和检验检测人员对检验检测结果、鉴定结论依法承担法律责任。

第二十二条 安装单位应当建立建筑起重机械设备安装、拆卸工程档案。

建筑起重机械设备安装、拆卸工程档案应当包括以下资料:

(一)安装、拆卸合同及安全协议书;

(二)安装、拆卸工程专项施工方案;

(三)安全施工技术交底的有关资料;

(四)安装工程验收资料;

(五)安装、拆卸工程生产安全事故应急救援预案。

第二十三条 使用单位应当自建筑起重机械设备安装验收合格之日起30日内,将建筑起重机械安装验收资料、建筑起重机械设备安全管理制度、特种作业人员名单等,报工程所在地县级以上地方人民政府建设主管部门进行建筑起重机械设备使用登记。登记标志置于或者附着于该设备的显著位置。

第二十四条 使用单位应当履行下列安全职责：

(一)根据不同施工阶段、周围环境以及季节、气候的变化，对建筑起重机械设备采取相应的安全防护措施；

(二)制定建筑起重机械设备生产安全事故应急救援预案；

(三)在建筑起重机械设备活动范围内设置明显的安全警示标志，对集中作业区做好安全防护；

(四)设置相应的设备管理机构或者配备专职的设备管理人员；

(五)指定专职设备管理人员、专职安全生产管理人员进行现场监督检查，制止违章指挥和违章操作；

(六)对在用的建筑起重机械设备及安全保护装置、吊具、索具进行经常性和定期的检查、维护和保养，并做好记录；

(七)建筑起重机械设备出现故障或者发生异常情况，应立即停止使用，消除故障和事故隐患后，方可重新投入使用。

第二十五条 使用单位在建筑起重机械设备租期结束后，应当将定期检查、维护和保养记录移交出租单位。

建筑起重机械设备租赁合同对建筑起重机械设备的检查、维护、保养另有约定的，从其约定。

第二十六条 建筑起重机械设备在使用过程中需要附着的，使用单位应当委托原安装单位或者具有相应资质的安装单位按照专项施工方案实施，并按照本办法第二十一条规定组织验收。验收合格后方可投入使用。

建筑起重机械在使用过程中需要顶升的，使用单位委托原安装单位或者具有相应资质的安装单位按照专项施工方案实施后，即可投入使用。

禁止擅自在建筑起重机械设备上安装非原制造厂制造的标准节和附着装置。

施工现场暂时停工时，使用单位应当做好建筑起重机械设备的现场保护。

第二十七条 建筑起重机械设备的产权单位必须按照下列规定委托具有相应资质的检验检测机构进行定期检验检测。定期检验检测应包括设备性能和安全装置的检验检测。

购置满三年的建筑起重机械设备必须进行检验检测，以后每两年进行一次定期检验检测(即定期检验检测有效期为两年)，定期检验检测应于有效期满前进行。

有下列情况之一的，产权单位对建筑起重机械设备必须按照定期检验检测的内容和要求进行检验检测：

(一)重大故障修复后或正常大修后；

(二)自然灾害后可能影响安全技术性能；

(三)国家法律法规规定的其他情况。

国家标准规定施工升降机防坠安全器的检验有效期为一年，有效期满前应重新进行检验。

未按本办法规定进行检验检测或检验检测不合格的建筑起重机械设备，不得出租，不得在施工现场使用。

第二十八条　建筑起重机械设备安装拆卸工、起重信号工、起重司机、司索工等特种作业人员应当经建设主管部门考核合格，并取得省级以上建设主管部门颁发的特种作业操作资格证书后，方可上岗作业。

建筑起重机械设备安装单位、使用单位（含负责起重设备安拆、使用的出租单位）应当对建筑起重机械设备特种作业人员和管理人员每年至少进行一次安全生产教育培训，保证作业人员和管理人员具备必要的安全作业知识。

第二十九条　建筑起重机械设备特种作业人员应当遵守建筑起重机械设备安全操作规程和安全管理制度，对设备安全状况和危险因素进行检查，在检查或作业过程中发现事故隐患或者其他不安全因素，应当立即处理；情况紧急时，可以决定停止安拆和使用，并及时向现场安全管理人员和有关负责人报告。建筑起重机械设备特种作业人员在作业中有权拒绝违章指挥和强令冒险作业，有权在发生危及人身安全的紧急情况时立即停止作业或者采取必要的应急措施后撤离危险区域。

第三十条　施工总承包单位应当履行下列安全职责：

（一）向安装单位提供拟安装设备位置的基础施工资料，确保建筑起重机械进场安装、拆卸所需的施工条件；

（二）审核建筑起重机械的特种设备制造许可证、产品合格证、制造监督检验证明、定期检验报告、备案证等文件资料；

（三）审核安装单位、使用单位的资质证书、安全生产许可证和特种作业人员的特种作业操作资格证书；

（四）审核安装单位制定的建筑起重机械设备安装、拆卸工程专项施工方案和生产安全事故应急救援预案；

（五）审核使用单位制定的建筑起重机械设备生产安全事故应急救援预案；

（六）指定专职安全生产管理人员监督检查建筑起重机械设备安装、拆卸、使用情况；

（七）施工现场有多台塔式起重机作业时，应当组织制定并实施防止塔式起重机相互碰撞的安全措施。

第三十一条　监理单位应当履行下列安全职责：

（一）审核建筑起重机械设备制造许可证、产品合格证、制造监督检验证明、定期检验报告、备案证等文件资料；

（二）审核建筑起重机械设备安装单位、使用单位的资质证书、安全生产许可证和特种作业人员的特种作业操作资格证书；

（三）审核建筑起重机械设备安装、拆卸工程专项施工方案；

（四）监督安装单位执行建筑起重机械设备安装、拆卸工程专项施工方案情况；

（五）监督检查建筑起重机械设备的使用情况；

（六）发现存在生产安全事故隐患的，应当要求安装单位或使用单位限期整改，对安装单位、使用单位拒不整改的，及时向建设单位报告，情况严重的，向建设主管部门报告。

第三十二条　建设单位依法发包给两个及两个以上施工单位的工程，不同施工单位在同一施工现场使用多台塔式起重机作业时，应当协调组织制定防止塔式起重机相互碰撞的安全措施。

安装单位、使用单位拒不整改生产安全事故隐患的，建设单位接到监理单位报告后，应当责令安装单位、使用单位立即停工整改。

第三十三条 建设主管部门应当建立建筑起重设备安全监督举报制度，公布举报电话、电子信箱，受理对建筑起重机械设备租赁、安装、拆卸、使用和检验检测中违法违规等行为的举报，并及时予以处理。

第三十四条 建设主管部门履行安全监督检查职责时，有权采取下列措施：

（一）要求被检查的单位提供有关建筑起重机械设备的文件和资料；

（二）进入被检查单位和被检查单位的施工现场进行检查；

（三）对检查中发现的建筑起重机械设备生产安全事故隐患，责令立即排除；重大生产安全事故隐患排除前或者排除过程中无法保证安全的，责令从危险区域撤出作业人员或者暂时停止施工。

第三十五条 负责办理备案登记的建设主管部门应当建立本行政区域内的建筑起重机械设备档案，按照有关规定对建筑起重机械设备进行统一编号，并定期向社会公布建筑起重机械设备的有关情况。

第三十六条 违反本规定，出租单位、自购建筑起重机械设备的使用单位，有下列行为之一的，由县级以上地方人民政府建设主管部门责令限期改正，予以警告，并处以5 000元以上1万元以下罚款：

（一）未按照规定办理备案的；

（二）未按照规定办理注销手续的；

（三）未按照规定建立建筑起重机械设备安全技术档案的。

第三十七条 违反本规定，安装单位有下列行为之一的，由县级以上建设主管部门责令限期改正，予以警告，并处以5 000元以上3万元以下罚款：

（一）未履行第十八条第（二）、（四）、（五）项安全职责的；

（二）未按照规定建立建筑起重机械安装、拆卸工程档案的；

（三）未按照建筑起重机械安装、拆卸工程专项施工方案及安全操作规程组织安装、拆卸作业的。

第三十八条 违反本规定，使用单位有下列行为之一的，由县级以上建设主管部门责令限期改正，予以警告，并处以5 000元以上3万元以下罚款：

（一）未履行第二十四条第（一）、（三）、（四）、（五）、（七）项安全职责的；

（二）擅自在建筑起重机械上安装非原制造厂制造的标准节和附着装置的。

第三十九条 违反本规定，施工总承包单位未履行第三十条第（一）、（三）、（四）、（五）、（七）项安全职责的，由县级以上建设主管部门责令限期改正，予以警告，并处以5 000元以上3万元以下罚款。

第四十条 违反本规定，监理单位未履行第三十一条第（一）、（二）、（四）、（五）项安全职责的，由县级以上建设主管部门责令限期改正，予以警告，并处以5 000元以上3万元以下罚款。

第四十一条 违反本规定，建设单位有下列行为之一的，由县级以上建设主管部门责令限期改正，予以警告，并处以5 000元以上3万元以下罚款；逾期未改的，责令停止施工：

（一）未按照规定协调组织制定防止多台塔式起重机相互碰撞安全措施的；

（二）接到监理单位报告后，未责令安装单位、使用单位立即停工整改的。

第四十二条 违反本规定，建设主管部门的工作人员有下列行为之一的，依法给予处分；构成犯罪的，依法追究刑事责任：

（一）发现违反本办法的违法行为不依法查处的；

（二）发现在用的建筑起重机械设备存在严重生产安全事故隐患不依法处理的；

（三）不依法履行监督管理职责的其他行为。

第四十三条 本办法由河南省建设厅负责解释。

第四十四条 本办法自颁布之日起施行，《河南省建筑起重设备安全监督管理（暂行）办法》（豫建建［2004］162 号）同时废止。

河南省建设厅关于印发《河南省建筑起重机械设备备案登记管理办法》的通知

（豫建［2008］203号，2008年9月24日）

各省辖市、各扩权县（市）建委（建设局）、城建局、市政局：

现将《河南省建筑起重机械设备备案登记管理办法》印发给你们，并提出如下实施意见，请认真贯彻执行。

一、各级建设行政主管部门要高度重视建筑起重机械设备备案登记工作，抓紧安排部署，广泛进行宣传，明确管理机构，安排专人或专职小组负责，认真组织实施，扎扎实实地做好此项工作。

二、各级建设行政主管部门要主动与当地工商行政管理部门联系沟通，摸清建筑起重机械设备出租单位的底数和有关情况，以便更加积极有效地开展建筑起重设备的备案管理工作。

三、该《办法》实施后，省建设行政主管部门不再对建筑起重机械进行产品备案。

四、各级建设行政主管部门及其安全监督机构要督促建筑起重机械设备产权单位抓紧办理建筑起重机械设备备案，现有建筑起重设备的备案工作应在2008年12月底前完成，新购置的建筑起重机械设备应按规定及时办理备案。

五、鉴于建筑起重机械设备备案工作量较大，需要一段集中办理的时间，对于涉及建筑起重机械设备备案的处罚性条款从2009年1月1日起执行。

六、各地建设行政主管部门在办理建筑起重机械设备备案登记中遇到的问题，请及时向省建设行政主管部门报告。

附件：

河南省建筑起重机械设备备案登记管理办法

第一条 为加强建筑起重机械设备备案登记管理，根据建设部《建筑起重机械安全监督管理规定》、《建筑起重机械备案登记办法》及《河南省建筑起重机械设备安全监督管理办法》，制定本办法。

第二条 河南省境内建筑起重机械设备的备案登记管理适用本办法。

第三条 本办法所称建筑起重机械设备备案登记，包括建筑起重机械设备备案、安装（拆卸）告知和使用登记。

建筑起重机械设备的备案、使用登记分别由设备所有权单位、使用单位申请办理，安装(拆卸)告知由安装、拆卸单位办理。

第四条　省建设主管部门负责全省建筑起重机械设备的备案登记管理工作。

省辖市、县(市)建设主管部门负责本行政区域内起重机械设备的备案登记管理工作。

第五条　建筑起重机械设备出租单位或者自购建筑起重机械设备使用单位(以下简称“产权单位”)在建筑起重机械首次出租或安装前，应当到本单位工商注册所在地县级以上建设主管部门(以下简称“设备备案机关”)办理备案。

产权单位现有的建筑起重设备应在本办法实施后尽快到本单位工商注册所在地县级以上建设主管部门办理备案。

第六条　产权单位在办理建筑起重机械设备备案手续时，应当向设备备案机关提交以下资料：

(一)《河南省建筑起重机械设备备案申请表》；

(二)产权单位法人营业执照副本；

(三)起重设备制造许可证；

(四)产品合格证；

(五)制造监督检验证明；

(六)产品安装使用说明书；

(七)建筑起重机械设备购销合同、发票或相应有效凭证；

(八)购置3年以上的建筑起重机械设备近2年内检测单位出具的性能及安全装置检测报告。

所提交资料应为原件，留存复印件，复印件应当加盖产权单位公章。

第七条　设备备案机关应当对符合备案条件且资料齐全的建筑起重机械设备进行编号，分别在7个及30个工作日内向产权单位核发建筑起重机械设备备案证和备案牌。

第八条　有下列情形之一的建筑起重机械设备，设备备案机关不予备案，并通知产权单位：

(一)属国家和地方明令淘汰或者禁止使用的；

(二)超过制造厂家或者安全技术标准规定的使用年限的；

(三)经检验达不到安全技术标准规定的。

第九条　起重机械设备产权单位变更时，变更单位双方应当持建筑起重机械设备备案证、设备备案牌和起重设备变更申请表及有关资料到设备备案机关办理备案变更手续。设备备案机关应当收回并注销其原发的建筑起重机械设备备案证和备案牌，并按规定重新核发备案证和备案牌。

原产权单位应当将建筑起重机械设备的原始资料及安全技术档案移交给现产权单位。

第十条　建筑起重机械设备属于本办法第八条情形之一的，产权单位应当及时采取解体等销毁措施予以报废，并向设备备案机关办理备案注销手续。

第十一条　建筑起重机械设备的安装(拆卸)实行事前告知制度。从事建筑起重机械设备安装、拆卸活动的单位（以下简称“安装单位”）办理建筑起重机械安装（拆卸）告知手续前，应当将以下资料报送施工总承包单位、监理单位审核：

（一）建筑起重机械设备备案证；

（二）安装单位资质证书、安全生产许可证副本；

（三）安装单位特种作业人员名单及证书；

（四）建筑起重机械设备安装（拆卸）工程专项施工方案；

（五）安装单位与使用单位签订的安装（拆卸）合同及安装单位与施工总承包单位签订的安全协议书；

（六）安装单位负责建筑起重机械设备安装（拆卸）工程专职安全生产管理人员、专业技术人员名单及证书；

（七）建筑起重机械设备安装（拆卸）工程生产安全事故应急救援预案；

（八）辅助起重机械设备资料；

（九）施工总承包单位、监理单位要求的其他资料。

第十二条 施工总承包单位、监理单位应当在收到安装单位提交的齐全有效的资料之日起2个工作日内审核完毕并签署意见。

第十三条 安装单位应当在建筑起重机械设备安装（拆卸）前2个工作日将建筑起重机械设备安装（拆卸）告知书及施工总承包单位、监理单位审核意见书、审核资料报送到工程所在地县级以上地方建设主管部门，建设主管部门应在收到报送材料之日后1个工作日内向安装单位作出回复，安装单位在收到建设主管部门告知回复书后方可进行作业。

第十四条 建筑起重机械设备使用单位在建筑起重机械设备安装验收合格之日起30日内，向工程所在地县级以上建设主管部门（以下简称“使用登记机关”）办理使用登记。

第十五条 使用单位在办理建筑起重机械设备使用登记时，应当向使用登记机关提交下列资料：

（一）《河南省建筑起重机械设备使用登记表》；

（二）建筑起重机械设备备案证；

（三）建筑起重机械设备租赁合同（非租赁设备不提供本项材料）；

（四）建筑起重机械设备定期检验及安装后检验检测报告和安装验收资料；

（五）使用单位现场特种作业人员资格证书；

（六）建筑起重机械设备使用、维护保养等管理制度；

（七）建筑起重机械设备生产安全事故应急救援预案；

（八）使用登记机关规定的其他资料。

第十六条 使用登记机关应当自收到使用单位提交的资料之日起7个工作日内，对于符合登记条件且资料齐全的建筑起重机械设备进行编号，核发建筑起重机械设备使用登记证。

第十七条 建筑起重机械设备备案牌、建筑起重机械设备使用登记证应并列附着在建筑起重设备的显著位置，距地面高度不应大于3米，设备备案牌为该设备的身份标志，不得随意拆取。建筑起重机械设备使用登记证仅限于登记的设备和施工项目使用,建筑起重机械设备转移到其他工地需重新办理使用登记备案证(不含自行驱动行走的起重机械,例如汽车起重机)。

建筑起重机械设备备案证、备案牌、使用登记证不得转借。

第十八条 建筑起重机械设备备案、使用登记编号按省建设主管部门统一确定的编码规则编号,建筑起重设备备案证由省建设厅统一印制,设备备案牌、使用登记证由实施备案登记机关按照省建设主管部门确定的统一式样制作。各种证、牌均由具体实施备案、登记的管理机关核发。

第十九条 出租、安装、使用单位应当按规定提交建筑起重机械设备备案登记资料,并对所提供资料的真实性负责。

县级以上建设主管部门应当建立建筑起重机械设备备案登记诚信考核制度,一经发现有关单位提供的备案登记材料有虚假行为,可随时撤销备案登记,收回备案登记证、牌,并作出不良行为记录,同时向社会公示。

第二十条 未按本办法进行设备备案、安装(拆卸)告知、使用登记的建筑起重机械设备相关单位不得从事应在备案、告知、登记后方可实施的行为和活动。

第二十一条 有下列情形之一的建筑起重机械设备,使用登记机关不予使用登记并有权责令使用单位立即停止使用或者拆除:

(一)属于本办法第八条情形之一的;

(二)未经检验检测或者经检验检测不合格的;

(三)未经安装验收或者经安装验收不合格的。

第二十二条 使用单位应当在安装单位办理建筑起重机械设备拆卸告知手续时,将建筑起重机械使用登记证交使用登记机关注销。

第二十三条 负责建筑起重机械设备备案登记的管理部门应当建立建筑起重机械设备档案和计算机信息管理系统,提供本行政区域内建筑起重机械设备备案登记查询服务,并接受上级主管部门的监督检查。

第二十四条 建筑起重机械设备备案登记实行定期统计上报制度。省辖市、省定扩权县(市)建设主管部门应当在每季度末将本地区《建筑起重机械设备备案登记情况汇总表》、《建筑起重机械设备备案情况一览表》、《建筑起重机械设备使用登记情况一览表》上报省建设主管部门。

第二十五条 县级以上建设主管部门应当对施工现场的建筑起重机械设备备案登记情况进行监督检查,发现出租、安装、使用单位未按规定办理建筑起重机械设备备案、安装(拆卸)告知、使用登记及注销手续的,应依照有关法规和规章及时作出停止使用、限期办理备案登记手续及经济处罚的处理。

第二十六条 省建设主管部门应定期或不定期及时公布限制或禁止使用的建筑起重机械设备名录。

第二十七条 本办法由河南省建设厅负责解释。

第二十八条 本办法自颁布之日起施行。

附件一:建筑起重机械设备备案登记编号规则(略)
附件二:建筑起重机械设备备案申请表(略)
附件三:河南省建筑起重机械设备备案证(略)
附件四:河南省建筑起重机械设备备案牌(略)
附件五:河南省建筑起重机械设备使用登记申请表(略)
附件六:建筑起重机械设备产权变更备案申请表(略)
附件七:建筑起重机械设备安装(拆卸)审核表(略)
附件八:建筑起重机械设备安装(拆卸)告知书(略)
附件九:建筑起重机械设备安装(拆卸)告知回复书(略)
附件十:河南省建筑起重机械设备备案情况一览表(略)
附件十一:河南省建筑起重机械设备使用登记情况一览表(略)
附件十二:建筑起重机械备案登记汇总表(略)

五、标准、规范

BIAOZHUN GUIFAN

高处作业吊篮

GB 19155—2003

(2003 年 11 月 1 日实施,其中 5.2.2、5.2.3、5.2.4、5.2.6、5.2.7、5.2.8、5.3.5、5.4.3.1、5.4.3.3、5.4.3.5、5.4.5.1、5.4.5.2、5.4.5.6、5.4.6.2、5.4.6.6、5.4.7.4、5.4.7.5、5.4.7.6 为强制性标准)

1 范 围

本标准规定了高处作业吊篮的定义、分类、技术要求、试验方法、检验规则、标志、包装、运输、贮存及检查、维护和操作。

本标准适用于各种型式的高处作业吊篮(以下简称吊篮)。

2 引用标准

下列标准所包含的条文,通过在本标准中引用而构成为本标准的条文。本标准出版时,所示版本均为有效。所有标准都会被修订,使用本标准的各方应探讨使用下列标准最新版本的可能性。

GB 3883.1—2000 手持式电动工具的安全 第一部分:通用要求(idt IEC 60745—1:1997)

GB 5144—1994 塔式起重机安全规程

GB 5972—86 起重机械用钢丝绳检验和报废实用规范(eqv ISO 4309:1981)

GB/T 8918—1996 钢丝绳(eqv ISO 2408:1985)

GB/T 13306—1991 标牌

GB 19154—2003RP 擦窗机

JG/T 5011.1—1992 建筑机械与设备 铸钢件通用技术条件

JG/T 5011.4—1992 建筑机械与设备 灰铁铸件通用技术条件

JG/T 5011.7—1992 建筑机械与设备 铸件缺陷修补通用技术条件

JG/T 5011.8—1992 建筑机械与设备 锻件通用技术条件

JG/T 5012—1992 建筑机械与设备 包装通用技术条件

JG/T 5082.1—1996 建筑机械与设备 焊接件通用技术条件

3 定 义

本标准采用下列定义。

3.1 吊篮 temporarily installed suspended access equipment

悬挂机构架设于建筑物或构筑物上，提升机驱动悬吊平台通过钢丝绳沿立面上下运行的一种非常设悬挂设备。

3.2 悬吊平台 suspended platform

四周装设有护栏，用于搭载作业人员、工具和材料进行高处作业的悬挂装置。

3.3 悬挂机构 suspension mechanism

架设于建筑物或构筑物上，通过钢丝绳悬挂悬吊平台的机构。

3.4 提升机 hoist

使悬吊平台上下运行的装置。

3.4.1 额定提升力 rated lifting force

提升机允许提升额定载荷。

3.5 安全锁 safety lock

当悬吊平台下滑速度达到锁绳速度或悬吊平台倾斜角度达到锁绳角度时，能自动锁住安全钢丝绳，使悬吊平台停止下滑或倾斜的装置。

3.5.1 锁绳速度 locking rope speed

安全锁开始锁住钢丝绳时，钢丝绳与安全锁的相对瞬时速度。

3.5.2 锁绳角度 locking rope angle

安全锁自动锁住安全钢丝绳时悬吊平台停止倾斜的角度。

3.5.3 自由坠落锁绳距离 locking rope distance of free fall

悬吊平台从自由坠落开始到安全锁锁住钢丝绳时相对于钢丝绳的下降距离。

3.5.4 有效标定期 mark limit effective

安全锁在规定相邻两次标定的时间间隔。

3.5.5 允许冲击力 permissble force of impact

安全锁允许承受的最大冲击力。

3.6 额定载重量 rated load

悬吊平台允许承受的最大有效载重量。

3.7 额定速度 rated speed

悬吊平台在额定载重量下升降的速度。

3.8 试验偏载荷 test offset load

重心位于悬吊平台一端总长度1/4处的额定重量所产生的重力。

3.9 静力试验载荷 static test load

150%的额定载重量所产生的重力。

3.10 动力试验载荷 dynamic test load

125%的额定载重量所产生的重力。

3.11 超载保护装置 over load device

悬吊平台超载时，能制止其运动的装置。

3.12 限位装置 over – run device

限制运动部件或装置超过预设极限位置的装置。

4 分 类

4.1 型式

吊篮按驱动方式分为手动、气动和电动。

4.2 主参数及其系列

吊篮的主参数用额定载重量表示，主参数系列见表1。

表1 主参数系列

主参数	主参数系列
额定载重量(kg)	100、150、200、250、300、350、400、500、630、800、1 000、1 250

4.3 型号

4.3.1 吊篮型号由类代号、组代号、型代号、特性代号、主参数代号、悬吊平台结构层数和更新变型代号组成。

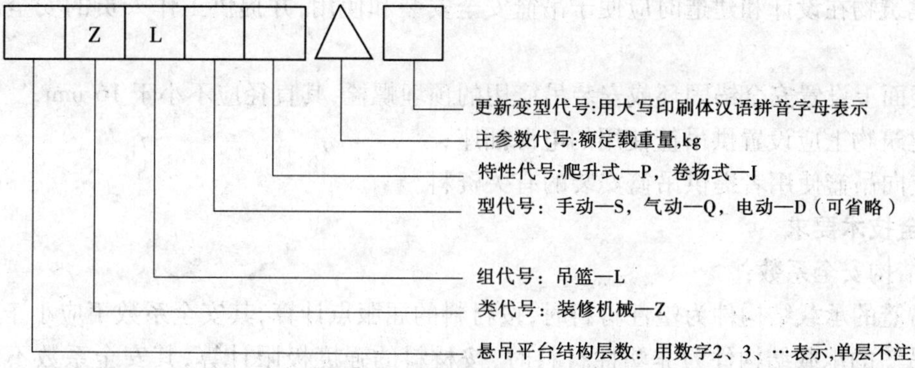

4.3.2 标记示例：

a)额定载重量500 kg电动、单层爬升式高处作业吊篮：

高处作业吊篮 ZLP500 GB 19155

b)额定载重量800 kg电动、双层爬升式高处作业吊篮第一次变型产品：

高处作业吊篮 2ZLP800A GB 19155

c)额定载重量300 kg气动、单层爬升式高处作业吊篮：

高处作业吊篮 ZLQP300 GB 19155

d)额定载重量500 kg气动、单层爬升式高处作业吊篮：

高处作业吊篮 ZLQP500 GB 19155

e)额定载重量300 kg电动,卷扬式高处作业吊篮：

高处作业吊篮 ZLJ300 GB 19155

5 技术要求

5.1 一般要求

5.1.1 吊篮应按照规定程序批准的图样及技术文件制造。

5.1.2　吊篮的自制零部件应经检验合格后方可装配。

5.1.3　标准件、外购件、外协件应具有制造厂的合格证,否则应按有关标准进行检验,合格后方可进行装配。

5.1.4　原材料应符合产品图样规定,并应有供应厂的正式标记及合格证。关键零部件所有原材料,制造厂应抽样检验,确认合格后方可使用。

5.1.5　制造厂生产的同一型号吊篮的零部件应具有互换性。

5.1.6　吊篮在下列环境下应能正常工作:

a)环境温度 -20 ℃ ~ +40 ℃;

b)环境相对湿度不大于90%(25 ℃);

c)电源电压偏离额定值±5%;

d)工作处阵风风速不大于8.3 m/s(相当于5级风力)。

5.1.7　建筑设计相关要求:

a)建筑物或构筑物支撑处应能承受吊篮的全部重量;

b)建筑物在设计和建造时应便于吊篮安全安装和使用,并提供工作人员的安全出入通道;

c)楼面上设置安全锚固环或安装吊篮用的预埋螺栓,其直径应不小于16 mm;

d)建筑物上应设置供吊篮使用的电源插座;

e)应向吊篮使用者提供吊篮安装的有关资料。

5.2　安全技术要求

5.2.1　结构安全系数:

a)吊篮的承载结构件为塑性材料时,按材料的屈服点计算,其安全系数不应小于2;

b)吊篮的承载结构件为非塑性材料时,按材料的强度极限计算,其安全系数不应小于5;

c)结构安全系数应按公式(1)计算:

$$S = \sigma / [(\sigma_1 + \sigma_2 + \sigma_3) f_1 f_2] \tag{1}$$

式中　S——结构安全系数;

σ——材料屈服点(塑性材料)或材料强度极限(非塑性材料),MPa;

σ_1——结构自重产生的应力,MPa;

σ_2——额定载重量产生的应力,MPa;

σ_3——风载荷产生的应力,MPa;

f_1——应力集中系数,$f_1 \geq 1.10$;

f_2——动载荷系数,$f_2 \geq 1.2$。

d)吊篮在结构设计时,应考虑风载荷的影响;在工作状态下,应能承受的基本风压值不低于500 Pa;在非工作状态下,当吊篮安装高度不超过60 m时,应能承受的基本风压值不低于1 915 Pa,每增高30 m,基本风压值增加165 Pa;悬挂机构设计风压值应按1.5倍的基本风压值计算。

5.2.2　吊篮制动器必须使带有动力试验载荷的悬吊平台,在不大于100 mm制动距离内停止运行。

5.2.3 吊篮必须设置上行程限位装置。

5.2.4 吊篮的每个吊点必须设置两根钢丝绳,安全钢丝绳必须装有安全锁或相同作用的独立安全装置。在正常运行时,安全钢丝绳应顺利通过安全锁或相同作用的独立安全装置。

5.2.5 吊篮宜设超载保护装置。

5.2.6 吊篮必须设有在断电时使悬吊平台平稳下降的手动滑降装置。

5.2.7 在正常工作状态下,吊篮悬挂机构的抗倾覆力矩与倾覆力矩的比值不得小于2。

5.2.8 钢丝绳吊点距悬吊平台端部距离不应大于悬吊平台全长1/4,悬吊平台的抗倾覆力矩与额定载重量集中作用在悬吊平台外伸段中心引起的最大倾覆力矩之比不得小于1.5。

5.2.9 吊篮所有外露传动部分,应装有防护装置。

5.2.10 连接应符合如下规定:

a)主要受力焊缝质量应符合JG/T 5082.1中的B级规定,焊后应进行质量检查;

b)采用高强度螺栓连接时,其连接表面应清除灰尘、油漆、油迹和锈蚀,应使用力矩扳手或专用工具,按设计、装配技术要求拧紧。

5.2.11 结构件报废规定如下:

a)吊篮主要结构件由于腐蚀、磨损等原因使结构的计算应力提高,当超过原计算应力10%时应予以报废;对无计算条件的,当腐蚀深度达到原构件厚度的10%时,则应予以报废。

b)主要受力构件产生永久变形而不能修复时,应予以报废。

c)悬挂机构、悬吊平台和提升机架等整体失稳后不得修复,应予以报废。

d)当结构件及其焊缝出现裂纹时,应分析原因,根据受力和裂纹情况采取加强措施。当达到原设计要求时,才能继续使用,否则应予以报废。

5.3 吊篮要求

5.3.1 吊篮在动力试验时,应有超载25%额定载重量的能力。

5.3.2 吊篮在静力试验时,应有超载50%额定载重量的能力。

5.3.3 吊篮额定速度不大于18 m/min。

5.3.4 手动滑降装置应灵敏可靠,下降速度不应大于1.5倍的额定速度。

5.3.5 吊篮在承受静力试验载荷时,制动器作用15 min,滑移距离不得大于10 mm。

5.3.6 吊篮在变换额定载重量下工作时,操作者耳边噪声不大于85 dB(A),机外噪声值不大于80 dB(A)。

5.3.7 吊篮上所设置的各种安全装置均不能妨碍紧急脱离危险的操作。

5.3.8 吊篮的各部件均应采取有效的防腐蚀措施。

5.4 主要部件技术要求

5.4.1 悬挂机构

5.4.1.1 悬挂机构应有足够的强度和刚度。单边悬挂悬吊平台时,应能承受平台自重、额定载重量及钢丝绳的自重。

5.4.1.2　悬挂机构施加于建筑物顶面或构筑物上的作用力均应符合建筑结构的承载要求。当悬挂机构的载荷由屋面预埋件承受时，其预埋件的安全系数不应小于3。

5.4.1.3　配重标有质量标记。

5.4.1.4　配重应准确、牢固地安装在配重点上。

5.4.2　悬吊平台

5.4.2.1　悬吊平台应有足够的强度和刚度。承受2倍的均布额定载重量时，不得出现焊缝裂纹、螺栓铆钉松动和结构件破坏等现象。

5.4.2.2　悬吊平台在承受动力试验载荷时，平台底面最大挠度值不得大于平台长度的1/300。

5.4.2.3　悬吊平台在承受试验偏载荷时，在模拟工作钢丝绳断开、安全锁锁住钢丝绳状态下，其危险断面处应力值不应大于材料的许用应力。

5.4.2.4　应校核悬吊平台在单边承受额定载重时其危险断面处材料强度。

5.4.2.5　悬吊平台四周应装有固定式的安全护栏，护栏应设有腹杆，工作面的护栏高度不应低于0.8 m，其余部位则不应低于1.1 m，护栏应能承受1 000 N的水平集中载荷。

5.4.2.6　悬吊平台内工作宽度不应小于0.4 m并应设置防滑底板，底板有效面积不小于0.25 m^2/人，底板排水孔直径最大为10 mm。

5.4.2.7　悬吊平台底部四周应设有高度不小于100 mm挡板，挡板与底板间隙不大于5 mm。

5.4.2.8　悬吊平台在工作中的纵向倾斜角度不应大于8°。

5.4.2.9　悬吊平台上应醒目地注明额定载重量及注意事项。

5.4.2.10　悬吊平台上应设有操纵用按钮开关，操纵系统应灵敏可靠。

5.4.2.11　悬吊平台应设有靠墙轮或导向装置或缓冲装置。

5.4.3　爬升式提升机

5.4.3.1　提升机传动系统在绳轮之前禁止采用离合器和摩擦传动。

5.4.3.2　提升机绳轮直径与钢丝绳直径之比值不应小于20。

5.4.3.3　提升机必须设有制动器，其制动力矩应大于额定提升力矩的1.5倍。制动器必须设有手动释放装置，动作应灵敏可靠。

5.4.3.4　提升机应能承受125%额定提升力，电动机堵转转矩不低于180%额定转矩。

5.4.3.5　手动提升机必须设有闭锁装置。当提升机变换方向时，应动作准确，安全可靠。

5.4.3.6　手动提升机施加于手柄端的操作力不应大于250 N。

5.4.3.7　提升机应具有良好的穿绳性能，不得卡绳和堵绳。

5.4.3.8　提升与悬吊平台应连接可靠，其边接强度不应小于2倍允许冲击力。

5.4.4　卷扬式提升机

卷扬式提升机应符合GB 19154—2003中5.8的规定。

5.4.5　安全锁

5.4.5.1　安全锁或具有相同作用的独立安全装置的功能应满足：

a）对离心触发式安全锁，悬吊平台运行速度达到安全锁锁绳速度时，即能自动锁住安全钢丝绳，使悬吊平台在200 mm范围内停住；

b)对摆臂式的倾斜安全锁,悬吊平台工作时纵向倾斜角度不大于8°时,能自动锁住并停止运行;

c)安全锁或具有相同作用的独立安全装置,在锁绳状态下应不能自动复位。

5.4.5.2 安全锁承受静力试验载荷时,静置10 min,不得有任何滑移现象。

5.4.5.3 离心触发式安全锁锁绳速度不大于30 m/min。

5.4.5.4 安全锁允许冲击力按公式(2)计算:

$$F = fk \tag{2}$$

式中 F——允许冲击力,kN;

f——冲击系数,一般取值为2~3;

k——冲击点:50%悬吊平台自重与75%额定载重量之和所产生的重力,kN,单吊点:悬吊平台自重与额定载重量之和所产生的重力,kN。

5.4.5.5 安全锁与悬吊平台应连接可靠,其连接强度不应小于2倍允许冲击力。

5.4.5.6 安全锁必须在有效标定期限内使用,有效标定期限不大于1年。

5.4.6 钢丝绳

5.4.6.1 吊篮宜选用高强度、镀锌、柔度好的钢丝绳,其性能应符合GB/T 8918的规定。

5.4.6.2 钢丝绳安全系数不应小于9。其值按公式(3)计算:

$$n = S_1 a / W \tag{3}$$

式中 n——安全系数;

S_1——单根钢丝绳最小破断拉力,kN;

a——钢丝绳根数;

W——额定载重量、悬吊平台自重和钢丝绳自重所产生的重力之和,kN。

5.4.6.3 钢丝绳端的固定应符合GB 5144—1994中5.2.4的规定;钢丝绳的检查和报废应符合GB/T 5972—1986中2.5的规定。

5.4.6.4 工作钢丝绳最小直径不应小于6 mm。

5.4.6.5 安全钢丝绳宜选用与工作钢丝绳相同的型号、规格,在正常运行时,安全钢丝绳应处于悬垂状态。

5.4.6.6 安全钢丝绳必须独立于工作钢丝绳另行悬挂。

5.4.7 电气控制系统

5.4.7.1 电气控制系统供电应采用三相五线制。接零、接地线应始终分开,接地线应采用黄绿相间线。

5.4.7.2 吊篮的电气系统应可靠地接地,接地电阻不应大于4 Ω,在接地装置处应有接地标志。电气控制部分应有防水、防震、防尘措施。其元件应排列整齐,连接牢固,绝缘可靠。电控柜门应装锁。

5.4.7.3 控制用按钮开关动作应准确可靠,其外露部分由绝缘材料制成,应能承受50 Hz正弦波形、1 250 V电压为时1 min的耐压试验。

5.4.7.4 带电零件与机体间的绝缘电阻不应低于2 MΩ。

5.4.7.5 电气系统必须设置过热、短路、漏电保护等装置。

5.4.7.6 悬吊平台上必须设置紧急状态下切断电源控制回路的急停按钮,该电路独立于各控制电路。急停按钮为红色,并有明显的“急停”标记,不能自动复位。

5.4.7.7　电气控制箱按钮应动作可靠,标识清晰、准确。

5.4.7.8　应采取防止随行电缆碰撞建筑物、过度拉紧或其他可能导致损坏的措施。

5.5　制造、装配和外观质量要求

5.5.1　制造和装配质量要求

5.5.1.1　铸铁件质量应符合 JG/T 5011.1 和 JG/T 5011.4 的要求;锻件质量应符合 JG/T 5011.8 的要求;铸件缺陷修补应符合 JG/T 5011.7 的要求;焊缝质量应符合 JG/T 5082.1 的要求。

5.5.1.2　吊篮上的各润滑点均应加注润滑剂。

5.5.1.3　减速器不得漏油,渗油不得超过 1 处(渗油量在 10 min 内超过 1 滴为漏油,不足 1 滴为渗油)。

5.5.1.4　吊篮应进行空载、额定载重量和超载试运行,运行中应升降平稳,启动、制动正常,限位装置、安全锁等应灵敏、安全可靠。

5.5.1.5　手柄操作方向应有明显箭头指示。

5.5.2　外观质量要求

5.5.2.1　零件加工表面不得有锈蚀、磕碰、划伤等缺陷,已加工外露表面应进行防锈处理。

5.5.2.2　吊篮可见外表面应平整、美观,按规定涂底漆和面漆。漆层应均匀、平滑、色泽一致、附着力强,不得有皱皮、脱皮、漏漆、流痕、气泡等缺陷。

5.5.2.3　罩壳应平整,不得有直径超过 15 mm 的锤印痕,安装牢固可靠。

5.6　可靠性要求

a)吊篮承受额定载重量时,提升机应正常工作 3 000 个循环次数,首次故障前工作时间不少于$0.5t_0$(t_0 为累计工作时间),平均无故障工作时间不少于 $0.3t_0$,可靠度不低于 92%。

b)手动提升吊篮承受额定载重量时,提升机应能正常工作 500 个循环次数,应无断裂、明显磨损;当提升机变换运行方向时,制动器应起作用。

6　试验方法

6.1　试验样机

试验样机应配备设计所规定的全部装置及附件,其调整状态应符合有关技术条件的规定,在试验过程中不允许修配或更换零件。

6.2　试验条件

a)试验场地应平整;

b)试验环境温度:-20 ℃ ~ +40 ℃;

c)试验时风速不超过 8.0 m/s;

d)试验时电网输入电压应正常,电源电压值波动范围为 ±5%;

e)试验载荷应准确标定,其偏差为 ±1%;

f)吊篮试验载荷为额定载重量、静力试验载荷和动力试验载荷;

g)备齐所需的全部技术文件。

6.3 试验仪器和工具

6.3.1 试验用的仪器和工具应在计量单位校验合格的有效期内使用。

6.3.2 试验用仪器和工具的精度，除有特殊规定外应符合下列偏差范围：

a)质量、力、长度、时间和速度—— ±1%；

b)电流、电压—— ±2%；

c)噪声—— ±2%；

d)应力—— ±1%；

e)温度—— ±2%。

6.4 试验装置

6.4.1 吊篮试验装置可以采用带有模拟断绳机构的试验架或构筑物。试验架或构筑物应能使吊篮升降行程不小于 5 m，其强度和刚度应能满足试验要求。

6.4.2 安全锁试验可采用安全锁测试装置及模拟吊篮自由坠落试验装置。

6.4.2.1 安全锁测试装置应能固定安全锁，使钢丝绳移动，并能测试安全锁的锁绳速度或锁绳角度及静置滑移量。

6.4.2.2 模拟吊篮自由坠落试验装置应能模拟吊篮断绳工况。

6.5 绝缘性能试验

绝缘电阻和耐压试验按 GB 3883.1 的规定进行。

6.6 安全锁试验

6.6.1 安全锁锁绳速度试验

将待测安全锁固定在测试装置上，将测试装置上的钢丝绳穿入安全锁中，启动测试装置，使钢丝绳移动，当钢丝绳移动速度达到安全锁的锁绳速度时，安全锁应立即锁住安全钢丝绳。连续测试 10 次，其试验结果记入附录 A(提示的附录)表 A1。

6.6.2 安全锁锁绳角度试验

将悬吊平台提升到离地 1 m 处静止，使悬吊平台逐渐处于倾斜状态。按额定载重量和动力试验载荷各进行 3 次试验，测试安全锁动作时悬吊平台的倾斜角度，将试验结果记入表 A2。

6.6.3 安全锁静置滑移量试验

对待测安全锁固定在试验装置上，使之锁紧钢丝绳，施加静力试验载荷，静置 10 min，测定安全锁相对钢丝绳的滑移量。将试验结果记入表 A3。

6.6.4 安全锁模拟悬吊平台自由坠落锁绳距离试验

将待测安全锁固定在模拟悬吊平台自由坠落试验装置上，模拟断绳工况，按表 A4 载荷情况进行试验。测定自由坠落锁绳距离，各试验 3 次，将试验结果记入表 A4。

6.7 空载运行试验

悬吊平台在不小于 5 m 的行程中升降，测试升降速度和电动机功率，试验 3 次，将试验结果记入表 A5。

6.8 额定载重量运行试验

6.8.1 悬吊平台内均布额定载重量，在不小于 5 m 的行程中升降，测试升降速度和电动机功率,试验 3 次,将试验结果记入表 A5。

6.8.2　悬吊平台内将额定载重量分别处于左、右偏载位置,在不小于 5 m 的行程中升降,测试升降速度和电动机功率,每种工况试验 3 次,将试验结果记入表 A5。

6.9　超载运行试验

悬吊平台内均布动力试验载荷,在不小于 5 m 的行程中升降,测试升降速度和电动机功率。试验 3 次,将试验结果记入表 A5。

6.10　噪声测定

吊篮噪声测定按表 A6 的工况进行,试验 3 次,将测定结果记入表 A6。

6.10.1　操作者耳边噪声测定点位置距基准表面水平距离 1 m,离地面高 1.5 m 处,以操作者经常站立的位置为中心。

6.10.2　机外噪声测点位置距基准表面水平距离 7 m,离地面高 1.5 m 处。

6.10.3　背景噪声比实测的噪声低 6 ~ 10 dB(A)时,其测试值应减去表 2 中的背景噪声修正值。如果背景噪声低于实测噪声 6 dB(A)时,测量无效。

表 2　背景噪声修正值　　（单位:dB(A)）

实测噪声与背景噪声的差值	6 ~ 8	9 ~ 10	>10
修正值	1.0	0.5	0

6.11　制动性能试验

6.11.1　滑移距离测定

静力试验载荷下,悬吊平台距地面 0.5 m 处,制动器作用 15 min,测定悬吊平台滑移距离,将测定结果记入表 A7。

6.11.2　制动距离测定

操纵动力试验载荷下的悬吊平台稳定下降时,切断提升机的供电使其停止下降,测悬吊平台从切断供电至完全静止时的下滑位移(制动距离),试验 3 次,将测定结果记入表 A7。

6.12　手动滑降速度试验

在额定载重量下,手动释放制动器,测量悬吊平台下降的位移(不小于 2 m)及其所需时间,试验 3 次,将试验结果记入表 A7。

6.13　悬吊平台强度和刚度试验

6.13.1　悬吊平台离地 1 m 处静置,按表 A8 载荷进行试验,测量危险断面最大应力及挠度。试验 3 次,将试验结果记入表 A8。

6.13.2　悬吊平台上承受 2 倍的均布额定载重量,离地面静置 10 min,检查悬吊平台的焊缝、连接件和结构件,将试验结果记入表 A9。

6.14　悬挂机构的抗倾覆性及应力试验

6.14.1　悬挂机构抗倾覆性试验

将待测悬挂机构安装于平整场地,取其 2 倍倾覆力矩载荷(包括额定载重量、悬吊平台自重、钢丝绳自重、电缆线自重及规定的风载荷等所产生的等效载荷）挂于悬挂机构的端部，静置10 min试验时，悬挂机构应保持平衡，其后支架不得离地，将试验结果记入表A10。

6.14.2 悬挂机构应力试验

将悬挂机构安装于平整场地，在悬挂机构的横梁上加载，加载稳定后，按表A11载荷及工况进行试验，测量危险断面处的应力。试验3次，将试验结果记入表A11。

6.15 可靠性试验

6.15.1 试验工况

6.15.1.1 悬吊平台在承受额定载重量，起升高度不小于5 m情况下，可靠性试验循环次数不少于3 000次。

a）进行反复升降试验；

b）安全锁锁绳试验，试验次数不少于30次；

c）吊篮手动滑降试验不少于50次，每次滑降距离不小于2 m。

6.15.1.2 手动提升吊篮在承受额定载重量启升高度不小于5 m时，应能正常反复升降500个循环次数。

6.15.2 试验要求

a）按使用说明书的规定完成每台班保养；

b）试验期间，吊篮不允许带故障工作；

c）试验期间易损件允许更换。

6.15.3 可靠性考核指标按公式（4）、公式（5）、公式（7）计算。

a）首次故障前工作时间 $MTTFF$：

$$MTTFF = t \tag{4}$$

式中 t——首次故障前的工作时间，h。

b）平均无故障工作时间 $MTBF$：

$$MTBF = t_0 / r_b \tag{5}$$

式中 t_0——累计工作时间，h；

r_b——在规定的可靠性试验时间内出现的当量故障数，其值按公式（6）计算。

$$r_b = \sum_{i=1}^{4} K_i \varepsilon_i \tag{6}$$

式中 ε_i——第 i 类故障的危害度系数；

K_i——出现第 i 类故障的次数。

c）可靠度 R：

$$R = [t_0 / (t_0 + t_1)] \times 100\% \tag{7}$$

式中 t_1——修复故障的时间总和，h。

注：t_0、t_1 均不含规定的保养时间。

6.15.4 故障分类及故障危害度系数见表3。

6.15.5 可靠性试验结果记入表A12、表A13。

6.16 手动提升操作力测定

在额定提升力工况下，测定手动操作手柄的操作力，试验3次，将测试结果记入表A14。

表3 故障分类及危害度系数

故障类别	故障名称	故障原因	故障危害度系数
1	致命故障	安全锁锁绳失效，钢丝绳破断，悬吊平台断裂，悬挂机构断裂、倾覆	∞
2	严重故障	电动机烧毁，传动轴齿轮损坏，箱体破裂，悬吊平台开裂，制动器失灵，绳轮破裂，绳轮打滑，提升机卡绳	3.0
3	一般故障	轴承损坏，悬吊平台永久变形，钢丝绳超量磨损或断丝	1.0
4	轻度故障	穿绳性能不良，橡胶密封损坏，电器接触不良，主要电器元件失效	0.2

6.17 外观质量检查

用手感和目测检查外观质量。

6.18 电气控制系统检查

电气控制系统的检查按5.4.7进行(绝缘性能除外)。

7 检验规则

吊篮的检验分为出厂检验和型式检验。

7.1 出厂检验

产品出厂前就由制造厂检验部门按出厂检验项目(见表4)对产品逐台检验，检验合格后并签发产品出厂合格证方可出厂。

表4 吊篮检验项目

序号	检验项目	试验方法	判定依据	出厂检验	型式检验
1	绝缘性能试验	6.5	5.4.7.3、5.4.7.4	√	√
2	安全锁绳速度试验	6.6.1	5.4.5.3	√	√
3	安全锁锁绳角度试验	6.6.2	5.4.5.1b)、c)	√	√
4	安全锁静置滑移量试验	6.6.3	5.4.5.2		√
5	自由坠落锁绳距离试验	6.6.4	5.4.5.1	√	√
6	空载运行试验	6.7	5.5.1.4		√
7	额定载重量运行试验	6.8	5.5.1.4	√	√
8	超载运行试验	6.9	5.5.1.4		√
9	噪声测定	6.10	5.3.6		√
10	滑移距离	6.11.1	5.3.5		√

续表4

序号	检验项目	试验方法	判定依据	出厂检验	型式检验
11	制动距离	6.11.2	5.2.2	√	√
12	手动滑降速度试验	6.12	5.3.4	√	√
13	悬吊平台强度和刚度试验	6.13	5.4.2.1~5.4.2.4		√
14	悬挂机构抗倾覆性及应力试验	6.14	5.2.7、5.2.8、5.4.1.1		√
15	可靠性试验	6.15	5.6		√
16	手动提升操作力测定	6.16	5.4.3.5、5.4.3.6		√
17	外观质量检查	6.17	5.5.2	√	√
18	电气控制系统检查	6.18	5.4.7.1、5.4.7.2、5.4.7.5~5.4.7.7	√	√

7.2 **型式检验**

7.2.1 凡属下列情况之一时应进行型式检验：

a)新产品或老产品转厂生产的试制定型鉴定；

b)正式生产后，当结构、材料、工艺有较大改变，可能影响产品性能时；

c)产品停产两年后，恢复生产时；

d)出厂检验结果与上次型式试验有较大差异时；

e)国家质量监督机构提出型式检验要求时。

7.2.2 型式检验项目见表4。

7.2.3 对7.2.1中a)、b)、c)情况从试制样机中随机抽取一台；对7.2.1中d)、e)情况则从制造厂合格产品中随机抽取一台进行，抽样基数不应小于5台。

7.2.4 吊篮的各项指标未达到表4中序号1、2、3、5、11、13、14、15、18(5.4.7.5、5.4.7.6)中任何一项规定时，判定为不合格。除上述各项外，有不合格项时允许调整，再重新检验，仍有一项不合格时，则判定为不合格。

8 标志、包装、运输、贮存

8.1 产品标牌和商标应固定在吊篮明显而不易碰坏的位置。产品标牌的型式、尺寸和技术要求应符合GB/T 13306的规定。

产品标牌应包括以下内容：

a)制造厂名称；

b)产品名称、型号、标准代号；

c)产品主要技术性能参数；

d)产品编号和出厂日期。

8.2 吊篮出厂时应附有下列文件：

a)装箱清单；

b)产品使用说明书；

c)产品合格证；

d)易损件目录或图册；

e)随机备件、附件及专用工具清单。

8.3 产品的包装应符合 JG/T 5012 的有关规定。

8.4 产品在运输时应可靠固定，并应符合所需运输条件的装载要求，在装卸时不得损坏产品。

8.5 吊篮应存放在通风、无雨淋日晒和无腐蚀气体的环境中，并将随机工具、备件及需防锈的表面和各润滑点涂以防锈脂和注放润滑油。

9 检查、操作和维护

9.1 检查

9.1.1 吊篮应经专业人员安装调试，并进行空载运行试验。操作系统、上限位装置、提升机、手动滑降装置、安全锁动作等均应灵活、安全可靠方可使用。

9.1.2 吊篮投入运行后，应按照使用说明书要求定期进行全面检查，并做好记录。

9.2 操作

9.2.1 吊篮的操作人员应经过培训，合格后并取得有效的证明方可进行操作。

9.2.2 有架空输电线场所，吊篮的任何部位与输电线的安全距离不应小于 10 m。如果条件限制，应与有关部门协商，并采取安全防护措施后方可架设。

9.2.3 每天工作前应经过安全检查员核实配重和检查悬挂机构。

9.2.4 每天工作前应进行空载运行，以确认设备处于正常状态。

9.2.5 吊篮上的操作人员应配置独立于悬吊平台的安全绳及安全带或其他安全装置，应严格遵守操作规程。

9.2.6 吊篮严禁超载或带故障使用。

9.2.7 吊篮在正常使用时，严禁使用安全锁制动。

9.2.8 利用吊篮进行电焊作业时，严禁用吊篮做电焊接线回路，吊篮内严禁放置氧气瓶、乙炔瓶等易燃易爆品。

9.3 维护

9.3.1 吊篮应按使用说明书要求进行检查、测试、维护、保养。

9.3.2 随行电缆损坏或有明显擦伤时，应立即维护和更换。

9.3.3 控制线路和各种电器元件、动力线路的接触器应保持干燥，无灰尘污染。

9.3.4 钢丝绳不得折弯，不得沾有砂浆杂物等。

9.3.5 定期检查安全锁。提升机若发生异常温升和声响，应立即停止使用。

9.3.6 除非测试、检查和维修需要，任何人不得使安全装置或电器保护装置失效。

在完成测试、检查和维修后，应立即将这些装置恢复到正常状态。

附录 A（提示的附录）
高处作业吊篮试验记录表

表 A1 安全锁锁绳速度试验记录表

次　数	1	2	3	4	5	6	7	8	9	10	平均值
锁绳速度（m/min）											

表 A2 安全锁锁绳角度试验记录表

序　号	载荷情况	次数	安全锁动作时倾斜角度（°）	备　注
1	额定载重量	1		
		2		
		3		
2	动力试验载荷	1		
		2		
		3		

表 A3 安全锁静置滑移量试验记录表

载荷情况	静置时间（min）	滑移量（mm）
静力试验载荷	10	

表 A4 安全锁模拟悬吊平台自由坠落锁绳距离试验记录表

序号	载荷情况			次数	自由坠落锁绳距离（mm）	平均值（mm）	试验情况	备　注
1	额定载重量、悬吊平台自重及钢丝绳自重	均布		1				
		偏载	左	2				
			右	3				
2	动力试验载荷			1				
				2				
				3				

表 A5　吊篮运行试验记录表

测试日期：　　年　　月　　日　环境温度：　　　　风　速：

悬绳高度：　　型号：　　　样机编号：　　　　制造厂：

工况	载荷情况			次数	升降运行 行程(m)	升降运行 时间(s)	降速度(m/min)	电压(V)	电流(A)	输出功率(kW)	运行情况
向上运行	空载			1							
				2							
				3							
	额定载重量	均布		1							
				2							
				3							
		偏载	左	1							
				2							
				3							
			右	1							
				2							
				3							
	动力试验载荷			1							
				2							
				3							
向下运行	空载			1							
				2							
				3							
	额定载重量	均布		1							
				2							
				3							
		偏载	左	1							
				2							
				3							
			右	1							
				2							
				3							
	动力试验载荷			1							
				2							
				3							

表 A6　噪声测定记录表

<table>
<tr><th>载荷情况</th><th>次数</th><th>操作者耳边噪声</th><th>机外噪声</th><th>备　注</th></tr>
<tr><td rowspan="3">额定
载重量</td><td>1</td><td></td><td></td><td></td></tr>
<tr><td>2</td><td></td><td></td><td></td></tr>
<tr><td>3</td><td></td><td></td><td></td></tr>
</table>

表 A7　制动性能和手动滑降试验记录表

<table>
<tr><th>序号</th><th>载荷情况</th><th>次数</th><th>滑移距离
（mm）</th><th>制动距离
（mm）</th><th>位移
（mm）</th><th>时间
（min）</th><th>滑降速度
（m/min）</th></tr>
<tr><td>1</td><td>静力试验载荷</td><td>1</td><td></td><td>—</td><td>—</td><td>—</td><td>—</td></tr>
<tr><td rowspan="6">2</td><td rowspan="3">动力试验载荷</td><td>1</td><td>—</td><td></td><td>—</td><td>—</td><td>—</td></tr>
<tr><td>2</td><td>—</td><td></td><td>—</td><td>—</td><td>—</td></tr>
<tr><td>3</td><td>—</td><td></td><td>—</td><td>—</td><td>—</td></tr>
<tr><td rowspan="3">额定载重量
手动滑降</td><td>1</td><td>—</td><td>—</td><td rowspan="3"></td><td rowspan="3"></td><td></td></tr>
<tr><td>2</td><td>—</td><td>—</td><td></td></tr>
<tr><td>3</td><td>—</td><td>—</td><td></td></tr>
<tr><td colspan="2">备注</td><td colspan="6"></td></tr>
</table>

表 A8　悬吊平台应力和挠度试验记录表

<table>
<tr><th colspan="3">载荷情况</th><th>次数</th><th>测点应力值(MPa)</th><th>挠度值(mm)</th><th>备　注</th></tr>
<tr><td rowspan="9">额定
载重
量</td><td colspan="2" rowspan="3">均布</td><td>1</td><td></td><td rowspan="3"></td><td rowspan="3"></td></tr>
<tr><td>2</td><td></td></tr>
<tr><td>3</td><td></td></tr>
<tr><td rowspan="6">偏载</td><td rowspan="3">左</td><td>1</td><td></td><td colspan="2" rowspan="3"></td></tr>
<tr><td>2</td><td></td></tr>
<tr><td>3</td><td></td></tr>
<tr><td rowspan="3">右</td><td>1</td><td></td><td colspan="2" rowspan="3"></td></tr>
<tr><td>2</td><td></td></tr>
<tr><td>3</td><td></td></tr>
<tr><td colspan="3" rowspan="3">动力试验
载荷</td><td>1</td><td></td><td rowspan="3"></td><td rowspan="3"></td></tr>
<tr><td>2</td><td></td></tr>
<tr><td>3</td><td></td></tr>
</table>

表 A9　悬吊平台强度和刚度试验记录表

项　目	2 倍额定载重量	备　注
焊缝		
连接件		
结构件		

表 A10　悬挂机构抗倾覆性试验记录表

载荷情况	试　验　情　况	备　注
2 倍倾覆力矩载荷		

表 A11　悬挂机构抗倾覆性及应力试验记录表

载荷情况			次　数	测点应力值(MPa)			备　注
额定载重量、悬吊平台自重及钢丝绳自重	均布		1				
			2				
			3				
			平均值				
	偏载	左	1				
			2				
			3				
			平均值				
		右	1				
			2				
			3				
			平均值				
	单边承载	左	1				
			2				
			3				
			平均值				
		右	1				
			2				
			3				
			平均值				

表 A12　可靠性试验记录表

试验地点__________　　天气温度__________

试验日期__________　　风向风速__________

产品型号__________　　出厂日期__________

项　目		单　位	试　验　记　录	备　注
加载质量		kg		
工作时间		h		
完成循环次数		次		
安全锁锁绳次数		次		
安全锁锁绳距离		mm		
安全锁锁绳角度		(°)		
手动滑降次数		次		
手动滑降距离		m		
故障次数	1	次		
	2	次		
	3	次		
	4	次		
故障内容原因及措施		—		
故障停机时间		h		
保养时间		h		
其他停机时间		h		

注:故障次数中,1—致命故障;2—严重故障;3——般故障;4—轻度故障。

表 A13　可靠性试验统计数据

项　目	单　位	统 计 数 据	备　注
累计工作时间	h		
累计修复故障时间	h		
累计维修保养时间	h		
当量故障数	次		
可靠度	%		
首次故障前工作时间	h		
平均无故障工作时间	h		

表 A14　手动提升操作力测定记录表

项　目	次　数	数　值	备　注
手动提升操作力(N)	1		
	2		
	3		
	平均值		

建筑施工现场环境与卫生标准

JGJ 146—2004　J 375—2004

（2005年3月1日实施，其中第2.0.2、3.1.1、3.1.7、3.1.11、4.1.6、4.2.3条为强制性条文）

1　总　则

1.0.1　为保障作业人员的身体健康和生命安全，改善作业人员的工作环境与生活条件，保护生态环境，防治施工过程对环境造成污染和各类疾病的发生，制定本标准。

1.0.2　本标准适用于新建、扩建、改建的土木工程、建筑工程、线路管道工程、设备安装工程、装修装饰工程及拆除工程。

1.0.3　本标准所指的施工现场包括施工区、办公区和生活区。

1.0.4　建筑施工现场环境与卫生除应执行本标准的规定外，尚应符合国家现行有关强制性标准的规定。

2　一般规定

2.0.1　施工现场的施工区域应与办公、生活区划分清晰，并应采取相应的隔离措施。

2.0.2　施工现场必须采用封闭围挡，高度不得小于1.8 m。

2.0.3　施工现场出入口应标有企业名称或企业标识。主要出入口明显处应设置工程概况牌，大门内应有施工现场总平面图和安全生产、消防保卫、环境保护、文明施工等制度牌。

2.0.4　施工现场临时用房应选址合理，并应符合安全、消防要求和国家有关规定。

2.0.5　在工程的施工组织设计中应有防治大气、水土、噪声污染和改善环境卫生的有效措施。

2.0.6　施工企业应采取有效的职业病防护措施，为作业人员提供必备的防护用品，对从事有职业病危害作业的人员应定期进行体检和培训。

2.0.7　施工企业应结合季节特点，做好作业人员的饮食卫生和防暑降温、防寒保暖、防煤气中毒、防疫等工作。

2.0.8　施工现场必须建立环境保护、环境卫生管理和检查制度，并应做好检查记录。

2.0.9　对施工现场作业人员的教训培训、考核应包括环境保护、环境卫生等有关法律、法规的内容。

2.0.10　施工企业应根据法律、法规的规定，制定施工现场的公共卫生突发事件应急预案。

3　环境保护

3.1　防治大气污染

3.1.1　施工现场的主要道路必须进行硬化处理,土方应集中堆放。裸露的场地和集中堆放的土方应采取覆盖、固化或绿化等措施。

3.1.2　拆除建筑物、构筑物时,应采用隔离、洒水等措施,并应在规定期限内将废弃物清理完毕。

3.1.3　施工现场土方作业应采取防止扬尘措施。

3.1.4　从事土方、渣土和施工垃圾运输应采用密闭式运输车辆或采取覆盖措施;施工现场出入口处应采取保证车辆清洁的措施。

3.1.5　施工现场的材料和大模板等存放场地必须平整坚实。水泥和其他易飞扬的细颗粒建筑材料应密闭存放或采取覆盖等措施。

3.1.6　施工现场混凝土搅拌场所应采取封闭、降尘措施。

3.1.7　建筑物内施工垃圾的清运,必须采用相应容器或管道运输,严禁凌空抛掷。

3.1.8　施工现场应设置密闭式垃圾站,施工垃圾、生活垃圾应分类存放,并应及时清运出场。

3.1.9　城区、旅游景点、疗养区、重点文物保护地及人口密集区的施工现场应使用清洁能源。

3.1.10　施工现场的机械设备、车辆的尾气排放应符合国家环保排放标准的要求。

3.1.11　施工现场严禁焚烧各类废弃物。

3.2　防治水土污染

3.2.1　施工现场应设置排水沟及沉淀池,施工污水经沉淀后方可排入市政污水管网或河流。

3.2.2　施工现场存放的油料和化学溶剂等物品应设有专门的库房,地面应做防渗漏处理。废弃的油粒和化学溶剂应集中处理。不得随意倾倒。

3.2.3　食堂应设置隔油池,并应及时清理。

3.2.4　厕所的化粪池应做抗渗处理。

3.2.5　食堂、盥洗室、淋浴间的下水管线应设置过滤网,并应与市政污水管线连接,保证排水通畅。

3.3　防治施工噪声污染

3.3.1　施工现场按照现行国家标准《建筑施工场界噪声限值及其测量方法》(GB 12523～12524)制定降噪措施,并可由施工企业自行对施工现场的噪声值进行监测和记录。

3.3.2　施工现场的强噪声设备宜设置在远离居民区的一侧,并应采取降低噪声措施。

3.3.3　对因生产工艺要求或其他特殊需要,确需在夜间进行超过噪声标准施工的,施工前建设单位应向有关部门提出申请,经批准后方可进行夜间施工。

3.3.4　运输材料的车辆进入施工现场,严禁鸣笛,装卸材料应做到轻拿轻放。

4 环境卫生

4.1 临时设置

4.1.1 施工现场应设置办公室、宿舍、食堂、厕所、淋浴间、开水房、文体活动室、密闭式垃圾站(或容器)及盥洗设施等临时设施。临时设施所用建筑材料应符合环保、消防要求。

4.1.2 办公区和生活区应设密闭式垃圾容器。

4.1.3 办公室内布局应合理,文件资料宜归类存放,并应保持室内清洁卫生。

4.1.4 施工现场应配备常用药及绷带、止血带、颈托、担架等急救器材。

4.1.5 宿舍内应保证有必要的生活空间,室内净高不得小于2.4 m,通道宽度不得小于0.9 m,每间宿舍居住人员不得超过16人。

4.1.6 施工现场宿舍必须设置可开启式窗户,宿舍内的床铺不得超过2层,严禁使用通铺。

4.1.7 宿舍内应设置生活用品专柜,有条件的宿舍宜设置生活用品储藏室。

4.1.8 宿舍内应设置垃圾桶,宿舍外宜设置鞋柜或鞋架,生活区内应提供为作业人员晾晒衣物的场地。

4.1.9 食堂应设置在远离厕所、垃圾站、有毒有害场所等污染源的地方。

4.1.10 食堂应设置独立的制作间、储藏间,门扇下方应设不低于0.2 m的防鼠挡板。

制作间灶台及其周边应贴瓷砖,所贴瓷砖高度不宜小于1.5 m,地面应做硬化和防滑处理。

粮食存放台距墙和地面应大于0.2 m。

4.1.11 食堂应配备必要的排风设施和冷藏设施。

4.1.12 食堂的燃气罐应单独设置存放间,存放间应通风良好并严禁存放其他物品。

4.1.13 食堂制作间的炊具宜存放在封闭的橱柜内,刀、盆、案板等炊具应生熟分开。食品应有遮盖,遮盖物品应有正反面标识。各种作料和副食应存放在密闭器皿内,并应有标识。

4.1.14 食堂外应设置密闭式泔水桶,并应及时清运。

4.1.15 施工现场应设置水冲式或移动式厕所,厕所地面应硬化,门窗应齐全。蹲位之间宜设置隔板,隔板高度不宜低于0.9 m。

4.1.16 厕所大小应根据作业人员的数量设置。高层建筑施工超过8层以后,每隔四层宜设置临时厕所。厕所应设专人负责清扫、消毒,化粪池应及时清掏。

4.1.17 淋浴间内应设置满足需要的淋浴喷头,可设置储衣柜或挂衣架。

4.1.18 盥洗设施应设置满足作业人员使用的盥洗池,并应使用节水龙头。

4.1.19 生活区应设置开水炉、电热水器或饮用水保温桶;施工区应配备流动保温水桶。

4.1.20 文体活动室应配备电视机、书报、杂志等文体活动设施、用品。

4.2 卫生与防疫

4.2.1 施工现场应设专职或兼职保洁员,负责卫生清扫和保洁。

4.2.2 办公区和生活区应采取灭鼠、蚊、蝇、蟑螂等措施,并应定期投放和喷洒药物。

4.2.3 食堂必须有卫生许可证,炊事人员必须持身体健康证上岗。

4.2.4 炊事人员上岗应穿戴洁净的工作服、工作帽和口罩，并应保持个人卫生。不得穿工作服出食堂，非炊事人员不得随意进入制作间。

4.2.5 食堂的炊具、餐具和公用饮水器具必须清洗消毒。

4.2.6 施工现场应加强食品、原料的进货管理，食堂严禁出售变质食品。

4.2.7 施工现场作业人员发生法定传染病、食物中毒或急性职业中毒时，必须在2小时内向施工现场所在地建设行政主管部门和有关部门报告，并应积极配合调查处理。

4.2.8 施工现场人员患有法定传染病时，应及时进行隔离，并由卫生防疫部门进行处置。

本标准用词说明

1 为便于在执行本标准条文时区别对待，对要求严格程度不同的用词说明如下：

1)表示很严格，非这样做不可的：

正面词采用“必须”，反面词采用“严禁”；

2)表示严格，在正常情况下均应这样做的：

正面词采用“应”，反面词采用“不应”或“不得”；

3)表示允许稍有选择，在条件许可时首先应这样做的：

正面词采用“宜”，反面词采用“不宜”；

表示有选择，在一定条件下可以这样做的，采用“可”。

2 条文中指明应按其他有关标准执行的写法为“应符合……的规定”或“应按……执行”。

条 文 说 明

1 总 则

1.0.1 制定本标准的目的。作业人员指从事建筑施工活动的人员，包括建设单位、施工单位、监理单位以及为施工服务的人员。

1.0.2 规定了本标准的适用范围。

1.0.3 本标准的“生活区”指建设工程作业人员集中居住、生活的场所，包括施工现场以内和施工现场以外独立设置的生活区。施工现场以外独立设置的生活区是指施工现场内无条件建立生活区，在施工现场以外搭设的用于作业人员居住生活的临时用房或者集中居住的生活基地。

1.0.4 说明本标准与其他相关标准的关系。

2 一般规定

2.0.2 施工现场应设封闭围挡，防止与施工作业无关的人员进入，防止施工作业影响周围环境。

2.0.3 工程概况牌内容一般有工程名称、面积、层数、建设单位、设计单位、施工单位、监理单位、开竣工日期、项目经理以及联系电话等。

2.0.4　临时用房是指施工期间临时搭建、租赁暂设的各种房屋。临时用房的结构、搭设、使用等应符合安全、消防的有关规定。

2.0.6　防护用品是指作业人员在施工中使用的防治职业病和防止劳动者身体受到意外伤害的保护用品。

3　环境保护

3.1.1　硬化处理指可采取铺设混凝土、礁渣、碎石等方法,防止施工车辆在施工现场行驶中产生扬尘污染环境。

3.1.3　在大风天气里不得进行对环境产生扬尘污染的土方回填、转运作业。

3.1.6　混凝土搅拌场所一般安装喷水雾装置进行降尘。

3.1.9　清洁能源指燃气、油料、电力、太阳能等。

3.2.3　隔油池是指食堂在生活用水排入市政管道前设置的阻挡废弃油污进入市政管道的池子,并能及时清理。

3.3.2　降低噪声措施指可采用隔声吸声材料,使用低噪声设备等。

3.3.3　夜间施工一般指当日22时至次日6时(特殊地区可由当地政府部门另行制定)。

4　环境卫生

4.1.10　防鼠挡板:指门扇下方采用金属材料包裹,防止老鼠啃咬。

4.1.16　临时厕所是指便于清运和使用方便的如厕设施。

4.2.8　法定传染病是指:非典型性肺炎、鼠疫、霍乱、病毒性肝炎、细菌性和阿米巴性痢疾、伤寒和副伤寒、艾滋病、淋病、梅毒、脊髓灰质炎、麻疹、百日咳、白喉、流行性脑脊髓膜炎、猩红热、流行性出血热、狂犬病、钩端螺旋体病、布鲁氏菌病、炭疽、流行性和地方性斑疹伤寒、流行性乙型脑炎、黑热病、疟疾、登革热、肺结核、血吸虫病、丝虫病、包虫病、麻风病、流行性感冒、流行性腮腺炎、风疹、新生儿破伤风、急性出血性结膜炎、感染性腹泻病。

建筑拆除工程安全技术规范

JGJ 147—2004 J 376—2004

(2005年3月1日实施,其中第4.1.1、4.1.2、4.1.3、4.1.7、4.2.1、4.2.3、4.3.2、4.4.2、4.4.4、4.5.4、5.0.5条为强制性条文)

1 总 则

1.0.1 为了贯彻国家有关安全生产的法律和法规,确保建筑拆除工程施工安全,保障从业人员在拆除作业中的安全和健康及人民群众的生命、财产安全,根据建筑拆除工程特点,制定本规范。

1.0.2 本规范适用于工业与民用建筑、构筑物、市政基础设施、地下工程、房屋附属设施拆除的施工安全及管理。

1.0.3 本规范所称建设单位是指已取得房屋拆迁许可证或规划部门批文的单位;本规范所称施工单位是指已取得爆破与拆除工程资质,可承担拆除施工任务的单位。

1.0.4 建筑拆除工程必须由具备爆破或拆除专业承包资质的单位施工,严禁将工程非法转包。

1.0.5 建筑拆除工程安全除应符合本规范的要求外,尚应符合国家现行有关强制性标准的规定。

2 一般规定

2.0.1 项目经理必须对拆除工程的安全生产负全面领导责任。项目经理部应按有关规定设专职安全员,检查落实各项安全技术措施。

2.0.2 施工单位应全面了解拆除工程的图纸和资料,进行现场勘察,编制施工组织设计或安全专项施工方案。

2.0.3 拆除工程施工区域应设置硬质封闭围挡及醒目警示标志,围挡高度不应低于1.8m,非施工人员不得进入施工区。当临街的被拆除建筑与交通道路的安全距离不能满足要求时,必须采取相应的安全隔离措施。

2.0.4 拆除工程必须制定生产安全事故应急救援预案。

2.0.5 施工单位应为从事拆除作业的人员办理意外伤害保险。

2.0.6 拆除施工严禁立体交叉作业。

2.0.7 作业人员使用手持机具时,严禁超负荷或带故障运转。

2.0.8 楼层内的施工垃圾,应采用封闭的垃圾道或垃圾袋运下,不得向下抛掷。

2.0.9 根据拆除工程施工现场作业环境,应制定相应的消防安全措施。施工现场应设置消防车通道,保证充足的消防水源,配备足够的灭火器材。

3 施工准备

3.0.1 拆除工程的建设单位与施工单位在签订施工合同时,应签订安全生产管理协议,明确双方的安全管理责任。建设单位、监理单位应对拆除工程施工安全负检查督促责任;施工单位对拆除工程的安全技术管理负直接责任。

3.0.2 建设单位应将拆除工程发包给具有相应资质等级的施工单位。建设单位应在拆除工程开工前15日,将下列资料报送建设工程所在地的县级以上地方人民政府建设行政主管部门备案:

(1)施工单位资质登记证明;

(2)拟拆除建筑物、构筑物及可能危及毗邻建筑的说明;

(3)拆除施工组织方案或安全专项施工方案;

(4)堆放、清除废弃物的措施。

3.0.3 建设单位应向施工单位提供下列资料:

(1)拆除工程的有关图纸和资料;

(2)拆除工程涉及区域的地上、地下建筑及设施分布情况资料。

3.0.4 建设单位应负责做好影响拆除工程安全施工的各种管线的切断、迁移工作。当建筑外侧有架空线路或电缆线路时,应与有关部门取得联系,采取防护措施,确认安全后方可施工。

3.0.5 当拆除工程对周围相邻建筑安全可能产生危险时,必须采取相应保护措施,对建筑内的人员进行撤离安置。

3.0.6 在拆除作业前,施工单位应检查建筑内各类管线情况,确认全部切断后方可施工。

3.0.7 在拆除工程作业中,发现不明物体,应停止施工,采取相应的应急措施,保护现场,及时向有关部门报告。

4 安全施工管理

4.1 人工拆除

4.1.1 进行人工拆除作业时,楼板上严禁人员聚集或堆放材料,作业人员应站在稳定的结构或脚手架上操作,被拆除的构件应有安全的放置场所。

4.1.2 人工拆除施工应从上至下、逐层拆除分段进行,不得垂直交叉作业。作业面的孔洞应封闭。

4.1.3 人工拆除建筑墙体时,严禁采用掏掘或推倒的方法。

4.1.4 拆除建筑的栏杆、楼梯、楼板等构件,应与建筑结构整体拆除进度相配合,不得先行拆除。建筑的承重梁、柱,应在其所承载的全部构件拆除后,再进行拆除。

4.1.5 拆除梁或悬挑构件时,应采取有效的下落控制措施,方可切断两端的支撑。

4.1.6 拆除柱子时,应沿柱子底部剔凿出钢筋,使用手动倒链定向牵引,再采用气焊切割柱子三面钢筋,保留牵引方向正面的钢筋。

4.1.7 拆除管道及容器时,必须在查清残留物的性质,并采取相应措施确保安全后,方可进行拆除施工。

4.2 机械拆除

4.2.1 当采用机械拆除建筑时，应从上至下、逐层分段进行；应先拆除非承重结构，再拆除承重结构。拆除框架结构建筑，必须按楼板、次梁、主梁、柱子的顺序进行施工。对只进行部分拆除的建筑，必须先将保留部分加固，再进行分离拆除。

4.2.2 施工中必须由专人负责监测被拆除建筑的结构状态，做好记录。当发现有不稳定状态的趋势时，必须停止作业，采取有效措施，消除隐患。

4.2.3 拆除施工时，应按照施工组织设计选定的机械设备及吊装方案进行施工，严禁超载作业或任意扩大使用范围。供机械设备使用的场地必须保证足够的承载力。作业中机械不得同时回转、行走。

4.2.4 进行高处拆除作业时，对较大尺寸的构件或沉重的材料，必须采用起重机具及时吊下。拆卸下来的各种材料应及时清理，分类堆放在指定场所，严禁向下抛掷。

4.2.5 采用双机抬吊作业时，每台起重机载荷不得超过允许载荷的80%，且应对第一吊进行试吊作业，施工中必须保持两台起重机同步作业。

4.2.6 拆除吊装作业的起重机司机，必须严格执行操作规程。信号指挥人员必须按照现行国家标准《起重吊运指挥信号》GB 5082 的规定作业。

4.2.7 拆除钢屋架时，必须采用绳索将其拴牢，待起重机吊稳后，方可进行气焊切割作业。吊运过程中，应采用辅助措施使被吊物处于稳定状态。

4.2.8 拆除桥梁时应先拆除桥面的附属设施及挂件、护栏等。

4.3 爆破拆除

4.3.1 爆破拆除工程应根据周围环境作业条件、拆除对象、建筑类别、爆破规模，按照现行国家标准《爆破安全规程》GB 6722 将工程分为A、B、C三级，并采取相应的安全技术措施。爆破拆除工程应做出安全评估并经当地有关部门审核批准后方可实施。

4.3.2 从事爆破拆除工程的施工单位，必须持有工程所在地法定部门核发的《爆炸物品使用许可证》，承担相应等级的爆破拆除工程。爆破拆除设计人员应具有承担爆破拆除作业范围和相应级别的爆破工程技术人员作业证。从事爆破拆除施工的作业人员应持证上岗。

4.3.3 爆破器材必须向工程所在地法定部门申请《爆炸物品购买许可证》，到指定的供应点购买。爆破器材严禁赠送、转让、转卖、转借。

4.3.4 运输爆破器材时，必须向工程所在地法定部门申请领取《爆炸物品运输许可证》，派专职押运员押送，按照规定路线运输。

4.3.5 爆破器材临时保管地点，必须经当地法定部门批准。严禁同室保管与爆破器材无关的物品。

4.3.6 爆破拆除的预拆除施工应确保建筑安全和稳定。预拆除施工可采用机械和人工方法拆除非承重的墙体或不影响结构稳定的构件。

4.3.7 对烟囱、水塔类构筑物采用定向爆破拆除工程时，爆破拆除设计应控制建筑倒塌时的触地振动。必要时应在倒塌范围铺设缓冲材料或开挖防振沟。

4.3.8 为保护临近建筑和设施的安全，爆破振动强度应符合现行国家标准《爆破安全规程》GB 6722 的有关规定。建筑基础爆破拆除时，应限制一次同时使用的药量。

4.3.9 爆破拆除施工时，应对爆破部位进行覆盖和遮挡，覆盖材料和遮挡设施应牢固可靠。

4.3.10 爆破拆除应采用电力起爆网路和非电导爆管起爆网路。电力起爆网路的电阻和起爆电源功率，应满足设计要求；非电导爆管起爆应采用复式交叉封闭网路。爆破拆除不得采用导爆索网路或导火索起爆方法。

装药前，应对爆破器材进行性能检测。试验爆破和起爆网路模拟试验应在安全场所进行。

4.3.11 爆破拆除工程的实施应在工程所在地有关部门领导下成立爆破指挥部，应按照施工组织设计确定的安全距离设置警戒。

4.3.12 爆破拆除工程的实施除应符合本规范第4.3节的要求外，必须按照现行国家标准《爆破安全规程》GB 6722的规定执行。

4.4 静力破碎

4.4.1 进行建筑基础或局部块体拆除时，宜采用静力破碎的方法。

4.4.2 采用具有腐蚀性的静力破碎剂作业时，灌浆人员必须戴防护手套和防护眼镜。孔内注入破碎剂后，作业人员应保持安全距离，严禁在注孔区域行走。

4.4.3 静力破碎剂严禁与其他材料混放。

4.4.4 在相邻的两孔之间，严禁钻孔与注入破碎剂同步进行施工。

4.4.5 静力破碎时，发生异常情况，必须停止作业。查清原因并采取相应措施确保安全后，方可继续施工。

4.5 安全防护措施

4.5.1 拆除施工采用的脚手架、安全网，必须由专业人员按设计方案搭设，由有关人员验收合格后方可使用。水平作业时，操作人员应保持安全距离。

4.5.2 安全防护设施验收时，应按类别逐项查验，并有验收记录。

4.5.3 作业人员必须配备相应的劳动保护用品，并正确使用。

4.5.4 施工单位必须依据拆除工程安全施工组织设计或安全专项施工方案，在拆除施工现场划定危险区域，并设置警戒线和相关的安全标志，应派专人监管。

4.5.5 施工单位必须落实防火安全责任制，建立义务消防组织，明确责任人，负责施工现场的日常防火安全管理工作。

5 安全技术管理

5.0.1 拆除工程开工前，应根据工程特点、构造情况、工程量等编制施工组织设计或安全专项施工方案，应经技术负责人和总监理工程师签字批准后实施。施工过程中，如需变更，应经原审批人批准，方可实施。

5.0.2 在恶劣的气候条件下，严禁进行拆除作业。

5.0.3 当日拆除施工结束后，所有机械设备应远离被拆除建筑。施工期间的临时设施，应与被拆除建筑保持安全距离。

5.0.4 从业人员应办理相关手续，签订劳动合同，进行安全培训，考试合格后方可上岗作业。

5.0.5 拆除工程施工前，必须对施工作业人员进行书面安全技术交底。

5.0.6 拆除工程施工必须建立安全技术档案，并应包括下列内容：

(1)拆除工程施工合同及安全管理协议书；

(2)拆除工程安全施工组织设计或安全专项施工方案；

(3)安全技术交底；

(4)脚手架及安全防护设施检查验收记录；

(5)劳务用工合同及安全管理协议书；

(6)机械租赁合同及安全管理协议书。

5.0.7 施工现场临时用电必须按照国家现行标准《施工现场临时用电安全技术规范》JGJ 46的有关规定执行。

5.0.8 拆除工程施工过程中，当发生重大险情或生产安全事故时，应及时启动应急预案排除险情、组织抢救、保护事故现场，并向有关部门报告。

6 文明施工管理

6.0.1 清运渣土的车辆应封闭或覆盖，出入现场时应有专人指挥。清运渣土的作业时间应遵守工程所在地的有关规定。

6.0.2 对地下的各类管线，施工单位应在地面上设置明显标识。对水、电、气的检查井、污水井应采取相应的保护措施。

6.0.3 拆除工程施工时，应有防止扬尘和降低噪声的措施。

6.0.4 拆除工程完工后，应及时将渣土清运出场。

6.0.5 施工现场应建立健全动火管理制度。施工作业动火时，必须履行动火审批手续，领取动火证后，方可在指定时间、地点作业。作业时应配备专人监护，作业后必须确认无火源危险后方可离开作业地点。

6.0.6 拆除建筑时，当遇有易燃、可燃物及保温材料时，严禁明火作业。

本规范用词说明

1 为便于在执行本规范条文时区别对待，对要求严格程度不同的用词说明如下：

1)表示很严格，非这样做不可的：

正面词采用“必须”，反面词采用“严禁”；

2)表示严格，在正常情况下均应这样做的：

正面词采用“应”，反面词采用“不应”或“不得”；

3)表示允许稍有选择，在条件许可时首先应这样做的：

正面词采用“宜”，反面词采用“不宜”；

表示有选择，在一定条件下可以这样做的，采用“可”。

2 条文中指明应按其他有关标准执行的写法为“应符合……的规定”或“应按……执行”。

条文说明

1 总则

1.0.1 本条规定了制定本规范的目的。

1.0.2 本条规定了本规范适用范围。

1.0.3 本条规定了建设单位的资格、施工单位的资质，是安全生产的基本条件。

1.0.4 本条规定了从事拆除工程的施工单位应具备的条件，法定代表人是本单位安全生产第一责任人，应对拆除工程施工负全面责任。

2 一般规定

2.0.1 本条规定了项目经理及安全员的职责。安全员的设置人数应按照《中华人民共和国安全生产法》第二章第十九条或有关规定执行。

2.0.2 本条规定的施工单位所编写的施工组织设计或方案和安全技术措施应有针对性、安全性及可行性。

2.0.3 本条规定的安全距离对建筑而言一般为建筑的高度；安全隔离措施是指临时断路、交通管制、搭设防护棚等；硬质围挡是指使用铁板压制成型材料、轻质材料、砌筑材料等，保证围挡的稳固性，防止非施工人员进入施工现场。

2.0.4 本条规定依据《中华人民共和国安全生产法》制定。

2.0.5 本条规定依据《中华人民共和国建筑法》和国务院第375号令颁布的《工伤保险条例》制定。

2.0.7 本条规定的机具包括风镐、液压锯、水钻、冲击钻等。

2.0.9 本条规定的消防车道宽度应不小于3.5 m，充足的消防水源是指现场消火栓控制范围不宜大于50 m。配备足够的灭火器材是指每个设置点的灭火器数量2~5具为宜。

3 施工准备

3.0.1 本条规定依据中华人民共和国国务院第393号令颁布的《建设工程安全生产管理条例》制定。明确了建设单位、监理单位、施工单位在拆除工程中的安全生产管理责任。

3.0.2 本条规定依据中华人民共和国国务院第393号令颁布的《建设工程安全生产管理条例》制定。

3.0.3 本条规定的建设单位应向施工单位提供有关图纸和资料是指地上建筑及各类管线、地下构筑物及各类管线的详细图纸和资料，并对其准确性负责。

3.0.4 本条规定了建设单位在拆除施工前需要做好的施工准备工作。

3.0.5 本条规定的拆除工程保护周围建筑及人员的措施，应以确保人员安全为前提。

3.0.6 本条规定的管线是指各类管道及线路，施工单位应在拆除作业前对进入建筑内的各类管道及线路的切断情况进行复检，确保拆除工程施工安全。

3.0.7 本条规定的不明物体是指施工单位无法判别该物体的危险性、文物价值，必须经过有关部门鉴定后，按照国家和政府有关法规妥善处理。

4 安全施工管理

4.1 人工拆除

4.1.1 本条规定的人工拆除是指人工采用非动力性工具进行的作业。

4.1.2 本条规定了人工拆除的原则，孔洞是指在拆除过程中形成的孔洞，应按照《建筑施工高处作业安全技术规范》JGJ 80—91 执行。

4.1.3～4.1.6 本条规定了人工拆除建筑顺序应按板、非承重墙、梁、承重墙、柱依次进行或依照先非承重结构后承重结构的原则进行拆除。

4.1.7 本条规定的管道是指原用于有毒有害、可燃气体的管道，必须依据残留物的化学性能采取相应措施，确保拆除人员的安全。

4.2 机械拆除

4.2.1 本条规定了机械拆除的原则，机械拆除是指以机械为主、人工为辅相配合的施工方法。

4.2.2 本条规定的监测是指专人在施工过程中，随时监测被拆建筑状态，消除隐患，确保施工安全。

4.2.3 本条规定的机械设备包括液压剪、液压锤等，应具备保证机械设备不发生塌陷、倾覆的工作面。

4.2.4 本条规定的较大尺寸构件和沉重材料是指楼板、屋架、梁、柱、混凝土构件等。

4.2.5 本条规定的双机抬吊依据《建筑机械使用安全技术规程》JGJ 33—2001 规定应选用起重性能相似的起重机，在吊装过程中，两台起重机的吊钩滑轮组应保持垂直状态。

4.2.6 操作规程（十不吊）是指：被吊物重量超过机械性能允许范围；指挥信号不清；被吊物下方有人；被吊物上站人；埋在地下的被吊物；斜拉、斜牵的被吊物；散物捆绑不牢的被吊物；立式构件不用卡环的被吊物；零碎物无容器的被吊物；重量不明的被吊物。

4.2.7 钢屋架与结构分离前要用起重机对屋架固定，在下落过程中要用绳索控制运行方向。

4.3 爆破拆除

4.3.1 本条规定依据《爆破安全规程》GB 6722—2003，爆破拆除工程分为 A、B、C 三级，分级条件为：

（1）有下列情况之一者，属 A 级：

1）环境十分复杂，爆破可能危及国家一、二级文物保护对象，极重要的设施，极精密仪器和重要建（构）筑物。

2）拆除的楼房高度超过 10 层，烟囱的高度超过 8 m，塔高超过 50 m。

3）一次爆破的炸药量多于 500 kg。

（2）有下列情况之一者，属 B 级：

1）环境复杂，爆破可能危及国家三级或省级文物保护对象，住宅楼和厂房。

2）拆除的楼房高度 5～10 层，烟囱的高度 50～80 m，塔高 30～50 m。

3）一次爆破的炸药量 200～500 kg。

(3)符合下列情况之一者,属C级:

1)环境不复杂,爆破不会危及周围的建(构)筑物。

2)拆除的楼房高度低于5层,烟囱的高度低于50 m,塔高低于30 m。

3)一次爆破的炸药量少于200 kg。

不同级别的爆破拆除工程有相应的设计施工难度,本条规定爆破拆除工程设计必须按级别进行安全评估和审查批准后方能实施。

4.3.6 本条规定的爆破拆除的预拆除是指爆破实施前有必要进行部分拆除的施工。预拆除施工可以减少钻孔和爆破装药量,清除下层障碍物(如非承重的墙体)有利建筑塌落破碎解体,烟囱定向爆破时开凿定向窗口有利于倒塌方向准确。

4.3.7 本条规定了烟囱、水塔类结构物定向爆破拆除时,集中质量塌落触地振动大,应采取减振措施,缓冲材料如采用砂土袋垒砌的条埂或碎煤渣堆。基础爆破应采用延期雷管分段起爆,减小和控制一次同时起爆的药量。《爆破安全规程》GB 6722—2003对应保护的不同类型建筑规定了不同的振动强度控制标准。

4.3.9 本条规定的覆盖材料和遮挡设施是指不易抛散和折断,并能防止碎块穿透的材料,用于建筑爆破拆除施工时,对爆破部位进行覆盖和遮挡,固定方便、固牢可靠的一项安全防护措施。

4.3.10 本条规定了爆破拆除工程药包个数多,药包布置分散,要确保所有雷管安全准爆。导爆索起爆网路有大量的炸药能量在空气中传播,易造成冲击波和噪声危害,导火索起爆不能实现多个药包的同时起爆。

为了确保爆破安全和效果,装药前应进行爆破器材的检验,确保起爆网路安全准爆;通过试验爆破效果确定耗药量。

4.3.11 本条规定了爆破设计确定的安全距离,爆破时要进行警戒,对警戒范围内的人员必须撤离疏散,对通往爆区的交通道口应在政府主管部门组织下实施交通管制。

4.3.12 本条规定的爆破作业是一项特种施工方法。爆破拆除作业是爆破技术在建筑工程施工中具体应用,爆破拆除工程的设计和施工,必须按照《爆破安全规程》GB 6722—2003有关规定执行。

4.4 静力破碎

4.4.1 本条规定了静力破碎使用范围。静力破碎是使用静力破碎剂的水化反应体积膨胀对约束体的静压产生的破坏做功。

4.4.2 本条规定了静力破碎剂是弱碱性混合物,具有一定腐蚀作用,对人体会产生损害,一旦发生静力破碎剂与人体接触现象时,应立即使用清水清洗受侵蚀部位的皮肤。

4.4.3 本条规定的静力破碎剂具有腐蚀性,遇水后发生化学反应,导致材料膨胀、失效。静力破碎剂必须单独放置在防潮、防雨的库房内保存。

4.4.4 本条规定了为防止在相邻的两孔之间同时作业导致喷孔,对人员造成伤害。

4.5 安全防护措施

4.5.1 本条规定了脚手架和安全网的搭设应按照《建筑施工扣件式钢管脚手架安全技术规范》JGJ 130—2001执行。项目经理(工地负责人)组织技术、安全部门的有关人员验收合格后,方可投入使用。

4.5.3 本条规定的相应的劳动保护用品是指安全帽、安全带、防护眼镜、防护手套、防护工作服等。

4.5.4 本条规定了拆除工程有可能影响公共安全和周围居民的正常生活的情况时，应在施工前做好宣传工作，并采取可靠的安全防护措施。安全标志设定符合国家标准《安全标志》GB 2894—1996 的规定。

4.5.5 本条规定依据《中华人民共和国消防法》制定。

5 安全技术管理

5.0.1 爆破拆除和被拆除建筑面积大于 1 000 m^2 的拆除工程，应编制安全施工组织设计；被拆除建筑面积小于 1 000 m^2 的拆除工程，应编制安全施工方案。

5.0.2 本条规定的恶劣气候条件是指大雨、大雪、六级（含）以上大风等严重影响安全施工时，必须按照《建筑高处作业安全技术规范》JGJ 80—91 执行。

5.0.3 本条规定了防止被拆除建筑意外坍塌，对机械设备和临时设施造成损坏。

5.0.4 本条规定依据《中华人民共和国安全生产法》制定。

5.0.7 本条规定依据《施工现场临时用电安全技术规范》JGJ 46—88 制定。

6 文明施工管理

6.0.3 本条规定防止扬尘措施可以采取向被拆除的部位洒水等措施，降低噪声可以采取选用低噪声设备、对设备进行封闭等措施。

6.0.5 本条规定依据公安部第 61 号令《机关、团体、企业、事业单位消防安全管理规定》制定。

6.0.6 本条规定的依据是建筑材料燃烧分级，易燃物即 B3 级为易燃性建筑材料，可燃物即 B2 级为可燃性建筑材料。

施工现场临时用电安全技术规范

JGJ 46—2005 J 405—2005

（代替 JGJ 46—88，2005 年 7 月 1 日实施，其中第 1.0.3、3.1.4、3.1.5、3.3.4、5.1.1、5.1.2、5.1.10、5.3.2、5.4.7、6.1.6、6.1.8、6.2.3、6.2.7、7.2.1、7.2.3、8.1.3、8.1.11、8.2.10、8.2.11、8.2.15、8.3.4、9.7.3、10.2.2、10.2.5、10.3.11 条为强制性条文）

1 总 则

1.0.1 为贯彻国家安全生产的法律和法规，保障施工现场用电安全，防止触电和电气火灾事故发生，促进建设事业发展，制定本规范。

1.0.2 本规范适用于新建、改建和扩建的工业与民用建筑和市政基础设施施工现场临时用电工程中的电源中性点直接接地的 220/380 V 三相四线制低压电力系统的设计、安装、使用、维修和拆除。

1.0.3 建筑施工现场临时用电工程专用的电源中性点直接接地的 220/380 V 三相四线制低压电力系统，必须符合下列规定：

(1)采用三级配电系统；

(2)采用 TN－S 接零保护系统；

(3)采用二级漏电保护系统。

1.0.4 施工现场临时用电，除应执行本规范的规定外，尚应符合国家现行有关强制性标准的规定。

2 术语、代号

2.1 术语

2.1.1 低压 low voltage

交流额定电压在 1 kV 及以下的电压。

2.1.2 高压 high voltage

交流额定电压在 1 kV 以上的电压。

2.1.3 外电线路 external circuit

施工现场临时用电工程配电线路以外的电力线路。

2.1.4 有静电的施工现场 construction site with electrostatic field

存在因摩擦、挤压、感应和接地不良等而产生对人体和环境有害静电的施工现场。

2.1.5 强电磁波源 source of powerful electromagnetic wave

辐射波能够在施工现场机械设备上感应产生有害对地电压的电磁辐射体。

2.1.6 接地 ground connection

设备的一部分为形成导电通路与大地的连接。

2.1.7 工作接地 working ground connection

为了电路或设备达到运行要求的接地，如变压器低压中性点和发电机中性点的接地。

2.1.8 重复接地 iterative ground connection

设备接地线上一处或多处通过接地装置与大地再次连接的接地。

2.1.9 接地体 earth lead

埋入地中并直接与大地接触的金属导体。

2.1.10 人工接地体 manual grounding

人工埋入地中的接地体。

2.1.11 自然接地体 natural grounding

施工前已埋入地中，可兼作接地体用的各种构件，如钢筋混凝土基础的钢筋结构、金属井管、金属管道（非燃气）等。

2.1.12 接地线 ground line

连接设备金属结构和接地体的金属导体（包括连接螺栓）。

2.1.13 接地装置 grounding device

接地体和接地线的总和。

2.1.14 接地电阻 ground resistance

接地装置的对地电阻。它是接地线电阻、接地体电阻、接地体与土壤之间的接触电阻和土壤中的散流电阻之和。

接地电阻可以通过计算或测量得到它的近似值，其值等于接地装置对地电压与通过接地装置流入地中电流之比。

2.1.15 工频接地电阻 power frequency ground resistance

按通过接地装置流入地中工频电流求得的接地电阻。

2.1.16 冲击接地电阻 shock ground resistance

按通过接地装置流入地中冲击电流（模拟雷电流）求得的接地电阻。

2.1.17 电气连接 electric connect

导体与导体之间直接提供电气通路的连接（接触电阻近于零）。

2.1.18 带电部分 live - part

正常使用时要被通电的导体或可导电部分，它包括中性导体（中性线），不包括保护导体（保护零线或保护线），按惯例也不包括工作零线与保护零线合一的导线（导体）。

2.1.19 外露可导电部分 exposed conductive part

电气设备的能触及的可导电部分。它在正常情况下不带电，但在故障情况下可能带电。

2.1.20 触电（电击） electric shock

电流流经人体或动物体，使其产生病理生理效应。

2.1.21 直接接触 direct contact

人体、牲畜与带电部分的接触。

2.1.22 间接接触 indirect contact

人体、牲畜与故障情况下变为带电体的外露可导电部分的接触。

2.1.23 配电箱 distribution box

一种专门用作分配电力的配电装置,包括总配电箱和分配电箱,如无特指,总配电箱、分配电箱合称配电箱。

2.1.24 开关箱 switch box

末级配电装置的通称,亦可兼作用电设备的控制装置。

2.1.25 隔离变压器 isolating transformer

指输入绕组与输出绕组在电气上彼此隔离的变压器,用以避免偶然同时触及带电体(或因绝缘损坏而可能带电的金属部件)和大地所带来的危险。

2.1.26 安全隔离变压器 safety isolating transformer

为安全特低电压电路提供电源的隔离变压器。

它的输入绕组与输出绕组在电气上至少由相当于双重绝缘或加强绝缘的绝缘隔离开来。

它是专门为配电电路、工具或其他设备提供安全特低电压而设计的。

2.2 代号

2.2.1 DK——电源隔离开关;

2.2.2 H——照明器;

2.2.3 L_1、L_2、L_3——三相电路的三相相线;

2.2.4 M——电动机;

2.2.5 N——中性点,中性线,工作零线;

2.2.6 NPE——具有中性和保护线两种功能的接地线,又称保护中性线;

2.2.7 PE——保护零线,保护线;

2.2.8 RCD——漏电保护器,漏电断路器:

2.2.9 T——变压器;

2.2.10 TN——电源中性点直接接地时电气设备外露可导电部分通过零线接地的接零保护系统;

2.2.11 TN-C——工作零线与保护零线合一设置的接零保护系统;

2.2.12 TN-C-S——工作零线与保护零线前一部分合一,后一部分分开设置的接零保护系统;

2.2.13 TN-S——工作零线与保护零线分开设置的接零保护系统;

2.2.14 TT——电源中性点直接接地,电气设备外露可导电部分直接接地的接地保护系统,其中电气设备的接地点独立于电源中性点接地点;

2.2.15 W——电焊机。

3　临时用电管理

3.1　临时用电组织设计

3.1.1　施工现场临时用电设备在5台及以上或设备总容量在50 kW及以上者，应编制用电组织设计。

3.1.2　施工现场临时用电组织设计应包括下列内容：

(1)现场勘测。

(2)确定电源进线、变电所或配电室、配电装置、用电设备位置及线路走向。

(3)进行负荷计算。

(4)选择变压器。

(5)设计配电系统：

1)设计配电线路，选择导线或电缆；

2)设计配电装置，选择电器；

3)设计接地装置；

4)绘制临时用电工程图纸，主要包括用电工程总平面图、配电装置布置图、配电系统接线图、接地装置设计图。

(6)设计防雷装置。

(7)确定防护措施。

(8)制定安全用电措施和电气防火措施。

3.1.3　临时用电工程图纸应单独绘制，临时用电工程应按图施工。

3.1.4　临时用电组织设计及变更时，必须履行"编制、审核、批准"程序，由电气工程技术人员组织编制，经相关部门审核及具有法人资格企业的技术负责人批准后实施。变更用电组织设计时应补充有关图纸资料。

3.1.5　临时用电工程必须经编制、审核、批准部门和使用单位共同验收，合格后方可投入使用。

3.1.6　施工现场临时用电设备在5台以下和设备总容量在50 kW以下者，应制定安全用电和电气防火措施，并应符合本规范第3.1.4、3.1.5条规定。

3.2　电工及用电人员

3.2.1　电工必须经过按国家现行标准考核合格后，持证上岗工作；其他用电人员必须通过相关安全教育培训和技术交底，考核合格后方可上岗工作。

3.2.2　安装、巡检、维修或拆除临时用电设备和线路，必须由电工完成，并应有人监护。电工等级应同工程的难易程度和技术复杂性相适应。

3.2.3　各类用电人员应掌握安全用电基本知识和所用设备的性能，并应符合下列规定：

(1)使用电气设备前必须按规定穿戴和配备好相应的劳动防护用品，并应检查电气装置和保护设施，严禁设备带"缺陷"运转；

(2)保管和维护所用设备，发现问题及时报告解决；

(3)暂时停用设备的开关箱必须分断电源隔离开关，并应关门上锁；

(4)移动电气设备时，必须经电工切断电源并做妥善处理后进行。

3.3 安全技术档案

3.3.1 施工现场临时用电必须建立安全技术档案，并应包括下列内容：

(1)用电组织设计的全部资料；

(2)修改用电组织设计的资料；

(3)用电技术交底资料；

(4)用电工程检查验收表；

(5)电气设备的试验、检验凭单和调试记录；

(6)接地电阻、绝缘电阻和漏电保护器漏电动作参数测定记录表；

(7)定期检(复)查表；

(8)电工安装、巡检、维修、拆除工作记录。

3.3.2 安全技术档案应由主管该现场的电气技术人员负责建立与管理。其中“电工安装、巡检、维修、拆除工作记录”可指定电工代管，每周由项目经理审核认可，并应在临时用电工程拆除后统一归档。

3.3.3 临时用电工程应定期检查。定期检查时，应复查接地电阻值和绝缘电阻值。

3.3.4 临时用电工程定期检查应按分部、分项工程进行，对安全隐患必须及时处理，并应履行复查验收手续。

4 外电线路及电气设备防护

4.1 外电线路防护

4.1.1 在建工程不得在外电架空线路正下方施工、搭设作业棚、建造生活设施或堆放构件、架具、材料及其他杂物等。

4.1.2 在建工程(含脚手架)的周边与外电架空线路的边线之间的最小安全操作距离应符合表4.1.2规定。

表4.1.2 在建工程(含脚手架)的周边与架空线路的边线之间的最小安全操作距离

外电线路电压等级(kV)	<1	1~10	35~110	220	330~500
最小安全操作距离(m)	4.0	6.0	8.0	10	15

注：上、下脚手架的斜道不宜设在有外电线路的一侧。

4.1.3 施工现场的机动车道与外电架空线路交叉时，架空线路的最低点与路面的最小垂直距离应符合表4.1.3规定。

表4.1.3 施工现场的机动车道与架空线路交叉时的最小垂直距离

外电线路电压等级(kV)	<1	1~10	35
最小垂直距离(m)	6.0	7.0	7.0

4.1.4 起重机严禁越过无防护设施的外电架空线路作业。在外电架空线路附近吊装时，起重机的任何部位或被吊物边缘在最大偏斜时与架空线路边线的最小安全距离应符合表4.1.4规定。

表4.1.4 起重机与架空线路边线的最小安全距离

安全距离(m)	电压(kV)						
	<1	10	35	110	220	330	500
沿垂直方向	1.5	3.0	4.0	5.0	6.0	7.0	8.5
沿水平方向	1.5	2.0	3.5	4.0	6.0	7.0	8.5

4.1.5 施工现场开挖沟槽边缘与外电埋地电缆沟槽边缘之间的距离不得小于0.5 m。

4.1.6 当达不到本规范第4.1.2~4.1.4条中的规定时，必须采取绝缘隔离防护措施，并应悬挂醒目的警告标志。

架设防护设施时，必须经有关部门批准，采用线路暂时停电或其他可靠的安全技术措施，并应有电气工程技术人员和专职安全人员监护。

防护设施与外电线路之间的安全距离不应小于表4.1.6所列数值。

防护设施应坚固、稳定，且对外电线路的隔离防护应达到IP30级。

表4.1.6 防护设施与外电线路之间的最小安全距离

外电线路电压等级(kV)	≤10	35	110	220	330	500
最小安全距离(m)	1.7	2.0	2.5	4.0	5.0	6.0

4.1.7 当本规范第4.1.6条规定的防护措施无法实现时，必须与有关部门协商，采取停电、迁移外电线路或改变工程位置等措施，未采取上述措施的严禁施工。

4.1.8 在外电架空线路附近开挖沟槽时，必须会同有关部门采取加固措施，防止外电架空线路电杆倾斜、悬倒。

4.2 电气设备防护

4.2.1 电气设备现场周围不得存放易燃易爆物、污源和腐蚀介质，否则应予清除或做防护处置，其防护等级必须与环境条件相适应。

4.2.2 电气设备设置场所应能避免物体打击和机械损伤，否则应做防护处置。

5 接地与防雷

5.1 一般规定

5.1.1 在施工现场专用变压器的供电的TN－S接零保护系统中，电气设备的金属外壳必须与保护零线连接。保护零线应由工作接地线、配电室(总配电箱)电源侧零线或总漏电保护器电源侧零线处引出(图 5.1.1)。

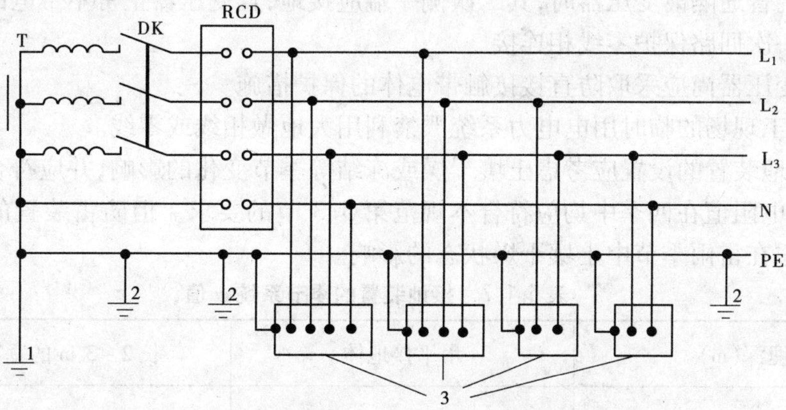

图 5.1.1 专用变压器供电时 TN－S 接零保护系统示意

1—工作接地;2—PE 线重复接地;3—电气设备金属外壳(正常不带电的外露可导电部分);

L_1、L_2、L_3—相线;N—工作零线;PE—保护零线;DK—总电源隔离开关;

RCD—总漏电保护器(兼有短路、过载、漏电保护功能的漏电断路器);T—变压器

5.1.2 当施工现场与外电线路共用同一供电系统时,电气设备的接地、接零保护应与原系统保持一致。不得一部分设备做保护接零,另一部分设备做保护接地。

采用 TN 系统做保护接零时,工作零线(N 线)必须通过总漏电保护器,保护零线(PE 线)必须由电源进线零线重复接地处或总漏电保护器电源侧零线处引出,形成局部 TN－S 接零保护系统(图 5.1.2)。

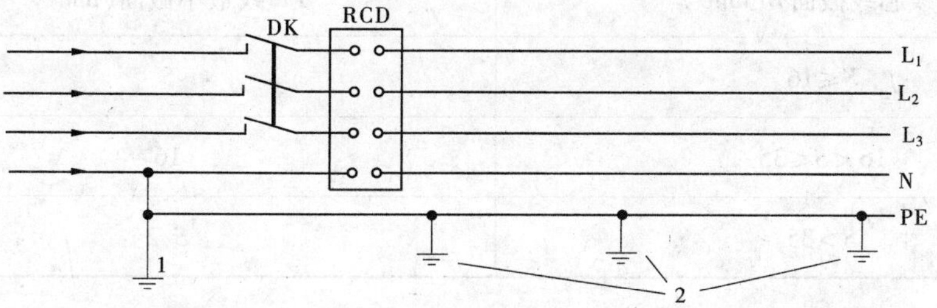

图 5.1.2 三相四线供电时局部 TN－S 接零保护系统保护零线引出示意

1—NPE 线重复接地;2—PE 线重复接地;L_1、L_2、L_3—相线;N—工作零线;PE—保护零线;

DK—总电源隔离开关;RCD—总漏电保护器(兼有短路、过载、漏电保护功能的漏电断路器)

5.1.3 在 TN 接零保护系统中,通过总漏电保护器的工作零线与保护零线之间不得再做电气连接。

5.1.4 在 TN 接零保护系统中,PE 零线应单独敷设。重复接地线必须与 PE 线相连接,严禁与 N 线相连接。

5.1.5 使用一次侧由 50 V 以上电压的接零保护系统供电,二次侧为 50 V 及以下电压的安全隔离变压器时,二次侧不得接地,并应将二次线路用绝缘管保护或采用橡皮护套软线。

当采用普通隔离变压器时，其二次侧一端应接地，且变压器正常不带电的外露可导电部分应与一次回路保护零线相连接。

以上变压器尚应采取防直接接触带电体的保护措施。

5.1.6 施工现场的临时用电电力系统严禁利用大地做相线或零线。

5.1.7 接地装置的设置应考虑土壤干燥或冻结等季节变化的影响，并应符合表5.1.7的规定，接地电阻值在四季中均应符合本规范第5.3节的要求。但防雷装置的冲击接地电阻值只考虑在雷雨季节中土壤干燥状态的影响。

表5.1.7 接地装置的季节系统ψ值

埋深(m)	水平接地体	长2~3 m的垂直接地体
0.5	1.4~1.8	1.2~1.4
0.8~1.0	1.25~1.45	1.15~1.3
2.5~3.0	1.0~1.1	1.0~1.1

注：大地比较干燥时，取表中较小值；比较潮湿时，取表中较大值。

5.1.8 PE线所用材质与相线、工作零线(N线)相同时，其最小截面应符合表5.1.8的规定。

表5.1.8 PE线截面与相线截面的关系

相线芯线截面$S(mm^2)$	PE线最小截面(mm^2)
$S\leqslant 16$	5
$16<S\leqslant 35$	16
$S>35$	$S/2$

5.1.9 保护零线必须采用绝缘导线。

配电装置和电动机械相连接的PE线应为截面不小于2.5 mm^2的绝缘多股铜线。手持式电动工具的PE线应为截面不小于1.5 mm^2的绝缘多股铜线。

5.1.10 PE线上严禁装设开关或熔断器，严禁通过工作电流，且严禁断线。

5.1.11 相线、N线、PE线的颜色标记必须符合以下规定：相线L_1(A)、L_2(B)、L_3(C)相序的绝缘颜色依次为黄、绿、红色；N线的绝缘颜色为淡蓝色；PE线的绝缘颜色为绿/黄双色。任何情况下上述颜色标记严禁混用和互相代用。

5.2 保护接零

5.2.1 在TN系统中，下列电气设备不带电的外露可导电部分应做保护接零：

(1)电机、变压器、电器、照明器具、手持式电动工具的金属外壳；

(2)电气设备传动装置的金属部件；

(3)配电柜与控制柜的金属框架；

(4)配电装置的金属箱体、框架及靠近带电部分的金属围栏和金属门；

(5)电力线路的金属保护管、敷线的钢索、起重机的底座和轨道、滑升模板金属操作平台等；

(6)安装在电力线路杆(塔)上的开关、电容器等电气装置的金属外壳及支架。

5.2.2 城防、人防、隧道等潮湿或条件特别恶劣施工现场的电气设备必须采用保护接零。

5.2.3 在TN系统中，下列电气设备不带电的外露可导电部分，可不做保护接零：

(1)在木质、沥青等不良导电地坪的干燥房间内，交流电压380 V及以下的电气装置金属外壳(当维修人员可能同时触及电气设备金属外壳和接地金属物件时除外)；

(2)安装在配电柜、控制柜金属框架和配电箱的金属箱体上，且与其可靠电气连接的电气测量仪表、电流互感器、电器的金属外壳。

5.3 接地与接地电阻

5.3.1 单台容量超过100 kVA或使用同一接地装置并联运行且总容量超过100 kVA的电力变压器或发电机的工作接地电阻值不得大于4 Ω。

单台容量不超过100 kVA或使用同一接地装置并联运行且总容量不超过100 kVA的电力变压器或发电机的工作接地电阻值不得大于10 Ω。

在土壤电阻率大于1 000 Ω·m的地区，当达到上述接地电阻值有困难时，工作接地电阻值可提高到30 Ω。

5.3.2 TN系统中的保护零线除必须在配电室或总配电箱处做重复接地外，还必须在配电系统的中间处和末端处做重复接地。

在TN系统中，保护零线每一处重复接地装置的接地电阻值不应大于10 Ω。在工作接地电阻值允许达到10 Ω的电力系统中，所有重复接地的等效电阻值不应大于10 Ω。

5.3.3 在TN系统中，严禁将单独敷设的工作零线再做重复接地。

5.3.4 每一接地装置的接地线应采用2根及以上导体，在不同点与接地体做电气连接。

不得采用铝导体做接地体或地下接地线。垂直接地体宜采用角钢、钢管或光面圆钢，不得采用螺纹钢。

接地可利用自然接地体，但应保证其电气连接和热稳定。

5.3.5 移动式发电机供电的用电设备，其金属外壳或底座应与发电机电源的接地装置有可靠的电气连接。

5.3.6 移动式发电机系统接地应符合电力变压器系统接地的要求。下列情况可不另做保护接零：

(1)移动式发电机和用电设备固定在同一金属支架上，且不供给其他设备用电时；

(2)不超过2台的用电设备由专用的移动式发电机供电，供、用电设备间距不超过50 m，且供、用电设备的金属外壳之间有可靠的电气连接时。

5.3.7 在有静电的施工现场内，对集聚在机械设备上的静电应采取接地泄漏措施。每组专设的静电接地体的接地电阻值不应大于100 Ω，高土壤电阻率地区不应大于1 000 Ω。

5.4 防雷

5.4.1 在土壤电阻率低于200 Ω·m区域的电杆可不另设防雷接地装置，但在配电室的架空进线或出线处应将绝缘子铁脚与配电室的接地装置相连接。

5.4.2 施工现场内的起重机、井字架、龙门架等机械设备，以及钢脚手架和正在施工的在建工程等的金属结构，当在相邻建筑物、构筑物等设施的防雷装置接闪器的保护范围以外时，应按表5.4.2规定安装防雷装置。表5.4.2中地区年平均雷暴日（d/a）应按本规范附录A执行。

表5.4.2 施工现场内机械设备及高架设施需安装防雷装置的规定

地区年平均雷暴日（d/a）	机械设备高度（m）
≤5	≥50
>15，<40	≥32
≥40，<90	≥20
≥90及雷害特别严重地区	≥12

当最高机械设备上避雷针（接闪器）的保护范围能覆盖其他设备，且又最后退出现场，则其他设备可不设防雷装置。

确定防雷装置接闪器的保护范围可采用本规范附录B的滚球法。

5.4.3 机械设备或设施的防雷引下线可利用该设备或设施的金属结构体，但应保证电气连接。

5.4.4 机械设备上的避雷针（接闪器）长度应为1～2 m，塔式起重机可不另设避雷针（接闪器）。

5.4.5 安装避雷针（接闪器）的机械设备，所有固定的动力、控制、照明、信号及通信线路，宜采用钢管敷设。钢管与该机械设备的金属结构体应做电气连接。

5.4.6 施工现场内所有防雷装置的冲击接地电阻值不得大于30 Ω。

5.4.7 做防雷接地机械上的电气设备，所连接的PE线必须同时做重复接地，同一台机械电气设备的重复接地和机械的防雷接地可共用同一接地体，但接地电阻应符合重复接地电阻值的要求。

6 配电室及自备电源

6.1 配电室

6.1.1 配电室应靠近电源，并应设在灰尘少、潮气少、振动小、无腐蚀介质、无易燃易爆物及道路畅通的地方。

6.1.2 成列的配电柜和控制柜两端应与重复接地线及保护零线做电气连接。

6.1.3 配电室和控制室应能自然通风，并应采取防止雨雪侵入和动物进入的措施。

6.1.4 配电室布置应符合下列要求：

(1)配电柜正面的操作通道宽度,单列布置或双列背对背布置不小于1.5 m,双列面对面布置不小于2 m;

(2)配电柜后面的维护通道宽度,单列布置或双列面对面布置不小于0.8 m,双列背对背布置不小于1.5 m,个别地点有建筑物结构凸出的地方,则此点通道宽度可减少0.2 m;

(3)配电柜侧面的维护通道宽度不小于1 m;

(4)配电室的顶棚与地面的距离不低于3 m;

(5)配电室内设置值班或检修室时,该室边缘距配电柜的水平距离大于1 m,并采取屏障隔离;

(6)配电室内的裸母线与地面垂直距离小于2.5 m时,采用遮栏隔离,遮栏下面通道的高度不小于1.9 m;

(7)配电室围栏上端与其正上方带电部分的净距不小于0.075 m;

(8)配电装置的上端距顶棚不小于0.5 m;

(9)配电室内的母线涂刷有色油漆,以标志相序,以柜正面方向为基准,其涂色符合表6.1.4规定;

表6.1.4 母线涂色

相别	颜色	垂直排列	水平排列	引入排列
L_1(A)	黄	上	后	左
L_2(B)	绿	中	中	中
L_3(C)	红	下	前	右
N	淡蓝	—	—	—

(10)配电室的建筑物和构筑物的耐火等级不低于3级,室内配置砂箱和可用于扑灭电气火灾的灭火器;

(11)配电室的门向外开,并配锁;

(12)配电室的照明分别设置正常照明和事故照明。

6.1.5 配电柜应装设电度表,并应装设电流、电压表。电流表与计费电度表不得共用一组电流互感器。

6.1.6 配电柜应装设电源隔离开关及短路、过载、漏电保护电器。电源隔离开关分断时应有明显可见分断点。

6.1.7 配电柜应编号,并应有用途标记。

6.1.8 配电柜或配电线路停电维修时,应挂接地线,并应悬挂“禁止合闸、有人工作”停电标志牌。停送电必须由专人负责。

6.1.9 配电室应保持整洁,不得堆放任何妨碍操作、维修的杂物。

6.2 230/400 V **自备发电机组**

6.2.1 发电机组及其控制、配电、修理室等可分开设置;在保证电气安全距离和满足防火要求情况下可合并设置。

6.2.2　发电机组的排烟管道必须伸出室外。发电机组及其控制、配电室内必须配置可用于扑灭电气火灾的灭火器,严禁存放贮油桶。

6.2.3　发电机组电源必须与外电线路电源连锁,严禁并列运行。

6.2.4　发电机组应采用电源中性点直接接地的三相四线制供电系统和独立设置TN－S接零保护系统,其工作接地电阻值应符合本规范第5.3.1条要求。

6.2.5　发电机控制屏宜装设下列仪表:

(1)交流电压表;

(2)交流电流表;

(3)有功功率表;

(4)电度表;

(5)功率因数表;

(6)频率表;

(7)直流电流表。

6.2.6　发电机供电系统应设置电源隔离开关及短路、过载、漏电保护电器。电源隔离开关分断时应有明显可见分断点。

6.2.7　发电机组并列运行时,必须装设同期装置,并在机组同步运行后再向负载供电。

7　配电线路

7.1　架空线路

7.1.1　架空线必须采用绝缘导线。

7.1.2　架空线必须架设在专用电杆上,严禁架设在树木、脚手架及其他设施上。

7.1.3　架空线导线截面的选择应符合下列要求:

(1)导线中的计算负荷电流不大于其长期连续负荷允许载流量。

(2)线路末端电压偏移不大于其额定电压的5%。

(3)三相四线制线路的N线和PE线截面不小于相线截面的50%,单相线路的零线截面与相线截面相同。

(4)按机械强度要求,绝缘铜线截面不小于10 mm^2,绝缘铝线截面不小于16 mm^2。

(5)在跨越铁路、公路、河流、电力线路档距内,绝缘铜线截面不小于16 mm^2,绝缘铝线截面不小于25 mm^2。

7.1.4　架空线在一个档距内,每层导线的接头数不得超过该层导线条数的50%,且一条导线应只有一个接头。

在跨越铁路、公路、河流、电力线路档距内,架空线不得有接头。

7.1.5　架空线路相序排列应符合下列规定:

(1)动力、照明线在同一横担上架设时,导线相序排列是:面向负荷从左侧起依次为L_1、N、L_2、L_3、PE;

(2)动力、照明线在二层横担上分别架设时,导线相序排列是:上层横担面向负荷从左侧起依次为L_1、L_2、L_3;下层横担面向负荷从左侧起依次为L_1(L_2、L_3)、N、PE。

7.1.6 架空线路的档距不得大于35 m。

7.1.7 架空线路的线间距不得小于0.3 m，靠近电杆的两导线的间距不得小于0.5 m。

7.1.8 架空线路横担间的最小垂直距离不得小于表7.1.8-1所列数值；横担宜采用角钢或方木，低压铁横担角钢应按表7.1.8-2选用，方木横担截面应按80 mm×80 mm选用；横担长度应按表7.1.8-3选用。

表7.1.8-1 横担间的最小垂直距离(m)

排列方式	直线杆	分支或转角杆
高压与低压	1.2	1.0
低压与低压	0.6	0.3

表7.1.8-2 低压铁横担角钢选用

导线截面(mm^2)	直线杆	分支或转角杆	
		二级及三线	四线及以上
16 25 35 50	∟50×5	2×∟50×5	2×∟63×5
70 95 120	∟63×5	2×∟63×5	2×∟70×6

表7.1.8-3 横担长度选用

横担长度(m)		
二级	三级、四线	五线
0.7	1.5	1.8

7.1.9 架空线路与邻近线路或固定物的距离应符合表7.1.9的规定。

7.1.10 架空线路宜采用钢筋混凝土杆或木杆。钢筋混凝土杆不得有露筋、宽度大于0.4 mm的裂纹和扭曲；木杆不得腐朽，其梢径不应小于140 mm。

7.1.11 电杆埋设深度宜为杆长的1/10加0.6 m，回填土应分层夯实。在松软土质处宜加大埋入深度或采用卡盘等加固。

7.1.12 直线杆和15°以下的转角杆，可采用单横担单绝缘子，但跨越机动车道时应采用单横担双绝缘子；15°到45°的转角杆应采用双横担双绝缘子；45°以上的转角杆，应采用十字横担。

表 7.1.9　架空线路与邻近线路或固定物的距离

<table>
<tr><td>项目</td><td colspan="7">距离类别</td></tr>
<tr><td rowspan="2">最小净空距离（m）</td><td colspan="2">架空线路的过引线、接下线与邻线</td><td colspan="2">架空线与架空线电杆外缘</td><td colspan="3">架空线与摆动最大时树梢</td></tr>
<tr><td colspan="2">0.13</td><td colspan="2">0.05</td><td colspan="3">0.50</td></tr>
<tr><td rowspan="3">最小垂直距离（m）</td><td rowspan="2">架空线同杆架设下方的通信、广播线路</td><td colspan="3">架空线最大弧垂与地面</td><td rowspan="2">架空线最大弧垂与暂设工程顶端</td><td colspan="2">架空线与邻近电力线路交叉</td></tr>
<tr><td>施工现场</td><td>机动车道</td><td>铁路轨道</td><td>1 kV 以下</td><td>1～10 kV</td></tr>
<tr><td>1.0</td><td>4.0</td><td>6.0</td><td>7.5</td><td>2.5</td><td>1.2</td><td>2.5</td></tr>
<tr><td rowspan="2">最小水平距离（m）</td><td colspan="2">架空线电杆与路基边缘</td><td colspan="2">架空线电杆与铁路轨道边缘</td><td colspan="3">架空线边线与建筑物凸出部分</td></tr>
<tr><td colspan="2">1.0</td><td colspan="2">杆高（m）+3.0</td><td colspan="3">1.0</td></tr>
</table>

7.1.13　架空线路绝缘子应按下列原则选择：

（1）直线杆采用针式绝缘子；

（2）耐张杆采用蝶式绝缘子。

7.1.14　电杆的拉线宜采用不少于 3 根 *D*4.0 mm 的镀锌钢丝。拉线与电杆的夹角应在 30°～45°之间。拉线埋设深度不得小于 1 m。电杆拉线如从导线之间穿过，应在高于地面 2.5 m 处装设拉线绝缘子。

7.1.15　因受地形环境限制不能装设拉线时，可采用撑杆代替拉线，撑杆埋设深度不得小于 0.8 m，其底部应垫底盘或石块。撑杆与电杆的夹角宜为 30°。

7.1.16　接户线在档距内不得有接头，进线处离地高度不得小于 2.5 m。接户线最小截面应符合表 7.1.16-1 规定。接户线线间及与邻近线路间的距离应符合表 7.1.16-2 的要求。

表 7.1.16-1　接户线的最小截面

接户线架设方式	接户线长度（m）	接户线截面（mm^2）	
		铜线	铝线
架空或沿墙敷设	10～25	6.0	10.0
	≤10	4.0	6.0

表 7.1.16-2　接户线线间及与邻近线路间的距离

接户线架设方式	接户线档距（m）	接户线线间距离（mm）
架空敷设	≤25	150
	>25	200
沿墙敷设	≤6	100
	>6	150
架空接户线与广播电话线交叉时的距离（mm）		接户线在上部，600 接户线在下部，300
架空或沿墙敷设的接户线零线和相线交叉时的距离（mm）		100

7.1.17 架空线路必须有短路保护。

采用熔断器做短路保护时，其熔体额定电流不应大于明敷绝缘导线长期连续负荷允许载流量的1.5倍。

采用断路器做短路保护时，其瞬动过流脱扣器脱扣电流整定值应小于线路末端单相短路电流。

7.1.18 架空线路必须有过载保护。

采用熔断器或断路器做过载保护时，绝缘导线长期连续负荷允许载流量不应小于熔断器熔体额定电流或断路器长延时过流脱扣器脱扣电流整定值的1.25倍。

7.2 电缆线路

7.2.1 电缆中必须包含全部工作芯线和用作保护零线或保护线的芯线。需要三相四线制配电的电缆线路必须采用五芯电缆。

五芯电缆必须包含淡蓝、绿/黄二种颜色绝缘芯线。淡蓝色芯线必须用作N线；绿/黄双色芯线必须用作PE线，严禁混用。

7.2.2 电缆截面的选择应符合本规范第7.1.3条1、2、3款的规定，根据其长期连续负荷允许载流量和允许电压偏移确定。

7.2.3 电缆线路应采用埋地或架空敷设，严禁沿地面明设，并应避免机械损伤和介质腐蚀。埋地电缆路径应设方位标志。

7.2.4 电缆类型应根据敷设方式、环境条件选择。埋地敷设宜选用铠装电缆；当选用无铠装电缆时，应能防水、防腐。架空敷设宜选用无铠装电缆。

7.2.5 电缆直接埋地敷设的深度不应小于0.7 m，并应在电缆紧邻上、下、左、右侧均匀敷设不小于50 mm厚的细砂，然后覆盖砖或混凝土板等硬质保护层。

7.2.6 埋地电缆在穿越建筑物、构筑物、道路、易受机械损伤、介质腐蚀场所及引出地面从2.0 m高到地下0.2 m处，必须加设防护套管，防护套管内径不应小于电缆外径的1.5倍。

7.2.7 埋地电缆与其附近外电电缆和管沟的平行间距不得小于2 m，交叉间距不得小于1 m。

7.2.8 埋地电缆的接头应设在地面上的接线盒内，接线盒应能防水、防尘、防机械损伤，并应远离易燃、易爆、易腐蚀场所。

7.2.9 架空电缆应沿电杆、支架或墙壁敷设，并采用绝缘子固定，绑扎线必须采用绝缘线，固定点间距应保证电缆能承受自重所带来的荷载，敷设高度应符合本规范第7.1节架空线路敷设高度的要求，但沿墙壁敷设时最大弧垂距地不得小于2.0 m。

架空电缆严禁沿脚手架、树木或其他设施敷设。

7.2.10 在建工程内的电缆线路必须采用电缆埋地引入，严禁穿越脚手架引入。电缆垂直敷设应充分利用在建工程的竖井、垂直孔洞等，并宜靠近用电负荷中心，固定点每楼层不得少于一处。电缆水平敷设宜沿墙或门口刚性固定，最大弧垂距地不得小于2.0 m。

装饰装修工程或其他特殊阶段，应补充编制单项施工用电方案。电源线可沿墙角、地面敷设，但应采取防机械损伤和电火措施。

7.2.11 电缆线路必须有短路保护和过载保护，短路保护和过载保护电器与电缆的选配应符合本规范第7.1.17条和7.1.18条要求。

7.3　室内配线

7.3.1　室内配线必须采用绝缘导线或电缆。

7.3.2　室内配线应根据配线类型采用瓷瓶、瓷(塑料)夹、嵌绝缘槽、穿管或钢索敷设。

潮湿场所或埋地非电缆配线必须穿管敷设,管口和管接头应密封;当采用金属管敷设时,金属管必须做等电位连接,且必须与 PE 线相连接。

7.3.3　室内非埋地明敷主干线距地面高度不得小于 2.5 m。

7.3.4　架空进户线的室外端应采用绝缘子固定,过墙处应穿管保护,距地面高度不得小于 2.5 m,并应采取防雨措施。

7.3.5　室内配线所用导线或电缆的截面应根据用电设备或线路的计算负荷确定,但铜线截面不应小于 1.5 mm^2,铝线截面不应小于 2.5mm^2。

7.3.6　钢索配线的吊架间距不宜大于 12 m。采用瓷夹固定导线时,导线间距不应小于 35 mm,瓷夹间距不应大于 800 mm;采用瓷瓶固定导线时,导线间距不应小于 100 mm,瓷瓶间距不应大于 1.5 m;采用护套绝缘导线或电缆时,可直接敷设于钢索上。

7.3.7　室内配线必须有短路保护和过载保护,短路保护和过载保护电器与绝缘导线、电缆的选配应符合本规范第 7.1.17 条和 7.1.18 条要求。对穿管敷设的绝缘导线线路,其短路保护熔断器的熔体额定电流不应大于穿管绝缘导线长期连续负荷允许载流量的 2.5 倍。

8　配电箱及开关箱

8.1　配电箱及开关箱的设置

8.1.1　配电系统应设置配电柜或总配电箱、分配电箱、开关箱,实行三级配电。

配电系统宜使三相负荷平衡。220 V 或 380 V 单相用电设备宜接入 220/380 V 三相四线系统;当单相照明线路电流大于 30 A 时,宜采用 220/380 V 三相四线制供电。

室内配电柜的设置应符合本规范第 6.1 节的规定。

8.1.2　总配电箱以下可设若干分配电箱;分配电箱以下可设若干开关箱。

总配电箱应设在靠近电源的区域,分配电箱应设在用电设备或负荷相对集中的区域,分配电箱与开关箱的距离不得超过 30 m,开关箱与其控制的固定式用电设备的水平距离不宜超过 3 m。

8.1.3　每台用电设备必须有各自专用的开关箱,严禁用同一个开关箱直接控制 2 台及 2 台以上用电设备(含插座)。

8.1.4　动力配电箱与照明配电箱宜分别设置。当合并设置为同一配电箱时,动力和照明应分路配电;动力开关箱与照明开关箱必须分设。

8.1.5　配电箱、开关箱应装设在干燥、通风及常温场所,不得装设在有严重损伤作用的瓦斯、烟气、潮气及其他有害介质中,亦不得装设在易受外来固体物撞击、强烈振动、液体浸溅及热源烘烤场所。否则,应予清除或做防护处理。

8.1.6　配电箱、开关箱周围应有足够 2 人同时工作的空间和通道,不得堆放任何妨碍操作、维修的物品,不得有灌木、杂草。

8.1.7　配电箱、开关箱应采用冷轧钢板或阻燃绝缘材料制作,钢板厚度应为 1.2 ~ 2.0 mm,其中开关箱箱体钢板厚度不得小于 1.2 mm,配电箱箱体钢板厚度不得小于 1.5 mm,

箱体表面应做防腐处理。

8.1.8　配电箱、开关箱应装设端正、牢固。固定式配电箱、开关箱的中心点与地面的垂直距离应为1.4～1.6 m。移动式配电箱、开关箱应装设在坚固、稳定的支架上。其中心点与地而的垂直距离宜为0.8～1.6 m。

8.1.9　配电箱、开关箱内的电器(含插座)应先安装在金属或非木质阻燃绝缘电器安装板上,然后方可整体紧固在配电箱、开关箱箱体内。

金属电器安装板与金属箱体应做电气连接。

8.1.10　配电箱、开关箱内的电器(含插座)应按其规定位置紧固在电器安装板上,不得歪斜和松动。

8.1.11　配电箱的电器安装板上必须分设N线端子板和PE线端子板。N线端子板必须与金属电器安装板绝缘;PE线端子板必须与金属电器安装板做电气连接。

进出线中的N线必须通过N线端子板连接;PE线必须通过PE线端子板连接。

8.1.12　配电箱、开关箱内的连接线必须采用铜芯绝缘导线。导线绝缘的颜色标志应按本规范第5.1.11条要求配置并排列整齐;导线分支接头不得采用螺栓压接,应采用焊接并做绝缘包扎,不得有外露带电部分。

8.1.13　配电箱、开关箱的金属箱体、金属电器安装板以及电器正常不带电的金属底座、外壳等必须通过PE线端子板与PE线做电气连接,金属箱门与金属箱体必须通过采用编织软铜线做电气连接。

8.1.14　配电箱、开关箱的箱体尺寸应与箱内电器的数量和尺寸相适应,箱内电器安装板板面电器安装尺寸可按照表8.1.14确定。

表8.1.14　配电箱、开关箱内电器安装尺寸选择值

间距名称	最小净距(mm)
并列电器(含单极熔断器)间	30
电器进、出线瓷管(塑胶管)孔与电器边沿间	15 A,30 20～30 A,50 60 A及以上,80
上、下排电器进出线瓷管(塑胶管)孔间	25
电器进、出线瓷管(塑胶管)孔至板边	40
电器至板边	40

8.1.15　配电箱、开关箱中导线的进线口和出线口应设在箱体的下底面。

8.1.16　配电箱、开关箱的进、出线口应配置固定线卡,进出线应加绝缘护套并成束卡固在箱体上,不得与箱体直接接触。移动式配电箱、开关箱的进、出线应采用橡皮护套绝缘电缆,不得有接头。

8.1.17　配电箱、开关箱外形结构应能防雨、防尘。

8.2　电器装置的选择

8.2.1　配电箱、开关箱内的电器必须可靠、完好,严禁使用破损、不合格的电器。

8.2.2　总配电箱的电器应具备电源隔离,正常接通与分断电路,以及短路、过载、漏电保

护功能。电器设置应符合下列原则:

(1)当总路设置总漏电保护器时,还应装设总隔离开关、分路隔离开关以及总断路器、分路断路器或总熔断器、分路熔断器。当所设总漏电保护器是同时具备短路、过载、漏电保护功能的漏电断路器时,可不设总断路器或总熔断器。

(2)当各分路设置分路漏电保护器时,还应装设总隔离开关、分路隔离开关以及总断路器、分路断路器或总熔断器、分路熔断器。当分路所设漏电保护器是同时具备短路、过载、漏电保护功能的漏电断路器时,可不设分路断路器或分路熔断器。

(3)隔离开关应设置于电源进线端,应采用分断时具有可见分断点,并能同时断开电源所有极的隔离电器。如采用分断时具有可见分断点的断路器,可不另设隔离开关。

(4)熔断器应选用具有可靠灭弧分断功能的产品。

(5)总开关电器的额定值、动作整定值应与分路开关电器的额定值、动作整定值相适应。

8.2.3 总配电箱应装设电压表、总电流表、电度表及其他需要的仪表。专用电能计量仪表的装设应符合当地供用电管理部门的要求。

装设电流互感器时,其二次回路必须与保护零线有一个连接点,且严禁断开电路。

8.2.4 分配电箱应装设总隔离开关、分路隔离开关以及总断路器、分路断路器或总熔断器、分路熔断器。其设置和选择应符合本规范第8.2.2条要求。

8.2.5 开关箱必须装设隔离开关、断路器或熔断器,以及漏电保护器。当漏电保护器是同时具有短路、过载、漏电保护功能的漏电断路器时,可不装设断路器或熔断器。隔离开关应采用分断时具有可见分断点,能同时断开电源所有极的隔离电器,并应设置于电源进线端。当断路器是具有可见分断点时,可不另设隔离开关。

8.2.6 开关箱中的隔离开关只可直接控制照明电路和容量不大于3.0 kW的动力电路,但不应频繁操作。容量大于3.0 kW的动力电路应采用断路器控制,操作频繁时还应附设接触器或其他启动控制装置。

8.2.7 开关箱中各种开关电器的额定值和动作整定值应与其控制用电设备的额定值和特性相适应。通用电动机开关箱中电器的规格可按本规范附录C选配。

8.2.8 漏电保护器应装设在总配电箱、开关箱靠近负荷的一侧,且不得用于启动电气设备的操作。

8.2.9 漏电保护器的选择应符合现行国家标准《剩余电流动作保护器的一般要求》GB 6829和《漏电保护器安装和运行的要求》GB 13955的规定。

8.2.10 开关箱中漏电保护器的额定漏电动作电流不应大于30 mA,额定漏电动作时间不应大于0.1 s。

使用于潮湿或有腐蚀介质场所的漏电保护器应采用防溅型产品,其额定漏电动作电流不应大于15 mA,额定漏电动作时间不应大于0.1 s。

8.2.11 总配电箱中漏电保护器的额定漏电动作电流应大于30 mA,额定漏电动作时间应大于0.1 s,但其额定漏电动作电流与额定漏电动作时间的乘积不应大于30 mA·s。

8.2.12 总配电箱和开关箱中漏电保护器的极数和线数必须与其负荷侧负荷的相数和线数一致。

8.2.13 配电箱、开关箱中的漏电保护器宜选用无辅助电源型(电磁式)产品,或选用辅助电源故障时能自动断开的辅助电源型(电子式)产品。当选用辅助电源故障时不能自动断开的辅助电源型(电子式)产品时,应同时设置缺相保护。

8.2.14　漏电保护器应按产品说明书安装、使用。对搁置已久重新使用或连续使用的漏电保护器应逐月检测其特性,发现问题应及时修理或更换。

漏电保护器的正确使用接线方法应按图 8.2.14 选用。

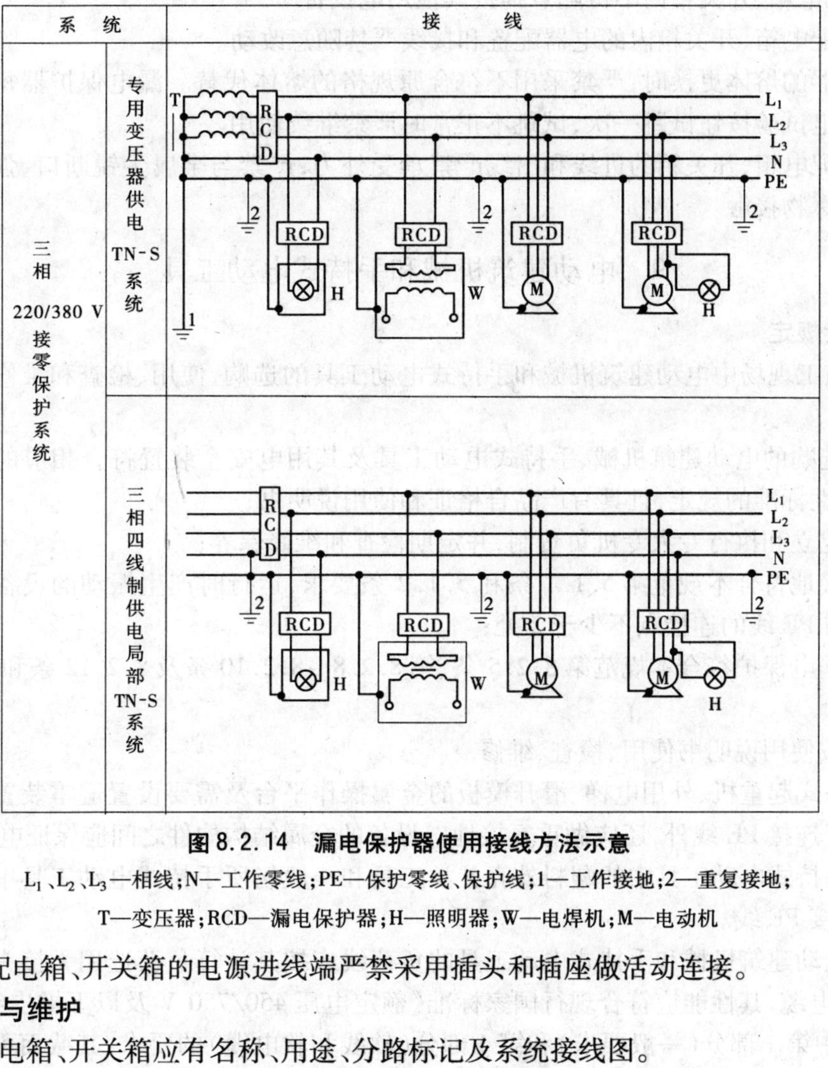

图 8.2.14　漏电保护器使用接线方法示意

L_1、L_2、L_3—相线;N—工作零线;PE—保护零线、保护线;1—工作接地;2—重复接地;

T—变压器;RCD—漏电保护器;H—照明器;W—电焊机;M—电动机

8.2.15　配电箱、开关箱的电源进线端严禁采用插头和插座做活动连接。

8.3　使用与维护

8.3.1　配电箱、开关箱应有名称、用途、分路标记及系统接线图。

8.3.2　配电箱、开关箱箱门应配锁,并应由专人负责。

8.3.3　配电箱、开关箱应定期检查、维修。检查、维修人员必须是专业电工。检查、维修时必须按规定穿、戴绝缘鞋、手套,必须使用电工绝缘工具,并应做检查、维修工作记录。

8.3.4　对配电箱、开关箱进行定期维修、检查时,必须将其前一级相应的电源隔离开关分闸断电。并悬挂“禁止合闸、有人工作”停电标志牌,严禁带电作业。

8.3.5　配电箱、开关箱必须按照下列顺序操作:

(1)送电操作顺序为:总配电箱→分配电箱→开关箱;

(2)停电操作顺序为:开关箱→分配电箱→总配电箱。

但出现电气故障的紧急情况可除外。

8.3.6 施工现场停止作业1小时以上时,应将动力开关箱断电上锁。

8.3.7 开关箱的操作人员必须符合本规范第3.2.3条规定。

8.3.8 配电箱、开关箱内不得放置任何杂物,并应保持整洁。

8.3.9 配电箱、开关箱内不得随意挂接其他用电设备。

8.3.10 配电箱、开关箱内的电器配置和接线严禁随意改动。

熔断器的熔体更换时,严禁采用不符合原规格的熔体代替。漏电保护器每天使用前应启动漏电试验按钮试跳一次,试跳不正常时严禁继续使用。

8.3.11 配电箱、开关箱的进线和出线严禁承受外力,严禁与金属尖锐断口、强腐蚀介质和易燃易爆物接触。

9 电动建筑机械和手持式电动工具

9.1 一般规定

9.1.1 施工现场中电动建筑机械和手持式电动工具的选购、使用、检查和维修应遵守下列规定:

(1)选购的电动建筑机械、手持式电动工具及其用电安全装置符合相应的国家现行有关强制性标准的规定,且具有产品合格证和使用说明书;

(2)建立和执行专人专机负责制,并定期检查和维修保养;

(3)接地符合本规范第5.1.1条和5.1.2条要求,运行时产生振动的设备的金属基座、外壳与PE线的连接点不少于2处;

(4)漏电保护符合本规范第8.2.5条、第8.2.8~8.2.10条及8.2.12条和8.2.13条要求;

(5)按使用说明书使用、检查、维修。

9.1.2 塔式起重机、外用电梯、滑升模板的金属操作平台及需要设置避雷装置的物料提升机,除应连接PE线外,还应做重复接地。设备的金属结构构件之间应保证电气连接。

9.1.3 手持式电动工具中的塑料外壳Ⅱ类工具和一般场所手持式电动工具中的Ⅲ类工具可不连接PE线。

9.1.4 电动建筑机械和手持式电动工具的负荷线应按其计算负荷选用无接头的橡皮护套铜芯软电缆,其性能应符合现行国家标准《额定电压450/750 V及以下橡皮绝缘电缆》GB 5013中第1部分(一般要求)和第4部分(软线和软电缆)的要求;其截面可按本规范附录C选配。

电缆芯线数应根据负荷及其控制电器的相数和线数确定:三相四线时,应选用五芯电缆;三相三线时,应选用四芯电缆;当三相用电设备中配置有单相用电器具时,应选用五芯电缆;单相二线时,应选用三芯电缆。

电缆芯线应符合本规范第7.2.1条规定,其中PE线应采用绿/黄双色绝缘导线。

9.1.5 每一台电动建筑机械或手持式电动工具的开关箱内,除应装设过载、短路、漏电保护电器外,还应按本规范第8.2.5条要求装设隔离开关或具有可见分断点的断路器,以及按照本规范第 8.2.6 条要求装设控制装置。正、反向运转控制装置中的控制电器应采用接触器、继电器等自动控制电器，不得采用手动双向转换开关作为控制电器。电器规格可按本规范附录 C 选配。

9.2 起重机械

9.2.1 塔式起重机的电气设备应符合现行国家标准《塔式起重机安全规程》GB 5144 中的要求。

9.2.2 塔式起重机应按本规范第 5.4.7 条要求做重复接地和防雷接地。轨道式塔式起重机接地装置的设置应符合下列要求：

(1)轨道两端各设一组接地装置；

(2)轨道的接头处作电气连接，两条轨道端部做环形电气连接；

(3)较长轨道每隔不大于 30 m 加一组接地装置。

9.2.3 塔式起重机与外电线路的安全距离应符合本规范第 4.1.4 条要求。

9.2.4 轨道式塔式起重机的电缆不得拖地行走。

9.2.5 需要夜间工作的塔式起重机，应设置正对工作面的投光灯。

9.2.6 塔身高于 30 m 的塔式起重机，应在塔顶和臂架端部设红色信号灯。

9.2.7 在强电磁波源附近工作的塔式起重机，操作人员应戴绝缘手套和穿绝缘鞋，并应在吊钩与机体间采取绝缘隔离措施，或在吊钩吊装地面物体时，在吊钩上挂接临时接地装置。

9.2.8 外用电梯梯笼内、外均应安装紧急停止开关。

9.2.9 外用电梯和物料提升机的上、下极限位置应设置限位开关。

9.2.10 外用电梯和物料提升机在每日工作前必须对行程开关、限位开关、紧急停止开关、驱动机构和制动器等进行空载检查，正常后方可使用。检查时必须有防坠落措施。

9.3 桩工机械

9.3.1 潜水式钻孔机电机的密封性能应符合现行国家标准《外壳防护等级(IP 代码)》GB 4208 中的 IP68 级的规定。

9.3.2 潜水电机的负荷线应采用防水橡皮护套铜芯软电缆，长度不应小于 1.5 m，且不得承受外力。

9.3.3 潜水式钻孔机开关箱中的漏电保护器必须符合本规范第 8.2.10 条对潮湿场所选用漏电保护器的要求。

9.4 夯土机械

9.4.1 夯土机械开关箱中的漏电保护器必须符合本规范第 8.2.10 条对潮湿场所选用漏电保护器的要求。

9.4.2 夯土机械 PE 线的连接点不得少于 2 处。

9.4.3 夯土机械的负荷线应采用耐气候型橡皮护套铜芯软电缆。

9.4.4 使用夯土机械必须按规定穿戴绝缘用品，使用过程应有专人调整电缆，电缆长度不应大于 50 m。电缆严禁缠绕、扭结和被夯土机械跨越。

9.4.5 多台夯土机械并列工作时，其间距不得小于 5 m；前后工作时，其间距不得小于 10 m。

9.4.6 夯土机械的操作扶手必须绝缘。

9.5 焊接机械

9.5.1 电焊机械应放置在防雨、干燥和通风良好的地方。焊接现场不得有易燃、易爆物品。

9.5.2 交流弧焊机变压器的一次侧电源线长度不应大于5 m,其电源进线处必须设置防护罩。发电机式直流电焊机的换向器应经常检查和维护,应消除可能产生的异常电火花。

9.5.3 电焊机械开关箱中的漏电保护器必须符合本规范第8.2.10条的要求。交流电焊机械应配装防二次侧触电保护器。

9.5.4 电焊机械的二次线应采用防水橡皮护套铜芯软电缆,电缆长度不应大于30 m,不得采用金属构件或结构钢筋代替二次线的地线。

9.5.5 使用电焊机械焊接时必须穿戴防护用品。严禁露天冒雨从事电焊作业。

9.6 手持式电动工具

9.6.1 空气湿度小于75%的一般场所可选用Ⅰ类或Ⅱ类手持式电动工具,其金属外壳与PE线的连接点不得少于2处;除塑料外壳Ⅱ类工具外,相关开关箱中漏电保护器的额定漏电动作电流不应大于15 mA,额定漏电动作时间不应大于0.1 s,其负荷线插头应具备专用的保护触头。所用插座和插头在结构上应保持一致,避免导电触头和保护触头混用。

9.6.2 在潮湿场所或金属构架上操作时,必须选用Ⅱ类或由安全隔离变压器供电的Ⅲ类手持式电动工具。金属外壳Ⅱ类手持式电动工具使用时,必须符合本规范第9.6.1条要求;其开关箱和控制箱应设置在作业场所外面。在潮湿场所或金属构架上严禁使用Ⅰ类手持式电动工具。

9.6.3 狭窄场所必须选用由安全隔离变压器供电的Ⅲ类手持式电动工具,其开关箱和安全隔离变压器均应设置在狭窄场所外面,并连接PE线。漏电保护器的选择应符合本规范第8.2.10条使用于潮湿或有腐蚀介质场所漏电保护器的要求。操作过程中,应有人在外面监护。

9.6.4 手持式电动工具的负荷线应采用耐气候型的橡皮护套铜芯软电缆,并不得有接头。

9.6.5 手持式电动工具的外壳、手柄、插头、开关、负荷线等必须完好无损,使用前必须做绝缘检查和空载检查,在绝缘合格、空载运转正常后方可使用。绝缘电阻不应小于表9.6.5规定的数值。

表9.6.5 手持式电动工具绝缘电阻限值

测量部位	绝缘电阻(MΩ)		
	Ⅰ类	Ⅱ类	Ⅲ类
带电零件与外壳之间	2	7	1

注:绝缘电阻用500 V兆欧表测量。

9.6.6 使用手持式电动工具时,必须按规定穿、戴绝缘防护用品。

9.7 其他电动建筑机械

9.7.1 混凝土搅拌机、插入式振动器、平板振动器、地面抹光机、水磨石机、钢筋加工机械、木工机械、盾构机械、水泵等设备的漏电保护应符合本规范第8.2.10条要求。

9.7.2 混凝土搅拌机、插入式振动器、平板振动器、地面抹光机、水磨石机、钢筋加工机械、木工机械、盾构机械的负荷线必须采用耐气候型橡皮护套铜芯软电缆,并不得有任何破损和接头。

水泵的负荷线必须采用防水橡皮护套铜芯软电缆，严禁有任何破损和接头，并不得承受任何外力。

盾构机械的负荷线必须固定牢固，距地高度不得小于 2.5 m。

9.7.3 对混凝土搅拌机、钢筋加工机械、木工机械、盾构机械等设备进行清理、检查、维修时，必须首先将其开关箱分闸断电，呈现可见电源分断点，并关门上锁。

10 照 明

10.1 一般规定

10.1.1 在坑、洞、井内作业、夜间施工或厂房、道路、仓库、办公室、食堂、宿舍、料具堆放场及自然采光差等场所，应设一般照明、局部照明或混合照明。

在一个工作场所内，不得只设局部照明。

停电后，操作人员需及时撤离的施工现场，必须装设自备电源的应急照明。

10.1.2 现场照明应采用高光效、长寿命的照明光源。对需大面积照明的场所，应采用高压汞灯、高压钠灯或混光用的卤钨灯等。

10.1.3 照明器的选择必须按下列环境条件确定：

(1)正常湿度一般场所，选用开启式照明器；

(2)潮湿或特别潮湿场所，选用密闭型防水照明器或配有防水灯头的开启式照明器；

(3)含有大量尘埃但无爆炸和火灾危险的场所，选用防尘型照明器；

(4)有爆炸和火灾危险的场所，按危险场所等级选用防爆型照明器；

(5)存在较强振动的场所，选用防振型照明器；

(6)有酸碱等强腐蚀介质场所，选用耐酸碱型照明器。

10.1.4 照明器具和器材的质量应符合国家现行有关强制性标准的规定，不得使用绝缘老化或破损的器具和器材。

10.1.5 无自然采光的地下大空间施工场所，应编制单项照明用电方案。

10.2 照明供电

10.2.1 一般场所宜选用额定电压为 220 V 的照明器。

10.2.2 下列特殊场所应使用安全特低电压照明器：

(1)隧道、人防工程、高温、有导电灰尘、比较潮湿或灯具离地面高度低于 2.5 m 等场所的照明，电源电压不应大于 36 V；

(2)潮湿和易触及带电体场所的照明，电源电压不得大于 24 V；

(3)特别潮湿场所、导电良好的地面、锅炉或金属容器内的照明，电源电压不得大于 12 V。

10.2.3 使用行灯应符合下列要求：

(1)电源电压不大于 36 V；

(2)灯体与手柄应坚固、绝缘良好并耐热耐潮湿；

(3)灯头与灯体结合牢固，灯头无开关；

(4)灯泡外部有金属保护网；

(5)金属网、反光罩、悬吊挂钩固定在灯具的绝缘部位上。

10.2.4 远离电源的小面积工作场地、道路照明、警卫照明或额定电压为12~36 V照明的场所，其电压允许偏移值为额定电压值的-10%~5%；其余场所电压允许偏移值为额定电压值的±5%。

10.2.5 照明变压器必须使用双绕组型安全隔离变压器，严禁使用自耦变压器。

10.2.6 照明系统宜使三相负荷平衡，其中每一单相回路上，灯具和插座数量不宜超过25个，负荷电流不宜超过15 A。

10.2.7 携带式变压器的一次侧电源线应采用橡皮护套或塑料护套铜芯软电缆，中间不得有接头，长度不宜超过3 m，其中绿/黄双色线只可作PE线使用，电源插销应有保护触头。

10.2.8 工作零线截面应按下列规定选择：

(1)单相二线及二相二线线路中，零线截面与相线截面相同。

(2)三相四线制线路中，当照明器为白炽灯时，零线截面不小于相线截面的50%；当照明器为气体放电灯时，零线截面按最大负载相的电流选择。

(3)在逐相切断的三相照明电路中，零线截面与最大负载相相线截面相同。

10.2.9 室内、室外照明线路的敷设应符合本规范第7章要求。

10.3 照明装置

10.3.1 照明灯具的金属外壳必须与PE线相连接，照明开关箱内必须装设隔离开关、短路与过载保护电器和漏电保护器，并应符合本规范第8.2.5条和第8.2.6条的规定。

10.3.2 室外220 V灯具距地面不得低于3 m，室内220 V灯具距地面不得低于2.5 m。

普通灯具与易燃物距离不宜小于300 mm；聚光灯、碘钨灯等高热灯具与易燃物距离不宜小于500 mm，且不得直接照射易燃物。达不到规定安全距离时，应采取隔热措施。

10.3.3 路灯的每个灯具应单独装设熔断器保护。灯头线应做防水弯。

10.3.4 荧光灯管应采用管座固定或用吊链悬挂。荧光灯的镇流器不得安装在易燃的结构物上。

10.3.5 碘钨灯及钠、铊、铟等金属卤化物灯具的安装高度宜在3 m以上，灯线应固定在接线柱上，不得靠近灯具表面。

10.3.6 投光灯的底座应安装牢固，应按需要的光轴方向将枢轴拧紧固定。

10.3.7 螺口灯头及其接线应符合下列要求：

(1)灯头的绝缘外壳无损伤、无漏电；

(2)相线接在与中心触头相连的一端，零线接在与螺纹口相连的一端。

10.3.8 灯具内的接线必须牢固，灯具外的接线必须做可靠的防水绝缘包扎。

10.3.9 暂设工程的照明灯具宜采用拉线开关控制，开关安装位置宜符合下列要求：

(1)拉线开关距地面高度为2~3 m，与出入口的水平距离为0.15~0.2 m，拉线的出口向下；

(2)其他开关距地面高度为1.3 m，与出入口的水平距离为0.15~0.2 m。

10.3.10 灯具的相线必须经开关控制，不得将相线直接引入灯具。

10.3.11 对夜间影响飞机或车辆通行的在建工程及机械设备，必须设置醒目的红色信号灯，其电源应设在施工现场总电源开关的前侧，并应设置外电线路停止供电时的应急自备电源。

附录A 全国年平均雷暴日数

表A 全国主要城镇年平均雷暴日数

序号	地名	雷暴日数(d/a)	序号	地名	雷暴日数(d/a)
1	北京市	35.6		杭锦后旗	24.1
2	天津市	28.2		集宁市	43.3
3	河北省		6	辽宁省	
	石家庄市	31.5		沈阳市	27.1
	唐山市	32.7		大连市	19.2
	邢台市	30.2		鞍山市	26.9
	保定市	30.7		本溪市	33.7
	张家口市	40.3		丹东市	26.9
	承德市	43.7		锦州市	28.8
	秦皇岛市	34.7		营口市	28.2
	沧州市	31.0		阜新市	28.6
4	山西省		7	吉林省	
	太原市	36.4		长春市	36.6
	大同市	42.3		吉林市	40.5
	阳泉市	40.0		四平市	33.7
	长治市	33.7		通化市	36.7
	临汾市	32.0		图们市	23.8
5	内蒙古自治区			白城市	30.0
	呼和浩特市	37.5		天池	29.0
	包头市	34.7	8	黑龙江省	
	乌海市	16.6		哈尔滨市	30.9
	赤峰市	32.4		齐齐哈尔市	27.7
	二连浩特市	22.9		双鸭山市	29.8
	海拉尔市	30.1		大庆市(安达)	31.9
	东乌珠穆沁旗	32.4		牡丹江市	27.5
	锡林浩特市	32.1		佳木斯市	32.2
	通辽市	27.9		伊春市	35.4
	东胜市	34.8		绥芬河市	27.5

续表 A

序号	地名	雷暴日数(d/a)	序号	地名	雷暴日数(d/a)
	嫩江市	31.8		厦门市	47.4
	漠河乡	36.6		莆田市	43.2
	黑河市	31.2		三明市	67.5
	嘉荫县	32.9		龙岩市	74.1
	铁力县	36.5		宁德市	55.8
9	上海市	30.1		建阳县	65.3
10	江苏省		14	江西省	
	南京市	35.1		南昌市	58.5
	连云港市	29.6		景德镇市	59.2
	徐州市	29.4		龙江市	45.7
	常州市	35.7		新余市	59.4
	南通市	35.6		鹰潭市	70.0
	淮阴市	37.8		赣州市	67.2
	扬州市	34.7		广昌县	70.7
	盐城市	34.0	15	山东省	
	苏州市	28.1		济南市	26.3
	泰州市	37.1		青岛市	23.1
11	浙江省			淄博市	31.5
	杭州市	40.0		枣庄市	32.7
	宁波市	40.0		东营市	32.2
	温州市	51.0		潍坊市	28.4
	衢州市	57.6		烟台市	23.2
12	安徽省			济宁市	29.1
	合肥市	30.1		日照市	29.1
	芜湖市	34.6	16	河南省	
	蚌埠市	31.4		郑州市	22.6
	安庆市	44.3		开封市	22.0
	铜陵市	41.1		洛阳市	24.8
	屯溪市	60.8		平顶山市	22.0
	阜阳市	31.9		焦作市	26.4
13	福建省			安阳市	28.6
	福州市	57.6		濮阳市	28.0

续表 A

序号	地名	雷暴日数(d/a)	序号	地名	雷暴日数(d/a)
	信阳市	28.7		珠海市	64.2
	南阳市	29.0		韶关市	78.6
	商丘市	26.9		梅县市	80.4
	三门峡市	24.3	20	广西壮族自治区	
17	湖北省			南宁市	91.8
	武汉市	37.8		柳州市	67.3
	黄石市	50.4		桂林市	78.2
	十堰市	18.7		梧州市	93.5
	荆州市	38.9		北海市	83.1
	宜昌市	44.6		百色市	76.9
	襄樊市	28.1		凭祥市	83.4
	恩施市	49.7	21	重庆市	36.0
18	湖南省		22	四川省	
	长沙市	49.5		成都市	35.1
	株洲市	50.0		自贡市	37.6
	衡阳市	55.1		渡口市	66.3
	邵阳市	57.0		泸州市	39.1
	岳阳市	42.4		乐山市	42.9
	大庸市	48.3		绵阳市	34.9
	益阳市	47.3		达州市	37.4
	永州市(零陵)	64.9		西昌市	73.2
	怀化市	49.9		甘孜县	80.7
	郴州市	61.5		酉阳土家族自治县苗族自治区	52.6
	常德市	49.7			
19	广东省		23	贵州市	
	广州市	81.3		贵阳市	51.8
	汕头市	52.6		六盘水市	68.0
	湛江市	94.6		遵义市	53.3
	茂名市	94.4	24	云南省	
	深圳市	73.9		昆明市	66.6

续表 A

序号	地名	雷暴日数(d/a)	序号	地名	雷暴日数(d/a)
	东川市	52.4		西宁市	32.9
	个旧市	50.2		格尔木市	2.3
	大理市	49.8		德令哈市	19.8
	景洪县	120.8		化隆回族自治区	50.1
	昭通县	56.0		茶卡	27.2
	丽江纳西族自治县	75.6	29	宁夏回族自治区	
25	西藏自治区			银川市	19.7
	拉萨市	73.2		石嘴山市	24.0
	日喀则县	78.8		固原县	31.0
	昌都县	57.1	30	新疆维吾尔自治区	
	林芝县	31.9		乌鲁木齐市	9.3
	那曲县	85.2		克拉玛依市	31.3
26	陕西市			石河子市	17.0
	西安市	17.3		伊宁市	27.2
	宝鸡市	19.7		哈密市	6.9
	铜川市	30.4		库尔勒市	21.6
	渭南市	22.1		喀什市	20.0
	汉中市	31.4		奎屯市	21.0
	榆林县	29.9		吐鲁番市	9.9
	安康县	32.3		且末县	6.0
27	甘肃省			和田市	3.2
	兰州市	23.6		阿克苏市	33.1
	金昌市	19.6		阿勒泰市	21.6
	白银市	24.2	31	海南省	
	天水市	16.3		海口市	114.4
	酒泉市	12.9	32	台湾省	
	敦煌市	5.1		台北市	27.9
	靖远县	23.9	33	香港	34.0
	窑街	30.2	34	澳门	
28	青海省				

注：a 表示年，d 表示日。

附录B 滚球法

B.0.1 按照滚球法,单支避雷针(接闪器)的保护范围应按下列方法确定:

(1)当避雷针高度(h)小于或等于滚球半径(h_r)时(图B.0.1-1),避雷针在被保护物高度的XX'平面上的保护半径和在地面上的保护半径可按下列公式确定:

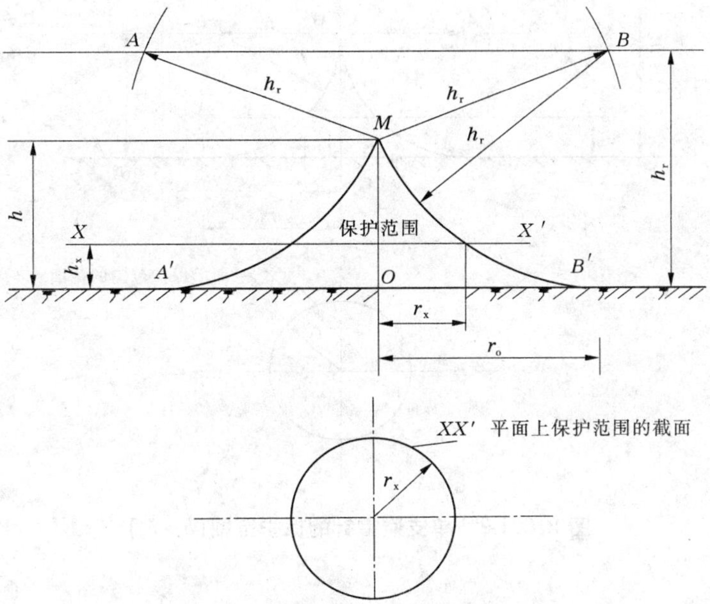

图B.0.1-1 单支避雷针的保护范围($h \leqslant h_r$)

$$r_x = \sqrt{h(2h_r - h)} - \sqrt{h_x(2h_r - h_x)} \quad \text{(B.0.1-1)}$$

$$r_o = \sqrt{h(2h_r - h)} \quad \text{(B.0.1-2)}$$

式中 h——避雷针高度,m;

h_x——被保护物高度,m;

r_x——在被保护物高度的XX'平面上的保护半径,m;

r_o——在地面上的保护半径,m;

h_r——滚球半径,m。

在现行国家标准《建筑物防雷设计规范》GB 50057中,对于第一、二、三类防雷建筑物的滚球半径分别确定为30 m、45 m、60 m。对一般施工现场,在年平均雷暴日大于15 d/a的地区,高度在15 m及以上的高耸建筑物和高大建筑机械;或在年平均雷暴日小于或等于15 d/a的地区,高度在20 m及以上的高耸建构筑物和高大建筑机械,可参照第三类防雷建筑物。

(2)当避雷针高度(h)大于滚球半径(h_r)时(图B.0.1-2),避雷针在被保护物高度的XX'平面上的保护半径和在地面上的保护半径可按下列公式确定:

$$r_x = h_r - \sqrt{h_x(2h_r - h_x)} \quad \text{(B.0.1-3)}$$

$$r_o = h_r \quad \text{(B.0.1-4)}$$

B.0.2 按照滚球法,单根避雷线(接闪器)的保护范围应按下列方法确定:

当避雷线的高度大于或等于2倍滚球半径时，无保护范围；当避雷线的高度小于2倍滚球半径时（图B.0.2），滚球半径的2倍圆弧线（柱面）与地面之间的空间即是保护范围。

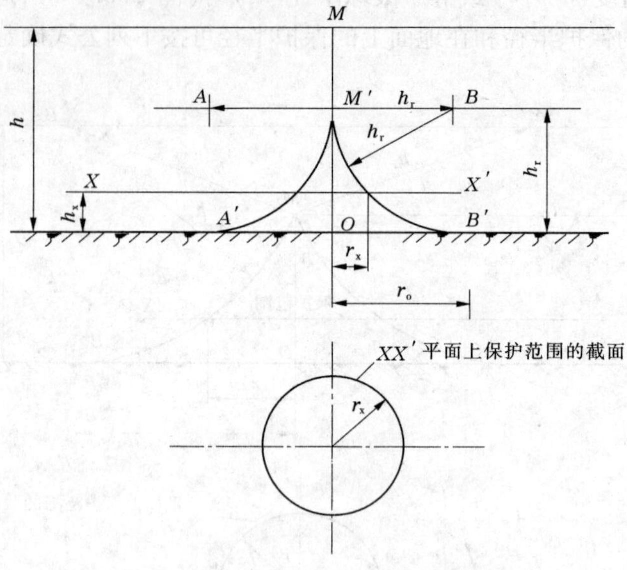

图B.0.1-2　单支避雷针的保护范围（$h>h_r$）

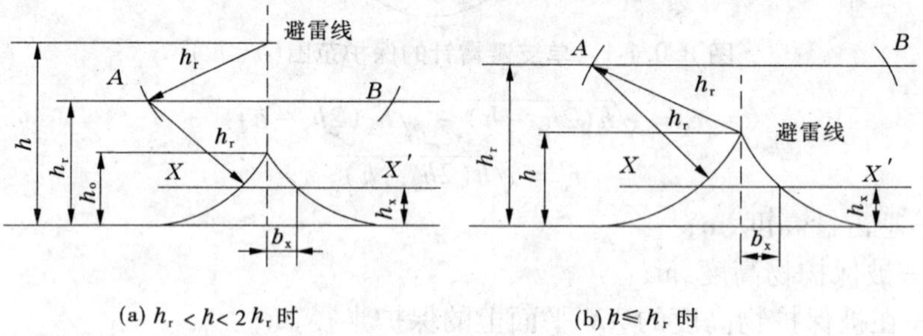

图B.0.2　单根架空避雷线的保护范围

当$h_r<h<2h_r$时，保护范围最高点的高度h_o可按下式计算：

$$h_o = 2h_r - h \qquad (B.0.2\text{-}1)$$

当$h\leqslant h_r$时，保护范围最高点的高度即为h：

$$h_o = h \qquad (B.0.2\text{-}2)$$

避雷线在h_x高度的XX'平面上的保护宽度b_x可按下式计算：

$$b_x = \sqrt{h(2h_r - h)} - \sqrt{h_x(2h_r - h_x)} \qquad (B.0.2\text{-}3)$$

避雷线两端的保护范围按单支避雷针的方法确定。

多支避雷针和多根避雷线的保护范围可按现行国家标准《建筑物防雷设计规范》GB 50057规定执行。

附录C 电动机负荷线和电器选配

表C 电动机负荷线和电器选配

电动机				熔断器				启动器		接触器			漏电保护器		负荷线	
型号	功率(kW)	额定电流	启动电流	RL1	RM10	RT10	RC1A	QC20	MSJB MSBB	B	CJX	LC1-D	DZ15L	DZ20L	通用橡套软电缆主芯线截面(mm^2)	铜芯绝缘线芯线截面(mm^2)
Y		(A)	(A)	熔断器规格(A)				额定电流(A)		额定电流(A)			脱扣器额定电流(A)		环境35 ℃	环境30 ℃
1	2	3	4	5	6	7	8	9	10	11	12	13	14	15	16	17
801-4	0.55	1.6	10	15/4	15/6	20/6	10/4	16	8.5	8.5	9	9	6	16	2.5	1.5
801-2	0.75	1.8	13	15/5			10/6									
802-4		2.0	14													
90S-6		2.3	14													
802-2	1.1	2.5	18	15/6		20/10										
90S-4		2.7	18													
90L-6		3.2	19	15/10												
90S-2	1.5	3.4	24		15/10	20/15	10/10									
90L-4		3.7	24													
100L-6		4.0	24													
90L-2	2.2	4.8	33	15/15	15/15											
100L1-4		5.0	35	60/20		20/20										
112M-6		5.6	34	15/15												
132S-8		5.8	32													
100L-2	3.0	6.4	45	60/20	60/20	20/20	15/15						10			
100L2-4		6.8	48			30/25										
132S-6		7.2	47													
132ML-8		7.7	43													
112M-2	4.0	8.2	57	60/30	60/25		30/20									
112M-4		8.8	62													
132M1-6		9.4	61										16			
160M1-8		9.9	59													

续表 C

电动机				熔断器				启动器		接触器			漏电保护器		负荷线	
型号	功率（kW）	额定电流	启动电流	RL1	RM10	RT10	RC1A	QC20	MSJB MSBB	B	CJX	LC1-D	DZ15L	DZ20L	通用橡套软电缆主芯线截面（mm^2）	铜芯绝缘线芯线截面（mm^2）
Y		（A）	（A）	熔断器规格（A）				额定电流（A）		额定电流（A）			脱扣器额定电流（A）		环境 35 ℃	环境 30 ℃
1	2	3	4	5	6	7	8	9	10	11	12	13	14	15	16	17
132S1-2	5.5	11	78	60/35	60/35	30/30	30/25	16	11.5	11.5（B12）	12	12	16	16	2.5	1.5
132S-4		12	81													
132M2-6		13	82													
160M2-8		13	80													
132S2-2	7.5	15	105	60/50	60/45	60/40	60/40		15.5	15（B16）	16	16	20	20		
132M-4		15	108													
160M-6		17	111													
100L-8		18	97	60/40												
160M1-2	11	22	153	100/80	60/45	60/50	60/50	32	22	22（B25）	22（CJ×1） 25（CJ×1）	25	25	32	4.0	
160M-4		23	158													
160L-6		25	160										32			
180L-8		25	151													
160L2-2	15	29	206		100/80	60/60	60/60		30	30（B30）	32（CJ×1）	32			6.0	2.5
160L-4		30	212													
180L-6		32	205										40	40		4.0
200L-8		34	205													
160L-2	18.5	36	249			100/80	100/80	63	37	37（B37）		40			10.0	
180M-4		36	251													
200L1-6		38	245										50	50		
225S-8		41	248													
180M-2	22	42	295	100/100			100/100		45	45（B45）		50				6.0
180M-4		43	298													
200L2-6		45	290													
225M-8		48	286													
200L1-2	30	57	398	200/125	200/125	100/100	200/120		65	65（B65）		63	63	63	16.0	10.0
200L-4		57	398													
225M-6		60	387													
250M-8		63	378													

续表 C

电动机				熔断器				启动器		接触器			漏电保护器		负荷线	
型号	功率(kW)	额定电流	启动电流	RL1	RM10	RT10	RC1A	QC20	MSJB MSBB	B	CJX	LC1-D	DZ15L	DZ20L	通用橡套软电缆主芯线截面(mm^2)	铁芯绝缘线铜线截面(mm^2)
Y		(A)	(A)	熔断器规格(A)				额定电流(A)		额定电流(A)			脱扣器额定电流(A)		环境 35 ℃	环境 30 ℃
1	2	3	4	5	6	7	8	9	10	11	12	13	14	15	16	17
2202L-2	37	70	489	200/150	200/160		200/150	80	85	85 (B85)		80	80	80	16	10
225S-4		70	489													
250M-6		72	468												25	
280S-8		79	472													
225M-2	45	84	587	200/200			200/200					95	100	100		16
225M-4		84	589													
280S-6		85	555							105 (B105)						
280M-8		93	559													
315M-10		98	637		200/200											
250M-2	55	103	719						105		115 (CJ×4)			125	35	
250M-4		103	718													
280M-6		105	682							170 (B170)						
315S-8		109	709													25
315M2-10		120	780								185 (CJ×2)					
280S-2	75	140	981		350/225				170					160	50	35
280S-4		140	978													
315S-6		142	923													
315M1-8		148	962													
315M3-10		160	1 040		350/260									180	70	

注:1. 熔体的额定电流是按电动机轻载启动计算的;

2. 接触器的约(额)定发热电流均大于其额定(工作)电流,因而表中所选接触器均有一定承受过载能力;

3. MSJB、MSBB 系列磁力启动器采用 B 系列接触器和 T 系列热继电器,表中所列数据为启动器额定(工作)电流,均小于其配套接触器的约(额)定发热电流,因而表中所选接触器均有一定承受过载能力。类拟地,QC20 系列磁力启动器也有一定承受过载能力;

4. 漏电保护器的脱扣器额定电流系指其长延时动作电流整定值;

5. 负荷线选配按空气中明敷设条件考虑,其中电缆为三芯及以上电缆。

本规范用词说明

1　为便于在执行本规范条文时区别对待，对要求严格程度不同的用词说明如下：

1）表示很严格，非这样做不可的：

正面词采用“必须”；

反面词采用“严禁”；

2）表示严格，在正常情况下均应这样做的：

正面词采用“应”；

反面词采用“不应”或“不得”；

3）表示允许稍有选择，在条件许可时首先应这样做的：

正面词采用“宜”；

反面词采用“不宜”；

表示有选择，在一定条件下可以这样做的，采用“可”。

2　条文中指定应按其他有关标准执行的，写法为“应按……执行”或“应符合……规定（要求）”。

条文说明

1　总　则

1.0.3　本条综合规定了在本规范适用范围内的用电系统中所完整体现的三项基本安全技术原则，它们是建造施工现场用电工程的主要安全技术依据；也是保障用电安全，防止触电和电气火灾事故的主要技术措施。

3　临时用电管理

3.1　临时用电组织设计

3.1.1　触电及电气火灾事故的几率与用电设备数量、种类、分布和计算负荷大小有关，对于用电设备数量较多（5 台及以上）、用电设备总容量较大（50 kW 及以上）的施工现场，为规范临时用电工程、加强用电管理、实现安全用电，本条依照施工现场临时用电实际，按照现行行业标准《电力建设安全工作规程（变电所部分）》DL 5009.3，规定做好用电组织设计，用以指导建造用电工程，保障用电安全可靠。

3.1.2　本条确定了临时用电组织设计的内容，包含应当完成的工作，具有普遍适用性。其中，负荷计算的依据是用电设备的容量、类别、分组、运行规律等，可采用需要系数法；绘制配电装置布置图只是针对配电室装设成列配电柜的规定；安全用电措施和电气防火措施均包含技术和管理两个方面的措施。

3.1.3　临时用电组织设计是一个单独的专业技术文件，为保障其对临时用电工程和施工现场用电安全的指导作用，其相关图纸需要单独绘制，不允许与其他专业施工组织设计混在一起。

3.1.4、3.1.5 为加强管理,明确职责,这2条按照现行国家标准《用电安全导则》GB/T 13869和现行行业标准《电力建设安全工作规程(变电所部分)》DL 5009.3,结合施工现场用电实际,规定用电组织设计及其变更的编制、审核、批准程序。其中,临时用电组织设计的相关审核部门是指相关安全、技术、设备、施工、材料、监理等部门。

3.1.6 对符合规定的较小规模施工现场,可不编制用电组织设计,但仍要求编制安全用电措施和电气防火措施,并且与临时用电组织设计一样,严格履行相同的编制、审核、批准程序。

3.2 电工及用电人员

3.2.1 本条是根据现行国家标准《用电安全导则》GB/T 13869的规定,禁止非电工人员从事电工工作。

3.2.2 本条根据现行国家标准《用电安全导则》GB/T 13869的规定,结合施工现场作业特点,对各类用电人员的用电工作技能、防护技能,以及教育、培训、技术交底等工作作出明确规定。本条中的用电人员是指直接操作用电设备进行施工作业的人员。

3.2.3 本条明确规定电工和用电人员在经过教育培训后持证上岗。电气设备是指发电、变电、输电、配电或用电的任何设施或产品,诸如电机、变压器、电器、电气测量仪表、保护电器、布线系统和电气用具等,也泛指上述设备及其机械连载体或机械结构体,如各种电动机械、电动工具、灯具、电焊机等。其中,电动机、电焊机、灯具、电动机械、电动工具等将电能转化为其他形式非电能量的电气设备又称为用电设备。

3.3 安全技术档案

3.3.1 本条规定的8项安全技术档案中,电气设备的试、检验凭单和调试记录应由设备生产者提供,或由专业维修者提供。

3.3.3、3.3.4 这2条是关于施工现场临时用电工程检查制度及其执行程序的规定。其执行周期最长可为:施工现场每月一次;基层公司每季一次。

4 外电线路及电气设备防护

4.1 外电线路防护

4.1.1 本条是根据现行国家标准《电击防护 装置和设备的通用部分》GB/T 17054以及国际电工委员会标准《电击防护 装置和设备的通用部分》IEC 1140:1992关于电气隔离防护原则,对施工现场施工人员可能发生直接接触触电的特殊隔离防护规定。

4.1.2 本条规定是按照现行国家标准《建筑物的电气装置 电击防护》GB 14821.1关于直接接触防护的原则及现行国家标准《66 kV及以下架空电力线路设计规范》GB 50061和现行行业标准《电业安全工作规程》DL 409规定,结合施工现场在建工程搭设外脚手架及施工人员作业等因素,为防止人体直接或通过金属器材间接接触或接近外电架空线路,作出的最小安全操作距离规定。本条规定较现行行业标准《电业安全工作规程(电力线路部分)》要求偏高,一方面为了保障施工作业安全;另一方面,当不满足规定要求时,为搭设防护设施提供空间。

4.1.3 本条是按照现行国家标准《66 kV及以下架空电力线路设计规范》GB 50061,考虑到施工现场车辆运输物料等因素而作出的防止人体直接或间接接近外电架空线路的最小安全距离规定。

4.1.4 本条是按照现行国家标准《塔式起重机安全规程》GB 5144 和现行行业标准《电力建设安全工作规程(架空电力线路部分)》DL 5009.2,考虑到起重机吊装作业被吊物摆幅等因素而作出的防止起重机(包括吊臂、吊绳)及其吊装物接近外电架空线路和吊装落物损伤外电架空线路的规定。

4.1.6 本条防护设施符合现行国家标准《建筑物的电气装置电击防护》GB 14821.1 以及等效采用的国际电工委员会标准《建筑物的电气装置 安全防护 电击防护》IEC 364—4—41:1992 直接接触防护措施中用遮栏、外护物防护和用阻挡物防护的规定。防护设施宜采用木、竹或其他绝缘材料搭设,不宜采用钢管等金属材料搭设。防护设施的警告标志必须昼、夜均醒目可见。防护设施与外电线路之间的最小安全距离为按照现行行业标准《电力建设安全工作规程(架空电力线路部分)》DL 5009.2 关于高处作业与带电体的最小安全距离所作的规定。防护设施坚固、稳定是指所架设的防护设施能承受施工过程中人体、工具、器材落物的意外撞击,而保持其防护功能。IP31 级的规定是指防护设施的缝隙,能防止 $\phi 2.5$ mm 固体异物穿越。

4.1.7 本条指明达不到第 4.1.6 条防护要求时的进一步措施,强调在无任何措施的情况下不允许强行施工。

4.2 电气设备防护

4.2.1 本条符合现行国家标准《用电安全导则》GB/T 13869、《爆炸和火灾危险环境电力装置设计规范》GB 50058 和《外壳防护等级(IP 代码)》GB 4208 的规定,并适应施工现场作业环境条件。对易燃易爆物的防护,所规定的防护处置和防护等级是指电气设备的防护结构和措施与危险类别和区域范围相适应;对污源及腐蚀介质的防护,所规定的防护处置和防护等级是指在原已存在污源和腐蚀介质的环境中,电气设备应具备与环境条件相适应的防护结构或措施。

4.2.2 本条是针对施工现场电气设备露天设置及各工种交叉作业实际,为防止电气设备因机械损伤而引发电气事故所作的规定。

5 接地与防雷

5.1 一般规定

5.1.1、5.1.2 这 2 条按照现行国家标准《系统接地的型式及安全技术要求》GB 14050,结合施工现场实际,规定了适合于施工现场临时用电工程系统接地的基本型式,强调采用 TN－S 接零保护系统,禁止采用 TN－C 系统,明确规定 TN－S 系统的形成方式和方法,防止 TN 与 TT 系统混用的潜在危害。中性点是指三相电源作 Y 连接时的公共连接端。中性线是指由中性点引出的导线。工作零线是指中性点接地时,由中性点引出,并作为电源线的导线,工作时提供电流通路。保护零线是指中性点接地时,由中性点或中性线引出,不作为电源线,仅用作连接电气设备外露可导电部分的导线,工作时仅提供漏电电流通路。

5.1.3 本条是保证 TN－S 系统不被改变的补充规定,符合现行国家标准《系统接地的型式及安全技术要求》GB 14050。

5.1.4　本条符合现行国家标准《系统接地的型式及安全技术要求》GB 14050 规定。

5.1.5　本条符合现行国家标准《隔离变压器和安全隔离变压器技术要求》GB 13028,该标准系等效采用国际电工委员会标准《隔离变压器和安全隔离变压器要求》IEC 742(1983),以及符合现行国家标准《系统接地的型式及安全技术要求》GB 14050 的规定。

5.1.6　本条符合现行国家标准《用电安全导则》GB/T 13869 规定。相线是由三相电源(发电机或变压器)的三个独立电源端引出的三条电源线(用 L_1、L_2、L_3 或 A、B、C 表示),又称端线,俗称火线。

5.1.7　本条是按照现行行业标准《民用建筑电气设计规范》JGJ/T 16,并且保证接地电阻在一年四季中均能符合要求的规定。在表 5.1.7 中,凡埋深大于 2.5 m 的接地体都称为"深埋接地体"。

5.1.8、5.1.9　这 2 条符合现行国家标准《系统接地的型式及安全技术要求》GB. 14050、《建筑物电气装置第 5 部分:电气设备的选择和安装第 54 章:接地装置和保护导体》GB 16895.3(即国际电工委员会标准 IEC 364—5—54:1980)和现行行业标准《民用建筑电气设计规范》JGJ/T 16 的规定。

5.1.10　本条符合现行国家标准《系统接地的型式及安全技术要求》GB 14050、《10 kV 及以下变电所设计规范》GB 50053 和现行国家标准《导体的颜色或数字标识》GB 7947(即国际电工委员会标准 IEC 446. 1989),以及现行国家标准《建筑电气工程施工质量验收规范》GB 50303 规定。

5.2　保护接零

5.2.1　本条符合现行国家标准《系统接地的型式及安全技术要求》GB 14050 及《电气装置安装工程　接地装置施工及验收规范》GB 50169 关于电气设备接零保护的规定。

5.2.2　本条符合现行国家标准《电击防护　装置和设备的通用部分》GB 17045(即国际电工委员会标准 IEE 446. 1992)和现行国家标准《建筑物的电气装置　电击防护》(GB 14821.1 及该标准等效采用的国际电工委员会标准《建筑物电气装置　安全防护　电击防护》IEC 364—4—41:1992 规定。

5.2.3　本条符合现行国家标准《电气装置安装工程　接地装置施工及验收规范》GB 50169 规定。

5.3　接地与接地电阻

5.3.1　本条符合现行行业标准《民用建筑电气设计规范》JGJ/T 16 规定。

5.3.2　本条是根据现行国家标准《系统接地的型式及安全技术要求》GB 14050 规定的原则,对 TN 系统保护零线接地要求作出的规定。其中对 TN 系统保护零线重复接地、接地电阻值的规定是考虑到一旦 PE 线在某处断线,而其后的电气设备相导体与保护导体(或设备外露可导电部分)又发生短路或漏电时,降低保护导体对地电压并保证系统所设的保护电器可在规定时间内切断电源,符合下列二式关系:

$$Z_s \cdot I_a \leqslant U_0$$

$$Z_s \cdot I_{\Delta n} \leqslant U_0$$

式中　Z_s——故障回路的阻抗,Ω;

I_a——短路保护电器的短路整定电流,A;

$I_{\Delta n}$——漏电保护器的额定漏电动作电流,A;

U_0——故障回路电源电压,V。

5.3.3 本条是保证 TN-S 系统不被改变的又一补充规定。

5.3.4 本条依据现行国家标准《建筑物电气装置第 5 部分:电气设备的选择和安装 第 54 章:接地配置和保护导体》GB 16895.3(即国际电工委员会标准 IEC 364—5—54:1980)要求,按照现行行业标准《民用建筑电气设计规范》JGJ/T 16 而作的规定。其中,用作人工接地体材料的最小规格尺寸为:角钢板厚不小于 4 mm,钢管壁厚不小于 3.5 mm,圆钢直径不小于 4 mm;不得采用螺纹钢的规定主要是因其难于与土壤紧密接触、接地电阻不稳定之故。

5.3.5、5.3.6 这 2 条是按照现行行业标准《民用建筑电气设计规范》JGJ/T 16,考虑到发电机主要是作为外电线路停止供电时的接续供电电源使用的规定。

5.3.7 本条符合现行国家标准《防止静电事故通用导则》GB 12158 关于静电防护措施的规定。

5.4 防雷

5.4.1 本条符合现行行业标准《民用建筑电气设计规范》JGJ/T 16 关于不设避雷器防雷装置时,为防止雷电波沿架空线侵入配电装置的规定。

5.4.2~5.4.5 这 4 条按照现行国家标准《建筑物防雷设计规范》GB 50057 和《塔式起重机安全规程》GB 5144,结合全国各地年平均雷暴日数分布规律和施工现场机械设备高度,综合规定施工现场防直击雷装置的设置和要求。相邻建筑物、构筑物等设施的防雷装置接闪器的保护范围是指按滚球法确定的保护范围。

所谓滚球法是指选择一个其半径 h_r,由防雷类别确定的一个可以滚动的球体,沿需要防直击雷的部位滚动,当球体只触及接闪器(包括被利用作为接闪器的金属物),或只触及接闪器和地面(包括与大地接触并能承受雷击的金属物),而不触及需要保护的部位时,则该未被触及部分就得到接闪器的保护。单支避雷针(接闪器)的保护范围如图 B.0.1和图 B.0.2 所示,保护范围分别是圆弧曲线 MA'、MB'与地面之间和圆弧曲线 $M'A'$、$M'B'$与地面之间的一个对称锥体。

机械设备的动力、控制、照明、信号及通信线路采用钢管敷设,并与设备金属结构体做电气连接是基于通过屏蔽和等电位连接防止雷电侧击的危害。

5.4.6 本条符合现行国家标准《建筑物防雷设计规范》GB 50057 确定防雷冲击接地电阻值的一般要求。

5.4.7 本条符合现行国家标准《建筑物防雷设计规范》GB 50057 规定的原则,其中综合接地电阻值满足现行国家标准《塔式起重机安全规程》GB 5144 关于起重机接地电阻不大于 4 Ω 的要求。

6 配电室及自备电源

6.1 配电室

6.1.1 本条符合现行国家标准《低压配电设计规范》GB 50054 的规定。

6.1.2 本条符合现行国家标准《10 kV 及以上变电所设计规范》GB 50053 的规定。

6.1.3 本条符合现行国家标准《10 kV 及以下变电所设计规范》GB 50053 对配电室建筑的要求。

6.1.4 本条符合现行国家标准《10 kV 及以下变电所设计规范》GB 50053 和《低压配电设计规范》GB 50054 的规定。

6.1.5 本条是按照现行国家标准《电力装置的电测量仪表装置设计规范》GBJ 63 的规定。

6.1.6 本条是按照现行国家标准《低压配电设计规范》GB 50054，结合施工现场对电源线路实施可靠控制和保护，以及设置漏电保护系统之规定。

6.1.7～6.1.9 这 3 条是为保障施工现场用电工程使用、停电维修，以及停、送电操作过程安全、可靠而作的技术性管理规定。

6.2 230/400 V 自备发电机组

6.2.1～6.2.3 这 3 条符合现行行业标准《民用建筑电气设计规范》JGJ/T 16 的规定。

6.2.4 本条规定与第 5.1.1 条相适应。

6.2.5 本条符合现行国家标准《电力装置的电测量仪表装置设计规范》GBJ 63 的规定。

6.2.6 本条符合现行行业标准《民用建筑电气设计规范》JGJ T/16 的一般要求，补充强调适应施工用电工程电源隔离和短路、过载、漏电保护的需要。

6.2.7 本条符合现行国家标准《建设工程施工现场供用电安全规范》GB 50194 关于并列发电机设置同期装置和发电机并列运行条件的要求。

7 配电线路

7.1 架空线路

7.1.1 本条符合现行国家标准《66 kV 及以下架空电力线路设计规范》GB 50061 的规定。

7.1.2 本条符合现行国家标准《66 kV 及以下架空电力线路设计规范》GB 50061 和《建设工程施工现场供用电安全规范》GB 50194 的规定，结合施工现场实际，强调架空线路要设置专用电杆。

7.1.3 本条按现行国家标准《低压配电设计规范》GB 50054，结合施工现场用电工程的特点，对架空线路导线截面选择条件和截面最小限值作出了规定。

7.1.4 本条符合现行国家标准《66 kV 及以下架空电力线路设计规范》GB 50061 和《建设工程施工现场供用电安全规范》GB 50194 关于限制架空线路导线接头数的规定，目的是防止断线和断线引起的电杆倾倒、断线落地，以及电接触不良影响供电安全可靠性。

7.1.5 本条符合现行行业标准《民用建筑电气设计规范》JGJ/T 16 关于低压架空线相序排列的规定，考虑到 TN－S 系统的应用，补充了 PE 线架设位置的统一规定。

7.1.6～7.1.8 这 3 条符合现行国家标准《60 kV 及以下架空电力线路设计规范》GB 50061 的一般规定，结合施工现场临时用电工程特点，明确规定了架空线路横担材质和尺寸限值。

7.1.9 本条符合现行国家标准《66 kV 及以下架空电力线路设计规范》GB 50061 的一般

规定，考虑到施工现场环境条件较差，个别项略高于该规范要求。

7.1.10、7.1.11　这 2 条符合现行国家标准《建设工程施工现场供用电安全规范》GB 50194 的规定。

7.1.12　本条符合现行行业标准《民用建筑电气设计规范》JGJ/T 16 的规定。

7.1.13　本条符合现行国家标准《66 kV 及以下架空电力线路设计规范》GB 50061 的规定。

7.1.14、7.1.15　这 2 条符合现行国家标准《建设工程施工现场供用电安全规范》GB 50194 和现行行业标准《民用建筑电气设计规范》JGJ/T 16 的规定。

7.1.16　本条符合现行行业标准《民用建筑电气设计规范》JGJ/T 16 相关规定，考虑到施工现场强电、弱电线路同杆架设实际，补充规定了架空接户线与广播、电话线交叉敷设的间距。

7.1.17、7.1.18　这 2 条符合现行国家标准《低压配电设计规范》GB 50054 和现行行业标准《民用建筑电气设计规范》JGJ/T 16 原则规定，对被保护配电线路略增加安全裕度。

7.2　电缆线路

7.2.1　本条符合现行国家标准《电力工程电缆设计规范》GB 50217 及现行国家标准《额定电压450/750 V 及以下聚氯乙烯绝缘电缆　第 1 部分：一般要求》GB 5023.1（即国际电工委员会标准 IEC 227—1：1993Amendment №. 1 1995）和现行国家标准《额定电压 450/750 V 及以下橡皮绝缘电缆　第 1 部分：一般要求》GB 5013.1（即国际电工委员会标准 IEC 245—1：1994）关于电缆芯线的规定。

7.2.2～7.2.4　这 3 条符合现行国家标准《电力工程电缆设计规范》GB 50217 的规定。

7.2.5～7.2.8　这 4 条符合现行国家标准《电力工程电缆设计规范》GB 50217 和现行行业标准《民用建筑电气设计规范》JGJ/T 16 的规定。其中，埋地电缆与附近外电电缆及管沟间距要求略高是考虑其敷设安全性。另外，适应施工现场实际需要，便于对电缆接头进行检查、维护，强调电缆接头设于地上专用接线盒内。

7.2.9、7.2.10　这 2 条是按照现行国家标准《电力工程电缆设计规范》GB 50217、《低压配电设计规范》GB 50054、《建设工程施工现场供用电安全规范》GB 50194，以及现行行业标准《民用建筑电气设计规范》JGJ/T 16，适应施工现场实际条件并保护电缆线路安全、可靠运行的规定。其中，架空电缆严禁沿脚手架敷设，严禁穿越脚手架的规定，是为了防止电缆因机械损伤而导致脚手架带电。装饰装修阶段电源线沿墙角地面敷设的防机械损伤和电火措施是指采用穿阻燃绝缘管或线槽等遮护的方法。

7.3　室内配线

7.3.1～7.3.3　这 3 条符合现行国家标准《低压配电设计规范》GB 50054 和现行行业标准《民用建筑电气设计规范》JGJ/T 16 的规定。这里所说的“室内”是指施工现场所有办公、生产、生活等暂设设施内部。

7.3.4、7.3.5　这 2 条符合现行行业标准《民用建筑电气设计规范》JGJ/T 16 规定，其中对绝缘导线最小截面的要求略高。

7.3.6　本条是按照现行行业标准《民用建筑电气设计规范》JGJ/T 16 的规定，其中对采用瓷瓶固定导线时的要求略有提高，同时增加对采用瓷夹固定导线时的要求。

8 配电箱及开关箱

8.1 配电箱及开关箱的设置

8.1.1～8.1.4 为综合适应施工现场用电设备分区布置和用电特点，提高用电安全、可靠性，这4条依据现行国家标准《供配电系统设计规范》GB 50052 明确规定了施工现场用电工程三级配电原则，开关箱“一机、一闸、一漏、一箱”制原则和动力、照明配电分设原则。规定三相负荷平衡的要求主要是为了降低三相低压配电系统的不对称度和电压偏差，保证用电的电能质量。

8.1.5、8.1.6 这2条按照现行国家标准《用电安全导则》GB/T 13869 和《建设工程施工现场供用电安全规范》GB 50194，结合施工现场施工作业状况，为保障配电箱、开关箱运用的安全可靠性，对其装设位置的周围环境条件作出相关限制性规定。

8.1.7 本条规定配电箱、开关箱的统一箱体材料标准，包含禁止使用木板配电箱和木板开关箱。

8.1.8 本条按照现行国家标准《建设工程施工现场供用电安全规范》GB 50194 和《低压配电设计规范》GB 50054 有关规定。考虑到便于操作维修，防止地面杂物、溅水危害，适应施工现场作业环境，对配电箱、开关箱的装设高度作出规定。

8.1.9～8.1.17 按照现行国家标准《用电安全导则》GB/T 13869、《建设工程施工现场供用电安全规范》GB 50194、《低压配电设计规范》GB 50054 相关规定，为适应施工现场露天作业环境条件和用电系统接零保护需要，这9条对配电箱、开关箱的箱体结构作出综合性规范化规定。其中，箱内电器安装尺寸是按照现行国家标准《低压系统内设备的绝缘配合 第一部分：原理、要求和试验》GB/T 16935.1（idt IEC 664—1:1992）和《电气设备安全设计导则》GB 4064 关于电气间隙和爬电距离的要求，考虑到电器安装、维修、操作方便需要而作的规定。

8.2 电器装置的选择

8.2.1 本条符合现行国家标准《用电安全导则》GB/T 13869 的规定。

8.2.2 本条按照现行国家标准《低压配电设计规范》GB 50054 的一般规定，结合施工现场临时用电工程对电源隔离以及短路、过载、漏电保护功能的要求，对总配电箱的电器配置作出综合性规范化规定。其中，用作隔离开关的隔离电器可采用刀形开关、隔离插头，也可采用分断时具有明显可见分断点的断路器如 DZ20 系列透明的塑料外壳式断路器，这种断路器具有透明的塑料外壳。可以看见分断点，这种断路器可以兼作隔离开关，不需要另设隔离开关。不可采用分断时无明显可见分断点的断路器兼作隔离开关。

8.2.3 本条符合现行国家标准《电力装置的电测量仪表装置设计规范》GBJ 63 和现行行业标准《民用建筑电气设计规范》JGJ/T 16 规定，其中电流互感器二次回路严禁开路是为了防止运行时二次回路开路高压引起的触电危险。

8.2.4 本条符合现行国家标准《低压配电设计规范》GB 50054 规定，适应配电系统分支电源隔离、控制和短路、过载保护，以及操作、维修安全、方便的需要，包含在分配电箱中不要求设置漏电保护电器。

8.2.5～8.2.7 这3条符合现行国家标准《低压配电设计规范》GB 50054、《通用用电设备配电设计规范》GB 50055 及《漏电保护器安装和运行》GB 13955 要求，适应用电设备备电源隔离和短路、过载、漏电保护需要。其中，用作隔离开关的隔离电器系指能同时断开电源所有极的、且分断时具有明显可见分断点的刀形开关、刀熔开关、断路器等电器，采用刀熔开关、分断时具有可见分断点的断路器等兼有过流保护功能的电器时，熔断器、断路器等过流保护电器可不再单独重复设置。

8.2.10～8.2.14 这 5 条符合现行国家标准《剩余电流动作保护器的一般要求》GB 6829、《漏电保护器安装和运行》GB 13955，以及《电流通过人体的效应 第一部分：常用部分》GB/T 13870.1 的规定。其中，8.2.11 条安全界限值 30 mA·s 的确定主要来源于现行国家标准《电流通过人体的效应 第一部分：常用部分》GB/T 13870.1 中图 1(15～100 Hz 正弦交流电的时间/电流效应区域的划分)。

8.2.15 本条是按照现行国家标准《用电安全导则》GB/T 13869 适应施工现场露天作业条件的规定。严禁电源进线采用插头和插座做活动连接主要是防止插头被触碰带电脱落时造成意外短路和人体直接接触触电危害。

8.3 使用与维护

8.3.1 本条按照现行国家标准《建设工程施工现场供用电安全规范》GB 50194 对配电箱、开关箱名称、用途、分路做出标记，主要是为了防止误操作。

8.3.2～8.3.4 这 3 条是按照现行国家标准《用电安全导则》GB/T 13869，考虑到施工现场实际环境条件，为保障配电箱、开关箱安全运行和维修安全所作的规定。其中，定期检查、维修周期不宜超过一个月。

8.3.5 本条符合电力系统通用停、送电安全操作规则，保障正常情况下总配电箱、分配箱始终处于空载操作状态。

8.3.6 本条是按照现行国家标准《用电安全导则》GB/T 13869 和《建设工程施工现场供用电安全规范》GB 50194，结合施工现场实际情况的规定。其中包含午休、下班或局部停工 1 小时以上时要将动力开关箱断电上锁，以防止设备被误启动。

8.3.7 本条是按照现行国家标准《建设工程施工现场供用电安全规范》GB 50194 对用电作业人员知识、技能的要求，结合施工现场实际情况的规定。

8.3.8、8.3.9 这 2 条是按照现行国家标准《用电安全导则》GB/T 13869，为保障配电箱、开关箱安全可靠的运行，以及保障系统三级配电制和开关箱“一机、一闸、一漏、一箱”制不被破坏而作的规定。

8.3.10、8.3.11 这 2 条是按照现行国家标准《低压配电设计规范》GB 50054、《用电安全导则》GB/T 13869 和现行行业标准《电力建设安全工作规程》DL 5009.2，为保障配电箱、开关箱正常电器功能配置和保护配电箱、开关箱进、出线及其接头不被破坏的规定。

9 电动建筑机械和手持式电动工具

9.1 一般规定

9.1.1 本条是按照现行国家标准《用电安全导则》GB/T 13869，对施工现场露天作业条件下的电动建筑机械和手持式电动工具作出的共性安全技术规定。

9.1.2 本条按照现行国家标准《建设工程施工现场供用电安全规范》GB 50194，综合兼顾高大机械设备接零保护、防雷接地保护和PE线重复接地需要,作出设置综合接地的规定。

9.1.3 本条符合现行国家标准《手持式电动工具的安全 第一部分:一般要求》GB 3883.1(即国际电工委员会标准IEC 745—1)关于Ⅱ、Ⅲ类工具防触电保护主要依靠双重绝缘(加强绝缘)和安全特低电压(SELV)供电的规定。

9.1.4 本条符合现行国家标准《电力工程电缆设计规范》GB 50217规定,适应TN-S接零保护系统要求。三相用电设备中配置有单相用电器具,如指示灯即为单相用电器具。

9.1.5 本条符合现行国家标准《通用用电设备配电设计规范》GB 50055规定。

9.2 起重机械

9.2.2 本条符合现行国家标准《电气装置安装工程 起重机电气装置施工及验收规范》GB 50256、《塔式起重机安全规程》GB 5144和现行行业标准《电力建设安全工作规程》DL 5009规定。

9.2.4 本条是按照现行国家标准《建设工程施工现场供用电安全规范》GB 50194作出的规定。

9.2.5~9.2.7 这3条符合现行国家标准《塔式起重机安全规程》GB 5144规定。其中在防电磁波感应方面的绝缘和接地措施主要是防人体触电。

9.2.8~9.2.12 外用电梯的安全运行,在电气方面主要依赖于完善的电气控制技术和机、电连锁装置,诸条文对此作出了相关规定。

9.3 桩工机械

9.3.1 本条符合现行国家标准《外壳防护等级(IP)代码)》GB 4208规定,IP68级防护为最高级防止固体异物进入(尘密)和防止进水(连续浸水)造成有害影响的防护,可适应潜水式钻孔机电机工作条件。

9.3.2 本条规定是指按现行国家标准(即国际电工委员会标准IEC 245—1:1994)《额定电压450/750 V及以下橡皮绝缘电缆 第一部分:一般要求》GB 5013.1附录C选电缆型号;以适应潜水电机工作环境条件。

9.3.3 本条规定适应潜水式钻孔机工作环境条件下对漏电保护的要求。

9.4 夯土机械

9.4.1 本条规定适应夯土机械可能工作于潮湿环境条件。

9.4.2 本条是适应夯土机械强烈振动工作状态,提高PE线与夯土机械金属外壳电气连接可靠性的规定。

9.4.3 同第9.3.2条条文说明。

9.4.4、9.4.5 夯土机械工作状态振动强烈,且电缆随之移动,易于发生漏电和砸伤、扭断电缆事故,本条规定目的是强化操作者的绝缘隔离和操作规则,防止意外触电。其中,电缆长度不应大于50 m的规定是指对夯土机械在其开关箱周围作业时,场地大小的限制。

9.5 焊接机械

9.5.1 本条符合现行国家标准《建设工程施工现场供用电安全规范》GB 50194和现行行业标准《电力建设安全工作规程》DL 5009.2规定,考虑到电焊火花可能点燃易燃、易爆物引发火灾,本规定包含清除焊接现场周围易燃、易爆物的要求。

9.5.2~9.5.5 这4条符合现行国家标准《通用用电设备配电设计规范》GB 50055和《建

设工程施工现场供用电安全规范》GB 50194 的规定。其中,交流电焊机械除应在开关箱内装设一次侧漏电保护器以外,还应在二次侧装设触电保护器,是为了防止电焊机二次空载电压可能对人体构成的触电伤害。当前施工现场普遍使用 JZ 型弧焊机触电保护器,它可以兼做一次侧和二次侧的触电保护。

9.6　手持式电动工具

9.6.1～9.6.4　这 4 条符合现行国家标准(即国际电工委员会标准 IEC 745—1)《手持式电动工具的安全　第一部分:一般要求》GB 3883.1 及现行国家标准《手持式电动工具的管理、使用、检查和维修安全技术规程》GB 3787 和《用电安全导则》GB/T 13869 的相关规定。狭窄场所是指锅炉、金属容器、地沟、管道内等场所。

Ⅰ类工具的防触电保护不仅依靠基本绝缘,而且还包括一个保护接零或接地措施,使外露可导电部分在基本绝缘损坏时不能变成带电体。Ⅱ类工具的防触电保护不仅依靠基本绝缘,而且还包括附加的双重绝缘或加强绝缘,不提供保护接零或接地或不依赖设备条件,外壳具有“回”标志。Ⅱ类工具又分为绝缘材料外壳Ⅱ类工具和金属材料外壳Ⅱ类工具二种。Ⅲ类工具的防触电保护依靠安全特低电压供电,工具中不产生高于安全特低电压的电压。

9.7　其他电动建筑机械

9.7.1　本条符合现行行业标准《建筑机械使用安全技术规程》JGJ 33 的规定,并适应所列各电动机械在其相应工作环境下对漏电保护器设置的要求。

9.7.2　本条是按照现行国家标准《额定电压 450/750 V 及以下橡皮绝缘电缆　第 1 部分:一般要求》GB 5013.1(即国际电工委员会标准 IEC 245—1:1994)规定,使所采用的电缆性能符合各电动机械工作环境条件的要求。

9.7.3　本条符合现行行业标准《建筑机械使用安全技术规程》JGJ 33 的要求。

10　照　明

10.1　一般规定

10.1.1　本条符合现行国家标准《建筑照明设计标准》GB 50034 规定,并适合于施工现场照明设置的需要。

10.1.2　本条按照现行国家标准《建筑照明设计标准》GB 50034 规定,所选灯具适应施工中可靠性高,不需经常开闭以及节能的要求。

10.1.3　本条符合现行国家标准《建筑照明设计标准》GB 50034 和现行行业标准《城市道路照明设计标准》CJJ 45 规定。

10.1.4　本条符合现行国家标准《用电安全导则》GB/T 13869 中对一般电气装置使用前确认其完好性的要求。

10.1.5　本条规定的单项照明用电方案可按本章要求并结合现场实际编写。

10.2　照明供电

10.2.1　本条按照现行国家标准《建筑照明设计标准》GB 50034 的相关规定,对照施工现场各种照明场所环境条件特点,对各分类场所照明供电电压分别作出限制性规定。

10.2.2、10.2.3　本条按照现行国家标准《建筑照明设计标准》GB 50034,考虑到现场行灯作为局部照明的移动性和裸露性,为防止由于灯具缺陷而造成意外触电、电火等事故,而对其供电电压和灯具结构作出限制性规定。安全特低电压是指用安全隔离变压器与电力电源隔离的电路中，导体之间或任一导体与地之间交流有效值不超过 50 V 或直流脉动值不超过 $50\sqrt{2}$ V 的电压。直流脉动值 $50\sqrt{2}$ V 是暂定的。有特殊要求时，尤其是当允许直接与带电部分接触时，可以规定低于交流有效值 50 V 或直流脉动值 $50\sqrt{2}$ V 的最高电压限值。无论是满载还是空载此电压限值均不应超过。

10.2.4　本条符合现行国家标准《建筑照明设计标准》GB 50034 规定。

10.2.5　本条符合现行国家标准《建设工程施工现场供用电安全规范》GB 50194 关于行灯变压器的规定，同时强调禁止使用自耦变压器，因其一次绕组与二次绕组之间有电气联系，加之二次侧电压可调，容易使二次侧电压不稳，并且会因绕组故障将一次侧较高电压导入二次侧而烧毁灯具和引起触电。

10.2.6　本条符合现行国家标准《建筑照明设计标准》GB 50034 的规定。

10.2.7　本条是按照现行国家标准《用电安全导则》GB/T 13869 和《建设工程施工现场供用电安全规范》GB 50194 而综合作出的规定。其中变压器一次侧电源线长度不宜超过 3 m，主要是使其与开关箱靠近，便于操作和控制。

10.2.8　本条符合现行国家标准《建筑照明设计标准》GB 50034、《低压配电设计规范》GB 50054 和现行行业标准《民用建筑电气设计规范》JGJ/T 16 有关规定。

10.3　照明装置

10.3.1　本条符合现行国家标准《用电安全导则》GB/T 13869 中规定的原则，并与本规范第 8 章规定的用电设备接零保护和漏电保护要求相适应。

10.3.2　本条关于室内、外灯具的安装高度和灯具与易燃物之间的安全距离的规定符合现行国家标准《建设工程施工现场供用电安全规范》GB 50194 和《建筑照明设计标准》GB 50034。

10.3.3　本条符合现行国家标准《建筑照明设计标准》GB 50034 和《建筑电气工程施工质量验收规范》GB 50303 规定。

10.3.4　本条是依据现行国家标准《建筑照明设计标准》GB 50034 作出的规定。由于与荧光灯配套的电磁式镇流器工作时热能散发，本条规定主要是防止镇流器发热或短路烧毁时可能点燃易燃结构物。

10.3.5、10.3.6　这 2 条符合现行国家标准《电气装置安装工程电气照明装置施工及验收规范》GB 50259 规定。

10.3.7　本条符合现行国家标准《用电安全导则》GB/T 13869 和《电气装置安装工程　电气照明装置施工及验收规范》GB 50259 的规定。

10.3.8、10.3.9　这 2 条是按照现行国家标准《电气装置安装工程　电气照明装置施工及验收规范》GB 50259，适应施工现场露天照明环境条件和暂设工程照明安全控制的规定。

10.3.10　本条符合现行国家标准《建设工程施工现场供用电安全规范》GB 50194 和现行行业标准《电力建设安全工作规程》DL 5009.2 的规定。

10.3.11　本条规定主要强调对于施工现场有碍外部安全的高大在建工程，建筑机械及开挖沟槽、基坑等，设置夜间警戒照明，而且要求从电源取用上保证警戒照明更加可靠。采用红色警戒信号灯则是依据现行国家标准《安全色》GB 2893 的规定。

塔式起重机安全规程

GB 5144—2006

（本标准代替 GB 5144—1994，2007 年 10 月 1 日实施，其中 3.7、4.1、4.2.1、4.2.2.1、4.2.2.3、4.3、4.4、4.5、4.6.7、4.7.4、4.8、5.2.1、5.2.4、5.3.1、5.4.1、5.5.2、5.6.1、5.6.2、6.3.3.2、7.1、7.2、7.3、7.3.1、7.3.2、7.4、8.3.3、8.5.1、10.6b)、10.8e)、10.9、11.1 为推荐性的，其余为强制性的）

1 范 围

本标准规定了塔式起重机（以下简称塔机）在设计、制造、安装、使用、维修、检验等方面应遵守的安全技术要求。

本标准适用于各种建筑用塔机。其他用途的塔机可参照执行。

本标准不适用于汽车式、轮胎式及履带式的塔机。

2 规范性引用文件

下列文件中的条款通过本标准的引用而成为本标准的条款。凡是注日期的引用文件，其随后所有的修改单（不包括勘误的内容）或修订版均不适合于本标准，然而，鼓励根据本标准达成协议的各方研究是否可使用这些文件的最新版本。凡是不注日期的引用文件，其最新版本适用于本标准。

GB/T 5972 起重机用钢丝绳检验和报废实用规范（ISO 4309:1990，IDT）

GB/T 5973 钢丝绳用楔形接头

GB/T 5975 钢丝绳用压板

GB/T 5976 钢丝绳夹

GB/T 9462—1999 塔式起重机技术条件

GB/T 13752—1992 塔式起重机设计规范

JG/T 53 塔式起重机车轮技术条件

JG/T 54—1999 塔式起重机司机室技术条件

JG/T 100 塔式起重机操作使用规程

JG/T 5112 塔式起重机钢结构制造与检验

3 整 机

3.1 塔机的工作条件应符合 GB/T 9462—1999 中 4.1.1、4.1.3、4.1.4 的规定。

3.2 塔机的抗倾翻稳定性应符合 GB/T 9462—1999 中 4.1.6 的规定。

3.3 自升式塔机在加节作业时，任一顶升循环中即使顶升油缸的活塞杆全程伸出，塔身上端面至少应比顶升套架上排导向滚轮（或滑套）中心线高 60 mm。

3.4 塔机应保证在工作和非工作状态时,平衡重及压重在其规定位置上不位移、不脱落,平衡重块之间不得互相撞击。当使用散粒物料作平衡重时应使用平衡重箱,平衡重箱应防水,保证重量准确、稳定。

3.5 在塔身底部易于观察的位置应固定产品标牌。标牌的内容应符合 GB/T 9462—1999 中 7.1.1 的规定。

在塔机司机室内易于观察的位置应设有常用操作数据的标牌或显示屏。标牌或显示屏的内容应包括幅度载荷表、主要性能参数、各起升速度挡位的起重量等。标牌或显示屏应牢固、可靠,字迹清晰、醒目。

3.6 塔机制造商提供的产品随机技术文件应符合 GB/T 9462 的有关规定。

对于塔机使用说明书除应符合 GB/T 9462—1999 中 7.2.6 的规定外,还应包括以下内容:

a)根据塔机主要承载结构件使用材料的低温力学性能、机构的使用环境温度范围及有关因素决定塔机的使用温度、正常工作年限或者利用等级、载荷状态、工作级别以及各种工况的许用风压;

b)安全装置的调整方法、调整参数及误差指标;

c)对于在安装起重臂前先安装平衡重块的塔机,应注明平衡重块的数量、规格及位置;

d)起重臂组装完毕后,对其连接用销轴、安装定位板等连接件的检查项目和检查方法;

e)在塔身加节、降节过程中,安全的作业步骤、使用的平衡措施及检查部位和检查项目;

f)所用钢丝绳的型式、规格和长度;

g)高强度螺栓所需的预紧力或预紧力矩及检查要点;

h)起重臂、平衡臂各组合长度的重心及拆装吊点的位置。

3.7 使用单位应建立塔机设备档案,档案至少应包括:

a) 每次安装地点、使用时间及运转台班记录;

b) 每次启用前按 GB/T 9462 中的有关规定进行常规检验的记录;

c)大修、更换主要零部件、变更、检查和试验等记录;

d)设备、人身事故记录;

e)设备存在的问题和评价。

4 结 构

4.1 材料

塔机主要承载结构件所使用的材料应符合 GB/T 9462—1999 中 4.3.1.1 和 4.3.1.2 的规定。

4.2 连接

4.2.1 焊接

塔机主要承载结构件及焊缝的制造要求和检验应符合 JG/T 5112 的有关规定。

4.2.2 螺栓、销轴

4.2.2.1 塔机使用的连接螺栓及销轴材料应符合 GB/T 13752—1992 中 5.4.2.2 的规定。

4.2.2.2 起重臂连接销轴的定位结构应能满足频繁拆装条件下安全可靠的要求。

4.2.2.3 自升式塔机的小车变幅起重臂,其下弦杆连接销轴不宜采用螺栓固定轴端挡板的形式。当连接销轴轴端采用焊接挡板时,挡板的厚度和焊缝应有足够的强度、挡板与销轴应有足够的重合面积,以防止销轴在安装和工作中由于锤击力及转动可能产生的不利影响。

4.2.2.4 采用高强度螺栓连接时,其连接表面应清除灰尘、油漆、油迹和锈蚀。应使用力矩扳手或专用扳手,按使用说明书要求拧紧。塔机出厂时应根据用户需要提供力矩扳手或专用扳手。

4.3 梯子、扶手和护圈

4.3.1 不宜在与水平面呈65°~75°之间设置梯子。

4.3.2 与水平面呈不大于65°的阶梯两边应设置不低于1 m高的扶手,该扶手支撑于梯级两边的竖杆上,每侧竖杆中间应设有横杆。

阶梯的踏板应采用具有防滑性能的金属材料制作,踏板横向宽度不小于300 mm,梯级间隔不大于300 mm,扶手间宽度不小于600 mm。

4.3.3 与水平面呈75°~90°之间的直梯应满足下列条件:

a)边梁之间的宽度不小于300 mm;

b)踏杆间隔为250~300 mm;

c)踏杆与后面结构件间的自由空间(踏脚间隙)不小于160 mm;

d)边梁应可以抓握且没有尖锐边缘;

e)踏杆直径不小于16 mm,且不大于40 mm;

f)踏杆中心0.1 m范围内承受1 200 N的力时,无永久变形;

g)塔身节间边梁的断开间隙不应大于40 mm。

4.3.4 高于地面2 m以上的直梯应设置护圈,护圈应满足下列条件:

a)直径为600~800 mm;

b)侧面应用3条或5条沿护圈圆周方向均布的竖向板条连接;

c)最大间距:侧面有3条竖向板条时为900 mm,侧面有5条竖向板条时为1 500 mm;

d)任何一个0.1 m的范围内可以承受1 000 N的垂直力时,无永久变形。

4.3.5 当梯子设于塔身内部,塔身结构满足以下条件,且侧面结构不允许直径为600 mm的球体穿过时(见图1(a)),可不设护圈;

a)正方形塔身边长不大于750 mm,见图1(b);

b)等边三角形塔身边长不大于1 100 mm,见图2;

c)直角等腰三角形塔身边长不大于1 100 mm,见图3(a);或梯子沿塔身对角线方向布置,边长不大于1 100 mm,见图3(b);

d)筒状塔身直径不大于1 000 mm,见图4;

e)快装式塔机。

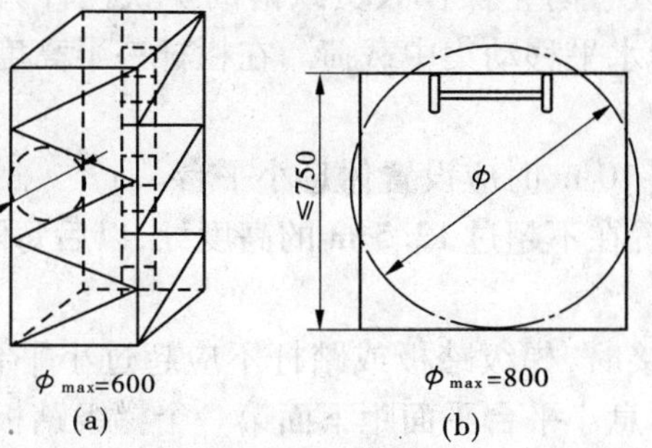

图1 （单位：mm）

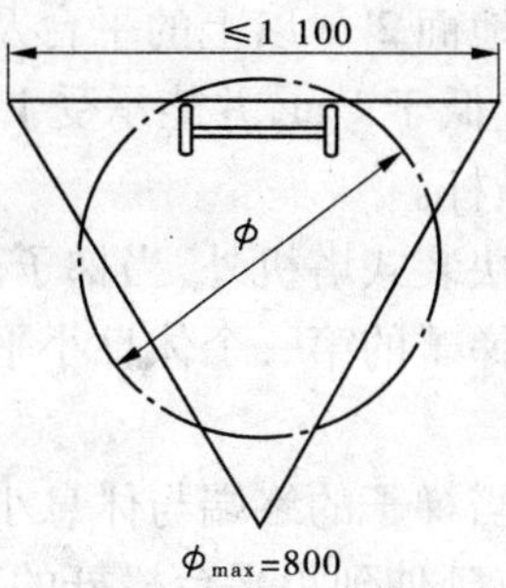

图2 （单位：mm）

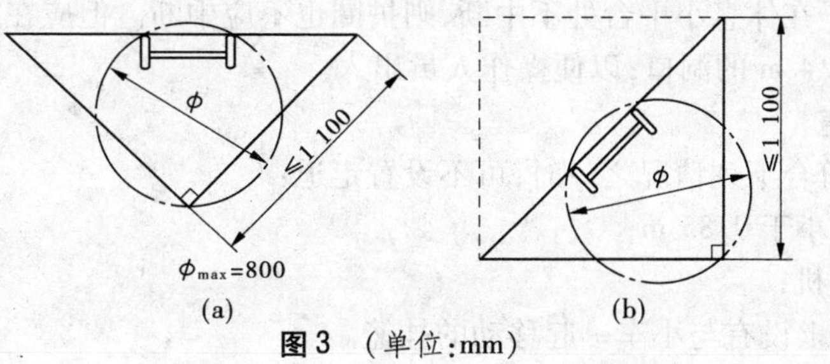

图3 （单位：mm）

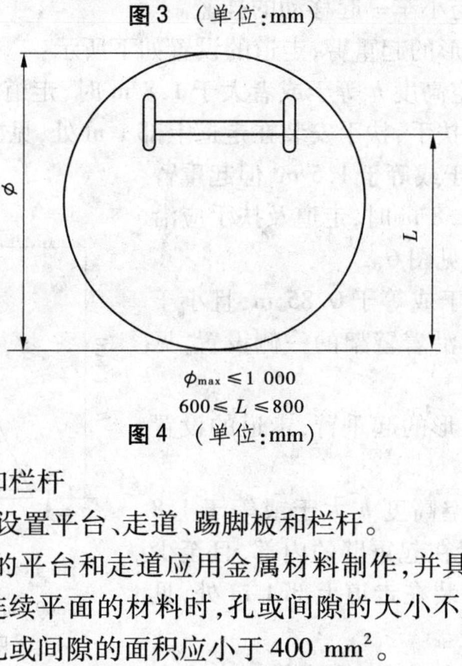

图4 （单位：mm）

4.4 平台、走道、踢脚板和栏杆

4.4.1 在操作、维修处应设置平台、走道、踢脚板和栏杆。

4.4.2 离地面 2 m 以上的平台和走道应用金属材料制作，并具有防滑性能。在使用圆孔、栅格或其他不能形成连续平面的材料时，孔或间隙的大小不应使直径为 20 mm 的球体通过。在任何情况下，孔或间隙的面积应小于 400 mm^2。

4.4.3 平台和走道宽度不应小于 500 mm，局部有妨碍处可以降至 400 mm。平台和走道上操作人员可能停留的每一个部位都不应发生永久变形，且能承受以下载荷：

a)2 000 N 的力通过直径为 125 mm 圆盘施加在平台表面的任何位置；

b)4 500 N/m^2 的均布载荷。

4.4.4 平台或走道的边缘应设置不小于 100 mm 高的踢脚板。在需要供操作人员穿越的地方，踢脚板的高度可以降低。

4.4.5　离地面 2 m 以上的平台及走道应设置防止操作人员跌落的手扶栏杆。手扶栏杆的高度不应低于 1 m,并能承受 1 000 N 的水平移动集中载荷。在栏杆一半高度处应设置中间手扶横杆。

4.4.6　除快装式塔机外,当梯子高度超过 10 m 时应设置休息小平台。

4.4.6.1　梯子的第一个休息小平台应设置在不超过 12.5 m 的高度处,以后每隔 10 m 内设置一个。

4.4.6.2　当梯子的终端与休息小平台连接时,梯级踏板或踏杆不应超过小平台平面,护圈和扶手应延伸到小平台栏杆的高度。休息小平台平面距下面第一个梯级踏板或踏杆的中心线不应大于 150 mm。

4.4.6.3　如梯子在休息小平台处不中断,则护圈也不应中断。但应在护圈侧面开一个宽为 0.5 m,高为 1.4 m 的洞口,以便操作人员出入。

4.5　起重臂走道

4.5.1　起重臂符合下列情况之一时,可不设置走道:

a)截面高度小于 0.85 m;

b)快装式塔机;

c)变幅小车上设有与小车一起移动的挂篮。

4.5.2　对于正置式三角形的起重臂,走道的设置如下所示:

a)起重臂断面内净空高度 h 等于或者大于 1.8 m 时,走道及扶手应设置在起重臂的内部,且至少应设置一边扶手,扶手安装在走道上部 1 m 处,见图 5。

b)起重臂高度 H 大于或等于 1.5 m,但起重臂断面内净空高度 h 小于 1.8 m 时,走道及扶手应沿着起重臂架的一侧设置,见图 6。

c)起重臂高度 H 大于或等于 0.85 m,且小于 1.5 m 时,走道及扶手应沿着臂架的一侧设置,见图 7。

4.5.3　对于倒置式三角形的起重臂,走道的设置如下所示:

a)起重臂断面内净空高度 h 大于或等于 1.8 m 时,走道及扶手应设置在起重臂的内部,且至少应设置一边扶手,扶手安装在走道上部 1 m 处,见图 8。

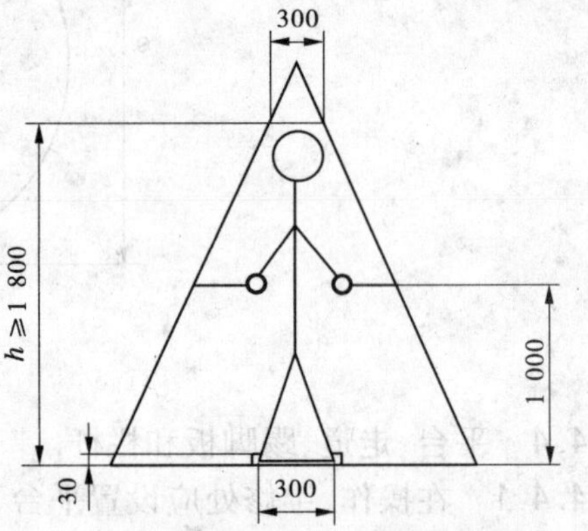

h—净空高度(为头和脚两平面内均能满足 300 mm 净宽度的前提下的高度)

图 5　(单位:mm)

b)当起重臂是格构式时,起重臂断面内净空高度 h 大于或等于 1.5 m 时,走道及扶手应设置在起重臂的内部,且至少应设置一边扶手,扶手应安装在走道上部 1 m 处,见图 9。

c)当起重臂高度均不满足 4.5.3a)或 b)时,走道及扶手应设置在起重臂的上部,且扶手应设置在走道上边 1 m 的外侧,见图 10。

4.6　司机室

4.6.1　小车变幅的塔机起升高度超过 30 m 的、动臂变幅塔机起重臂铰点高度距轨顶或

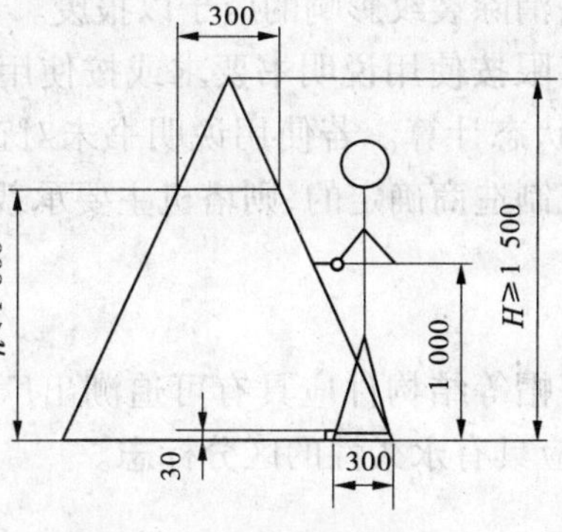

图6 （单位:mm）

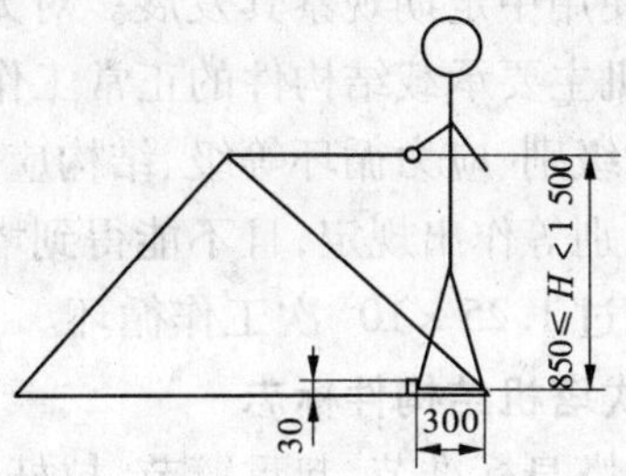

图7 （单位:mm）

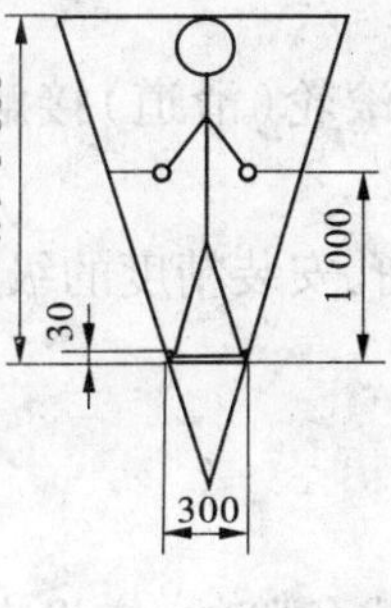

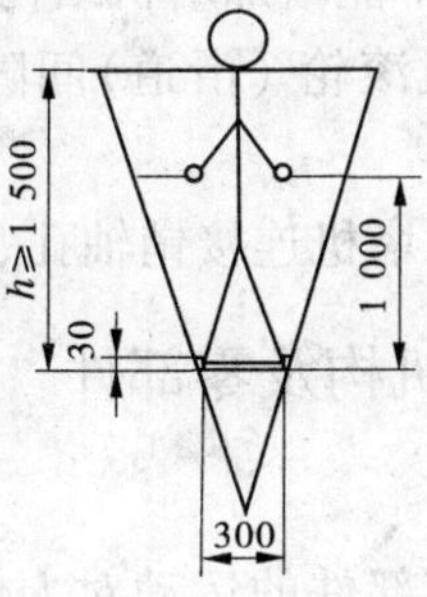

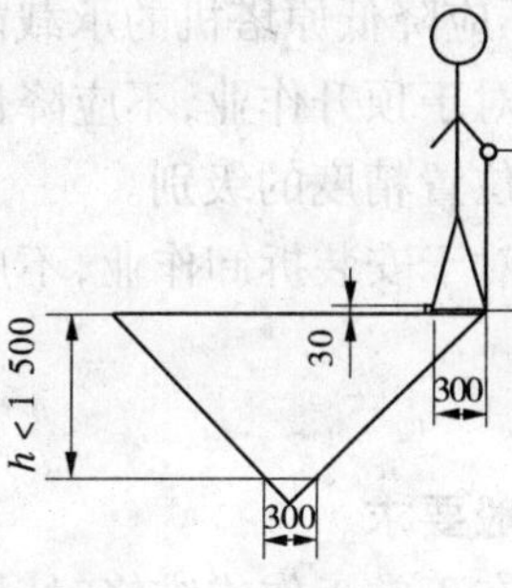

图8 （单位:mm） 图9 （单位:mm） 图10 （单位:mm）

支承面高度超过25 m的,在塔机上部应设置一个有座椅并能与塔机一起回转的司机室。

司机室不能悬挂在起重臂上。在正常工作情况下,塔机的活动部件不应撞击司机室。

如司机室安装在回转塔身结构内,则应保证司机的视野开阔。

4.6.2 司机室门、窗玻璃应使用钢化玻璃或夹层玻璃。司机室正面玻璃应设有雨刷器。

4.6.3 可移动的司机室应设有安全锁止装置。

4.6.4 司机室内应配备符合消防要求的灭火器。

4.6.5 对于安置在塔机下部的操作台,在其上方应设有顶棚,顶棚承压试验应满足JG/T 54—1999中4.2的规定。

4.6.6 司机室应通风、保暖和防雨;内壁应采用防火材料,地板应铺设绝缘层。

当司机室内温度低于5 ℃时,应装设非明火取暖装置;当司机室内温度高于35 ℃时,应装设防暑通风装置。

4.6.7 司机室的落地窗应设有防护栏杆。

4.7 结构件的报废及工作年限

4.7.1 塔机主要承载结构件由于腐蚀或磨损而使结构的计算应力提高,当超过原计算应力的15%时应予报废。对无计算条件的当腐蚀深度达原厚度的10%时应予报废。

4.7.2 塔机主要承载结构件如塔身、起重臂等,失去整体稳定性时应报废。如局部有损坏并可修复的,则修复后不能低于原结构的承载能力。

4.7.3 塔机的结构件及焊缝出现裂纹时,应根据受力和裂纹情况采取加强或重新施焊等措施,并在使用中定期观察其发展。对无法消除裂纹影响的应予以报废。

4.7.4 塔机主要承载结构件的正常工作年限按使用说明书要求或按使用说明书中规定的结构工作级别、应力循环等级、结构应力状态计算。若使用说明书未对正常工作年限、结构工作级别等作出规定,且不能得到塔机制造商确定的,则塔机主要承载结构件的正常使用不应超过 1.25×10^5 次工作循环。

4.8 自升式塔机结构件标志

塔机的塔身标准节、起重臂节、拉杆、塔帽等结构件应具有可追溯出厂日期的永久性标志。同一塔机的不同规格的塔身标准节应具有永久性的区分标志。

4.9 自升式塔机后续补充结构件要求

4.9.1 自升式塔机出厂后,后续补充的结构件(塔身标准节、预埋节、基础连接件等)在使用中不应降低原塔机的承载能力,且不能增加塔机结构的变形。

4.9.2 对于顶升作业,不应降低原塔机滚轮(滑道)间隙的精度、滚轮(滑道)接触重合度、踏步位置精度的级别。

4.9.3 对于安装拆卸作业,不应降低原塔机连接销轴孔、连接螺栓孔安装精度的级别。

5 机构及零部件

5.1 一般要求

5.1.1 在正常工作或维修时,机构及零部件的运动对人体可能造成危险的,应设有防护装置。

5.1.2 应采取有效措施,防止塔机上的零件掉落造成危险。可拆卸的零部件如盖、箱体及外壳等应与支座牢固连接,防止掉落。

5.2 钢丝绳

5.2.1 钢丝绳直径的计算与选择应符合 GB/T 13752—1992 中 6.4.2 的规定。在塔机工作时,承载钢丝绳的实际直径不应小于 6 mm。

5.2.2 钢丝绳的安装、维护、保养、检验及报废应符合 GB/T 5972 的有关规定。

5.2.3 钢丝绳端部的固接应符合下列要求:

a)用钢丝绳夹固接时,应符合 GB/T 5976 中的规定,固接强度不应小于钢丝绳破断拉力的 85%;

b)用编结固接时,编结长度不应小于钢丝绳直径的 20 倍,且不小于 300 mm,固接强度不应小于钢丝绳破断拉力的 75%;

c)用楔形接头固接时,楔与楔套应符合 GB/T 5973 中的规定,固接强度不应小于钢丝绳破断拉力的 75%;

d)用锥形套浇铸法固接时,固接强度应达到钢丝绳的破断拉力;

e)用铝合金压制接头固接时,固接强度应达到钢丝绳破断拉力的 90%;

f)用压板固接时,压板应符合 GB/T 5975 中的规定,固接强度应达到钢丝绳的破断拉力。

5.2.4 塔机起升钢丝绳宜使用不旋转钢丝绳。未采用不旋转钢丝绳时,其绳端应设有防扭装置。

5.3 吊钩

5.3.1 吊钩应符合 GB/T 9462—1999 中 4.4.1 的规定。

5.3.2 吊钩禁止补焊,有下列情况之一的应予以报废:

a)用 20 倍放大镜观察表面有裂纹;

b)钩尾和螺纹部分等危险截面及钩筋有永久性变形;

c)挂绳处截面磨损量超过原高度的 10%;

d)心轴磨损量超过其直径的 5%;

e)开口度比原尺寸增加 15%。

5.4 卷筒和滑轮

5.4.1 卷筒和滑轮的最小卷绕直径的计算,应符合 GB/T 13752—1992 中 6.4.3.1 的规定。

5.4.2 卷筒两侧边缘超过最外层钢丝绳的高度不应小于钢丝绳直径的 2 倍。

5.4.3 钢丝绳在卷筒上的固定应安全可靠,且符合 5.2.3 中有关要求。钢丝绳在放出最大工作长度后,卷筒上的钢丝绳至少应保留 3 圈。

5.4.4 当最大起重量不超过 1 t 时,小车牵引机构允许采用摩擦牵引方式。

5.4.5 卷筒和滑轮有下列情况之一的应予以报废:

a)裂纹或轮缘破损;

b)卷筒壁磨损量达原壁厚的 10%;

c)滑轮绳槽壁厚磨损量达原壁厚的 20%;

d)滑轮槽底的磨损量超过相应钢丝绳直径的 25%。

5.5 制动器

5.5.1 塔机的起升、回转、变幅、行走机构都应配备制动器。

对于电力驱动的塔机,在产生大的电压降或在电气保护元件动作时,不允许导致各机构的动作失去控制。

动臂变幅的塔机,应设有维修变幅机构时能防止卷筒转动的可靠装置。

5.5.2 各机构制动器的选择应符合 GB/T 13752—1992 中 6.2 的规定。

5.5.3 制动器零件有下列情况之一的应予以报废:

a)可见裂纹;

b)制动块摩擦衬垫磨损量达原厚度的 50%;

c)制动轮表面磨损量达 1.5~2 mm;

d)弹簧出现塑性变形;

e)电磁铁杠杆系统空行程超过其额定行程的 10%。

5.6 车轮

5.6.1 车轮的计算、选择应符合 GB/T 13752—1992 中 6.4.4 的规定。

5.6.2 车轮的技术要求应符合 JG/T 53 中的有关规定。

5.6.3 车轮有下列情况之一的应予以报废:

a)可见裂纹;

b)车轮踏面厚度磨损量达原厚度的 15%;

c)车轮轮缘厚度磨损量达原厚度的50%。

6 安全装置

6.1 起重量限制器

6.1.1 塔机应安装起重量限制器。如设有起重量显示装置,则其数值误差不应大于实际值的±5%。

6.1.2 当起重量大于相应挡位的额定值并小于该额定值的110%时,应切断上升方向的电源,但机构可作下降方向的运动。

6.2 起重力矩限制器

6.2.1 塔机应安装起重力矩限制器。如设有起重力矩显示装置,则其数值误差不应大于实际值的±5%。

6.2.2 当起重力矩大于相应工况下的额定值并小于该额定值的110%时,应切断上升和幅度增大方向的电源,但机构可作下降和减小幅度方向的运动。

6.2.3 力矩限制器控制定码变幅的触点或控制定幅变码的触点应分别设置,且能分别调整。

6.2.4 对小车变幅的塔机,其最大变幅速度超过40 m/min,在小车向外运行,且起重力矩达到额定值的80%时,变幅速度应自动转换为不大于40 m/min的速度运行。

6.3 行程限位装置

6.3.1 行走限位装置

轨道式塔机行走机构应在每个运行方向设置行程限位开关。在轨道上应安装限位开关碰铁,其安装位置应充分考虑塔机的制动行程,保证塔机在与止挡装置或与同一轨道上其他塔机相距大于1 m处能完全停住,此时电缆还应有足够的富余长度。

6.3.2 幅度限位装置

6.3.2.1 小车变幅的塔机,应设置小车行程限位开关。

6.3.2.2 动臂变幅的塔机应设置臂架低位置和臂架高位置的幅度限位开关,以及防止臂架反弹后翻的装置。

6.3.3 起升高度限位器

6.3.3.1 塔机应安装吊钩上极限位置的起升高度限位器。起升高度限位器应满足GB/T 9462—1999中4.7.1的规定。

6.3.3.2 吊钩下极限位置的限位器,可根据用户要求设置。

6.3.4 回转限位器

回转部分不设集电器的塔机,应安装回转限位器。塔机回转部分在非工作状态下应能自由旋转;对有自锁作用的回转机构,应安装安全极限力矩联轴器。

6.4 小车断绳保护装置

小车变幅的塔机,变幅的双向均应设置断绳保护装置。

6.5 小车断轴保护装置

小车变幅的塔机,应设置变幅小车断轴保护装置,即使轮轴断裂,小车也不会掉落。

6.6　**钢丝绳防脱装置**

滑轮、起升卷筒及动臂变幅卷筒均应设有钢丝绳防脱装置,该装置与滑轮或卷筒侧板最外缘的间隙不应超过钢丝绳直径的20%。

吊钩应设有防钢丝绳脱钩的装置。

6.7　**风速仪**

起重臂根部铰点高度大于50 m的塔机,应配备风速仪。当风速大于工作极限风速时,应能发出停止作业的警报。

风速仪应设在塔机顶部的不挡风处。

6.8　**夹轨器**

轨道式塔机应安装夹轨器,使塔机在非工作状态下不能在轨道上移动。

6.9　**缓冲器、止挡装置**

塔机行走和小车变幅的轨道行程末端均需设置止挡装置。缓冲器安装在止挡装置或塔机(变幅小车)上,当塔机(变幅小车)与止挡装置撞击时,缓冲器应使塔机(变幅小车)较平稳地停车而不产生猛烈的冲击。

缓冲器的设计应符合GB/T 13752—1992中6.4.9的规定。

6.10　**清轨板**

轨道式塔机的台车架上应安装排障清轨板,清轨板与轨道之间的间隙不应大于5 mm。

6.11　**顶升横梁防脱功能**

自升式塔机应具有防止塔身在正常加节、降节作业时,顶升横梁从塔身支承中自行脱出的功能。

7　操纵系统

7.1　操纵系统的设计和布置应能避免发生误操作的可能性,使塔机在正常使用中能安全可靠地运行。

7.2　应按人机工程学有关的功能要求设置所有控制手柄、手轮、按钮和踏板,并应有宽裕的操作空间。

7.3　对于手柄控制或轮式控制器,一般选择右手控制起升和行走机构,左手控制回转和小车变幅或动臂变幅机构。

7.3.1　采用手柄控制操作时,机构运动方向应与图11及表1规定的手柄方向一致。

7.3.2　采用轮式控制器操作时,机构运动方向应与表2规定的手轮旋转方向一致。

7.4　手柄或操纵杆的操作应轻便灵活,操作力不应大于100 N,操作行程不应大于400 mm;踏板的操作力不应大于200 N,脚踏行程不应大于200 mm。

在一般情况下,宜使用如下数值:

a)对于左右向的操纵杆,操作力为5～40 N;

b)对于前后向的操纵杆,操作力为8～60 N;

c)对于踏板,操作力为10～150 N。

7.5　在所有的手柄、手轮、按钮及踏板的附近处,应有表示用途和操作方向的标志。标志应牢固、可靠，字迹清晰、醒目。

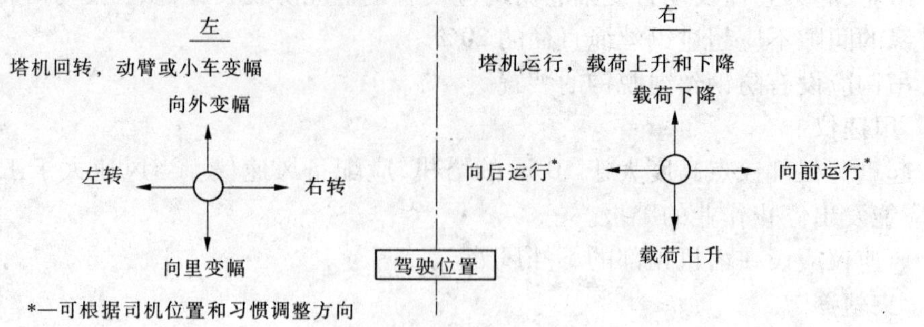

图11

表1

机构运动方向		手柄方向
起升、变幅机构	上升，向里变幅	向着司机（手柄向后）
	下降，向外变幅	离开司机（手柄向前）
回转机构	向右回转	手柄向右
	向左回转	手柄向左
行走机构	可根据司机位置和习惯调整方向	

表2

机构运动方向	手轮旋转方向
上升，向里变幅，向右回转	顺时针旋转
下降，向外变幅，向左回转	逆时针旋转

8　电气系统

8.1　一般规定

8.1.1　电气设备应使塔机的传动性能和控制性能准确可靠，在紧急情况下能切断电源，安全停车。在塔机安装、维修、调整和使用中不应任意改变电路。

8.1.2　电气元件的选择应考虑塔机工作时振动大、接电频繁、露天作业等特点。

8.1.3　塔机金属结构、轨道、所有电气设备的金属外壳、金属线管、安全照明的变压器低压侧等均应可靠接地，接地电阻不大于4 Ω。重复接地电阻不大于10 Ω。接地装置的选择和安装应符合电气安全的有关要求。

8.1.4　电气设备安装应牢固。需要防震的电器应有防震措施。

8.1.5　电气连接应接触良好，防止松脱。导线、线束应用卡子固定，以防摆动。

8.1.6　电气柜（配电箱）应有门锁。门内应有原理图或布线图、操作指示等，门外应有警示标志。

8.1.7 主电路和控制电路的对地绝缘电阻不应小于0.5 MΩ。

8.1.8 零线和接地线必须分开,接地线严禁作载流回路。

8.2 电气控制与操纵

8.2.1 电气控制设备和元件应设置于柜内,能防雨、防灰尘。电阻器应设于操作人员不易接触的地方,并有防护措施。

8.2.2 采用有线遥控装置时,地面控制与司机室内控制应具有电气连锁。地面控制装置的不带电金属外壳和塔机结构之间应连接专用的接地线,接地电阻符合8.1.3的规定。

8.2.3 采用无线遥控方式操纵的,在失控时塔机应能自行停止工作。

8.2.4 采用联动控制台操纵时,联动控制台应具有零位自锁和自动复位功能。

8.2.5 操纵系统中应设有能对工作场地起警报作用的声响信号。

8.3 电气保护

8.3.1 塔机应根据GB/T 13752—1992中7.7的要求设置短路、过流、欠压、过压及失压保护、零位保护、电源错相及断相保护。

8.3.2 塔机应设置非自动复位的、能切断塔机总控制电源的紧急断电开关。该开关应设在司机操作方便的地方。

8.3.3 塔机电源进线处宜设主隔离开关,或采取其他隔离措施。隔离开关应有明显标记。

8.3.4 各限位开关应能可靠地停止机构的运动,但机构可作相反方向的运动。

8.4 照明、信号

8.4.1 塔机应有良好的照明。照明的供电不受停机影响。

8.4.2 固定式照明装置的电源电压不应超过220 V,严禁用金属结构作为照明线路的回路。

可携式照明装置的电源电压不应超过48 V,交流供电的严禁使用自耦变压器。

8.4.3 司机室内照明照度不应低于30 lx。

8.4.4 电气室及机务专用电梯的照明照度不应低于5 lx。

8.4.5 塔顶高度大于30 m且高于周围建筑物的塔机,应在塔顶和臂架端部安装红色障碍指示灯,该指示灯的供电不应受停机的影响。

8.4.6 快装式塔机在拖行时应装有直流24 V的示宽灯、高度指示灯、长度指示灯、转向指示灯及刹车灯。

8.4.7 在司机室内明显位置应装有总电源开合状况的指示信号。

8.4.8 安全装置的指示信号或声响报警信号应设置在司机和有关人员视力、听力可及的地方。

8.5 导线及其敷设

8.5.1 塔机所用的电缆、电线应符合GB/T 13752—1992中7.5的规定。

8.5.2 电线若敷设于金属管中,则金属管应经防腐处理。如用金属线槽或金属软管代替,应有良好的防雨及防腐措施。

8.5.3 导线的连接及分支处的室外接线盒应防水,导线孔应有护套。

8.5.4 导线两端应有与原理图一致的永久性标志和供连接用的电线接头。

8.5.5 固定敷设的电缆弯曲半径不应小于5倍电缆外径。除电缆卷筒外,可移动电缆的弯曲半径不应小于8倍电缆外径。

8.6 电缆卷筒

8.6.1 轨道式塔机的电缆卷筒应具有张紧装置,电缆收放速度应与塔机运行速度同步。

8.6.2 电缆在卷筒上的连接应牢固,以保护电气接点不被拉曳。

8.7 集电器

8.7.1 集电滑环应满足相应电压等级和电流容量的要求。每个滑环至少有一对碳刷,碳刷与滑环的接触面积不应小于理论接触面积的80%,且接触平稳。

8.7.2 滑环与滑环间的绝缘电阻不小于1 MΩ。滑环间最小电气间隙不小于8 mm,且经过耐压试验,无击穿、闪络现象。

9 液压系统

9.1 液压系统应有防止过载和液压冲击的安全装置。安全溢流阀的调定压力不应大于系统额定工作压力的110%,系统的额定工作压力不应大于液压泵的额定压力。

9.2 顶升液压缸应具有可靠的平衡阀或液压锁,平衡阀或液压锁与液压缸之间不应用软管连接。

10 安装、拆卸与试验

10.1 塔机安装、拆卸及塔身加节或降节作业时,应按使用说明书中有关规定及注意事项进行。

10.1.1 架设前应对塔机自身的架设机构进行检查,保证机构处于正常状态。

10.1.2 塔机在安装、增加塔身标准节之前应对结构件和高强度螺栓进行检查,若发现下列问题应修复或更换后方可进行安装:

a)目视可见的结构件裂纹及焊缝裂纹;

b)连接件的轴、孔严重磨损;

c)结构件母材严重锈蚀;

d)结构件整体或局部塑性变形,销孔塑性变形。

10.1.3 小车变幅的塔机在起重臂组装完毕准备吊装之前,应检查起重臂的连接销轴、安装定位板等是否连接牢固、可靠。

当起重臂的连接销轴轴端采用焊接挡板时,则在锤击安装销轴后,应检查轴端挡板的焊缝是否正常。

10.2 安装、拆卸、加节或降节作业时,塔机的最大安装高度处的风速不应大于13 m/s,当有特殊要求时,按用户和制造厂的协议执行。

10.3 塔机的尾部与周围建筑物及其外围施工设施之间的安全距离不小于0.6 m。

10.4 有架空输电线的场合,塔机的任何部位与输电线的安全距离,应符合表3的规定。

如因条件限制不能保证表3中的安全距离,应与有关部门协商,并采取安全防护措施后方可架设。

表3

安全距离(m)	电压(kV)				
	<1	1~15	20~40	60~110	220
沿垂直方向	1.5	3.0	4.0	5.0	6.0
沿水平方向	1.0	1.5	2.0	4.0	6.0

10.5 两台塔机之间的最小架设距离应保证处于低位塔机的起重臂端部与另一台塔机的塔身之间至少有2 m的距离;处于高位塔机的最低位置的部件(吊钩升至最高点或平衡重的最低部位)与低位塔机中处于最高位置部件之间的垂直距离不应小于2 m。

10.6 混凝土基础应符合下列要求:

a)混凝土基础应能承受工作状态和非工作状态下的最大载荷,并应满足塔机抗倾翻稳定性的要求。

b)对混凝土基础的抗倾翻稳定性计算及地面压应力的计算应符合GB/T 13752—1992中4.6.3的规定及GB/T 9462—1999中附录A的规定。

c)使用单位应根据塔机原制造商提供的载荷参数设计制造混凝土基础。

d)若采用塔机原制造商推荐的混凝土基础,固定支腿、预埋节和地脚螺栓应按原制造商规定的方法使用。

10.7 碎石基础应符合下列要求:

a)当塔机轨道敷设在地下建筑物(如暗沟、防空洞等)的上面时,应采取加固措施。

b)敷设碎石前的路面应按设计要求压实,碎石基础应整平捣实,轨枕之间应填满碎石。

c)路基两侧或中间应设排水沟,保证路基无积水。

10.8 塔机轨道敷设应符合下列要求:

a)轨道应通过垫块与轨枕可靠地连接,每间隔6 m应设一个轨距拉杆。钢轨接头处应有轨枕支承,不应悬空。在使用过程中轨道不应移动。

b)轨距允许误差不大于公称值的1/1 000,其绝对值不大于6 mm。

c)钢轨接头间隙不大于4 mm,与另一侧钢轨接头的错开距离不小于1.5 m,接头处两轨顶高度差不大于2 mm。

d)塔机安装后,轨道顶面纵、横方向上的倾斜度,对于上回转塔机应不大于3/1 000;对于下回转塔机应不大于5/1 000。在轨道全程中,轨道顶面任意两点的高度差应小于100 mm。

e)轨道行程两端的轨顶高度宜不低于其余部位中最高点的轨顶高度。

10.9 塔机试验应符合下列要求:

a)新设计的各传动机构,液压顶升和各种安全装置,凡有专项试验标准的,应按专项试验标准进行各项试验,合格后方可装机。

b)塔机的型式试验、出厂检验和常规检验按GB/T 9462中的有关规定执行。

11 操作与使用

11.1 塔机的操作使用应符合 JG/T 100 的有关规定,司机、装拆工、指挥人员应具有有关部门发放的资格证书。

11.2 每台作业的塔机司机室内应备有一份有关操作维修内容的使用说明书。

11.3 在正常工作情况下,应按指挥信号进行操作。但对特殊情况的紧急停车信号,不论何人发出,都应立即执行。

施工升降机安全规程

GB 10055—2007

（本标准代替 GB 10055—1996,2007 年 10 月 1 日实施,其中 3.2、8.2.8、9.2.1、9.3.6a)为推荐性的,其余为强制性的）

1 范 围

本标准规定了施工升降机在设计、制造、安装与使用等方面应遵守的安全技术要求。

本标准适用于 GB/T 10054—2005 所定义的施工升降机(包括齿轮齿条式和钢丝绳式)。

2 规范性引用文件

下列文件中的条款通过本标准的引用而成为本标准的条款。凡是注日期的引用文件,其随后所有的修改单(不包括勘误的内容)或修订版均不适用于本标准,然而,鼓励根据本标准达成协议的各方研究是否可使用这些文件的最新版本。凡是不注日期的引用文件,其最新版本适用于本标准。

GB/T 5972 起重机械用钢丝绳检验和报废实用规范(GB/T 5972—1986,eqv ISO 4309:1981)

GB/T 8918 制绳用钢丝(GB/T 8918—1996,eqv ISO 2232:1990)

GB/T 10054—2005 施工升降机

3 整 机

3.1 施工升降机的工作条件应符合 GB/T 10054—2005 中 5.1.1 ~ 5.1.3 的要求。

3.2 施工升降机的设计计算应符合 GB/T 10054—2005 中 5.1.4 的有关规定。

3.3 施工升降机在最大独立高度时的抗倾翻力矩不应小于该工况最大倾翻力矩的 1.5 倍。

3.4 对垂直安装的齿轮齿条式施工升降机,导轨架轴心线对底座水平基准面的安装垂直度偏差应符合表 1 的规定。对倾斜式或曲线式导轨架的齿轮齿条式施工升降机,其导轨架正面的垂直度偏差应符合表 1 的规定。

表 1

导轨架架设高度 h(m)	$h\leqslant 70$	$70<h\leqslant 100$	$100<h\leqslant 150$	$150<h\leqslant 200$	$h>200$
垂直度偏差(mm)	不大于导轨架架设高度的 1/1 000	≤70	≤90	≤110	≤130

对钢丝绳式施工升降机,导轨架轴心线对底座水平基准面的安装垂直度偏差值不应

大于导轨架高度的1.5/1 000。

3.5 当一台施工升降机的标准节有不同的立管壁厚时,标准节应有标识,以防标准节安装不正确。

3.6 在进行安装、拆卸和维修操作的过程中,吊笼最大速度不应大于0.7 m/s。

3.7 在进行安装、拆卸和维修时,若在吊笼顶部进行控制操作,则其他操作装置均不应起作用,但吊笼的安全装置仍起保护作用。

3.8 制造商应对施工升降机主要结构件的腐蚀、磨损极限作出规定,对于标准节立管应明确其腐蚀和磨损程度与导轨架自由端高度、导轨架全高减少量的对应关系。当立管壁厚最大减少量为出厂厚度的25%时,此标准节应予报废或按立管壁厚规格降级使用。

3.9 在操作位置上应标明控制元件的用途或动作方向。

3.10 在施工升降机底部(防护围栏)易于观察的位置固定标牌,标牌的内容应符合GB/T 10054—2005中的8.1.1、8.1.2的要求。

3.11 附墙撑杆平面与附着面的法向夹角不应大于8°。

4 基础

4.1 基础的处理

4.1.1 施工升降机基础应能承受最不利工作条件下的全部载荷。

4.1.2 基础周围应有排水设施。

4.2 防护围栏

4.2.1 吊笼和对重升降通道周围应设置地面防护围栏。

4.2.2 地面防护围栏可采用实体板、冲孔板、焊接或编织网等制作。网孔的孔眼或开口应符合表2的规定。

表2 (单位:mm)

与相近运动部件的间隙 a	孔眼或开口的尺寸 b
$a \leqslant 22$	$b \leqslant 10$
$22 < a \leqslant 50$	$b \leqslant 13$
$50 < a \leqslant 100$	$b \leqslant 25$

注:若孔眼或开口是长方形,则其宽度不应大于表内所列最大数值,其长度可大于表内最大数值。

4.2.3 地面防护围栏的任一2 500 mm^2 的方形或圆形面积上,应能承受350 N的水平力而不产生永久变形。

4.2.4 地面防护围栏的高度不应低于1.8 m。对于钢丝绳式的货用施工升降机,其地面防护围栏的高度不应低于1.5 m。

4.2.5 围栏登机门应装有机械锁止装置和电气安全开关,使吊笼只有位于底部规定位置时,围栏登机门才能开启,且在门开启后吊笼不能启动。

钢丝绳式货用施工升降机,围栏登机门应装有电气安全开关,使吊笼只有在围栏登机门关好后才能启动。

4.2.6　当附件或操作箱位于施工升降机防护围栏内时,应另设置隔离区域,并安装锁紧门。

5 停　层

5.1　一般要求

5.1.1　各停层处应设置层门。

5.1.2　层门不应突出到吊笼的升降通道上。

5.2　层门

5.2.1　层门应保证在关闭时人员不能进出。

5.2.2　对于全高度层门,除了门下部间隙不应大于50 mm外,各门周围的间隙或门各零件间的间隙应符合表2的规定。

5.2.3　层门可采用实体板、冲孔板、焊接或编织网等制作,网孔门的孔眼或开口应符合表2的规定,其承载性能应符合4.2.3的规定。

5.2.4　层门不得向吊笼运行通道一侧开启,实体板的层门上应在视线位置设观察窗,窗的面积不应小于25 000 mm^2。

5.2.5　层门的净宽度与吊笼进出口宽度之差不得大于120 mm。

5.2.6　全高度层门开启后的净高度不应小于2.0 m。在特殊情况下,当进入建筑物的入口高度小于2.0 m时,则允许降低层门框架高度,但净高度不应小于1.8 m。

5.2.7　高度降低的层门不应小于1.1 m。层门与正常工作的吊笼运动部件的安全距离不应小于0.85 m;如果施工升降机额定提升速度不大于0.7 m/s时,则此安全距离可为0.5 m。

5.2.8　高度降低的层门两侧应设置高度不小于1.1 m的护栏,护栏的中间高度应设横杆,踢脚板高度不小于100 mm。侧面护栏与吊笼的间距应为100~200 mm。

5.2.9　水平滑动层门和垂直滑动层门应在相应的上下边或两侧设置导向装置,其运动应有挡块限位。

5.2.10　垂直滑动层门至少应有两套独立的悬挂支承系统。

5.2.11　层门的平衡重必须有导向装置,并且应有防止其滑出导轨的措施。门与平衡重的重量之差不应超过5 kg,应有保护人的手指不被门压伤的措施。

5.2.12　正常工况下,关闭的吊笼门与层门间的水平距离不应大于200 mm。

5.2.13　装载和卸载时,吊笼门框外缘与登机平台边缘之间的水平距离不应大于50 mm。

5.2.14　人货两用施工升降机机械传动层门的开、关过程应由吊笼内乘员操作,不得受吊笼运动的直接控制。

5.2.15　层门应与吊笼电气或机械连锁。只有在吊笼底板离某一登机平台的垂直距度±0.25 m以内时,该平台的层门方可打开。

5.2.16　对于机械传动的垂直滑动层门,采用手动开门,其所需力大于500 N时,可不加机械锁止装置。

5.2.17　层门锁止装置应安装牢固,紧固件应有防松装置。锁止装置和紧固件在锁止位置应能承受1 kN沿开门方向的力。

5.2.18　层门锁止装置及其附件的安装位置应设在人员不易碰触之处。层门锁止装置应加防护罩,且维修方便。

5.2.19 所有锁止元件的嵌入深度不应少于7 mm。

6 吊 笼

6.1 载人吊笼应封顶,且在吊笼底板与顶板之间应全高度有立面(含门)围护。立面的强度应符合 GB/T 10054—2005 中 5.2.3.4.3 的要求,网孔立面的孔眼或开口应符合表2的规定。载人吊笼门框的净高度至少为2.0 m,净宽度至少为0.6 m。门应能完全遮蔽开口,其开启高度不应低于1.8 m。

6.2 如果吊笼顶作为安装、拆卸、维修的平台或设有天窗,则顶板应抗滑且周围应设护栏。该护栏的高度不小于1.1 m,护栏的中间高度应设横杆,踢脚板高度不小于100 mm。护栏与顶板边缘的距离不应大于100 mm。

6.3 若吊笼顶板用作安装、拆卸、维修或有紧急出口,则在任一0.1 m×0.1 m 区域内应能承受不小于1.5 kN 的力而无永久变形。

6.4 封闭式吊笼顶部应有紧急出口,并配有专用扶梯。出口面积不应小于0.4 m×0.6 m,出口应装有向外开启的活板门,并设有电气安全开关,当门打开时,吊笼不能启动。

6.5 若在吊笼立面上设紧急逃离门,其尺寸应是:宽度不小于0.4 m、高度不小于1.4 m,且应向吊笼内侧打开或是滑动型的门,并设有电气安全开关,当门打开时,吊笼不能启动。

6.6 货用施工升降机的吊笼也应设置顶棚,侧面围护高度不应小于1.5 m。

6.7 吊笼不允许当做对重使用。

6.8 封闭式吊笼内应有永久性的电气照明,在外接电源断电时,应有应急照明。只要施工升降机在工作,吊笼内都应有照明,在控制装置处的照度不应小于50 lx。实体板的吊笼门上应设供采光和观察用的窗口,窗口面积不应小于25 000 mm^2。

6.9 吊笼的额定乘员数为额定载重量除以80 kg,舍尾取整。吊笼底板的人均占地面积不应小于0.18 m^2;当吊笼仅用于载人的场合时,人均占用面积不应大于0.25 m^2。

6.10 吊笼底板应能防滑、排水。其强度为:在0.1 m×0.1 m 区域内能承受静载1.5 kN或额定载重量的25%(取两者中较大值,但最大取3 kN)而无永久变形。

6.11 吊笼结构应能满足 GB/T 10054 规定的全部载荷试验要求。

6.12 当吊笼翻板门兼作跳板用时,必须具有足够的强度和刚度。

6.13 吊笼门应装有机械锁止装置和电气安全开关,只有当门完全关闭后,吊笼才能启动。

6.14 应有防止吊笼驶出导轨的设施。该设施不仅在正常工作时起作用,在安装、拆卸、维修时也应起作用。

6.15 应有防止吊笼门导向滚轮失效的设施。

7 对重及其导轨

7.1 当施工升降机有一施工空间或通道在对重下方时,则应设有防止对重坠落的安全防护措施。

7.2 当对重使用填充物时,应采取措施防止其窜动。

7.3 对重应根据有关规定的要求涂成警告色。

7.4 采用卷扬机驱动的钢丝绳式施工升降机吊笼不应使用对重。

7.5 为了防止对重从导轨上脱出，除了对重导轮或滑靴外，还应设有防脱轨保护装置。

7.6 安装、加节时应留出对重在导轨架顶部越程余量，当吊笼的额定提升速度大于1.0 m/s时，对重越程不应小于2.0 m。

7.7 对重导轨可以是导轨架的一部分，柔性物体（如链条、钢丝绳）不能用作对重导轨。

8 钢丝绳、滑轮

8.1 钢丝绳

8.1.1 钢丝绳的选用应符合GB/T 8918的规定。钢丝绳的安装、维护、检验和报废应符合BG/T 5972的规定。

8.1.2 钢丝绳式人货两用施工升降机，提升吊笼的钢丝绳不得少于两根，且相互独立。每根钢丝绳的安全系数不应小于12，直径不应小于9 mm。

8.1.3 钢丝绳式货用施工升降机，当提升吊笼用一根钢丝绳时，其安全系数不应小于8。对额定载重量不大于320 kg的，钢丝绳直径不得小于6 mm，额定载重量大于320 kg的，钢丝绳直径不应小于8 mm。

8.1.4 齿轮齿条式人货两用施工升降机悬挂对重的钢丝绳不得少于两根，且相互独立。每根钢丝绳的安全系数不应小于6；直径不应小于9 mm。齿轮齿条式货用施工升降机悬挂对重的钢丝绳为单绳时，安全系数不应小于8。

8.1.5 防坠安全器上用钢丝绳的安全系数不应小于5，直径不应小于8 mm。

8.1.6 门悬挂装置的悬挂绳或链的安全系数不应小于6。

8.1.7 安装吊杆用提升钢丝绳的安全系数不应小于8，直径不应小于5 mm。

8.1.8 钢丝绳应尽量避免反向弯曲的结构布置。需要储存预留钢丝绳时，所有接头或附件不应对以后投入使用的钢丝绳截面产生损伤。

8.2 滑轮

8.2.1 钢丝绳式人货两用施工升降机的提升滑轮名义直径与钢丝绳直径之比不应小于30。

8.2.2 钢丝绳式货用施工升降机的提升滑轮名义直径与钢丝绳直径之比不应小于20。

8.2.3 吊笼对重用滑轮的名义直径与钢丝绳直径之比不得小于30。

8.2.4 平衡滑轮的名义直径不得小于0.6倍的提升滑轮名义直径。

8.2.5 安全器专用滑轮的名义直径与钢丝绳直径之比不应小于15。

8.2.6 门悬挂用滑轮的名义直径与钢丝绳直径之比不应小于15。

8.2.7 所有滑轮、滑轮组均应有钢丝绳防脱装置，该装置与滑轮外缘的间隙不应大于钢丝绳直径的20%，且不大于3 mm。

8.2.8 绳槽应为弧形，槽底半径R与钢丝绳半径r关系应为$1.05r \leqslant R \leqslant 1.075r$，深度不少于1.5倍钢丝绳直径。

8.2.9 钢丝绳进出滑轮的允许偏角不得大于2.5°。

9 传动系统

9.1 安全要求

9.1.1 传动系统的安装位置及安全防护应考虑到人身安全,其零部件应有防护措施。保护板上网孔及开口尺寸应符合表2的规定。

9.1.2 传动系统及其防护措施应便于维修检查,有关零部件应防止雨、雪、泥浆、灰尘等有害物质侵入。

9.2 齿轮齿条式传动系统

9.2.1 齿轮和齿条的设计计算和模数应符合GB/T 10054—2005中5.2.6.3.4、5.2.6.3.5和5.2.6.3.7的要求。

9.2.2 齿轮和齿条的啮合条件应符合GB/T 10054—2005中5.2.6.3.6和5.2.6.3.8的要求。

9.2.3 标准节上的齿条联接应牢固,相邻两齿条的对接处,沿齿高方向的阶差不应大于0.3 mm。

9.3 钢丝绳式传动系统

9.3.1 卷扬机传动仅用于钢丝绳式的、无对重的货用施工升降机和吊笼额定提升速度不大于0.63 m/s的人货两用施工升降机。

9.3.2 人货两用施工升降机采用卷筒驱动时,钢丝绳只允许绕一层;若使用自动绕绳系统,允许绕两层;货用施工升降机采用卷筒驱动时,允许绕多层。

9.3.3 提升钢丝绳采用多层缠绕时,应有排绳措施。

9.3.4 当吊笼停止在最低位置时,留在卷筒上的钢丝绳不应小于三圈。

9.3.5 卷筒两侧边缘大于最外层钢丝绳的高度不应小于钢丝绳直径的两倍。

9.3.6 人货两用施工升降机的驱动卷筒应开槽,卷筒绳槽应符合下列要求:

a)绳槽轮廓应为大于120°的弧形,槽底半径R与钢丝绳半径r的关系应为$1.05r \leqslant R \leqslant 1.075r$;

b)绳槽的深度不小于钢丝绳直径的1/3;

c)绳槽的节距应大于或等于1.15倍钢丝绳直径。

9.3.7 钢丝绳出绳偏角α:有排绳器时$\alpha \leqslant 4°$;自然排绳时$\alpha \leqslant 2°$。

9.3.8 人货两用施工升降机的驱动卷筒节径与钢丝绳直径之比不应小于30。对于V形或底部切槽的钢丝绳曳引轮,其节径与钢丝绳直径之比不应小于31。

9.3.9 货用施工升降机的驱动卷筒节径、曳引轮节径与钢丝绳直径之比不应小于20。

9.3.10 人货两用施工升降机钢丝绳在驱动卷筒上的绳端应采用楔形装置固定,货用施工升降机钢丝绳在驱动卷筒上的绳端可采用压板固定。

9.3.11 卷筒或曳引轮应有钢丝绳防脱装置,该装置与卷筒或曳引轮外缘的间隙不应大于钢丝绳直径的20%,且不大于3 mm。

9.4 制动器

9.4.1 传动系统应设有常闭式制动器,其额定制动力矩对人货两用施工升降机不应低于作业时额定力矩的1.75倍;对于货用施工升降机不应低于作业时额定力矩的1.5倍。

9.4.2 制动器应能使装有1.25倍额定载重量、以额定提升速度运行的吊笼停止运行；也能使装有额定载重量而速度达到防坠安全器触发速度的吊笼停止运行。在任何情况下，吊笼的平均减速度都不应超过1 g_n。

9.4.3 人货两用施工升降机制动器应具有手动松闸功能，并保证手动施加的作用力一旦撤除，制动器立即恢复动作。

9.4.4 不允许采用带式制动器。

9.4.5 当采用两套或两套以上的独立传动系统时，每套传动系统均应具有各自独立的制动器。

10 导向与缓冲装置

10.1 导向装置

10.1.1 导轨架应能承受施工升降机在额定载重量偏载的情况下，以额定提升速度上、下运行和制动时的载荷，以及在此情况下防坠安全器动作时的附加载荷。偏载量应符合GB/T 10054—2005中6.2.4.8.1的规定。

10.1.2 齿轮齿条式施工升降机在计算由于防坠安全器动作作用下导轨架和齿条的强度时，载荷冲击系数的取值如下：

a)渐进式安全器为2.5；

b)瞬时式安全器为5。

10.1.3 齿轮齿条式施工升降机吊笼与对重的导向应正确可靠，吊笼采用滚轮导向，对重采用滚轮或滑靴导向。

10.2 缓冲装置

10.2.1 人货两用或额定载重量400 kg以上的货用施工升降机，其底架上应设置吊笼和对重用的缓冲器。

10.2.2 当吊笼停在安全压缩的缓冲器上时，对重上面的越程余量不应小于0.5 m。

10.2.3 在设计缓冲装置时，应假设吊笼装有额定载荷，并以安全器标定动作速度作用在缓冲器上，其平均加速度不应大于1 g_n，并且以2.5 g_n以上的加速度作用时间不应大于0.04 s。

11 安全装置

11.1 一般要求

11.1.1 吊笼应具有有效的装置使吊笼在导向装置失效时仍能保持在导轨上。

11.1.2 有对重的施工升降机，当对重质量大于吊笼质量时，应有双向防坠安全器或对重防坠安全装置。

11.1.3 防坠安全器在施工升降机的接高和拆卸过程中应仍起作用。

11.1.4 在非坠落试验的情况下，防坠安全器动作后，吊笼应不能运行。只有当故障排除，安全器复位后吊笼才能正常运行。

11.1.5 作用于一个以上导向杆或导向绳的安全器，工作时应同时起作用。

11.1.6 防坠安全器应防止由于外界物体侵入或因气候条件影响而不能正常工作。任何防坠安全器均不能影响施工升降机的正常运行。

11.1.7 防坠安全器试验时,吊笼不允许载人。

11.1.8 当吊笼装有两套或多套安全器时,都应采用渐进式安全器。

11.1.9 防坠安全器只能在有效的标定期限内使用,有效标定期限不应超过一年。

11.2 齿轮齿条式施工升降机

11.2.1 吊笼应设有防坠安全器和安全钩。防坠安全器应能保证当吊笼出现不正常超速运行时及时动作,将吊笼制停;安全钩应能防止吊笼脱离导轨架或防坠安全器输出端齿轮脱离齿条。

11.2.2 防坠安全器动作时,设在防坠安全器上的安全开关应将电动机电路断开,制动器制动。

11.2.3 防坠安全器的速度控制部分应具有有效的铅封或漆封。防坠安全器出厂后动作速度不得随意调整。

11.2.4 防坠安全器的动作速度及制动距离应符合 GB/T 10054—2005 中的 5.2.1.9 的要求。

11.2.5 吊笼在额定载重量工况坠落时,防坠安全器动作后,施工升降机的结构、连接部分和吊笼底板应符合 GB/T 10054—2005 中的 5.2.8.13 的要求。

11.2.6 应采用渐进式安全器,不允许采用瞬时式安全器。

11.3 钢丝绳式施工升降机

11.3.1 吊笼在额定载重量工况坠落时,防坠安全器动作后,吊笼底板应符合 GB/T 10054—2005 中 5.3.7.6 的要求。

11.3.2 防坠安全器钢丝绳的张紧力应为安全装置起作用所需力的两倍,但不应小于 300 N。

11.3.3 应装有停层防坠落装置,该装置应在吊笼达到工作面后人员进入吊笼之前起作用,使吊笼固定在导轨架上。

11.3.4 对于额定提升速度不超过 0.63 m/s 的施工升降机,可采用瞬时式安全器,否则应采用渐进式安全器。

11.3.5 对于人货两用施工升降机应采用速度触发型的防坠安全器。

11.3.6 卷扬机传动的施工升降机应设防松绳和断绳保护的安全装置。

11.4 安全开关

11.4.1 一般要求

11.4.1.1 施工升降机应设有限位开关、极限开关和防松绳开关。

11.4.1.2 行程限位开关均应由吊笼或相关零件的运动直接触发。

11.4.1.3 对于额定提升速度大于 0.7 m/s 的施工升降机,还应设有吊笼上下运行减速开关,该开关的安装位置应保证在吊笼触发上下行程开关之前动作,使高速运行的吊笼提前减速。

11.4.2 限位开关

11.4.2.1 施工升降机必须设置自动复位型的上、下行程限位开关。

11.4.2.2 上、下行程限位开关的安全位置,应符合 GB/T 10054— 2005 中的 5.2.11.2.1、

5.2.11.2.2 的要求。

11.4.3 极限开关

11.4.3.1 齿轮齿条式施工升降机和钢丝绳式人货两用施工升降机必须设置极限开关，吊笼越程超出限位开关后，极限开关须切断总电源使吊笼停车。极限开关为非自动复位型的，其动作后必须手动复位才能使吊笼可重新启动。

11.4.3.2 极限开关不应与限位开关共用一个触发元件。

11.4.3.3 上、下极限开关的安装位置如下：

a)在正常工作状态下，上极限开关的安装位置应保证上极限开关与上限位开关之间的越程距离：

——齿轮齿条式施工升降机为0.15 m；

——钢丝绳式施工升降机为0.5 m。

b)在正常工作状态下，下极限开关的安装位置应保证吊笼碰到缓冲器之前，下极限开关首先动作。

11.4.4 防松绳开关

施工升降机的对重钢丝绳或提升钢丝绳的绳数不少于两条且相互独立时，在钢丝绳组的一端应设置张力均衡装置，并装有由相对伸长量控制的非自动复位型的防松绳开关。当其中一条钢丝绳出现的相对伸长量超过允许值或断绳时，该开关将切断控制电路，吊笼停车。

对采用单根提升钢丝绳或对重钢丝绳出现松绳时，防松绳开关立即切断控制电路，制动器制动。

11.5 超载保护装置

施工升降机应装有超载保护装置，该装置应对吊笼内载荷、吊笼顶部载荷均有效。同时对齿轮齿条式施工升降机应满足 GB/T 10054—2005 中5.2.9 的要求；对钢丝绳式施工升降机应满足 GB/T 10054—2005 中5.3.8 的要求。

12 导轨架的附着

12.1 导轨架的高度超过最大独立高度时，应设有附着装置。

12.2 施工升降机运动部件与除登机平台以外的建筑物和固定施工设备之间的距离不应小于0.2 m。

13 电气系统

13.1 施工升降机应有主电路各相绝缘的手动开关，该开关应设在便于操作之处。开关手柄应能单向切断主电路且在“断开”的位置上可以锁住。

13.2 电路电源中应装有保险丝或断路器。在施工升降机工作中应防止电缆和电线机械损坏，电缆在吊笼运行中应自由拖行不受阻碍。

13.3 电气设备应防止外界如雨、雪、泥浆、灰尘等造成的危害。防护等级对于便携式控制装置应为IP65；控制盒和开关、控制器、电气元件应为IP53；电动机应为IP54。在需要排水的地方应设有排水孔。

13.4 施工升降机金属结构和电气设备的金属外壳均应接地，接地电阻不超过4 Ω。

13.5 当接地出现故障时，主控制电路和其他控制电路中断路器应自动切断。

13.6 控制吊笼上、下运行的接触器应电气连锁。

13.7 吊笼顶用作安装、拆卸、维修的平台时，则应设有检修或拆装时的顶部控制装置。对多速施工升降机当在吊笼顶操作时，只允许吊笼以低速运行。控制装置应安装非自行复位的急停开关，任何时候均可切断电路停止吊笼的运行。

13.8 零线和接地线必须分开。接地线严禁作载流回路。

13.9 电气及电气元件（电子元器件部分除外）的对地绝缘电阻不应小于0.5 MΩ，电气线路的对地绝缘电阻不应小于1 MΩ。

13.10 电气线路安全触点的绝缘电压，当外壳保护等级在IP5X或以上时为250 V；当外壳保护等级小于IP5X时为500 V。

13.11 在多重触点的情况下，触点间的距离不得小于2 mm。

13.12 触点及导体材料的磨损不应导致触点短路。

13.13 电路应设有相序和断相保护器及过载保护器。

13.14 任何电气设备都不应与电气安全装置并联，且内部或外部的感应电流都不应影响电气安全装置的正常工作。

13.15 交流或直流电机的主接触器的使用类别不应低于AC－3或DC－3。

13.16 用作主接触器的继电器，对控制交流电磁铁的使用类别不应低于AC－15；对控制直流电磁铁的使用类别不应低于DC－13。它们的额定绝缘电压不应小于250 V。